2025학년도

수능 연계교재

수능완성

과학탐구영역

화학 Ⅰ

이 책의 차례 CONTENTS

교육의 힘으로
세상의 차이를 좁혀 갑니다

차이가 차별로 이어지지 않는 미래를 위해
EBS가 가장 든든한 친구가 되겠습니다.

모든 교재 정보와 다양한 이벤트가 가득!
EBS 교재사이트 book.ebs.co.kr

본 교재는 EBS 교재사이트에서
eBook으로도 구입하실 수 있습니다.

2025학년도

수능 연계교재 수능완성

과학탐구영역

화학 Ⅰ

기획 및 개발
심미연
강유진
권현지
조은정(개발총괄위원)

감수
한국교육과정평가원

책임 편집
송명숙

본 교재의 강의는 TV와 모바일 APP, EBSi 사이트(www.ebsi.co.kr)에서 무료로 제공됩니다.

발행일 2024. 5. 20. 1쇄 인쇄일 2024. 5. 13. 신고번호 제2017-000193호 펴낸곳 한국교육방송공사 경기도 고양시 일산동구 한류월드로 281
표지디자인 ㈜무닉 내지디자인 다우 내지조판 다우 인쇄 동아출판㈜ 사진 ㈜아이엠스톡
인쇄 과정 중 잘못된 교재는 구입하신 곳에서 교환하여 드립니다. 신규 사업 및 교재 광고 문의 pub@ebs.co.kr

정답과 해설 PDF 파일은 EBSi 사이트(www.ebsi.co.kr)에서 내려받으실 수 있습니다.

교재 내용 문의
교재 및 강의 내용 문의는
EBSi 사이트(www.ebsi.co.kr)의 학습 Q&A 서비스를
활용하시기 바랍니다.

교재 정오표 공지
발행 이후 발견된 정오 사항을
EBSi 사이트 정오표 코너에서 알려 드립니다.
교재 ▸ 교재 자료실 ▸ 교재 정오표

교재 정정 신청
공지된 정오 내용 외에 발견된 정오 사항이 있다면
EBSi 사이트를 통해 알려 주세요.
교재 ▸ 교재 정정 신청

KNU 강원대학교

수시 원서접수

2024. 9. 9.(월) - 9. 13.(금)

원서접수 방법

인터넷원서접수(유웨이어플라이)

강원대학교 입시 상담

| 전 화 춘천 : (교과) 033-250-6041~5 (종합) 7979
삼척 : (도계포함) 033-570-6555

| 카카오채널 http://pf.kakao.com/_Lbqxks/chat

| 홈 페 이 지 http://www.kangwon.ac.kr/admission/

카카오채널

입학홈페이지

※ 본 교재 광고의 수익금은 콘텐츠 품질 개선과 공익사업에 사용됩니다.

※ 모두의 요강(mdipsi.com)을 통해 강원대학교의 입시정보를 확인할 수 있습니다.

이 책의 구성과 특징 STRUCTURE

테마별 교과 내용 정리

교과서의 주요 내용을 핵심만 일목요연하게 정리하고, 하단에 더 알기를 수록하여 심층적인 이해를 도모하였습니다.

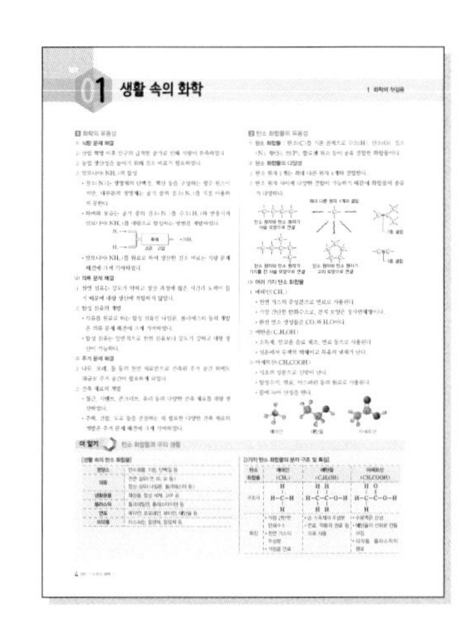

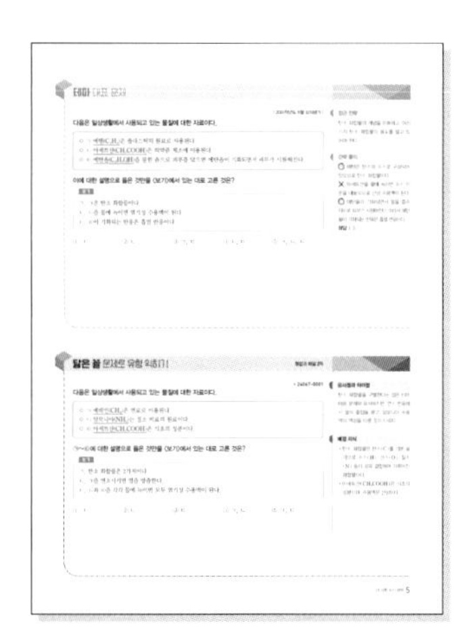

테마 대표 문제

기출문제, 접근 전략, 간략 풀이를 통해 대표 유형을 익힐 수 있고, 함께 실린 닮은 꼴 문제를 스스로 풀며 유형에 대한 적응력을 기를 수 있습니다.

수능 2점 테스트와 수능 3점 테스트

수능 출제 경향 분석에 근거하여 개발한 다양한 유형의 문제들을 수록하였습니다.

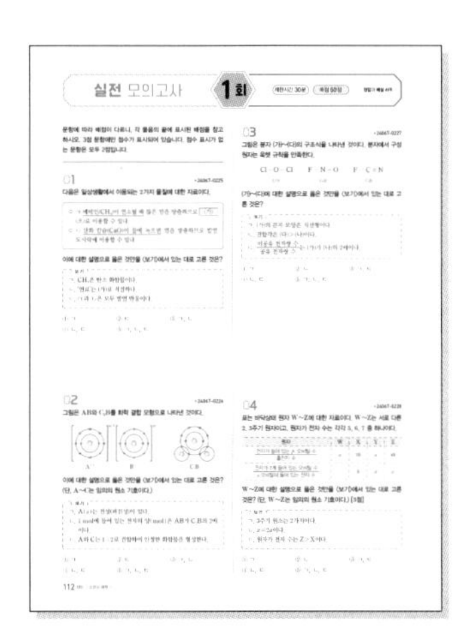

실전 모의고사 5회분

실제 수능과 동일한 배점과 난이도의 모의고사를 풀어봄으로써 수능에 대비할 수 있도록 하였습니다.

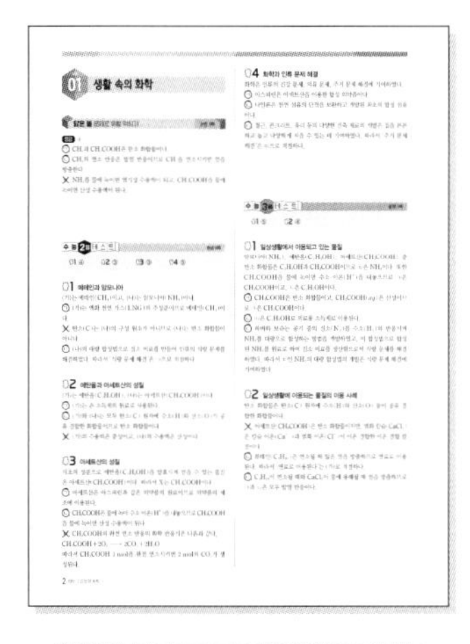

정답과 해설

정답의 도출 과정과 교과의 내용을 연결하여 설명하고, 오답을 찾아 분석함으로써 유사 문제 및 응용 문제에 대한 대비가 가능하도록 하였습니다.

학생

인공지능 DANCHOQ 푸리봇 문|제|검|색

EBS*i* 사이트와 **EBS*i* 고교강의 APP** 하단의 **AI 학습도우미 푸리봇**을 통해 문항코드를 검색하면 푸리봇이 해당 문제의 해설과 해설 강의를 찾아 줍니다. **사진 촬영으로도 검색**할 수 있습니다.

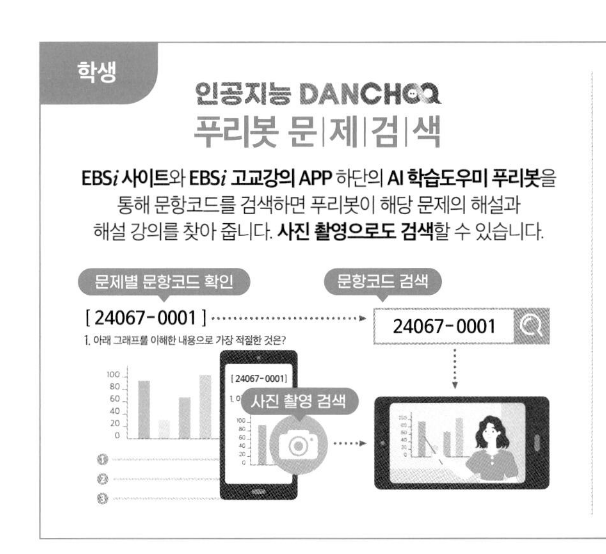

선생님

EBS교사지원센터 교재 관련 자|료|제|공

교재의 문항 한글(HWP) 파일과 교재이미지, 강의자료를 무료로 제공합니다.

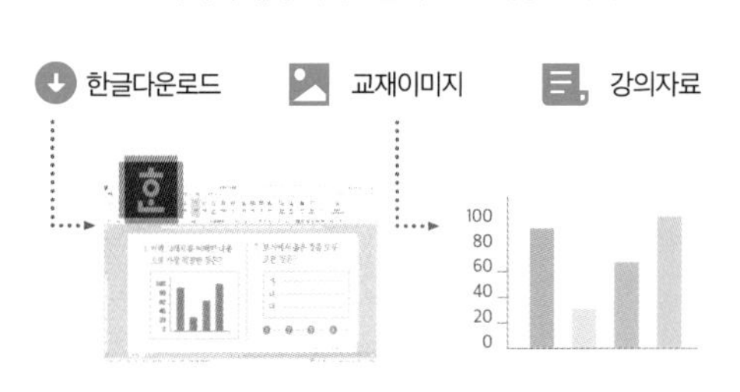

• 교사지원센터(teacher.ebsi.co.kr)에서 '교사인증' 이후 이용하실 수 있습니다.
• 교사지원센터에서 제공하는 자료는 교재별로 다를 수 있습니다.

테마

01 생활 속의 화학

1 화학의 유용성

(1) 식량 문제 해결

① 산업 혁명 이후 인구의 급격한 증가로 인해 식량이 부족하였다.

② 농업 생산성을 높이기 위해 질소 비료가 필요하였다.

③ 암모니아(NH_3)의 합성

- 질소(N)는 생명체의 단백질, 핵산 등을 구성하는 필수 원소이지만, 대부분의 생명체는 공기 중의 질소(N_2)를 직접 이용하지 못한다.
- 하버와 보슈는 공기 중의 질소(N_2)를 수소(H_2)와 반응시켜 암모니아(NH_3)를 대량으로 합성하는 방법을 개발하였다.

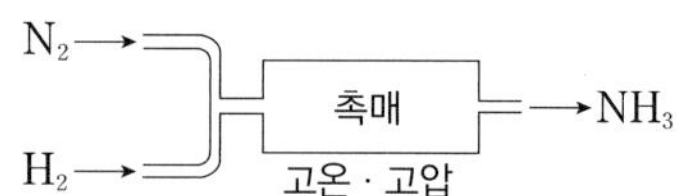

- 암모니아(NH_3)를 원료로 하여 생산한 질소 비료는 식량 문제 해결에 크게 기여하였다.

(2) 의류 문제 해결

① 천연 섬유는 강도가 약하고 생산 과정에 많은 시간과 노력이 들기 때문에 대량 생산에 적합하지 않았다.

② 합성 섬유의 개발

- 석유를 원료로 하는 합성 섬유인 나일론, 폴리에스터 등의 개발은 의류 문제 해결에 크게 기여하였다.
- 합성 섬유는 일반적으로 천연 섬유보다 강도가 강하고 대량 생산이 가능하다.

(3) 주거 문제 해결

① 나무, 모래, 돌 등의 천연 재료만으로 건축된 주거 공간 외에도 대규모 주거 공간이 필요하게 되었다.

② 건축 재료의 개발

- 철근, 시멘트, 콘크리트, 유리 등의 다양한 건축 재료를 대량 생산하였다.
- 주택, 건물, 도로 등을 건설하는 데 필요한 다양한 건축 재료의 개발은 주거 문제 해결에 크게 기여하였다.

2 탄소 화합물의 유용성

(1) 탄소 화합물 : 탄소(C)를 기본 골격으로 수소(H), 산소(O), 질소(N), 황(S), 인(P), 할로젠 원소 등이 공유 결합한 화합물이다.

(2) 탄소 화합물의 다양성

① 탄소 원자 1개는 최대 다른 원자 4개와 결합한다.

② 탄소 원자 사이에 다양한 결합이 가능하기 때문에 화합물의 종류가 다양하다.

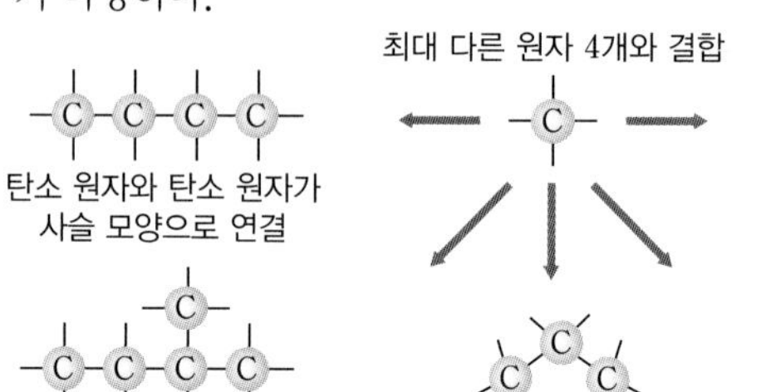

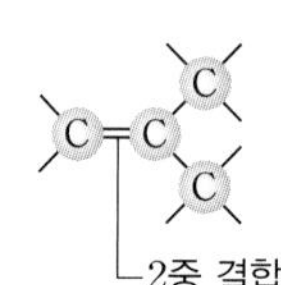

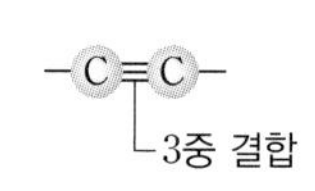

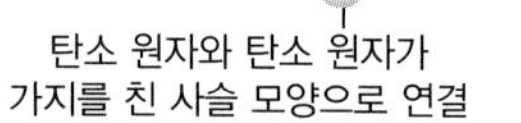

(3) 여러 가지 탄소 화합물

① 메테인(CH_4)

- 천연 가스의 주성분으로 연료로 사용된다.
- 가장 간단한 탄화수소로, 분자 모양은 정사면체형이다.
- 완전 연소 생성물은 CO_2와 H_2O이다.

② 에탄올(C_2H_5OH)

- 소독제, 알코올 음료 제조, 연료 등으로 사용된다.
- 실온에서 무색의 액체이고 특유의 냄새가 난다.

③ 아세트산(CH_3COOH)

- 식초의 성분으로 신맛이 난다.
- 합성수지, 염료, 아스피린 등의 원료로 사용된다.
- 물에 녹아 산성을 띤다.

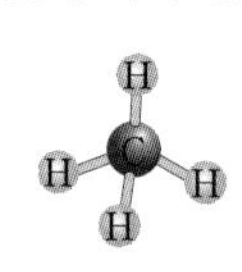

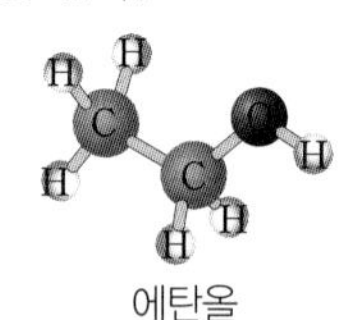

메테인 에탄올 아세트산

더 알기 탄소 화합물과 우리 생활

[생활 속의 탄소 화합물]

영양소	탄수화물, 지방, 단백질 등
의류	천연 섬유(면, 마, 모 등) 합성 섬유(나일론, 폴리에스터 등)
생활용품	화장품, 합성 세제, 고무 등
플라스틱	폴리에틸렌, 폴리스타이렌 등
연료	메테인, 프로페인, 뷰테인, 에탄올 등
의약품	아스피린, 항생제, 항암제 등

[3가지 탄소 화합물의 분자 구조 및 특징]

탄소 화합물	메테인 (CH_4)	에탄올 (C_2H_5OH)	아세트산 (CH_3COOH)
구조식	H | H−C−H | H	H H | | H−C−C−O−H | | H H	H O | ‖ H−C−C−O−H | H
특징	• 가장 간단한 탄화수소 • 천연 가스의 주성분 • 가정용 연료	• 손 소독제의 주성분 • 연료, 약품의 원료 등으로 사용	• 수용액은 산성 • 에탄올의 산화로 만들어짐 • 의약품, 플라스틱의 원료

테마 대표 문제

| 2024학년도 6월 모의평가 |

다음은 일상생활에서 사용되고 있는 물질에 대한 자료이다.

- ㉠ 에텐(C_2H_4)은 플라스틱의 원료로 사용된다.
- ㉡ 아세트산(CH_3COOH)은 의약품 제조에 이용된다.
- ㉢ 에탄올(C_2H_5OH)을 묻힌 솜으로 피부를 닦으면 에탄올이 기화되면서 피부가 시원해진다.

이에 대한 설명으로 옳은 것만을 〈보기〉에서 있는 대로 고른 것은?

보기

ㄱ. ㉠은 탄소 화합물이다.
ㄴ. ㉡을 물에 녹이면 염기성 수용액이 된다.
ㄷ. ㉢이 기화되는 반응은 흡열 반응이다.

① ㄱ ② ㄴ ③ ㄱ, ㄷ ④ ㄴ, ㄷ ⑤ ㄱ, ㄴ, ㄷ

접근 전략

탄소 화합물의 개념을 이해하고, 여러 가지 탄소 화합물의 용도를 알고 있어야 한다.

간략 풀이

㉠. 에텐은 탄소와 수소로 구성되어 있으므로 탄소 화합물이다.
~~ㄴ~~. 아세트산을 물에 녹이면 수소 이온을 내놓으므로 산성 수용액이 된다.
㉢. 에탄올이 기화되면서 열을 흡수하므로 피부가 시원해진다. 따라서 에탄올이 기화되는 반응은 흡열 반응이다.

정답 | ③

닮은 꼴 문제로 유형 익히기

정답과 해설 2쪽

▸ 24067-0001

다음은 일상생활에서 사용되고 있는 물질에 대한 자료이다.

- ㉠ 메테인(CH_4)은 연료로 이용된다.
- ㉡ 암모니아(NH_3)는 질소 비료의 원료이다.
- ㉢ 아세트산(CH_3COOH)은 식초의 성분이다.

㉠~㉢에 대한 설명으로 옳은 것만을 〈보기〉에서 있는 대로 고른 것은?

보기

ㄱ. 탄소 화합물은 2가지이다.
ㄴ. ㉠을 연소시키면 열을 방출한다.
ㄷ. ㉡과 ㉢을 각각 물에 녹이면 모두 염기성 수용액이 된다.

① ㄱ ② ㄴ ③ ㄷ ④ ㄱ, ㄴ ⑤ ㄱ, ㄷ

유사점과 차이점

탄소 화합물을 구별한다는 점은 테마 대표 문제와 유사하지만, 연소 반응에서 열의 출입을 묻고, 암모니아 수용액의 액성을 다룬 점이 다르다.

배경 지식

- 탄소 화합물은 탄소(C)를 기본 골격으로 수소(H), 산소(O), 질소(N) 등이 공유 결합하여 이루어진 화합물이다.
- 아세트산(CH_3COOH)은 식초의 성분이며, 수용액은 산성이다.

01

▸24067-0002

다음은 일상생활에서 이용되고 있는 물질 (가)와 (나)에 대한 자료이다.

○ (가)는 탄소 화합물로 액화 천연 가스(LNG)의 주성분이다.
○ (나)는 공기 중 질소(N_2)를 수소(H_2)와 반응시켜 생성되며, (나)를 대량으로 합성하는 방법은 [㉠]에 기여하였다.

이에 대한 설명으로 옳은 것만을 〈보기〉에서 있는 대로 고른 것은?

보기
ㄱ. (가)는 메테인(CH_4)이다.
ㄴ. (나)는 탄소 화합물이다.
ㄷ. '식량 문제 해결'은 ㉠으로 적절하다.

① ㄱ ② ㄴ ③ ㄱ, ㄴ
④ ㄱ, ㄷ ⑤ ㄴ, ㄷ

02

▸24067-0003

그림은 물질 (가)와 (나)를 분자 모형으로 나타낸 것이다.

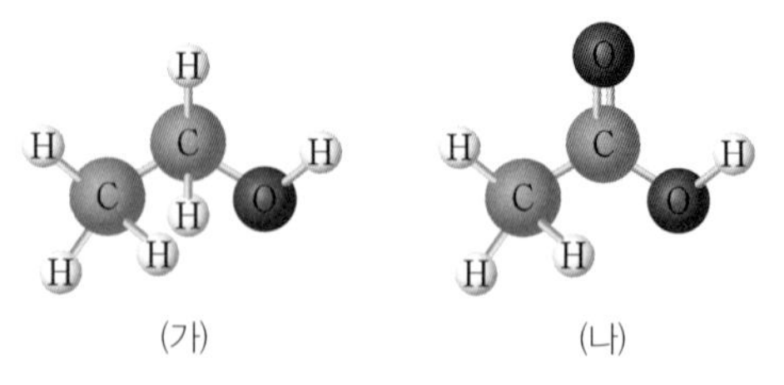

(가)와 (나)에 대한 설명으로 옳은 것만을 〈보기〉에서 있는 대로 고른 것은?

보기
ㄱ. (가)는 손 소독제의 원료로 사용된다.
ㄴ. (가)와 (나)는 모두 탄소 화합물이다.
ㄷ. (가)와 (나)의 수용액은 모두 산성을 띤다.

① ㄱ ② ㄷ ③ ㄱ, ㄴ
④ ㄴ, ㄷ ⑤ ㄱ, ㄴ, ㄷ

03

▸24067-0004

다음은 일상생활에서 이용되고 있는 물질 X에 대한 자료이다.

○ 탄소 화합물이다.
○ 식초의 성분이다.
○ 에탄올(C_2H_5OH)을 발효시켜 얻을 수 있다.

X에 대한 설명으로 옳은 것만을 〈보기〉에서 있는 대로 고른 것은?

보기
ㄱ. 의약품의 제조에 이용된다.
ㄴ. 물에 녹이면 산성 수용액이 된다.
ㄷ. 1 mol을 완전 연소시키면 3 mol의 이산화 탄소(CO_2)가 생성된다.

① ㄱ ② ㄷ ③ ㄱ, ㄴ
④ ㄴ, ㄷ ⑤ ㄱ, ㄴ, ㄷ

04

▸24067-0005

다음은 일상생활에서 이용되고 있는 물질에 대한 자료이다.

○ 아세트산을 원료로 만든 ㉠ 아스피린은 건강 문제 해결에 기여하였다.
○ 합성 섬유인 ㉡ 나일론, 폴리에스터 등의 개발은 의류 문제 해결에 기여하였다.
○ 철근, 콘크리트, 유리 등의 다양한 건축 재료의 개발은 [㉢]에 기여하였다.

이에 대한 설명으로 옳은 것만을 〈보기〉에서 있는 대로 고른 것은?

보기
ㄱ. ㉠은 합성 의약품이다.
ㄴ. ㉡은 최초의 합성 섬유이다.
ㄷ. '주거 문제 해결'은 ㉢으로 적절하다.

① ㄱ ② ㄷ ③ ㄱ, ㄴ
④ ㄴ, ㄷ ⑤ ㄱ, ㄴ, ㄷ

01

▸24067-0006

그림은 일상생활에서 이용되고 있는 3가지 물질을 주어진 기준에 따라 분류한 것이다. ㉠~㉢은 각각 암모니아(NH_3), 에탄올(C_2H_5OH), 아세트산(CH_3COOH) 중 하나이다.

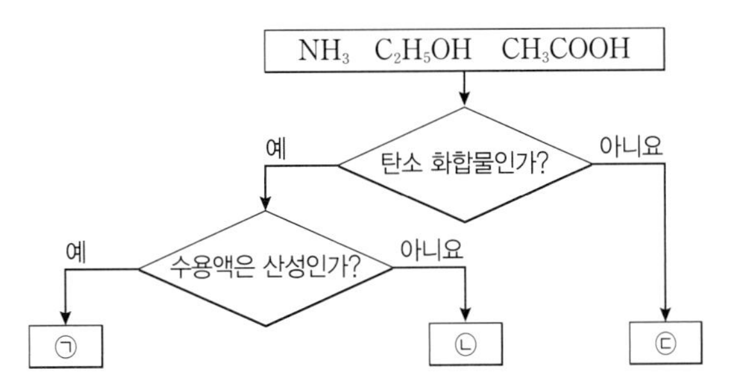

이에 대한 설명으로 옳은 것만을 <보기>에서 있는 대로 고른 것은?

보기
ㄱ. ㉠은 CH_3COOH이다.
ㄴ. ㉡은 의료용 소독제로 이용된다.
ㄷ. ㉢의 대량 합성법의 개발은 식량 문제 해결에 기여하였다.

① ㄱ ② ㄷ ③ ㄱ, ㄴ ④ ㄴ, ㄷ ⑤ ㄱ, ㄴ, ㄷ

02

▸24067-0007

표는 일상생활에서 이용되고 있는 3가지 물질에 대한 자료이다.

물질	이용 사례
뷰테인(C_4H_{10})	㉠ C_4H_{10}이 연소될 때 많은 열을 방출하므로 (가) .
아세트산(CH_3COOH)	수용액은 신맛을 내며, 식초의 원료로 사용된다.
염화 칼슘($CaCl_2$)	제설제로 이용되며, ㉡ $CaCl_2$이 용해될 때 열이 발생한다.

이에 대한 설명으로 옳은 것만을 <보기>에서 있는 대로 고른 것은?

보기
ㄱ. CH_3COOH과 $CaCl_2$은 모두 탄소 화합물이다.
ㄴ. '연료로 이용된다'는 (가)로 적절하다.
ㄷ. ㉠과 ㉡은 모두 발열 반응이다.

① ㄱ ② ㄴ ③ ㄱ, ㄷ ④ ㄴ, ㄷ ⑤ ㄱ, ㄴ, ㄷ

테마 02 몰

1 화학식량

(1) 원자량과 분자량

① 원자량 : 질량수가 12인 탄소(^{12}C) 원자의 원자량을 12로 정하고, 이것을 기준으로 하여 비교한 원자의 상대적 질량이다.

원자	^{12}C	^{1}H
1개의 질량(g)	1.99×10^{-23}	1.67×10^{-24}
원자량	12	1

② 분자량 : 분자를 구성하는 모든 원자의 원자량을 합한 값으로 분자의 상대적 질량이다.

예 물(H_2O)의 분자량은 $1 \times 2 + 16 = 18$이다.

(2) 분자가 아닌 물질의 화학식량 : 분자가 아닌 물질의 화학식량은 화학식을 이루는 모든 원자의 원자량을 합하여 구한다.

예 염화 칼슘($CaCl_2$)의 화학식량은 $40 + 35.5 \times 2 = 111$이다.

2 몰

(1) 몰(mol) : 원자, 분자, 이온 등의 입자 수를 나타낼 때 사용하는 단위로 1 mol은 입자 6.02×10^{23}개를 뜻한다.

(2) 아보가드로수(N_A) : 1 mol에 해당하는 입자 수인 6.02×10^{23}을 아보가드로수라고 한다.

(3) 몰과 입자 수

① 입자 1 mol은 입자 6.02×10^{23}개를 의미한다.

② 물질 1 mol에 들어 있는 원자 또는 이온 수는 물질을 구성하는 원자 또는 이온 수를 더하여 구한다.

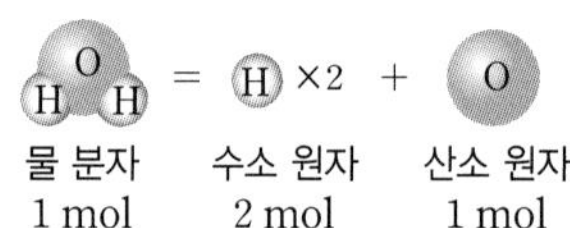

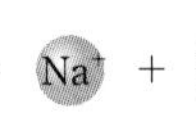

3 몰과 질량

(1) 1 mol의 질량

① 화학식량에 g을 붙이면 1 mol의 질량이다.

물질	O_2	H_2O	Mg	NaCl
화학식량	32	18	24	58.5
1 mol의 질량	32 g	18 g	24 g	58.5 g

② 입자 1개의 질량에 아보가드로수(N_A)를 곱하여 1 mol의 질량을 구할 수 있다.

예 H_2O 1 mol의 질량$=$$H_2O$ 분자 1개의 질량$\times N_A = 18$ g

(2) 1 mol의 질량과 물질의 양(mol) : 물질의 질량은 1 mol의 질량에 물질의 양(mol)을 곱하여 구한다.

질량(g)$=$1 mol의 질량(g/mol)$\times$물질의 양(mol)

예 H_2O 2 mol의 질량$= 18$ g/mol$\times 2$ mol$= 36$ g

4 몰과 기체의 부피

(1) 아보가드로 법칙

① 온도와 압력이 일정할 때 기체의 종류에 관계없이 기체 1 mol이 차지하는 부피는 같다.

기체	수소(H_2)	암모니아(NH_3)
모형		
물질의 양(mol)	1	1
부피(L)(0℃, 1 atm)	22.4	22.4
질량(g)	2	17

② 온도와 압력이 일정할 때 기체의 부피는 분자 수에 비례한다.

(2) 기체 분자의 양(mol)과 1 mol의 부피 : 기체 분자의 양(mol)은 기체의 부피를 동일한 온도와 압력에서의 기체 1 mol의 부피로 나누어 구한다.

$$\text{기체 분자의 양(mol)} = \frac{\text{기체의 부피(L)}}{\text{기체 1 mol의 부피(L/mol)}}$$

예 20℃, 1 atm에서 기체 1 mol의 부피가 24 L일 때, 같은 온도와 압력에서 $CH_4(g)$ 12 L의 양(mol)$= \frac{12 \text{ L}}{24 \text{ L/mol}} = 0.5$ mol

더 알기 온도와 압력이 일정할 때, 기체의 밀도와 분자량

• 온도와 압력이 일정할 때 $V \propto n$하고, $n = \frac{w}{M}$, $d = \frac{w}{V}$이므로 $d \propto M$이다.

(V : 기체의 부피(L), n : 기체의 양(mol), M : 분자량, w : 기체의 질량(g), d : 기체의 밀도(g/L))

(1) (가)와 (나)의 온도와 압력이 일정하고, $A_2(g)$ w g의 부피는 1 L이며, (나)에서 전체 기체의 부피가 2 L이므로 (나)에 들어 있는 $A_2(g)$와 $BA_2(g)$의 양(mol)은 같다.

(2) (나)에 들어 있는 기체는 $A_2(g)$와 $BA_2(g)$ 2가지이므로

$\frac{\text{(나)에 들어 있는 전체 기체의 밀도}}{\text{(가)에 들어 있는 기체의 밀도}} = \frac{A_2\text{와 } BA_2 \text{ 혼합 기체의 평균 분자량}}{A_2\text{의 분자량}}$이다.

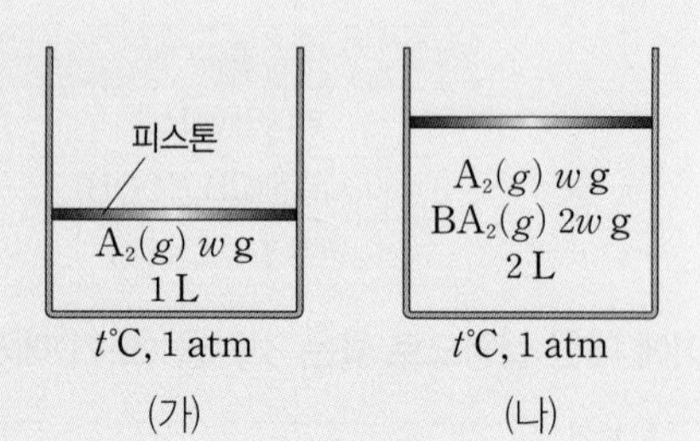

(3) $\frac{\text{(나)에 들어 있는 전체 기체의 밀도}}{\text{(가)에 들어 있는 기체의 밀도}} = \frac{\frac{3w \text{ g}}{2 \text{ L}}}{\frac{w \text{ g}}{1 \text{ L}}} = \frac{3}{2}$이고, t℃, 1 atm에서 A와 B의 원자량을 각각 a, b라고 하고, 기체 1 L의 양을 n mol이라고 하면, (나)에서 평균 분자량은 $\frac{n \times (2a) + n \times (b + 2a)}{2n} = \frac{4a + b}{2}$이다. 따라서 $\frac{\frac{4a+b}{2}}{2a} = \frac{3}{2}$에서, $b = 2a$이므로 분자량비는 $A_2 : BA_2 = 1 : 2$이다.

테마 대표 문제

| 2024학년도 수능 |

표는 같은 온도와 압력에서 실린더 (가)~(다)에 들어 있는 기체에 대한 자료이다.

실린더		(가)	(나)	(다)
기체의 질량(g)	$X_aY_b(g)$	$15w$	$22.5w$	
	$X_aY_c(g)$	$16w$	$8w$	
Y 원자 수(상댓값)		6	5	9
전체 원자 수		$10N$	$9N$	xN
기체의 부피(L)		$4V$	$4V$	$5V$

이에 대한 설명으로 옳은 것만을 <보기>에서 있는 대로 고른 것은? (단, X와 Y는 임의의 원소 기호이다.)

보기

ㄱ. $a=b$이다.

ㄴ. $\frac{\text{X의 원자량}}{\text{Y의 원자량}}=\frac{7}{8}$이다.

ㄷ. $x=14$이다.

① ㄱ ② ㄴ ③ ㄱ, ㄷ
④ ㄴ, ㄷ ⑤ ㄱ, ㄴ, ㄷ

접근 전략

일정한 온도와 압력에서 기체의 종류에 관계없이 같은 부피에 들어 있는 기체의 양(mol)은 같으므로, 이를 이용하여 (가)와 (나)에 들어 있는 각 기체의 양(mol)을 구한다.

간략 풀이

(가)에서 X_aY_b와 X_aY_c의 양(mol)을 각각 m, n이라고 하면, (나)에서 X_aY_b와 X_aY_c의 양(mol)은 각각 $1.5m$, $0.5n$이고, (가)와 (나)의 전체 기체의 양(mol)이 같으므로 $m+n=1.5m+0.5n$, $m=n$이다.

ㄱ (가)와 (나)에서 Y 원자 수 비는 $bm+cm:1.5bm+0.5cm=6:5$이므로 $2b=c$이고, 전체 원자 수 비는 $2am+3bm:2am+2.5bm=10:9$이므로 $a=b$이다.

ㄴ X, Y의 원자량을 각각 M_X, M_Y라고 할 때, (가)에서 X_aY_b와 X_aY_c의 질량비는 $M_X+M_Y:M_X+2M_Y=15:16$이므로 $\frac{\text{X의 원자량}}{\text{Y의 원자량}}=14$이다.

ㄷ (다)에서 X_aY_b와 X_aY_c의 양(mol)을 각각 y, z라고 하면, $y+z=2.5m$이고, (가)와 (다)에서 Y 원자 수 비는 $3bm:by+2bz=2:3$이므로 $y=0.5m$, $z=2m$이다. 따라서 (가)와 (다)에서 전체 원자 수 비는 $5bm:10=7bm:x$이므로 $x=14$이다.

정답 | ③

닮은 꼴 문제로 유형 익히기

정답과 해설 3쪽

▸ 24067-0008

그림 (가)는 실린더에 $X_aZ_c(g)$가 들어 있는 것을, (나)는 (가)의 실린더에 $Y_bZ_c(g)$를 첨가한 것을, (다)는 (나)의 실린더에 $A(g)$를 추가한 것을 나타낸 것이다. (나)에서 $\frac{\text{X의 질량}}{\text{Z의 질량}}=\frac{9}{2}$이고, (다)에서 실린더에 들어 있는 원자 수 비는 X : Y = 6 : 5이며, 전체 원자 수는 (나)에서가 (가)에서의 $\frac{13}{7}$배이다. A는 X_aZ_c와 Y_bZ_c 중 하나이다.

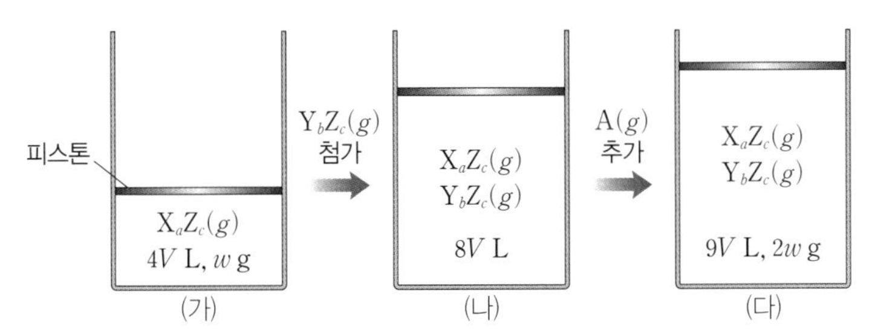

이에 대한 설명으로 옳은 것만을 <보기>에서 있는 대로 고른 것은? (단, X~Z는 임의의 원소 기호이고, 실린더 속 기체의 온도와 압력은 일정하다.)

보기

ㄱ. (나)의 실린더에 들어 있는 $Y_bZ_c(g)$의 질량은 $0.8w$ g이다.

ㄴ. $a=\frac{3}{4}c$이다.

ㄷ. 원자량의 비는 X : Y = 3 : 4이다.

① ㄱ ② ㄴ ③ ㄷ ④ ㄱ, ㄴ ⑤ ㄴ, ㄷ

유사점과 차이점

기체의 질량과 부피를 이용하여 실린더에 들어 있는 기체의 양(mol)을 파악하는 것은 테마 대표 문제와 유사하지만, 실린더 속 기체의 상태를 그림으로 제시한 점이 다르다.

배경 지식

- 일정한 온도와 압력에서 같은 부피에 들어 있는 기체의 양(mol)은 기체의 종류에 관계없이 같다.

정답과 해설 3쪽

01

▸24067-0009

다음은 원자 X~Z에 대한 자료이다. N_A는 아보가드로수이다.

- 1 g에 들어 있는 X 원자 수는 $\frac{N_A}{w}$이다.
- 원자 1개의 질량비는 X : Y=4 : 5이다.
- 같은 질량에 들어 있는 원자의 몰비는 Y : Z=6 : 5이다.

이에 대한 설명으로 옳은 것만을 〈보기〉에서 있는 대로 고른 것은? (단, X~Z는 임의의 원소 기호이다.)

보기

ㄱ. Y의 원자량은 $\frac{5}{4}w$이다.

ㄴ. Z 원자 N_A개의 질량은 $\frac{6}{5}w$ g이다.

ㄷ. X $2w$ g에 들어 있는 원자 수와 Z $3w$ g에 들어 있는 원자 수는 같다.

① ㄱ ② ㄴ ③ ㄱ, ㄴ
④ ㄱ, ㄷ ⑤ ㄴ, ㄷ

02

▸24067-0010

그림은 실린더 (가)~(다)에 들어 있는 기체를 나타낸 것이다.

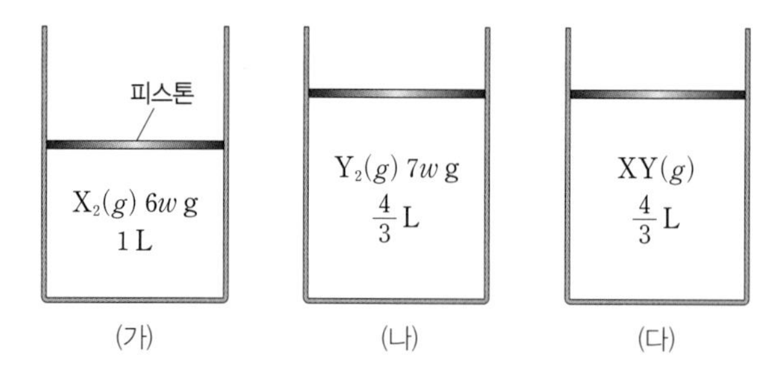

이에 대한 설명으로 옳은 것만을 〈보기〉에서 있는 대로 고른 것은? (단, X와 Y는 임의의 원소 기호이고, 실린더 속 기체의 온도와 압력은 일정하다.)

보기

ㄱ. 기체의 몰비는 (가) : (나)=3 : 4이다.

ㄴ. 원자량비는 X : Y=8 : 7이다.

ㄷ. (다)에서 $XY(g)$의 질량은 $\frac{15}{2}w$ g이다.

① ㄱ ② ㄷ ③ ㄱ, ㄴ
④ ㄴ, ㄷ ⑤ ㄱ, ㄴ, ㄷ

03

▸24067-0011

표는 t℃, 1 atm에서 기체 (가)와 (나)에 대한 자료이다.

기체	분자당 원자 수	단위 부피당 질량(상댓값)
(가)	5	2
(나)	7	5

이에 대한 설명으로 옳은 것만을 〈보기〉에서 있는 대로 고른 것은?

보기

ㄱ. 1 mol의 질량은 (나)에서가 (가)에서의 $\frac{5}{2}$배이다.

ㄴ. 1 g의 부피는 (가)에서가 (나)에서의 $\frac{5}{2}$배이다.

ㄷ. 1 g에 들어 있는 원자 수는 (가)에서가 (나)에서의 2배보다 작다.

① ㄱ ② ㄷ ③ ㄱ, ㄴ
④ ㄴ, ㄷ ⑤ ㄱ, ㄴ, ㄷ

04

▸24067-0012

표는 t℃, 1 atm에서 실린더에 들어 있는 기체 (가)~(다)에 대한 자료이다.

기체	분자량	부피(L)	질량(g)
(가)	4	12	2
(나)		6	5
(다)	16		4

이에 대한 설명으로 옳은 것만을 〈보기〉에서 있는 대로 고른 것은?

보기

ㄱ. t℃, 1 atm에서 기체 1 mol의 부피는 24 L이다.

ㄴ. 분자량은 (나)에서가 (가)에서의 $\frac{5}{2}$배이다.

ㄷ. 1 g의 부피는 (다)에서가 (나)에서의 $\frac{4}{3}$배이다.

① ㄱ ② ㄴ ③ ㄱ, ㄷ
④ ㄴ, ㄷ ⑤ ㄱ, ㄴ, ㄷ

05

▸24067-0013

다음은 실린더 (가)와 (나)에 들어 있는 기체에 대한 자료이다. 분자량은 AB_2가 B_2의 2배이다.

실린더	기체	질량(g)	부피(L)
(가)	$AB_2(g)$	w	V
(나)	$AB_2(g)$, $B_2(g)$	10	$9V$

○ (가)와 (나)에 들어 있는 $AB_2(g)$의 질량은 같다.

이에 대한 설명으로 옳은 것만을 〈보기〉에서 있는 대로 고른 것은? (단, A와 B는 임의의 원소 기호이고, 실린더 속 기체의 온도와 압력은 일정하다.)

보기

ㄱ. $w=2$이다.

ㄴ. 1 g당 A 원자 수는 (가)에서가 (나)에서의 4배이다.

ㄷ. (나)에서 $\frac{\text{B 원자의 양(mol)}}{\text{전체 기체의 양(mol)}}=2$이다.

① ㄱ ② ㄴ ③ ㄱ, ㄷ
④ ㄴ, ㄷ ⑤ ㄱ, ㄴ, ㄷ

06

▸24067-0014

다음은 실린더에 들어 있는 기체 (가)~(다)에 대한 자료이다. (가)~(다)는 각각 X와 Y로 이루어져 있다.

○ (가)~(다)에서 분자당 X 원자 수는 같다.

기체	(가)	(나)	(다)
X의 질량(g)	a	$2a$	$4a$
Y의 질량(g)	$2b$	$3b$	$2b$

이에 대한 설명으로 옳은 것만을 〈보기〉에서 있는 대로 고른 것은? (단, X와 Y는 임의의 원소 기호이고, 실린더 속 기체의 온도와 압력은 일정하다.)

보기

ㄱ. 분자량은 (나) > (가)이다.

ㄴ. 분자당 Y 원자 수 비는 (가) : (다) = 4 : 1이다.

ㄷ. 기체의 부피는 (나)에서가 (다)에서의 2배이다.

① ㄱ ② ㄴ ③ ㄱ, ㄷ
④ ㄴ, ㄷ ⑤ ㄱ, ㄴ, ㄷ

07

▸24067-0015

그림은 실린더 (가)와 (나)에 $A(g)$와 $B(g)$가 들어 있는 것을 나타낸 것이다. A와 B는 각각 X_2Y_6와 X_3Y_4 중 하나이고, 원자량은 X > Y이다.

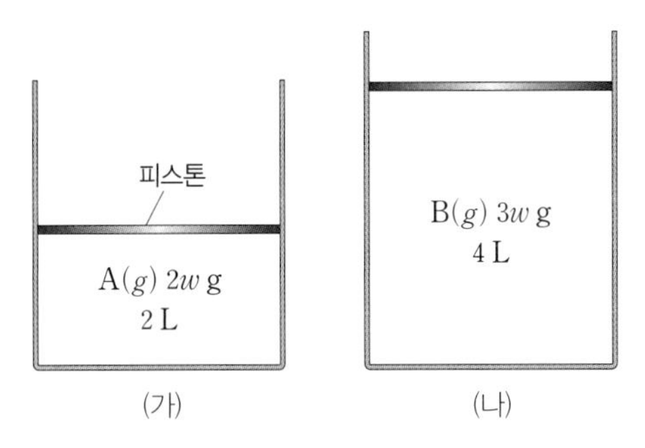

이에 대한 설명으로 옳은 것만을 〈보기〉에서 있는 대로 고른 것은? (단, X와 Y는 임의의 원소 기호이고, 실린더 속 기체의 온도와 압력은 일정하다.)

보기

ㄱ. 원자량은 X가 Y의 12배이다.

ㄴ. X의 질량은 (나)에서가 (가)에서의 $\frac{3}{2}$배이다.

ㄷ. 전체 원자 수는 (나)에서가 (가)에서의 2배이다.

① ㄱ ② ㄴ ③ ㄱ, ㄴ
④ ㄱ, ㄷ ⑤ ㄴ, ㄷ

08

▸24067-0016

그림은 실린더 (가)와 (나)에 $X_aY_b(g)$와 $X_{2a}Y_c(g)$가 들어 있는 것을 나타낸 것이다. 단위 질량당 Y 원자 수는 (가)에서와 (나)에서가 같다.

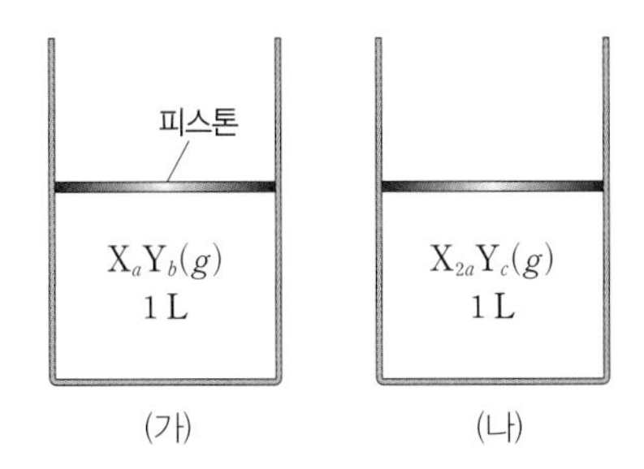

이에 대한 설명으로 옳은 것만을 〈보기〉에서 있는 대로 고른 것은? (단, X와 Y는 임의의 원소 기호이고, 실린더 속 기체의 온도와 압력은 일정하다.)

보기

ㄱ. 기체의 양(mol)은 (가)와 (나)에서 같다.

ㄴ. 기체의 질량은 (나)에서가 (가)에서의 2배이다.

ㄷ. 단위 질량당 X 원자 수는 (나)에서가 (가)에서의 2배이다.

① ㄱ ② ㄷ ③ ㄱ, ㄴ
④ ㄴ, ㄷ ⑤ ㄱ, ㄴ, ㄷ

01

▸24067-0017

그림은 실린더에 들어 있는 기체 (가)~(라)의 질량과 전체 원자 수를 나타낸 것이다. (가)~(라)는 각각 W_2, X_2, YZ_4, W_2Z_4 중 하나이고, 부피는 모두 V L이다.

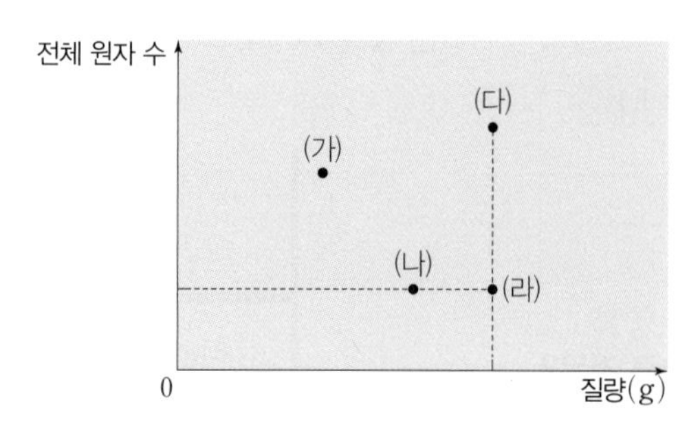

이에 대한 설명으로 옳은 것만을 〈보기〉에서 있는 대로 고른 것은? (단, W~Z는 임의의 원소 기호이고, 실린더 속 기체의 온도와 압력은 일정하다.)

보기

ㄱ. (나)는 X_2이다.

ㄴ. $\frac{\text{W 원자 2 mol의 질량}}{\text{Y 원자 1 mol의 질량}} > 1$이다.

ㄷ. 1 g당 전체 원자 수는 (라) > (나)이다.

① ㄱ ② ㄴ ③ ㄱ, ㄷ ④ ㄴ, ㄷ ⑤ ㄱ, ㄴ, ㄷ

02

▸24067-0018

그림 (가)는 강철 용기에 $C_3H_4(g)$, $CH_2O(g)$, $CH_4O(g)$가 들어 있는 것을, (나)는 (가)의 용기에 $C_3H_4(g)$ $5x$ g이 추가된 것을, (다)는 (가)의 용기에 $CH_4O(g)$ $4x$ g이 추가된 것을 나타낸 것이다. $\frac{\text{C 원자의 양(mol)}}{\text{전체 기체의 양(mol)}}$은 (나)에서가 (다)에서의 2배이다.

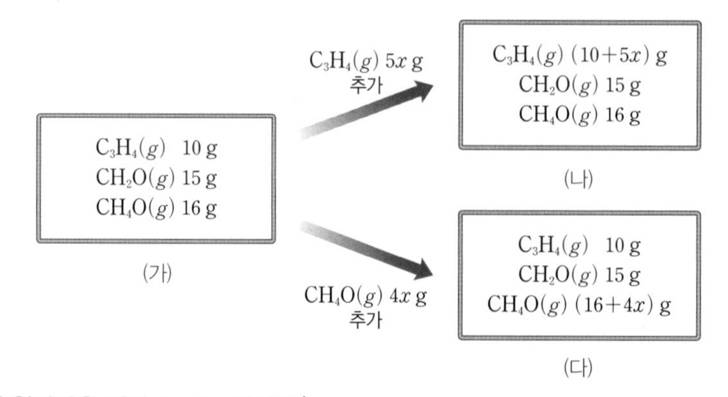

x는? (단, H, C, O의 원자량은 각각 1, 12, 16이다.)

① 12 ② 14 ③ 16 ④ 18 ⑤ 20

03

▸24067-0019

표는 실린더에 들어 있는 기체 (가)~(다)에 대한 자료이다. (가)~(다)는 각각 A와 B로 이루어져 있고, (가) 1 mol과 (다) 1 mol을 혼합한 기체에서 $\frac{\text{A의 질량}}{\text{B의 질량}}=6$이다.

기체	(가)	(나)	(다)
원자 수 비	A : B = 1 : 3 (A 1/4, B 3/4)	A : B = 1 : 1	A : B = 1 : 1
단위 부피당 B 원자 수 (상댓값)	1	1	x
단위 질량당 원자 수 (상댓값)	26	15	

$x\times\frac{\text{(나)의 분자량}}{\text{(다)의 분자량}}$은? (단, A와 B는 임의의 원소 기호이고, 실린더 속 기체의 온도와 압력은 일정하다.)

① $\frac{1}{9}$ ② $\frac{1}{4}$ ③ 1 ④ 4 ⑤ 9

04

▸24067-0020

표는 실린더 (가)와 (나)에 들어 있는 기체에 대한 자료이다.

실린더	(가)	(나)
기체의 질량비(X_aY_b : X_aY_c)	1 : 1	1 : 2
X의 질량(g)	$9w$	$7w$
단위 질량당 부피(상댓값)	27	28
$\frac{\text{Y 원자 수}}{\text{X 원자 수}}$	$\frac{22}{9}$	$\frac{16}{7}$

$\frac{b}{c}\times\frac{\text{X의 원자량}}{\text{Y의 원자량}}$? (단, X와 Y는 임의의 원소 기호이고, 실린더 속 기체의 온도와 압력은 일정하며, X_aY_b와 X_aY_c는 반응하지 않는다.)

① 3 ② 4 ③ 5 ④ 6 ⑤ 7

03 화학 반응식

1 화학 반응식

(1) 화학 반응식

① 화학식과 기호를 사용하여 화학 반응을 나타낸 식이다.

② 반응물과 생성물의 종류와 상태를 알 수 있다.

③ 화학 반응이 일어날 때 양적 관계를 알 수 있다.

(2) 화학 반응식 완성하기

예 질소 기체와 수소 기체가 반응하여 암모니아 기체를 생성하는 반응

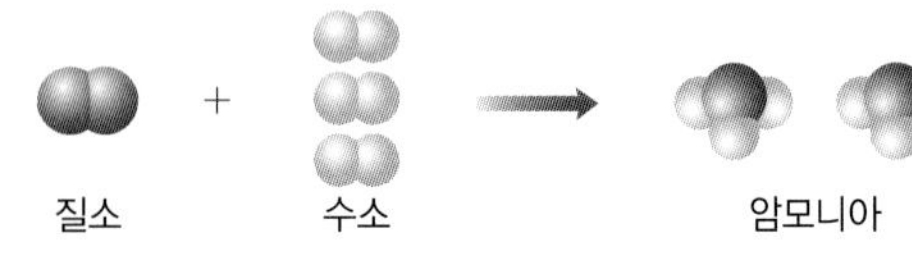

1단계	반응물과 생성물을 화학식으로 나타낸다.	• 반응물 : N_2(질소), H_2(수소) • 생성물 : NH_3(암모니아)
2단계	반응물의 화학식은 화살표(→) 왼쪽에, 생성물의 화학식은 화살표 오른쪽에 쓴다. 반응물 또는 생성물이 2가지 이상이면 '+'로 연결한다.	$N_2 + H_2 \longrightarrow NH_3$
3단계	반응물과 생성물을 구성하는 원자의 종류와 개수가 같아지도록 반응 계수를 맞춘다. 계수는 가장 간단한 자연수로 만들고, 1이면 생략한다.	• 질소(N) 원자 수를 맞추기 위해 NH_3 앞에 2를 붙인다. $N_2 + H_2 \longrightarrow 2NH_3$ • 수소(H) 원자 수를 맞추기 위해 H_2 앞에 3을 붙인다. $N_2 + 3H_2 \longrightarrow 2NH_3$
4단계	물질의 상태 표시가 필요한 경우에는 각 화학식 오른쪽에 물질의 상태 기호를 ( ) 안에 쓴다. ➡ 고체 : s, 액체 : l, 기체 : g, 수용액 : aq	• 반응물과 생성물의 상태를 표시한다. $N_2(g) + 3H_2(g) \longrightarrow 2NH_3(g)$

2 화학 반응에서의 양적 관계

(1) 반응 계수의 의미

① 반응 계수비는 반응 몰비와 같다.

② 온도와 압력이 같은 기체의 경우, 몰비와 부피비가 같으므로 반응 계수비는 반응 부피비와 같다.

> 반응 계수비=반응 몰비=반응 부피비(기체)

③ 반응 질량비는 반응 계수와 화학식량을 곱한 값의 비와 같다.

(2) 화학 반응에서의 양적 관계와 화학 반응식

반응물과 생성물의 질량과 부피를 양(mol)으로 환산한 후, 화학 반응식을 이용하여 양적 관계를 계산할 수 있다.

예 메테인(CH_4) 32 g의 완전 연소 반응에서의 양적 관계

➡ CH_4의 분자량은 16이므로 CH_4 32 g은 2 mol$\left(=\frac{32\text{ g}}{16\text{ g/mol}}\right)$이다.

➡ CH_4 32 g이 완전 연소되었을 때 O_2는 4 mol이 반응하고, CO_2는 2 mol, H_2O은 4 mol이 생성된다.

화학 반응식		$CH_4(g)$	$+\ 2O_2(g)$	$\longrightarrow CO_2(g)$	$+\ 2H_2O(l)$
반응 계수비		1	: 2	: 1	: 2
반응	물질의 양	2 mol	4 mol	2 mol	4 mol
	질량	32 g	128 g	88 g	72 g
	기체의 부피 (20℃, 1 atm)	48 L	96 L	48 L	

예 $N_2(g)+3H_2(g) \longrightarrow 2NH_3(g)$ 반응에서 H_2 36 L가 반응할 때의 양적 관계

➡ 20℃, 1 atm에서 기체 1 mol의 부피는 24 L이므로 H_2 36 L는 1.5 mol$\left(=\frac{36\text{ L}}{24\text{ L/mol}}\right)$이다.

➡ H_2 36 L가 반응할 때 N_2는 0.5 mol이 반응하고, NH_3는 1 mol이 생성된다.

화학 반응식		$N_2(g)$	$+\ 3H_2(g)$	$\longrightarrow 2NH_3(g)$
반응 계수비		1	: 3	: 2
반응	물질의 양	0.5 mol	1.5 mol	1 mol
	질량	14 g	3 g	17 g
	기체의 부피 (20℃, 1 atm)	12 L	36 L	24 L

더 알기 화학 반응에서 반응 전과 후 전체 기체의 양(mol)

• $aA(g)+bB(g) \longrightarrow cC(g)$의 반응에서 반응물의 계수와 생성물의 계수 사이에는 다음과 같은 관계가 성립한다.

(1) $A(g)$와 $B(g)$의 양(mol)을 달리하여 반응시켰을 때, 반응 전과 후 전체 기체의 양(mol)

반응	반응 전		반응 후	반응 전과 후 계수 관계
	$A(g)$의 양 (mol)	$B(g)$의 양 (mol)	전체 기체의 양 (mol)	
(가)	3	1	2	$a+b>c$
(나)	1	1	2	$a+b=c$
(다)	1	1	3	$a+b<c$

(나)에서 반응 전 전체 기체의 양과 반응 후 전체 기체의 양이 2 mol로 같으므로 $a+b=c$이다.

(2) 일정한 양(mol)의 $A(g)$에 $B(g)$를 넣어 가며 반응시켰을 때, 넣어 준 $B(g)$의 양에 따른 전체 기체의 양(반응이 완결될 때까지)

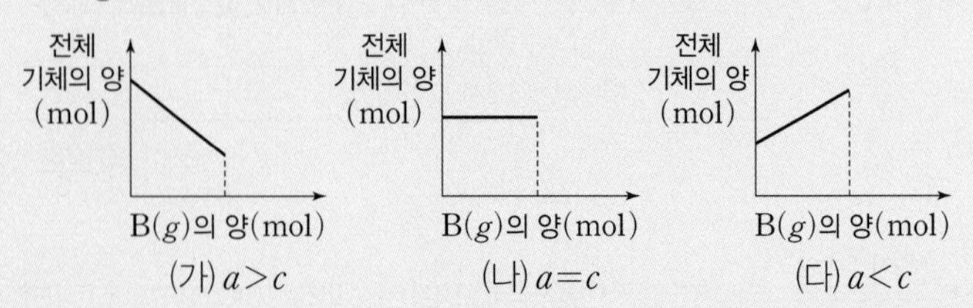

(나)에서 반응이 완결될 때까지 전체 기체의 양(mol)은 일정하므로 $a=c$이다.

테마 대표 문제

| 2024학년도 수능 |

그림은 실린더에 $Al(s)$과 $HF(g)$를 넣고 반응을 완결시켰을 때, 반응 전과 후 실린더에 존재하는 물질을 나타낸 것이다.

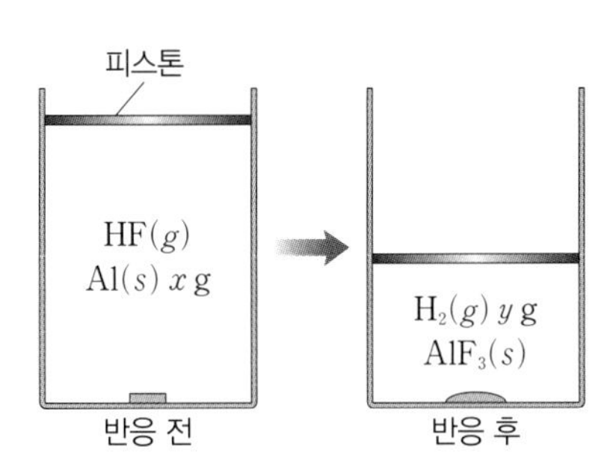

$\frac{x}{y}$는? (단, H와 Al의 원자량은 각각 1, 27이다.) [3점]

① $\frac{27}{2}$　② 12　③ $\frac{21}{2}$　④ 9　⑤ $\frac{9}{2}$

접근 전략

반응 전 실린더 안에 존재하는 $Al(s)$과 $HF(g)$가 반응 후 실린더 안에 없으므로 $Al(s)$과 $HF(g)$는 모두 반응하여 $AlF_3(s)$과 $H_2(g)$를 생성하였음을 알 수 있다.

간략 풀이

$Al(s)$과 $HF(g)$가 반응하여 $AlF_3(s)$과 $H_2(g)$를 생성하는 반응의 화학 반응식은 다음과 같다.

$$2Al(s) + 6HF(g) \longrightarrow 2AlF_3(s) + 3H_2(g)$$

$Al(s)$과 $H_2(g)$의 반응 몰비는 2 : 3이고, 질량비는 $2 \times 27 : 3 \times 2 = 9 : 1$이므로 $x : y = 9 : 1$이다. 따라서 $\frac{x}{y} = 9$이다.

정답 | ④

닮은 꼴 문제로 유형 익히기

정답과 해설 6쪽

▸ 24067-0021

그림은 실린더에 $Mg(s)$과 $HCl(g)$를 넣고 반응을 완결시켰을 때, 반응 전과 후 실린더의 부피와 실린더에 존재하는 물질을 나타낸 것이다.

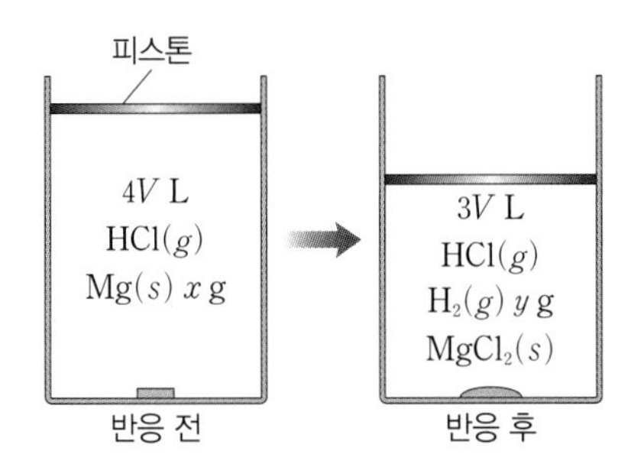

$\frac{x}{y}$는? (단, 실린더 속 기체의 온도와 압력은 일정하며, 고체의 부피는 무시한다. H와 Mg의 원자량은 각각 1, 24이다.)

① 3　② 6　③ 8　④ 12　⑤ 24

유사점과 차이점

고체와 기체가 반응하여 기체가 생성되는 반응이라는 점과, 반응식을 완성하여 반응 질량비를 구하는 문제라는 점에서 테마 대표 문제와 유사하지만, 반응물의 일부가 반응 완결 후에 남아 있고, 기체의 부피를 다룬다는 점이 다르다.

배경 지식

- 온도와 압력이 일정할 때 기체의 부피는 기체의 양(mol)에 비례한다.
- 화학 반응식의 계수비는 반응 몰비와 같다.

01

▸24067-0022

다음은 탄소 화합물 $C_3H_4O_x$의 완전 연소 반응의 화학 반응식이다.

$$C_3H_4O_x + aO_2 \longrightarrow aCO_2 + bH_2O \quad (a, b\text{는 반응 계수})$$

$\frac{a+b}{x}$는?

① 2 ② $\frac{5}{2}$ ③ 3 ④ $\frac{7}{2}$ ⑤ 4

02

▸24067-0023

다음은 $C_3H_8(g)$의 연소 반응의 화학 반응식이다.

$$C_3H_8(g) + 5O_2(g) \longrightarrow 3CO_2(g) + 4H_2O(g)$$

그림은 실린더에 $C_3H_8(g)$과 $O_2(g)$를 넣고 반응을 완결시켰을 때 반응 전 (가)와 반응 후 (나)에서의 실린더의 부피와 실린더 속 기체의 종류를 나타낸 것이다.

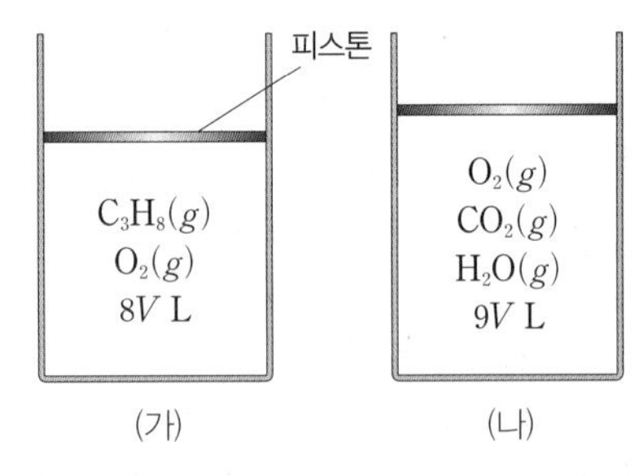

이에 대한 설명으로 옳은 것만을 〈보기〉에서 있는 대로 고른 것은? (단, H, C, O의 원자량은 각각 1, 12, 16이고, 실린더 속 기체의 온도와 압력은 일정하다.)

보기

ㄱ. (가)에서 질량비는 $C_3H_8 : O_2 = 11 : 56$이다.

ㄴ. (나)에서 분자 수의 비는 $O_2 : H_2O = 1 : 2$이다.

ㄷ. $O_2(g)$의 밀도는 (가)에서가 (나)에서의 4배보다 크다.

① ㄱ ② ㄷ ③ ㄱ, ㄴ ④ ㄴ, ㄷ ⑤ ㄱ, ㄴ, ㄷ

03

▸24067-0024

다음은 알루미늄(Al)과 염산($HCl(aq)$)의 반응에 대한 실험이다.

[화학 반응식]

○ $aAl(s) + bHCl(aq) \longrightarrow aAlCl_3(aq) + cH_2(g)$

(a~c는 반응 계수)

[실험 과정]

○ t℃, 1 atm에서 $Al(s)$의 질량과 $HCl(aq)$의 부피를 달리하여 반응시킨 후, t℃, 1 atm에서 생성된 $H_2(g)$의 부피를 측정한다.

[실험 결과 및 자료]

실험	$Al(s)$의 질량(g)	$HCl(aq)$의 부피(mL)	생성된 $H_2(g)$의 부피(mL)
Ⅰ	w	V	24
Ⅱ	$2w$	V	24
Ⅲ	w	$4V$	36
Ⅳ	$2w$	$4V$	㉠

○ 자료 : t℃, 1 atm에서 기체 1 mol의 부피는 24 L이다.

이에 대한 설명으로 옳은 것만을 〈보기〉에서 있는 대로 고른 것은?

보기

ㄱ. $\frac{c}{a+b} = \frac{3}{8}$이다.

ㄴ. ㉠은 72이다.

ㄷ. Al의 원자량은 $1000w$이다.

① ㄴ ② ㄷ ③ ㄱ, ㄴ ④ ㄱ, ㄷ ⑤ ㄱ, ㄴ, ㄷ

04

▸24067-0025

다음은 2가지 물질 ㉠과 ㉡의 연소 반응의 화학 반응식이다. ㉠과 ㉡은 각각 $C_2H_5OH(l)$과 $CH_3OH(l)$ 중 하나이고, a, b는 반응 계수이다.

○ [㉠] $+ aO_2(g) \longrightarrow 2CO_2(g) + aH_2O(l)$

○ 2[㉡] $+ aO_2(g) \longrightarrow 2CO_2(g) + bH_2O(l)$

이에 대한 설명으로 옳은 것만을 〈보기〉에서 있는 대로 고른 것은? (단, H, C, O의 원자량은 각각 1, 12, 16이다.)

보기

ㄱ. $a \times b = 12$이다.

ㄴ. ㉠은 CH_3OH이다.

ㄷ. 같은 질량의 H_2O을 생성하기 위해 필요한 반응물의 질량비는 ㉠ : ㉡ = 23 : 24이다.

① ㄱ ② ㄴ ③ ㄱ, ㄴ ④ ㄱ, ㄷ ⑤ ㄴ, ㄷ

05

▸24067-0026

다음은 $A(g)$와 $B(g)$가 반응하여 $C(g)$를 생성하는 반응의 화학 반응식이다.

$$A(g)+bB(g) \longrightarrow 2C(g) \quad (b\text{는 반응 계수})$$

표는 실린더에 $A(g)$와 $B(g)$의 양(mol)을 달리하여 넣고 반응을 완결시킨 실험 Ⅰ~Ⅲ에 대한 자료이다. 실험 Ⅱ에서 반응 후 $A(g)$가 남았다.

실험	반응 전		반응 후
	$A(g)$의 양 (mol)	$B(g)$의 양 (mol)	$C(g)$의 밀도 (상댓값)
Ⅰ	$5n$	$3n$	9
Ⅱ	$4n$	$4n$	13
Ⅲ	n	$4n$	x

$b\times x$는? (단, 실린더 속 기체의 온도와 압력은 일정하다.)

① $\frac{39}{2}$ ② $\frac{41}{2}$ ③ $\frac{43}{2}$ ④ $\frac{45}{2}$ ⑤ $\frac{47}{2}$

06

▸24067-0027

다음은 $A(g)$와 $B(g)$가 반응하여 $C(g)$를 생성하는 반응의 화학 반응식이다.

$$aA(g)+bB(g) \longrightarrow cC(g) \quad (a\sim c\text{는 반응 계수})$$

표는 실린더에 $A(g)$와 $B(g)$를 넣은 초기 상태 (가)와, 반응이 진행되는 과정 중 어느 순간의 상태인 (나), 반응이 완결된 상태인 (다)에 대한 자료이다.

상태		(가)	(나)	(다)
전체 기체의 부피(L)		$15V$	$14V$	$12V$
단위 부피당 분자 수	$A(g)$	56	50	
	$B(g)$	14	㉠	
	$C(g)$			35

이에 대한 설명으로 옳은 것만을 <보기>에서 있는 대로 고른 것은? (단, 실린더 속 기체의 온도와 압력은 일정하다.)

보기

ㄱ. $\frac{c}{a+b}=\frac{2}{3}$이다.

ㄴ. ㉠$=10$이다.

ㄷ. $C(g)$의 밀도비는 (나) : (다)$=2:7$이다.

① ㄱ ② ㄷ ③ ㄱ, ㄴ
④ ㄴ, ㄷ ⑤ ㄱ, ㄴ, ㄷ

07

▸24067-0028

그림은 강철 용기에 $CH_4(g)$, $C_2H_6(g)$, $O_2(g)$를 넣고 반응시켰을 때, 반응 전과 후 용기에 존재하는 물질의 종류와 양(mol)을 나타낸 것이다.

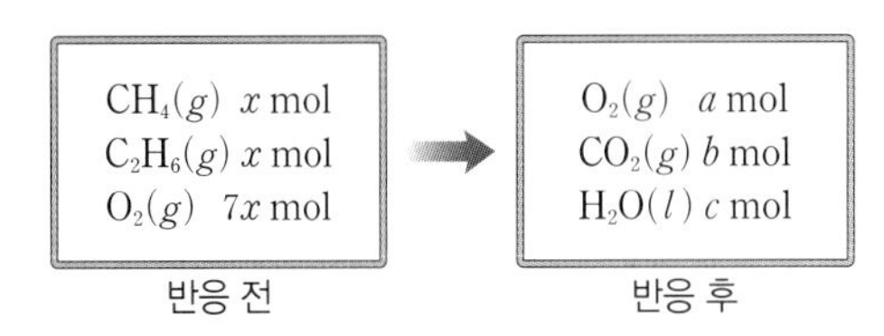

$\frac{b+c}{a}$는?

① 3 ② $\frac{9}{2}$ ③ $\frac{16}{3}$ ④ 6 ⑤ $\frac{25}{4}$

08

▸24067-0029

다음은 $A(g)$와 $B(g)$가 반응하여 $C(g)$를 생성하는 반응의 화학 반응식이다.

$$aA(g)+B(g) \longrightarrow 2aC(g) \quad (a\text{는 반응 계수})$$

표는 t°C, 1 atm에서 $A(g)$가 들어 있는 실린더에 $B(g)$를 넣고 반응을 완결시킨 실험 Ⅰ~Ⅲ에 대한 자료이다. t°C, 1 atm에서 기체 1 mol의 부피는 24 L이다.

실험	반응 전		반응 후	
	$A(g)$의 부피(L)	$B(g)$의 질량(g)	$C(g)$의 밀도 (상댓값)	전체 기체의 부피(L)
Ⅰ	12	w	4	36
Ⅱ	24	$3w$	3	96
Ⅲ	120	$4w$	x	

$\frac{x}{a}$는? (단, 실린더 속 기체의 온도와 압력은 각각 t°C, 1 atm으로 일정하다.)

① $\frac{8}{3}$ ② $\frac{16}{3}$ ③ $\frac{11}{2}$ ④ 6 ⑤ $\frac{13}{2}$

09

▸24067-0030

다음은 A(g)와 B(g)가 반응하여 C(g)를 생성하는 반응의 화학 반응식이다.

$$aA(g)+B(g) \longrightarrow 2C(g) \quad (a\text{는 반응 계수})$$

표는 t°C, 1 atm에서 A(g)와 B(g)의 질량을 달리하여 반응을 완결시킨 실험 Ⅰ과 Ⅱ에 대한 자료이다.

실험	반응 전		반응 후	
	A(g)의 질량(g)	B(g)의 질량(g)	남은 반응물의 양(mol)	C(g)의 양(mol)
Ⅰ	$3w_1$	$2w_2$	n	m
Ⅱ	$12w_1$	$3w_2$	$3n$	$3m$

$a\times\dfrac{\text{B의 분자량}}{\text{A의 분자량}}$은?

① $\dfrac{w_2}{w_1}$ ② $\dfrac{2w_2}{w_1}$ ③ $\dfrac{16w_2}{7w_1}$ ④ $\dfrac{20w_2}{7w_1}$ ⑤ $\dfrac{3w_2}{w_1}$

10

▸24067-0031

표는 $C_2H_4(g)$과 $C_3H_4O(g)$의 혼합 기체 w g을 충분한 양의 $O_2(g)$를 공급하여 완전 연소시켰을 때 생성된 $CO_2(g)$와 $H_2O(g)$의 질량이다.

기체	반응 전	반응 후	
	$C_2H_4(g)$, $C_3H_4O(g)$	$CO_2(g)$	$H_2O(g)$
질량(g)	w	77	27

이에 대한 설명으로 옳은 것만을 〈보기〉에서 있는 대로 고른 것은? (단, H, C, O의 원자량은 각각 1, 12, 16이다.)

보기

ㄱ. $w=28$이다.

ㄴ. 반응 전 $\dfrac{C_2H_4\text{의 양(mol)}}{C_3H_4O\text{의 양(mol)}}=2$이다.

ㄷ. 반응한 $O_2(g)$의 양(mol)은 3보다 크다.

① ㄴ ② ㄷ ③ ㄱ, ㄴ ④ ㄱ, ㄷ ⑤ ㄱ, ㄴ, ㄷ

11

▸24067-0032

다음은 아세트산(CH_3COOH)의 연소 반응의 화학 반응식이다.

$$CH_3COOH+aO_2 \longrightarrow bCO_2+cH_2O$$
(a~c는 반응 계수)

표는 용기에 CH_3COOH과 O_2를 넣고 반응시켰을 때, 반응 전과 후에 대한 자료이다. $x>y$이다.

반응 전 질량비	반응 후 존재하는 모든 물질의 분자 수 비
$CH_3COOH : O_2=x : y$	3 : 2 : 2

$\dfrac{x}{y}$는? (단, H, C, O의 원자량은 각각 1, 12, 16이다.)

① $\dfrac{10}{3}$ ② $\dfrac{7}{2}$ ③ $\dfrac{11}{3}$ ④ $\dfrac{15}{4}$ ⑤ $\dfrac{17}{4}$

12

▸24067-0033

다음은 $NH_3(g)$와 $O_2(g)$가 반응하여 $NO(g)$와 $H_2O(g)$를 생성하는 반응의 화학 반응식이다.

$$aNH_3(g)+bO_2(g) \longrightarrow cNO(g)+dH_2O(g)$$
(a~d는 반응 계수)

그림은 실린더에 $NH_3(g)$와 $O_2(g)$를 넣고 반응을 완결시켰을 때 반응 전과 후 실린더의 부피와, 반응 후 실린더에 들어 있는 기체를 분자 모형으로 나타낸 것이다.

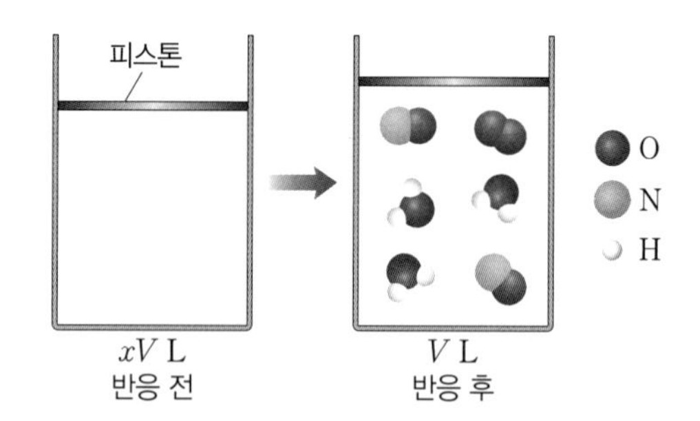

이에 대한 설명으로 옳은 것만을 〈보기〉에서 있는 대로 고른 것은? (단, H, N, O의 원자량은 각각 1, 14, 16이며, 실린더 속 기체의 온도와 압력은 일정하다.)

보기

ㄱ. $\dfrac{c+d}{a+b}>1$이다.

ㄴ. $x=\dfrac{11}{12}$이다.

ㄷ. 반응 전 질량비는 $NH_3 : O_2=17 : 56$이다.

① ㄱ ② ㄷ ③ ㄱ, ㄴ ④ ㄴ, ㄷ ⑤ ㄱ, ㄴ, ㄷ

정답과 해설 8쪽

01

▸24067-0034

다음은 탄소 화합물 C_mH_4의 연소 반응에 대한 자료이다.

○ 화학 반응식 : $C_mH_4(g) + aO_2(g) \longrightarrow bCO_2(g) + cH_2O(g)$ (a~c는 반응 계수)

○ 실린더에 $C_mH_4(g)$와 $O_2(g)$를 넣고 반응을 완결시켰을 때 반응 전과 후 실린더에 들어 있는 모든 기체의 밀도비

	반응 전	반응 후
밀도비	16 : 15	9 : 20 : 33

이에 대한 설명으로 옳은 것만을 <보기>에서 있는 대로 고른 것은? (단, H, C, O의 원자량은 각각 1, 12, 16이며, 기체의 온도와 압력은 일정하다.)

보기

ㄱ. $\frac{a+b+c}{m}=3$이다.

ㄴ. 반응 후 남은 반응물은 $O_2(g)$이다.

ㄷ. 반응 후 밀도가 가장 작은 기체는 $H_2O(g)$이다.

① ㄴ ② ㄷ ③ ㄱ, ㄴ ④ ㄱ, ㄷ ⑤ ㄱ, ㄴ, ㄷ

02

▸24067-0035

다음은 $A_2(g)$와 $B_2(g)$가 반응하여 $AB_3(g)$를 생성하는 반응의 화학 반응식이다.

$$A_2(g) + bB_2(g) \longrightarrow cAB_3(g) \quad (b, c\text{는 반응 계수})$$

그림은 실린더에 $A_2(g)$와 $B_2(g)$를 넣고 반응을 완결시켰을 때 반응 전과 후 실린더의 부피와, 반응 후 실린더에 들어 있는 기체를 모형으로 나타낸 것이다.

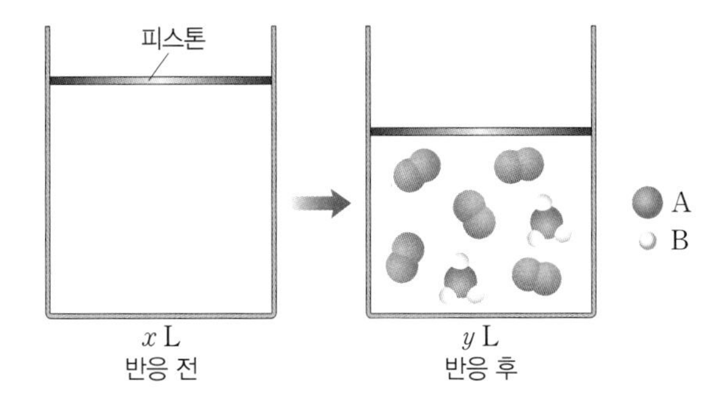

$\frac{c}{b}+\frac{y}{x}$는? (단, A와 B는 임의의 원소 기호이고, 실린더 속 기체의 온도와 압력은 일정하다.)

① $\frac{13}{9}$ ② 2 ③ $\frac{8}{3}$ ④ $\frac{25}{9}$ ⑤ 3

03

▸24067-0036

다음은 A(g)와 B(g)가 반응하여 C(g)를 생성하는 반응의 화학 반응식이다.

$$a\mathrm{A}(g)+\mathrm{B}(g) \longrightarrow 2\mathrm{C}(g) \quad (a\text{는 반응 계수})$$

표는 실린더에 A(g)와 B(g)의 질량을 달리하여 넣고 반응을 완결시킨 실험 Ⅰ~Ⅲ에 대한 자료이다. 반응 후 남은 반응물의 몰비는 Ⅰ : Ⅲ=1 : 20이다.

실험	반응 전		반응 후	
	A(g)의 질량(g)	B(g)의 질량(g)	C(g)의 양(mol)	$\frac{\text{남은 반응물의 질량}}{\text{C}(g)\text{의 질량}}$(상댓값)
Ⅰ	w	$w+1$	n	16
Ⅱ	$2w$	$w+1$	$2n$	0
Ⅲ	$5w$	$2w+2$	$4n$	7

$w\times\frac{\text{C의 분자량}}{\text{A의 분자량}}$은? (단, 실린더 속 기체의 온도와 압력은 일정하다.)

① 4　② 7　③ 9　④ 11　⑤ 14

04

▸24067-0037

다음은 A(g)와 B(g)가 반응하여 C(g)를 생성하는 반응의 화학 반응식이다.

$$\mathrm{A}(g)+b\mathrm{B}(g) \longrightarrow c\mathrm{C}(g) \quad (b, c\text{는 반응 계수})$$

그림은 일정한 양(mol)의 A(g)가 들어 있는 실린더에 B(g)를 조금씩 넣어 가면서 반응시켰을 때, 넣어 준 B(g)의 양(mol)에 따른 C(g)의 밀도를 나타낸 것이다.

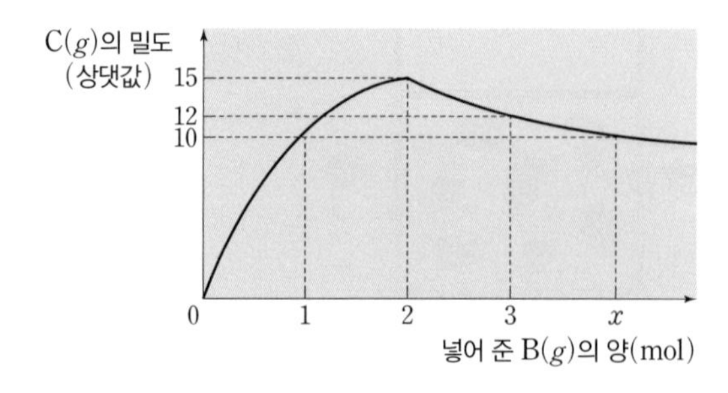

$\frac{x}{b+c}$는? (단, 실린더 속 기체의 온도와 압력은 일정하다.)

① $\frac{4}{3}$　② $\frac{5}{3}$　③ 2　④ $\frac{7}{3}$　⑤ $\frac{8}{3}$

05

▸24067-0038

다음은 A(g)와 B(g)가 반응하여 C(g)를 생성하는 반응의 화학 반응식이다.

$$A(g)+bB(g) \longrightarrow cC(g) \quad (b,\ c\text{는 반응 계수})$$

표는 실린더에 A(g)와 B(g)의 질량을 달리하여 넣고 반응을 완결시킨 실험 Ⅰ, Ⅱ에 대한 자료이다. $\frac{d_2}{d_1}=\frac{45}{62}$이고, Ⅰ과 Ⅱ에서 반응 후 남은 반응물의 종류는 서로 다르다.

실험	반응 전		반응 후
	질량비(A : B)	기체의 전체 밀도(g/L)	기체의 전체 밀도(g/L)
Ⅰ	30 : 1	$5d_1$	$6d_1$
Ⅱ	5 : 1	$3d_2$	$4d_2$

이에 대한 설명으로 옳은 것만을 <보기>에서 있는 대로 고른 것은? (단, 실린더 속 기체의 온도와 압력은 일정하다.)

보기

ㄱ. $b=c$이다.
ㄴ. 분자량은 C가 A보다 크다.
ㄷ. C(g)의 밀도비는 Ⅰ : Ⅱ=5 : 3이다.

① ㄱ ② ㄷ ③ ㄱ, ㄴ ④ ㄴ, ㄷ ⑤ ㄱ, ㄴ, ㄷ

06

▸24067-0039

다음은 기체의 반응에 대한 실험이다.

[화학 반응식]
○ $A(g)+bB(g) \longrightarrow 2C(g)$ (b는 반응 계수)

[실험 과정]
(가) 그림과 같이 실린더에 A(g) w g, 강철 용기에 B(g) $5w$ g을 넣는다.
(나) 꼭지를 열고 반응을 완결시킨다.
(다) 실린더의 부피(V)와 실린더와 강철 용기 속 각 기체의 질량을 측정한다.

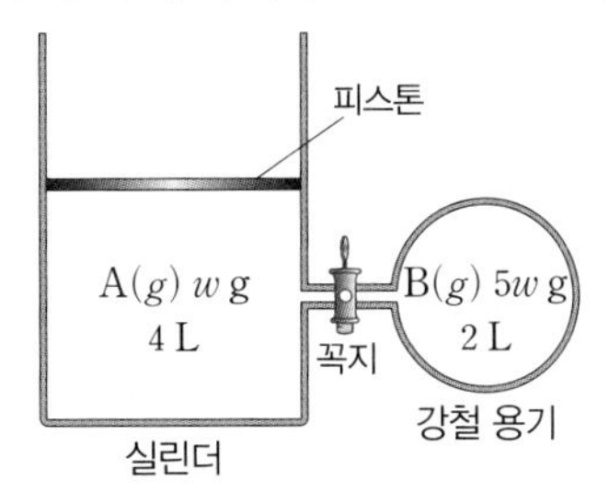

[실험 결과]
○ (다) 과정 후에 대한 자료

실린더의 부피(V)	$\frac{\text{C}(g)\text{의 질량(g)}}{\text{남은 반응물의 질량(g)}}$
8 L	5

$b\times\frac{\text{반응 전 강철 용기 속 기체 분자 수}}{\text{반응 후 강철 용기 속 기체 분자 수}}$는? (단, 온도와 외부 압력은 일정하며, 피스톤의 질량과 마찰 및 연결관의 부피는 무시한다.)

① 8 ② 10 ③ 12 ④ 15 ⑤ 20

테마

04 용액의 농도

1 용액의 농도

(1) **퍼센트 농도(%)** : 용액 100 g에 녹아 있는 용질의 질량(g)으로 나타낸 농도이며, 단위는 %를 사용한다.

$$\text{퍼센트 농도(\%)} = \frac{\text{용질의 질량(g)}}{\text{용액의 질량(g)}} \times 100 = \frac{\text{용질의 질량(g)}}{\text{(용매+용질)의 질량(g)}} \times 100$$

① 용액과 용질의 질량으로 나타내므로 온도와 압력의 영향을 받지 않는다.

② 용액의 퍼센트 농도와 질량을 알면 녹아 있는 용질의 질량을 구할 수 있다.

$$\text{용질의 질량(g)} = \text{용액의 질량(g)} \times \frac{\text{퍼센트 농도(\%)}}{100}$$

(2) **몰 농도(M)** : 용액 1 L 속에 녹아 있는 용질의 양(mol)으로 나타낸 농도이며, 단위는 M 또는 mol/L를 사용한다.

$$\text{몰 농도(M)} = \frac{\text{용질의 양(mol)}}{\text{용액의 부피(L)}} = \frac{\text{용질의 양(mol)}}{\text{용액의 부피(mL)}} \times 1000\text{(mL/L)}$$

① 용액의 부피를 기준으로 하기 때문에 사용하기에 편리하다.

② 온도에 따라 용질의 양(mol)은 변하지 않지만 용액의 부피가 변하므로 몰 농도는 온도에 따라 달라진다.

③ 용액의 몰 농도와 부피를 알면 녹아 있는 용질의 양(mol)을 구할 수 있다.

$$\text{용질의 양(mol)} = \text{몰 농도(mol/L)} \times \text{용액의 부피(L)}$$

2 용액의 희석

(1) 어떤 용액에 용매를 가하여 용액을 희석했을 때, 용액의 부피와 농도는 달라지지만 그 속에 녹아 있는 용질의 양(mol)은 변하지 않는다.

(2) 용액의 몰 농도가 M(mol/L)이고, 부피가 V(L)인 용액에 물을 가하여 몰 농도는 M'(mol/L)이고, 부피는 V'(L)인 용액이 되었다면 두 용액에서 용질의 양(mol)은 같으므로 다음 관계가 성립한다.

> 용질의 양(mol) = 몰 농도(mol/L) × 용액의 부피(L)
>
> ⇨ 용질의 양(mol) $= MV = M'V'$

예 0.1 M 포도당 수용액을 희석하여 0.01 M 포도당 수용액 500 mL 만들기

- 용액을 희석해도 그 속에 녹아 있는 용질의 양(mol)은 변하지 않으므로 $0.1\text{ M} \times V = 0.01\text{ M} \times 0.5\text{ L}$이고, $V = 0.05\text{ L}$이다.
- 0.1 M 포도당 수용액 0.05 L를 500 mL 부피 플라스크에 넣고, 표시선까지 물을 채워 용액의 부피를 0.5 L로 맞춘다.

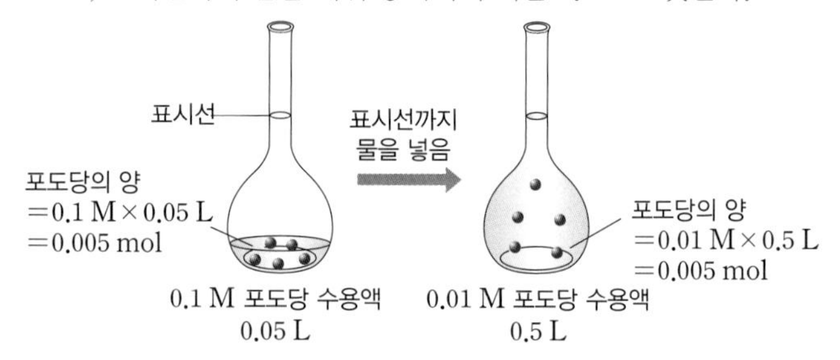

3 용액의 혼합

(1) 같은 용질이 용해되어 있는 농도가 서로 다른 2가지 용액을 혼합하면 용액의 부피와 농도는 달라지지만 그 속에 녹아 있는 용질의 전체 양(mol)은 변하지 않는다.

(2) 용액의 몰 농도가 M(mol/L)이고, 부피가 V(L)인 용액에 몰 농도가 M'(mol/L)인 용액 V'(L)를 혼합하여 몰 농도가 M''(mol/L)이고, 전체 용액의 부피가 V''(L)인 용액이 되었다면 혼합 전과 후 용질의 전체 양(mol)은 같으므로 다음 관계가 성립한다.

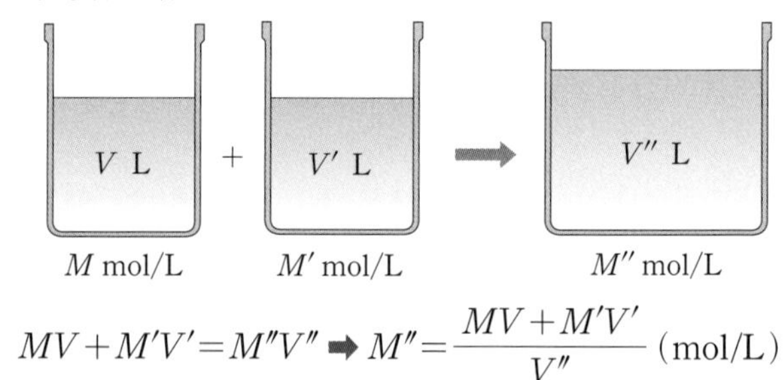

$$MV + M'V' = M''V'' \Rightarrow M'' = \frac{MV + M'V'}{V''}\text{(mol/L)}$$

더 알기 0.1 M 수산화 나트륨(NaOH) 수용액 1 L 만들기

❶ $NaOH(s)$ 4.0 g(0.1 mol)을 물이 들어 있는 비커에 넣어 모두 녹인다.

❷ 깔때기를 이용하여 비커의 용액을 1 L 부피 플라스크에 넣는다.

❸ 물로 비커와 깔때기에 묻어 있는 용액을 씻어 부피 플라스크에 넣는다.

❹ 부피 플라스크 표시선의 $\frac{2}{3}$ 정도가 되는 부분까지 증류수를 넣은 다음, 마개를 막고 흔들거나 뒤집어서 용액을 잘 섞는다.

❺ 실온까지 식힌 후 씻기병을 이용해 표시선까지 증류수를 가한다.

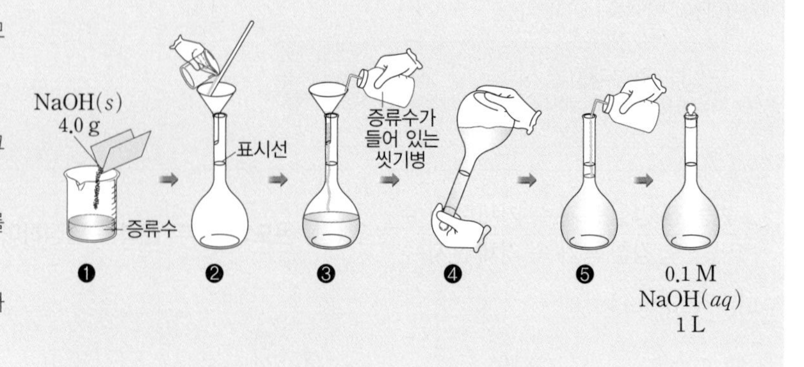

테마 대표 문제

| 2024학년도 수능 |

표는 t°C에서 $X(aq)$ (가)~(다)에 대한 자료이다.

수용액	(가)	(나)	(다)
부피(L)	V_1	V_2	V_2
몰 농도(M)	0.4	0.3	0.2
용질의 질량(g)	w	$3w$	

(가)와 (다)를 혼합한 용액의 몰 농도(M)는? (단, 혼합 용액의 부피는 혼합 전 각 용액의 부피의 합과 같다.)

① $\frac{6}{25}$　② $\frac{4}{15}$　③ $\frac{2}{7}$　④ $\frac{3}{10}$　⑤ $\frac{1}{3}$

접근 전략

용액에 녹아 있는 용질의 양(mol)은 용액의 부피(L)와 용액의 몰 농도(M)의 곱에 비례하며, 용질의 종류가 같은 경우에 용질의 양(mol)은 용질의 질량(g)에 비례한다. 따라서 (가)와 (나)에 녹아 있는 용질의 질량을 비교하여 V_1과 V_2와의 관계를 구해야 한다.

간략 풀이

용액에 녹아 있는 용질의 질량비는 (가) : (나)$=V_1\times0.4 : V_2\times0.3=1:3$이므로 $V_2=4V_1$이다.
용액의 부피비는 (가) : (다)$=V_1 : V_2=1:4$이며, (다)에 녹아 있는 용질의 질량(g)은 $V_2\times0.2=0.8V_1$이므로 (가)와 (다)를 혼합한 용액의 몰 농도(M)는 $\frac{0.4V_1+0.8V_1}{5V_1}=\frac{6}{25}$이다.

정답 | ①

닮은 꼴 문제로 유형 익히기

정답과 해설 10쪽

▸ 24067-0040

표는 t°C에서 용액 (가)~(다)에 대한 자료이다. ㉠은 X, Y 중 하나이다.

용액	(가)	(나)	(다)
용질의 종류	X	Y	㉠
용질의 질량(g)	w	w	$3w$
용액의 부피(L)	V_1	V_2	V_2
몰 농도(M)	0.4	0.6	2.4

이에 대한 설명으로 옳은 것만을 〈보기〉에서 있는 대로 고른 것은?

보기

ㄱ. ㉠은 X이다.
ㄴ. $V_2=2V_1$이다.
ㄷ. 용질의 화학식량의 비는 X : Y$=3:4$이다.

① ㄱ　② ㄷ　③ ㄱ, ㄴ　④ ㄱ, ㄷ　⑤ ㄴ, ㄷ

유사점과 차이점

용질의 질량과 용액의 몰 농도로부터 용액의 부피를 구하는 점은 테마 대표 문제와 유사하지만, 용질의 종류가 서로 다른 용액을 다룬다는 점이 다르다.

배경 지식

- 용질의 양(mol)은 용질의 질량을 용질의 화학식량으로 나눈 값이다.
- 용액의 몰 농도는 용질의 양(mol)을 용액의 부피(L)로 나눈 값이다.

01

▸24067-0041

그림은 t°C에서 2.5 M NaOH(aq) (가)에 NaOH(s) w g을 추가로 녹여 25% NaOH(aq) (나)를 만드는 과정을 나타낸 것이다. t°C에서 (가)와 (나)의 밀도는 1 g/mL이다.

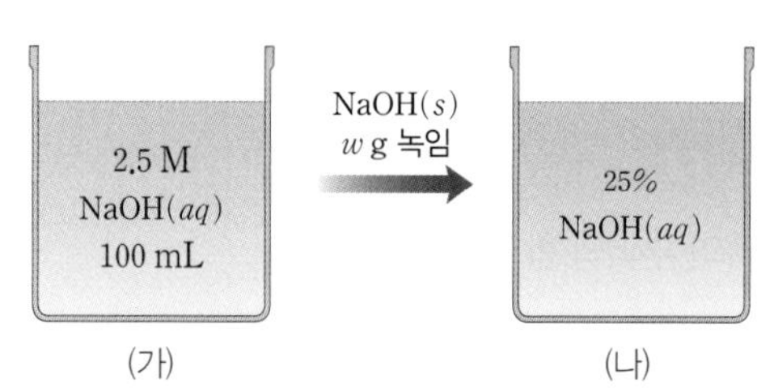

$\frac{\text{(나)의 몰 농도(M)}}{w}$는? (단, 온도는 t°C로 일정하며, NaOH의 화학식량은 40이다.)

① $\frac{5}{16}$　② $\frac{3}{8}$　③ $\frac{5}{8}$　④ 1　⑤ $\frac{5}{4}$

02

▸24067-0042

다음은 a M NaOH(aq)을 만드는 실험이다.

[실험]
(가) 소량의 물이 들어 있는 [㉠]에 NaOH(s) 4 g을 모두 녹인다.
(나) 250 mL [㉡]에 (가)의 수용액을 모두 옮긴 후 [㉡]의 표시선까지 물을 넣고 잘 섞는다.

이에 대한 설명으로 옳은 것만을 〈보기〉에서 있는 대로 고른 것은? (단, NaOH의 화학식량은 40이고, 온도는 일정하다.)

보기
ㄱ. a=0.4이다.
ㄴ. ㉠에는 정밀한 눈금이 있어야 한다.
ㄷ. '비커'는 ㉡으로 적절하다.

① ㄱ　② ㄷ　③ ㄱ, ㄴ
④ ㄴ, ㄷ　⑤ ㄱ, ㄴ, ㄷ

03

▸24067-0043

표는 2가지 A(aq)을 혼합한 후 물을 가하여 만든 수용액 (가)와 (나)에 대한 자료이다.

수용액	혼합 전		혼합 후	
	0.2 M A(aq)의 부피(mL)	a M A(aq)의 부피(mL)	몰 농도(M)	부피(mL)
(가)	50	100	$12k$	250
(나)	50	200	$11k$	500

$\frac{a}{k}$는? (단, 온도는 일정하다.)

① 10　② 15　③ 20　④ 25　⑤ 30

04

▸24067-0044

표는 2가지 포도당 수용액 (가)와 (나)에 대한 자료이다.

수용액	퍼센트 농도(%)	용매의 양(mol)+용질의 양(mol)
(가)	$\frac{100}{6}$	5.1
(나)	20	10.25

이에 대한 설명으로 옳은 것만을 〈보기〉에서 있는 대로 고른 것은? (단, 물과 포도당의 분자량은 각각 18, 180이다.)

보기
ㄱ. 용질의 양(mol)은 (나)가 (가)의 2배보다 크다.
ㄴ. 용매의 양(mol)은 (나)가 (가)의 2배이다.
ㄷ. (가)와 (나)를 모두 혼합한 후 물을 추가하여 부피가 500 mL가 되게 한 수용액의 몰 농도는 $\frac{7}{10}$ M이다.

① ㄱ　② ㄷ　③ ㄱ, ㄴ
④ ㄴ, ㄷ　⑤ ㄱ, ㄴ, ㄷ

05

▸24067-0045

그림은 A(*aq*)의 퍼센트 농도(%)에 따른 $\frac{\text{용매의 양(mol)}}{\text{용질의 양(mol)}}$을 나타낸 것이다.

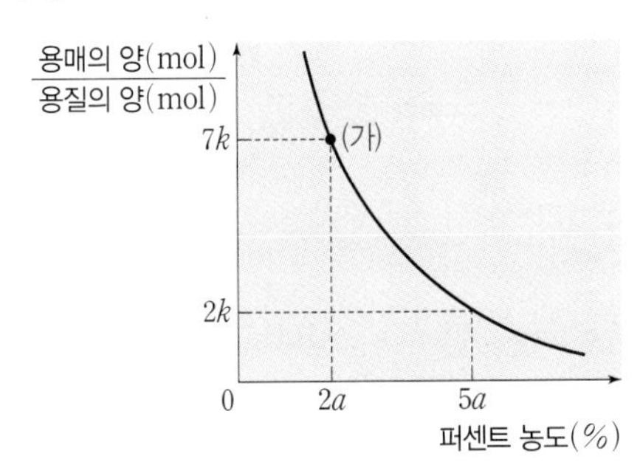

(가)에 해당하는 수용액의 몰 농도(M)는? (단, 물과 A의 화학식량은 각각 18, 60이고, (가)에 해당하는 수용액의 밀도는 1 g/mL 이다.)

① $\frac{4}{5}$ ② $\frac{8}{9}$ ③ $\frac{8}{3}$ ④ 3 ⑤ $\frac{10}{3}$

06

▸24067-0046

다음은 용액의 몰 농도에 대한 실험이다. A~C의 화학식량은 각각 40, 60, 180이다.

[실험 과정]
(가) A(*s*) $4w$ g을 물에 녹여 x L의 수용액 Ⅰ을 만든다.
(나) B(*s*) $3w$ g을 물에 녹여 y L의 수용액 Ⅱ를 만든다.
(다) C(*s*) $6w$ g을 물에 녹여 1 L의 수용액 Ⅲ을 만든다.
(라) Ⅰ에 A(*s*) 10 g을 녹인 후, 물을 가해 $2x$ L의 수용액 Ⅳ를 만든다.
(마) Ⅱ에 B(*s*) 10 g을 녹인 후, 물을 가해 $2y$ L의 수용액 Ⅴ를 만든다.
(바) Ⅲ에 C(*s*) 10 g을 녹인 후, 물을 가해 2 L의 수용액 Ⅵ를 만든다.

[실험 결과]
○ 수용액의 몰 농도(M)

수용액	Ⅰ	Ⅱ	Ⅲ	Ⅳ	Ⅴ	Ⅵ
몰 농도(M)	a	a	a	$15k$	$16k$	㉠

이에 대한 설명으로 옳은 것만을 〈보기〉에서 있는 대로 고른 것은? (단, 온도는 일정하다.)

보기
ㄱ. $\frac{x}{y}=3$이다.
ㄴ. $\frac{w}{a}=20$이다.
ㄷ. ㉠은 $14k$이다.

① ㄱ ② ㄷ ③ ㄱ, ㄴ
④ ㄴ, ㄷ ⑤ ㄱ, ㄴ, ㄷ

07

▸24067-0047

다음은 용액의 몰 농도에 대한 실험이다.

[자료]
○ 물, A, NaOH의 화학식량은 각각 18, 30, 40이다.

[실험 과정]
(가) NaOH(*s*) 20 g을 물 5 mol에 녹여 수용액 Ⅰ을 만든다.
(나) A(*l*) 6 g을 물 3 mol에 녹여 수용액 Ⅱ를 만든다.
(다) Ⅰ, Ⅱ의 밀도와 몰 농도(M)를 구한다.

[실험 결과]
○ 수용액의 밀도와 몰 농도

수용액	Ⅰ	Ⅱ
밀도(g/mL)	1.1	1
몰 농도(상댓값)	x	y

$\frac{x}{y}$는? (단, 온도는 t°C로 일정하다.)

① $\frac{11}{10}$ ② $\frac{3}{2}$ ③ $\frac{7}{4}$ ④ 2 ⑤ $\frac{11}{4}$

08

▸24067-0048

표는 A(*s*), $3a$ M A(*aq*), a M A(*aq*)의 양을 달리하여 혼합한 용액 Ⅰ~Ⅲ에 대한 자료이다. A의 화학식량은 40이다.

혼합 용액	Ⅰ	Ⅱ	Ⅲ
A(*s*)의 질량(g)	1	0	4
$3a$ M A(*aq*)의 부피(mL)	V	$\frac{3}{5}V$	0
a M A(*aq*)의 부피(mL)	$2V$	$\frac{1}{5}V$	$4V$
몰 농도(M)	$4k$	$3k$	$\frac{3}{5}$

$\frac{V \times a}{k}$는? (단, 온도는 일정하고, 혼합 용액의 부피는 혼합 전 각 용액의 부피의 합과 같으며, 고체 용질의 용해에 따른 용액의 부피 변화는 무시한다.)

① 40 ② 45 ③ 50 ④ 55 ⑤ 60

01

▸24067-0049

다음은 t℃, 1 atm에서 $H_2O_2(aq)$을 분해하여 $O_2(g)$를 얻는 실험이다.

[화학 반응식]

○ $2H_2O_2(aq) \longrightarrow 2H_2O(l)+O_2(g)$

[실험 과정]

(가) 그림과 같이 x M의 $H_2O_2(aq)$ w g을 Y자관의 한쪽에 넣고, 다른 한쪽에는 촉매를 넣는다.

(나) Y자관을 기울여 $H_2O_2(aq)$에 녹아 있는 H_2O_2를 모두 분해시킨다.

(다) 생성된 $O_2(g)$의 부피를 측정한다.

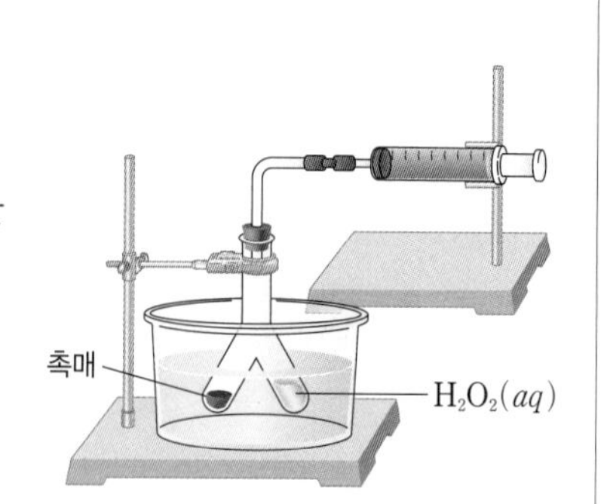

[실험 결과 및 자료]

○ 생성된 $O_2(g)$의 부피는 V mL이다.

○ x M $H_2O_2(aq)$의 밀도는 d g/mL이다.

○ t℃, 1 atm에서 기체 1 mol의 부피는 24 L이다.

x는? (단, 주사기 피스톤의 마찰은 무시한다.)

① $\frac{12w}{dV}$　② $\frac{dV}{12w}$　③ $\frac{V}{12wd}$　④ $\frac{24V}{wd}$　⑤ $\frac{24dV}{w}$

02

▸24067-0050

다음은 $A(aq)$에 대한 실험이다. A의 화학식량은 40이다.

[실험 과정]

(가) x M $A(aq)$ 100 mL에 물을 가하여 300 mL의 수용액 Ⅰ을 만든다.

(나) y M $A(aq)$ 50 mL에 물을 가하여 200 mL의 수용액 Ⅱ를 만든다.

(다) 수용액의 부피비를 Ⅰ : Ⅱ=2 : 1로 혼합하여 수용액 Ⅲ을 만든다.

(라) 수용액의 부피비를 Ⅰ : Ⅱ=1 : 3으로 혼합하여 수용액 Ⅳ를 만든다.

[실험 결과 및 자료]

○ $x+y=1$이다.

○ 몰 농도(M)의 비는 Ⅲ : Ⅳ=4 : 3이다.

이에 대한 설명으로 옳은 것만을 〈보기〉에서 있는 대로 고른 것은? (단, 온도는 일정하며, 혼합 용액의 부피는 혼합 전 각 용액의 부피의 합과 같다.)

보기

ㄱ. $x=0.6$이다.

ㄴ. Ⅰ과 Ⅱ에 녹아 있는 용질의 질량의 합은 3.2 g이다.

ㄷ. 수용액의 몰 농도(M)는 Ⅱ가 Ⅳ보다 크다.

① ㄱ　② ㄷ　③ ㄱ, ㄴ　④ ㄴ, ㄷ　⑤ ㄱ, ㄴ, ㄷ

03

▸24067-0051

그림은 A(aq) (가)와 (나)를 혼합하여 (다)를 만드는 과정을 나타낸 것이다.

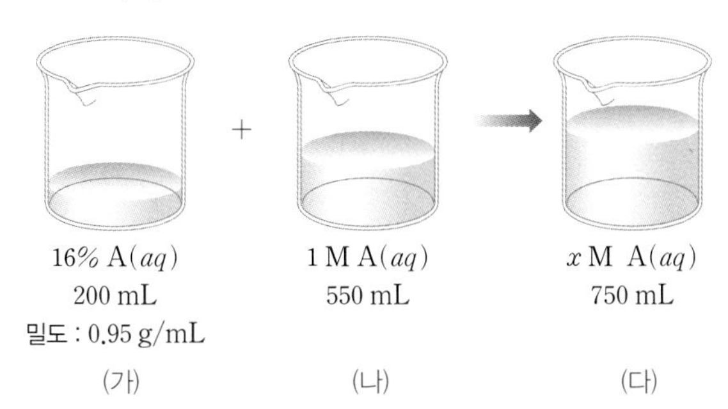

이에 대한 설명으로 옳은 것만을 〈보기〉에서 있는 대로 고른 것은? (단, 온도는 일정하며, A의 화학식량은 32이다.)

보기

ㄱ. (가)의 몰 농도는 4.75 M이다.
ㄴ. 용액에 녹아 있는 A의 양(mol)은 (가)가 (나)의 2배보다 크다.
ㄷ. $x=2$이다.

① ㄱ ② ㄴ ③ ㄱ, ㄷ ④ ㄴ, ㄷ ⑤ ㄱ, ㄴ, ㄷ

04

▸24067-0052

다음은 용액의 몰 농도에 대한 학생 A와 B의 실험이다.

[학생 A의 실험 과정]
(가) a M A(aq) 100 mL를 준비한다.
(나) (가)의 수용액에 물을 가해 수용액의 부피가 2배가 되게 한다.
(다) (나)의 수용액에 1 M A(aq) 50 mL를 혼합한다.

[학생 B의 실험 과정]
(1) a M A(aq) 100 mL를 준비한다.
(2) (1)의 수용액에 1 M A(aq) 50 mL를 혼합한다.
(3) (2)의 수용액에 물을 가해 수용액의 부피가 2배가 되게 한다.

[실험 결과]
○ 학생 A의 (다) 과정 후 용액의 몰 농도 : 0.4 M
○ 학생 B의 (3) 과정 후 용액의 몰 농도 : b M

$a \times b$는? (단, 온도는 일정하며, 혼합 용액의 부피는 혼합 전 각 용액의 부피의 합과 같다.)

① $\frac{1}{6}$ ② $\frac{1}{5}$ ③ $\frac{1}{4}$ ④ $\frac{1}{3}$ ⑤ $\frac{1}{2}$

원자의 구조

1 원자의 구성 입자

(1) **전자의 발견 : 톰슨(1897)**

① 음극선 실험에서 음극선이 전기장이나 자기장에서 진로가 휜다는 것과 음극선 진로에 장애물을 설치하면 그림자가 생기는 것, 바람개비를 설치하면 바람개비가 회전하는 것을 관찰함으로써 음극선이 음전하를 띤 질량을 가진 입자의 흐름이라는 것을 알 수 있다.

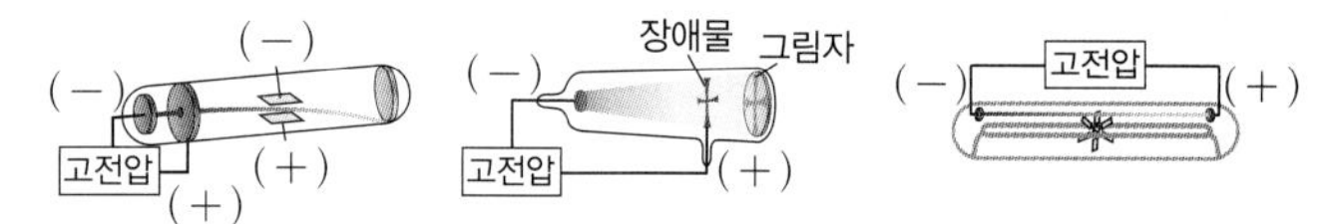

② 톰슨의 원자 모형 : 톰슨은 양전하가 고르게 분포된 공에 음전하를 띤 전자가 박혀 있는 원자 모형을 제안하였다.

(2) **원자핵의 발견 : 러더퍼드(1911)**

① 러더퍼드는 금박에 양전하를 띤 α 입자를 충돌시키는 α 입자 산란 실험을 통해 극히 일부의 α 입자가 크게 휘어지거나 튕겨 나오는 현상을 관찰함으로써 양전하를 띤 입자가 원자의 중심에 존재한다는 사실을 알아냈다.

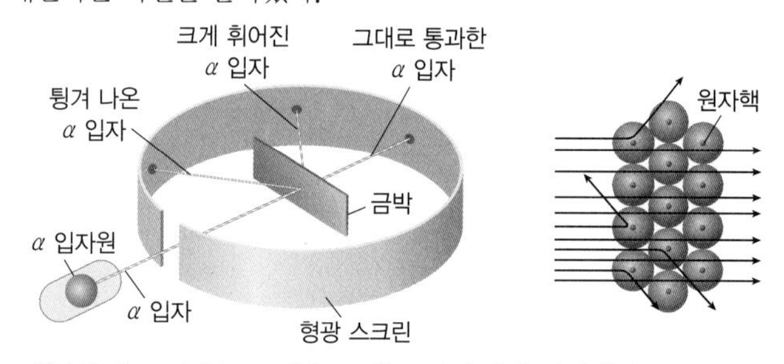

- 대부분의 α 입자는 금박을 그대로 통과하여 직진한다.
  ➡ 원자 내부의 대부분은 빈 공간이다.
- 극히 일부의 α 입자들은 진로가 크게 휘어지거나 튕겨 나온다.
  ➡ 원자의 중심에 원자 질량의 대부분을 차지하면서 양전하를 띤 크기가 매우 작은 입자가 있으며, 이를 원자핵이라고 하였다.

② 러더퍼드의 원자 모형 : 러더퍼드는 양전하를 띤 매우 작은 크기의 원자핵이 원자의 중심에 있고, 음전하를 띠는 전자가 원자핵 주위를 돌고 있는 원자 모형을 제안하였다.

(3) **원자를 구성하는 입자**

입자		전하량(C)	상대적 전하량	질량(g)	상대적 질량
원자핵	양성자(p)	$+1.6\times10^{-19}$	$+1$	1.673×10^{-24}	1
	중성자(n)	0	0	1.675×10^{-24}	1
전자(e^-)		-1.6×10^{-19}	-1	9.109×10^{-28}	$\frac{1}{1837}$

(4) **원자의 표시**

2 동위 원소

(1) **동위 원소 :** 양성자수가 같아 원자 번호는 같으나 중성자수가 달라 질량수가 다른 원소

➡ 화학적 성질은 같으나, 물리적 성질은 다르다.

(2) **평균 원자량 :** 자연계에 존재하는 동위 원소의 존재 비율을 고려하여 평균값으로 나타낸 원자량

➡ (동위 원소의 원자량×동위 원소의 존재 비율)의 합으로 계산한다.

예 탄소(C)의 평균 원자량 구하기

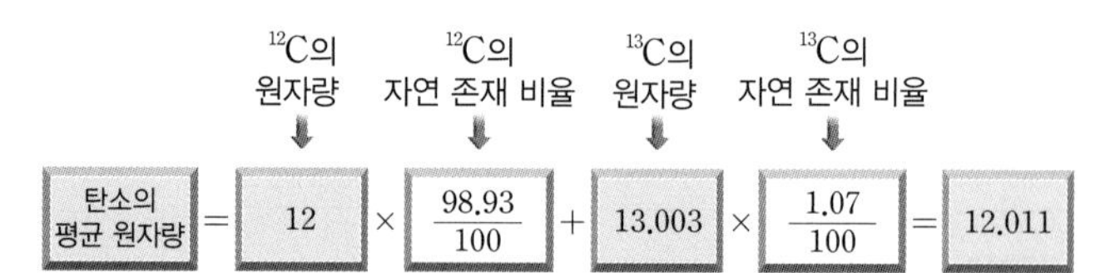

더 알기 수소(H)의 동위 원소

동위 원소	수소(^1_1H)	중수소(^2_1H)	삼중수소(^3_1H)
양성자수	1	1	1
중성자수	0	1	2
전자 수	1	1	1
질량수	1	2	3
모형	전자, 양성자	중성자	

- 원자는 전기적으로 중성이므로 ^1_1H, ^2_1H, ^3_1H 모두 양성자수와 전자 수가 각각 1로 같다.
- ^1_1H, ^2_1H, ^3_1H의 중성자수는 각각 0, 1, 2이다.
- 질량수는 원자핵을 구성하는 양성자수와 중성자수의 합이므로 ^1_1H, ^2_1H, ^3_1H의 질량수는 각각 1, 2, 3이다.
  ➡ ^1_1H, ^2_1H, ^3_1H는 양성자수가 모두 1로 같지만 중성자수가 각각 0, 1, 2로 달라 질량수가 각각 1, 2, 3으로 다르므로 동위 원소이다.
  ➡ ^1_1H, ^2_1H, ^3_1H의 화학적 성질은 같으나, 질량이 다르므로 물리적 성질은 다르다.

테마 대표 문제

| 2024학년도 수능 |

표는 원자 A~D에 대한 자료이다. A~D는 원소 X와 Y의 동위 원소이고, A~D의 중성자수 합은 76이다. 원자 번호는 X > Y이다.

원자	중성자수 − 원자 번호	질량수
A	0	$m-1$
B	1	$m-2$
C	2	$m+1$
D	3	m

이에 대한 설명으로 옳은 것만을 〈보기〉에서 있는 대로 고른 것은? (단, X와 Y는 임의의 원소 기호이고, A, B, C, D의 원자량은 각각 $m-1$, $m-2$, $m+1$, m이다.) [3점]

보기

ㄱ. B와 D는 Y의 동위 원소이다.

ㄴ. $\frac{1\text{ g의 C에 들어 있는 중성자수}}{1\text{ g의 A에 들어 있는 중성자수}}=\frac{20}{19}$이다.

ㄷ. $\frac{1\text{ mol의 D에 들어 있는 양성자수}}{1\text{ mol의 A에 들어 있는 양성자수}}<1$이다.

① ㄱ ② ㄴ ③ ㄱ, ㄷ ④ ㄴ, ㄷ ⑤ ㄱ, ㄴ, ㄷ

접근 전략

원자 번호는 양성자수와 같고, 질량수는 중성자수와 양성자수의 합과 같으므로 A~D의 중성자수와 양성자수는 다음과 같다.

원자	중성자수	양성자수
A	$\frac{m-1}{2}$	$\frac{m-1}{2}$
B	$\frac{m-1}{2}$	$\frac{m-3}{2}$
C	$\frac{m+3}{2}$	$\frac{m-1}{2}$
D	$\frac{m+3}{2}$	$\frac{m-3}{2}$

간략 풀이

A~D의 중성자수 합은 76이므로 $2m+2=76$이고, $m=37$이다.

㉠ 원자 번호는 X > Y이므로 A와 C는 원소 X의 동위 원소이고, B와 D는 원소 Y의 동위 원소이다.

㉡ $\frac{1\text{ g의 C에 들어 있는 중성자수}}{1\text{ g의 A에 들어 있는 중성자수}}=\frac{\frac{20}{38}}{\frac{18}{36}}=\frac{20}{19}$이다.

㉢ $\frac{1\text{ mol의 D에 들어 있는 양성자수}}{1\text{ mol의 A에 들어 있는 양성자수}}=\frac{17}{18}$이다.

정답 | ⑤

닮은 꼴 문제로 유형 익히기

정답과 해설 13쪽

▸ 24067-0053

그림은 원자 A~D에 대한 자료를 나타낸 것이다.

이에 대한 설명으로 옳은 것만을 〈보기〉에서 있는 대로 고른 것은? (단, A~D의 원자량은 각각 32, 35, 34, 37이다.)

보기

ㄱ. A와 B는 중성자수가 같다.

ㄴ. $\frac{\text{중성자수}}{\text{양성자수}}$는 C가 B보다 크다.

ㄷ. $\frac{1\text{ g의 A에 들어 있는 중성자수}}{1\text{ g의 D에 들어 있는 양성자수}}>1$이다.

① ㄱ ② ㄷ ③ ㄱ, ㄴ ④ ㄴ, ㄷ ⑤ ㄱ, ㄴ, ㄷ

유사점과 차이점

원자의 중성자수와 원자 번호의 차 및 질량수를 다룬다는 점은 테마 대표 문제와 유사하지만, 자료가 그림으로 제시되었다는 점이 다르다.

배경 지식

- 원자 번호는 원자의 양성자수와 같다.
- 원자의 질량수는 양성자수와 중성자수의 합과 같다.

01

▸24067-0054

표는 실린더 (가)~(다)에 각각 들어 있는 기체에 대한 자료이다.

실린더	(가)	(나)	(다)
기체	$^{12}C^{1}H_4$	$^{13}C_2{}^{1}H_4$	$^{12}C^{3}H_4$
질량(g)	w	w	w
부피(mL)	V_1	V_2	V_3

이에 대한 설명으로 옳은 것만을 〈보기〉에서 있는 대로 고른 것은? (단, 실린더 속 기체의 온도와 압력은 일정하고, H, C의 원자 번호는 각각 1, 6이며, ^{1}H, ^{3}H, ^{12}C, ^{13}C의 원자량은 각각 1, 3, 12, 13이다.)

보기

ㄱ. $V_1 : V_2 = 15 : 8$이다.

ㄴ. 실린더 속 중성자수의 비는 (가) : (다)=9 : 14이다.

ㄷ. 실린더 속 양성자수의 비는 (나) : (다)=32 : 25이다.

① ㄱ ② ㄷ ③ ㄱ, ㄴ ④ ㄴ, ㄷ ⑤ ㄱ, ㄴ, ㄷ

02

▸24067-0055

그림은 용기에 $^{1}H_2{}^{16}O(g)$와 $^{3}H_2{}^{18}O(g)$가 들어 있는 것을 나타낸 것이다. 용기 속 전체 기체의 $\frac{\text{양성자수}}{\text{중성자수}}=\frac{4}{5}$이다.

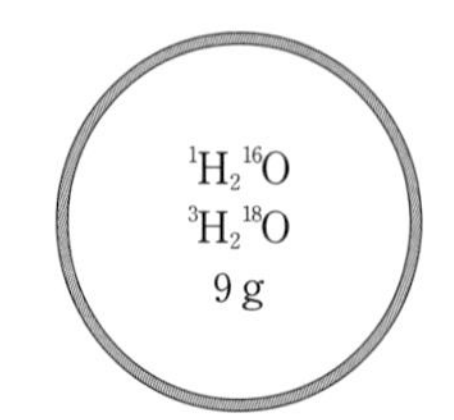

용기 속 $\frac{^{1}H_2{}^{16}O\text{의 전체 중성자수}}{^{3}H_2{}^{18}O\text{의 전체 중성자수}}$는? (단, H와 O의 원자 번호는 각각 1, 8이고, ^{1}H, ^{3}H, ^{16}O, ^{18}O의 원자량은 각각 1, 3, 16, 18이다.)

① $\frac{3}{20}$ ② $\frac{4}{21}$ ③ $\frac{1}{4}$ ④ $\frac{1}{2}$ ⑤ $\frac{2}{3}$

03

▸24067-0056

표는 원자 또는 이온 (가)~(다)에 대한 자료이다. (가)~(다)는 ^{2}H, ^{3}H, $^{4}He^{2+}$을 순서 없이 나타낸 것이다.

원자 또는 이온	(가)	(나)	(다)
$\frac{\text{중성자수}}{\text{질량수}}$(상댓값)	4	3	x
양성자수	a		
전자 수		1	b

이에 대한 설명으로 옳은 것만을 〈보기〉에서 있는 대로 고른 것은? (단, H와 He의 원자 번호는 각각 1, 2이다.)

보기

ㄱ. (가)는 ^{3}H이다.

ㄴ. $x=2$이다.

ㄷ. $a+b=3$이다.

① ㄱ ② ㄴ ③ ㄷ ④ ㄱ, ㄴ ⑤ ㄱ, ㄷ

04

▸24067-0057

표는 용기 (가)와 (나)에 각각 들어 있는 $^{63}Cu^{16}O$와 $^{65}Cu_2{}^{18}O$에 대한 자료이다.

용기	물질	양(mol)	전체 중성자의 양−전체 양성자의 양 (mol)
(가)	$^{63}Cu^{16}O$	16	k
(나)	$^{65}Cu_2{}^{18}O$	n	k

$n+k$는? (단, O와 Cu의 원자 번호는 각각 8, 29이다.)

① 82 ② 83 ③ 84 ④ 85 ⑤ 86

05

▸24067-0058

표는 t°C, 1 atm에서 실린더 (가)와 (나)에 들어 있는 기체에 대한 자료이다.

실린더	(가)	(나)
기체	$^{35}Cl_2{}^{16}O$, $^{37}Cl_2$	$^{18}O_2$
부피(L)	V	$2V$
전체 양성자수(상댓값)	55	48

이에 대한 설명으로 옳은 것만을 <보기>에서 있는 대로 고른 것은? (단, 실린더 속 기체의 온도와 압력은 일정하고, O와 Cl의 원자 번호는 각각 8, 17이며, ^{16}O, ^{18}O, ^{35}Cl, ^{37}Cl의 원자량은 각각 16, 18, 35, 37이다.)

보기

ㄱ. 실린더에 들어 있는 원자 수는 (나)가 (가)의 2배보다 작다.
ㄴ. 실린더 속 전체 중성자수는 (가)가 (나)보다 크다.
ㄷ. (가)에서 $\frac{^{35}\text{Cl의 질량}}{^{37}\text{Cl의 질량}} > \frac{1}{2}$이다.

① ㄱ ② ㄴ ③ ㄱ, ㄴ
④ ㄱ, ㄷ ⑤ ㄴ, ㄷ

06

▸24067-0059

표는 원자를 구성하는 입자에 대한 자료이고, 그림은 원자 X의 원자핵을 모형으로 나타낸 것이다.

입자	입자 1개의 전하량(C)	입자 1개의 질량(g)
양성자	$+1.6\times10^{-19}$	1.6×10^{-24}
중성자	0	1.6×10^{-24}
전자	-1.6×10^{-19}	9.1×10^{-28}

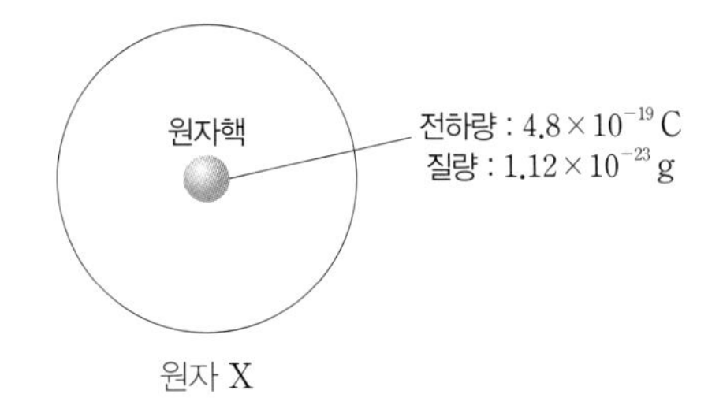

원자 X

이에 대한 설명으로 옳은 것만을 <보기>에서 있는 대로 고른 것은? (단, X는 임의의 원소 기호이다.)

보기

ㄱ. X의 원자 번호는 3이다.
ㄴ. X의 질량수는 7이다.
ㄷ. X^+의 $\frac{\text{전자 수}}{\text{중성자수}} = \frac{1}{2}$이다.

① ㄱ ② ㄷ ③ ㄱ, ㄴ
④ ㄴ, ㄷ ⑤ ㄱ, ㄴ, ㄷ

07

▸24067-0060

표는 자연계에 존재하는 원소 X와 Y의 동위 원소에 대한 자료이다. $a+b=100$이다.

원소	X		Y	
동위 원소	^{x}X	^{x+2}X	^{y}Y	^{y+2}Y
자연계 존재 비율(%)	a	b	75	25
평균 원자량	$x+\frac{3}{5}$		$y+k$	

$\frac{a\times k}{b}$는? (단, X와 Y는 임의의 원소 기호이며, ^{x}X, ^{x+2}X, ^{y}Y, ^{y+2}Y의 원자량은 각각 x, $x+2$, y, $y+2$이다.)

① 1 ② $\frac{7}{6}$ ③ $\frac{4}{3}$ ④ $\frac{3}{2}$ ⑤ $\frac{5}{3}$

08

▸24067-0061

표는 자연계에 존재하는 X와 Y의 동위 원소에 대한 자료이다. $a+b=100$이다.

원소	X		Y	
동위 원소	^{x}X	^{x+k}X	^{y}Y	^{y+k}Y
자연계 존재 비율(%)	a	b	75	25
평균 원자량	$x+1$		$y+\frac{1}{2}$	

이에 대한 설명으로 옳은 것만을 <보기>에서 있는 대로 고른 것은? (단, X와 Y는 임의의 원소 기호이며, ^{x}X, ^{x+k}X, ^{y}Y, ^{y+k}Y의 원자량은 각각 x, $x+k$, y, $y+k$이다.)

보기

ㄱ. $k=2$이다.
ㄴ. $\frac{b}{a}=\frac{1}{3}$이다.
ㄷ. XY의 분자량은 $\left(x+y+\frac{k}{2}\right)$보다 크다.

① ㄱ ② ㄷ ③ ㄱ, ㄴ
④ ㄱ, ㄷ ⑤ ㄴ, ㄷ

01

▸24067-0062

다음은 원자의 구성 입자를 발견한 두 과학자의 실험이다.

〈러더퍼드의 실험〉

[실험 과정]

○ 러더퍼드는 금박에 α 입자를 충돌시키는 α 입자 산란 실험을 통해 극히 일부의 α 입자가 크게 휘어지거나 튕겨 나오는 현상을 관찰하였다.

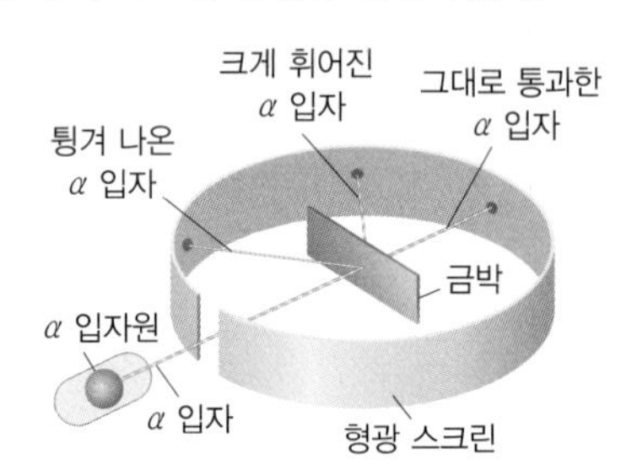

[실험 결과]

○ 이 실험으로 입자 X를 발견하였다.

〈톰슨의 실험〉

[실험 과정]

○ 톰슨은 음극선 실험을 통해 음극선이 전하를 띠고 질량을 가진 입자의 흐름이라는 것을 알게 되었다.

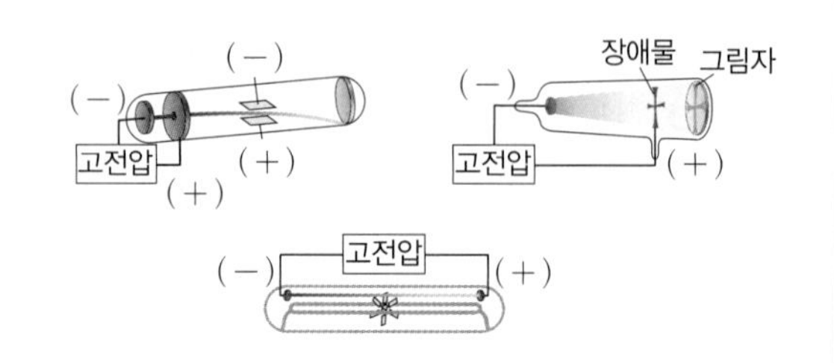

[실험 결과]

○ 이 실험으로 입자 Y를 발견하였다.

이에 대한 설명으로 옳은 것만을 〈보기〉에서 있는 대로 고른 것은?

보기

ㄱ. 입자 X가 입자 Y보다 시대적으로 먼저 발견되었다.

ㄴ. 입자의 질량은 X > Y이다.

ㄷ. ^{3}H와 ^{2}H는 입자 Y의 수가 같다.

① ㄱ　② ㄴ　③ ㄷ　④ ㄱ, ㄴ　⑤ ㄴ, ㄷ

02

▸24067-0063

표는 자연계에 존재하는 X와 Y의 동위 원소에 대한 자료이다. $a+b=100$이며, XY_3의 분자량은 117.3이다.

원소	동위 원소	자연계 존재 비율(%)	평균 원자량
X	^{2x}X	20	$2x+\frac{4}{5}$
	^{2x+k}X	80	
Y	^{7x}Y	a	$7x+\frac{1}{2}$
	$^{7x+2k}Y$	b	

$\frac{b}{a}\times(x+k)$는? (단, X와 Y는 임의의 원소 기호이며, ^{2x}X, ^{2x+k}X, ^{7x}Y, $^{7x+2k}Y$의 원자량은 각각 $2x$, $2x+k$, $7x$, $7x+2k$이다.)

① $\frac{1}{2}$　② $\frac{3}{2}$　③ 2　④ $\frac{5}{2}$　⑤ 3

03

▸24067-0064

표는 원소 X와 Y로 이루어진 분자 (가)~(다)의 분자식이며, 그림은 분자 (가)~(다)에 대한 자료이다.

분자	분자식
(가)	${}^{a}X{}^{b}Y{}^{b}Y$
(나)	${}^{a+2}X{}^{b}Y{}^{b+2}Y$
(다)	${}^{a}X{}^{b}Y{}^{b+2}Y{}^{b+2}Y$

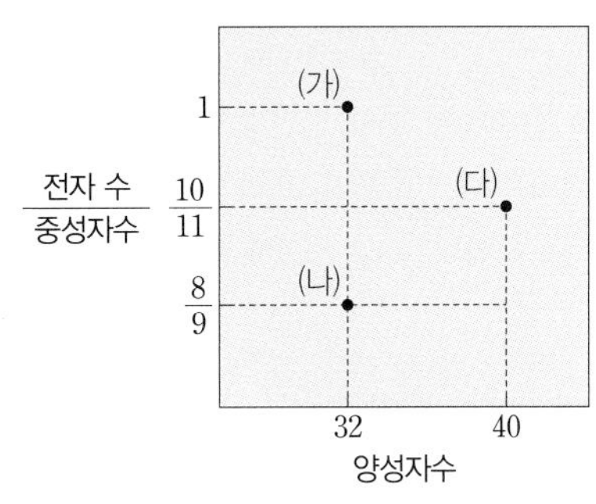

$\frac{a}{b} \times \frac{{}^{b+2}Y\text{의 중성자수}}{{}^{a}X\text{의 양성자수}}$는? (단, X와 Y는 임의의 원소 기호이다.)

① $\frac{1}{2}$　　② $\frac{3}{4}$　　③ 1　　④ $\frac{5}{4}$　　⑤ $\frac{3}{2}$

04

▸24067-0065

다음은 용기에 들어 있는 HCN에 대한 자료이다.

- 용기에는 2 mol의 HCN가 들어 있다.
- H는 ${}^{1}H$로만, C는 ${}^{12}C$와 ${}^{13}C$로만, N는 ${}^{14}N$와 ${}^{15}N$로만 존재한다.
- 용기에 들어 있는 ${}^{1}H{}^{12}C{}^{15}N$의 양은 1 mol이다.
- 용기 속 전체 양성자수는 전체 중성자수와 같다.
- ${}^{15}N$를 포함한 분자에 들어 있는 전체 중성자수가 ${}^{14}N$를 포함한 분자에 들어 있는 전체 중성자수보다 12 mol 많다.

용기 속 $\frac{{}^{1}H{}^{12}C{}^{14}N\text{의 질량(g)}}{{}^{1}H{}^{13}C{}^{14}N\text{의 질량(g)}}$은? (단, H, C, N의 원자 번호는 각각 1, 6, 7이며, ${}^{1}H$, ${}^{12}C$, ${}^{13}C$, ${}^{14}N$, ${}^{15}N$의 원자량은 각각 1, 12, 13, 14, 15이다.)

① $\frac{27}{14}$　　② 2　　③ $\frac{15}{7}$　　④ $\frac{16}{7}$　　⑤ $\frac{33}{14}$

테마 06 현대적 원자 모형과 전자 배치

1 보어의 원자 모형

(1) 수소 원자의 선 스펙트럼 : 수소 기체를 방전관에 넣고 고전압으로 방전시키면 수소 방전관에서 빛이 방출되는데, 이 빛을 프리즘에 통과시키면 몇 개의 선이 불연속적으로 나타나는 선 스펙트럼이 생긴다.

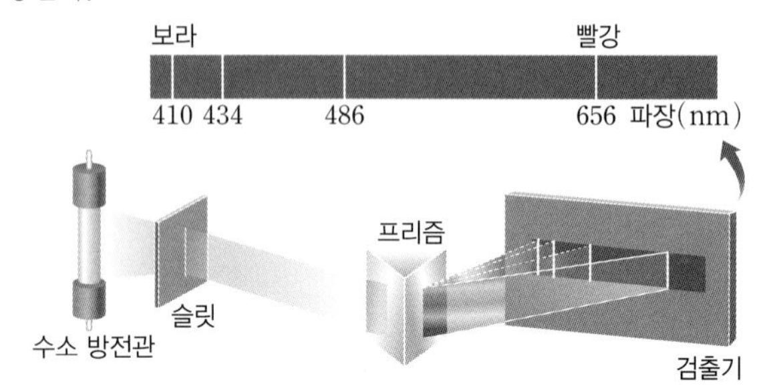

(2) 보어의 원자 모형

① 1913년 보어는 수소 원자의 선 스펙트럼을 설명하기 위해 새로운 원자 모형을 제안하였다.

② 전자는 특정한 에너지 준위를 가진 원형 궤도를 따라 원운동한다. 이러한 불연속적인 전자의 궤도를 전자 껍질이라고 한다.

- 전자의 에너지 준위는 불연속적이며, 원자핵에 가까운 쪽에서부터 $n=1, 2, 3, 4\cdots$ 등의 숫자를 사용하였다. 후에 n은 궤도의 전자 껍질과 주 양자수와 그 의미가 같게 되었다.

③ 전자가 한 전자 껍질에서 원운동할 때는 에너지를 흡수하거나 방출하지 않는다. 전자가 다른 전자 껍질로 전이될 때 두 전자 껍질의 에너지 준위의 차이에 해당하는 에너지를 흡수하거나 방출한다.

2 현대적 원자 모형

(1) 현대적 원자 모형과 오비탈

① 오비탈(궤도 함수) : 일정한 에너지를 가진 전자가 원자핵 주위에서 발견될 확률을 나타내는 함수이며, 궤도 함수의 모양, 전자의 에너지 상태를 의미하기도 한다.

② s 오비탈 : 공 모양(구형)으로 모든 전자 껍질에 존재한다.

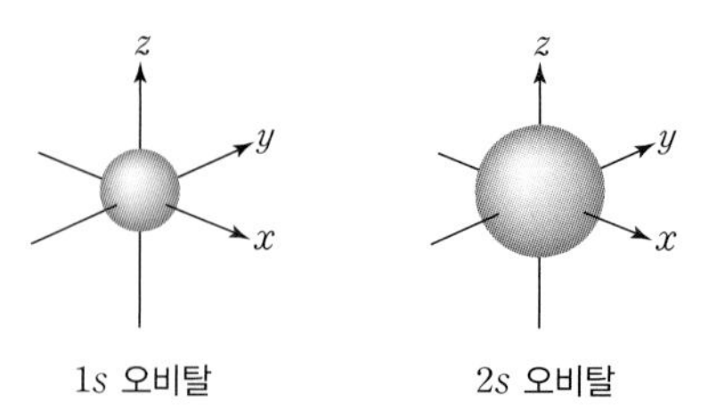

$1s$ 오비탈　　$2s$ 오비탈

➡ 핵으로부터 거리가 같으면 방향에 관계없이 전자가 발견될 확률이 같다.

③ p 오비탈 : 아령 모양으로 L 전자 껍질($n=2$)부터 존재한다.

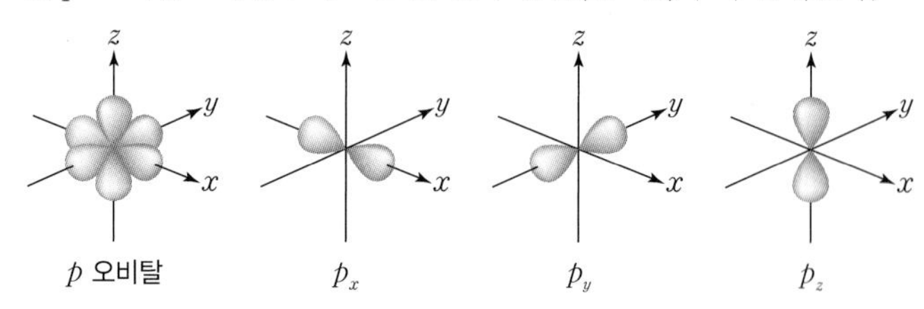

p 오비탈　p_x　p_y　p_z

➡ 삼차원 공간의 각 축 방향으로 분포하며, 한 전자 껍질에 에너지 준위가 같은 p_x, p_y, p_z 오비탈이 존재한다.

④ 오비탈의 표시

예
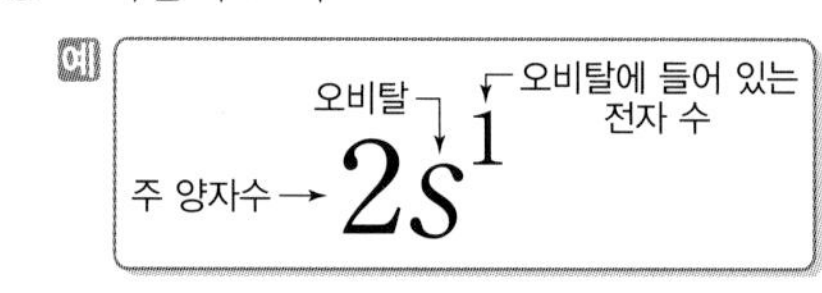

주 양자수는 2이고, s 오비탈이며, 이 오비탈에 들어 있는 전자 수는 1이다.

(2) 오비탈과 양자수

① 주 양자수(n)

- 오비탈의 크기와 에너지를 결정하는 양자수이며, $n=1, 2, 3, 4\cdots$ 등의 양의 정숫값을 갖는다.
- 보어 원자 모형에서 전자 껍질을 나타내며, 같은 종류의 오비탈에서 주 양자수가 증가할수록 오비탈의 크기와 에너지는 커지고, 전자는 원자핵으로부터 멀어진다.

주 양자수(n)	1	2	3	4
전자 껍질	K	L	M	N

② 방위(부) 양자수(l)

- 오비탈의 모양을 결정하는 양자수이며, 주 양자수가 n일 때 방위(부) 양자수는 $0 \leq l \leq n-1$의 정숫값을 갖는다.

더 알기 바닥상태와 들뜬상태

원자의 에너지가 가장 낮은 안정한 상태를 바닥상태라고 하고, 바닥상태보다 에너지가 높은 불안정한 상태를 들뜬상태라고 한다. ➡ 바닥상태 원자가 에너지를 흡수하여 전자가 전이되면 들뜬상태의 원자가 되고, 들뜬상태 원자에서 바닥상태 원자가 될 때 에너지를 방출한다.

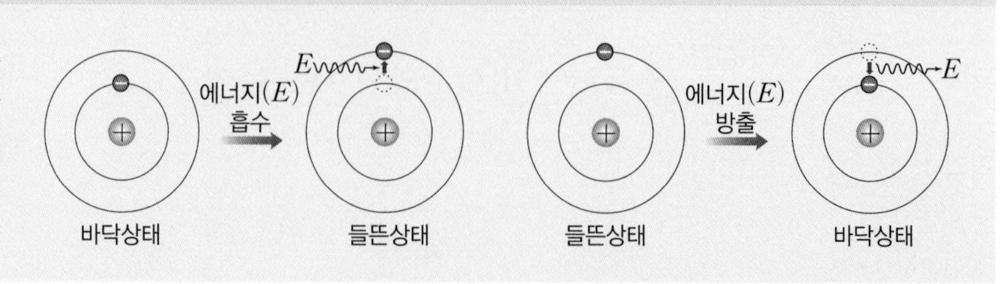

- 방위(부) 양자수(l)가 0, 1, 2…일 때, 각각 s, p, d… 오비탈에 해당된다.

주 양자수(n)	1	2		3		
방위(부) 양자수(l)	0	0	1	0	1	2
오비탈	1s	2s	2p	3s	3p	3d

- 다전자 원자의 경우 주 양자수가 같을 때 방위(부) 양자수가 클수록 에너지 준위가 높다.

③ 자기 양자수(m_l)

- 오비탈의 공간적인 방향을 결정하는 양자수이며, 방위(부) 양자수가 l일 때 자기 양자수는 $-l \leq m_l \leq l$의 정숫값을 갖는다.
- 방위(부) 양자수가 l인 오비탈의 수는 $(2l+1)$이고, 각각 방향은 다르지만 에너지 준위는 같다.
- 3가지 양자수에 따른 오비탈의 종류와 수

주 양자수(n)	1	2		3		
방위(부) 양자수(l)	0	0	1	0	1	2
자기 양자수(m_l)	0	0	−1, 0, 1	0	−1, 0, 1	−2, −1, 0, 1, 2
오비탈 종류	1s	2s	2p	3s	3p	3d
오비탈 수	1	1	3	1	3	5
주 양자수에 따른 오비탈의 총수(n^2)	1	4		9		
최대 수용 전자 수 ($2n^2$)	2	8		18		

④ 스핀 자기 양자수(m_s) : 외부에서 자기장을 걸어 주었을 때 전자의 자기 상태가 서로 반대 방향으로 나누어지는 것과 관련된 양자수로, $+\frac{1}{2}$, $-\frac{1}{2}$의 2가지 값을 가진다.

(3) 오비탈과 전자 배치

① 쌓음 원리 : 바닥상태에서 전자는 에너지 준위가 낮은 오비탈부터 차례대로 채워진다.

- 수소 원자에서 오비탈의 에너지 준위
  ➡ 주 양자수(n)에 의해서만 결정된다.

$$1s < 2s = 2p < 3s = 3p = 3d < \cdots$$

- 다전자 원자에서 오비탈의 에너지 준위
  ➡ 주 양자수(n)와 방위(부) 양자수(l)에 의해서 결정된다.

$$1s < 2s < 2p < 3s < 3p < 4s < 3d < 4p < \cdots$$

② 파울리 배타 원리 : 1개의 오비탈에는 스핀 방향이 반대인 전자가 쌍을 이루면서 존재할 수 있으므로 전자가 최대 2개까지 들어간다. ➡ 오비탈에 들어 있는 어떤 전자도 4가지 양자수(n, l, m_l, m_s)가 모두 같을 수는 없다.

예 베릴륨(Be)의 전자 배치 :

1s 2s [↑↓][↑↓] 바닥상태(안정) 1s 2s [↑↓↑][↑] 불가능 1s 2s [↑↓][↑↑] 불가능

③ 훈트 규칙 : p_x, p_y, p_z 오비탈과 같이 에너지 준위가 같은 오비탈에 전자가 채워질 경우에는 쌍을 이루지 않고 홀전자 수가 많아지도록 전자가 채워지는 경우가 더 안정하다.

예 탄소(C)의 전자 배치 : 2p 오비탈에 들어 있는 전자가 2개이므로 홀전자 수가 2인 (나)가 (가)보다 안정하다. (나)가 안정한 바닥상태의 전자 배치이고, (가)는 (나)보다 불안정한 들뜬 상태 전자 배치이다.

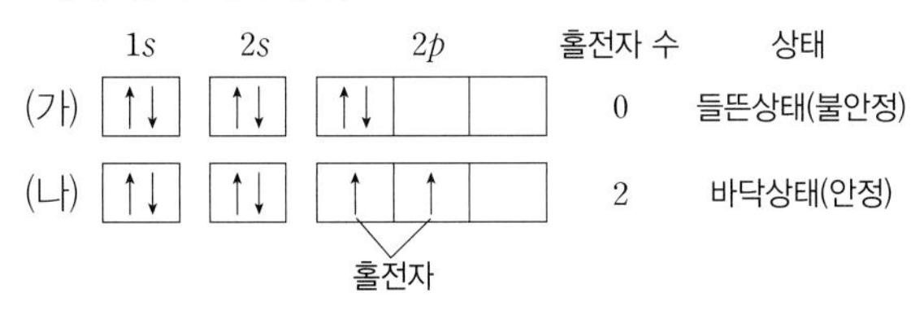

④ 바닥상태 전자 배치는 쌓음 원리, 파울리 배타 원리, 훈트 규칙을 모두 만족하며, 에너지가 가장 낮은 안정한 상태의 전자 배치이다.

더 알기 이온의 전자 배치

- 양이온의 전자 배치 : 원자가 가장 바깥 전자 껍질의 전자를 모두 잃고 양이온이 되면 전자 배치가 18족 원소의 전자 배치와 같아진다.

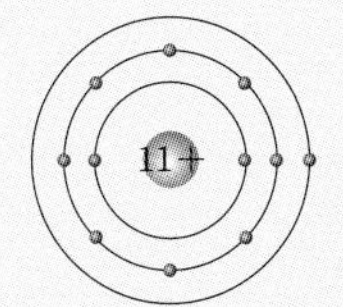

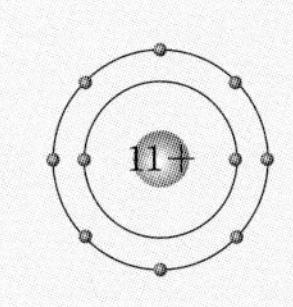

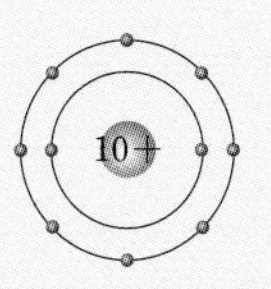

Na : $1s^2 2s^2 2p^6 3s^1$ Na$^+$: $1s^2 2s^2 2p^6$ Ne : $1s^2 2s^2 2p^6$

나트륨(Na) 원자의 전자 배치 :

나트륨 이온(Na$^+$)의 전자 배치 :

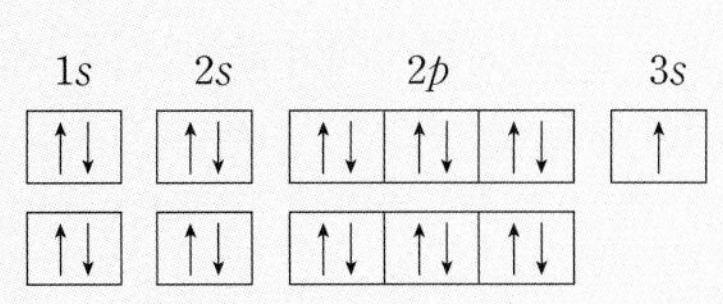

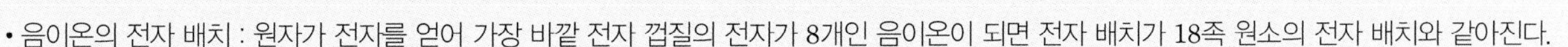
- 음이온의 전자 배치 : 원자가 전자를 얻어 가장 바깥 전자 껍질의 전자가 8개인 음이온이 되면 전자 배치가 18족 원소의 전자 배치와 같아진다.

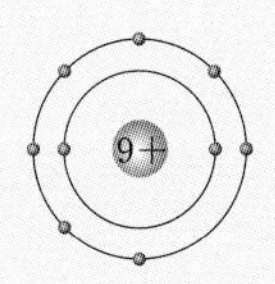

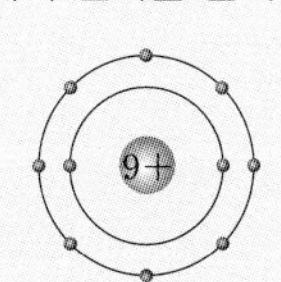

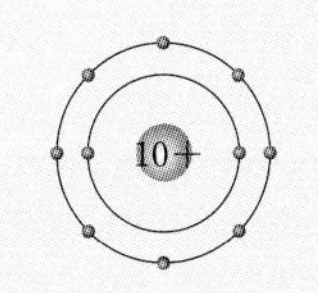

F : $1s^2 2s^2 2p^5$ F$^-$: $1s^2 2s^2 2p^6$ Ne : $1s^2 2s^2 2p^6$

플루오린(F) 원자의 전자 배치 :

플루오린화 이온(F$^-$)의 전자 배치 :

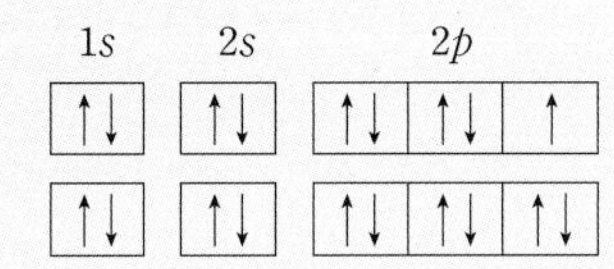

테마 대표 문제

| 2024학년도 수능 |

다음은 바닥상태 탄소(C) 원자의 전자 배치에서 전자가 들어 있는 오비탈 (가)~(라)에 대한 자료이다. n은 주 양자수, l은 방위(부) 양자수, m_l은 자기 양자수이다.

- $n-l$는 (가)>(나)이다.
- $l-m_l$는 (다)>(나)=(라)이다.
- $\frac{n+l+m_l}{n}$는 (라)>(나)=(다)이다.

이에 대한 설명으로 옳은 것만을 〈보기〉에서 있는 대로 고른 것은? [3점]

보기

ㄱ. (나)는 1s이다.
ㄴ. (다)에 들어 있는 전자 수는 2이다.
ㄷ. 에너지 준위는 (라)>(가)이다.

① ㄱ ② ㄴ ③ ㄱ, ㄷ ④ ㄴ, ㄷ ⑤ ㄱ, ㄴ, ㄷ

접근 전략

바닥상태 탄소(C) 원자의 전자 배치는 $1s^2 2s^2 2p^2$이므로 전자가 들어 있는 오비탈이 1s, 2s, 2p 오비탈인 점과 양자수에 대한 자료로부터 각 오비탈을 찾아내야 한다.

간략 풀이

$n-l$는 (가)>(나)이므로 (가)는 2s이다. $l-m_l$는 (다)>(나)=(라)이므로 (나)와 (라)의 $l-m_l=0$이다. (나)와 (라)는 각각 1s, m_l가 +1인 2p 중 하나이고, $\frac{n+l+m_l}{n}$가 (라)>(나)=(다)를 만족하는 (나)는 1s, (라)는 m_l가 +1인 2p이므로 (다)는 m_l가 −1인 2p이다.

ㄱ. (나)는 1s이다.

ㄴ. (다)는 2p이므로 (다)에 들어 있는 전자 수는 1이다.

ㄷ. (가)는 2s, (라)는 2p이므로 에너지 준위는 (라)>(가)이다.

정답 | ③

닮은 꼴 문제로 유형 익히기

정답과 해설 15쪽

▸ 24067-0066

표는 바닥상태 나트륨(Na) 원자의 전자 배치에서 전자가 들어 있는 오비탈 (가)~(다)에 대한 자료이다. n은 주 양자수, l은 방위(부) 양자수, m_l은 자기 양자수이다.

오비탈	(가)	(나)	(다)
$n+l$	x	y	$3y$
$l+m_l$	$2y$		$x-2$

이에 대한 설명으로 옳은 것만을 〈보기〉에서 있는 대로 고른 것은?

보기

ㄱ. (가)에 들어 있는 전자 수는 1이다.
ㄴ. $n-m_l$는 (가)>(나)이다.
ㄷ. (다)의 $l-m_l=1$이다.

① ㄱ ② ㄴ ③ ㄷ ④ ㄱ, ㄴ ⑤ ㄴ, ㄷ

유사점과 차이점

양자수의 관계를 이용해 오비탈을 알아내는 점은 테마 대표 문제와 유사하지만, $n+l$, $l+m_l$를 제시하여 오비탈을 판단하도록 한 점이 다르다.

배경 지식

바닥상태 나트륨(Na) 원자의 전자 배치는 $1s^2 2s^2 2p^6 3s^1$이다.

01

▸24067-0067

그림은 수소 원자의 오비탈 (가)와 (나)를 모형으로 나타낸 것이다. (가)와 (나)의 주 양자수(n)는 서로 다르며 각각 1, 2 중 하나이다.

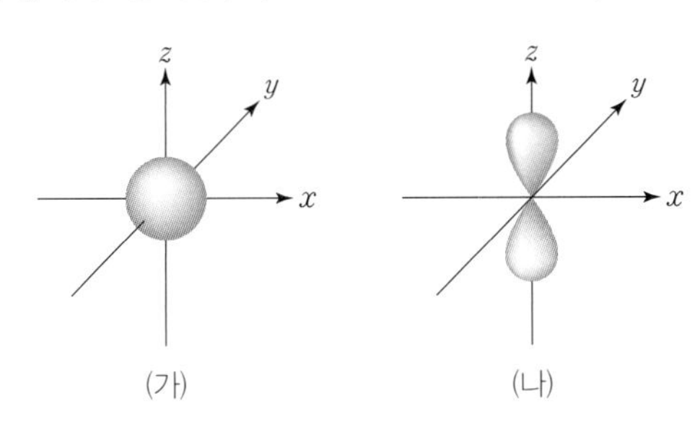

이에 대한 설명으로 옳은 것만을 <보기>에서 있는 대로 고른 것은?

보기
ㄱ. (가)에서 핵으로부터 거리가 같으면 전자가 발견될 확률이 같다.
ㄴ. (나)의 방위(부) 양자수(l)는 0이다.
ㄷ. 에너지 준위는 (가)>(나)이다.

① ㄱ ② ㄴ ③ ㄱ, ㄷ
④ ㄴ, ㄷ ⑤ ㄱ, ㄴ, ㄷ

02

▸24067-0068

다음은 바닥상태 원자 X에 대한 자료이다.

○ s 오비탈에 들어 있는 전자 수는 4이다.
○ $\frac{\text{홀전자 수}}{p\text{ 오비탈에 들어 있는 전자 수}}=\frac{1}{2}$이다.

X는? (단, X는 임의의 원소 기호이다.)

① Be ② C ③ O
④ Mg ⑤ S

03

▸24067-0069

표는 2주기 바닥상태 원자 X~Z에 대한 자료이다.

원자	X	Y	Z
$\frac{p\text{ 오비탈에 들어 있는 전자 수}}{\text{전자가 2개 들어 있는 오비탈 수}}$(상댓값)	4	5	6

이에 대한 설명으로 옳은 것만을 <보기>에서 있는 대로 고른 것은? (단, X~Z는 임의의 원소 기호이다.)

보기
ㄱ. 홀전자 수는 X가 Y의 2배이다.
ㄴ. 원자가 전자 수는 X>Z이다.
ㄷ. 전자가 들어 있는 오비탈 수는 Y와 Z가 같다.

① ㄱ ② ㄴ ③ ㄷ
④ ㄱ, ㄴ ⑤ ㄱ, ㄷ

04

▸24067-0070

표는 2, 3주기 바닥상태 원자 X~Z에 대한 자료이다. n은 주 양자수, l은 방위(부) 양자수이다.

원자	X	Y	Z
$n-l=1$인 오비탈에 들어 있는 전자 수	4	$2a$	
$n+l=4$인 오비탈에 들어 있는 전자 수		1	a

이에 대한 설명으로 옳은 것만을 <보기>에서 있는 대로 고른 것은? (단, X~Z는 임의의 원소 기호이다.)

보기
ㄱ. Z는 3주기 원소이다.
ㄴ. 홀전자 수는 Y가 X의 2배이다.
ㄷ. p 오비탈에 들어 있는 전자 수는 Y>Z이다.

① ㄱ ② ㄴ ③ ㄱ, ㄷ
④ ㄴ, ㄷ ⑤ ㄱ, ㄴ, ㄷ

05

▸24067-0071

다음은 수소 원자의 오비탈 (가)와 (나)에 대한 자료이다. n은 주 양자수, m_l은 자기 양자수이다.

- (가)와 (나)는 모두 $n+m_l=1$이다.
- (나)는 아령 모양이다.
- 에너지 준위는 (나)$>$(가)이다.

이에 대한 설명으로 옳은 것만을 〈보기〉에서 있는 대로 고른 것은?

보기
ㄱ. (가)는 $1s$이다.
ㄴ. (나)의 $m_l=-1$이다.
ㄷ. 방위(부) 양자수(l)는 (나)$>$(가)이다.

① ㄱ ② ㄴ ③ ㄱ, ㄷ
④ ㄴ, ㄷ ⑤ ㄱ, ㄴ, ㄷ

06

▸24067-0072

표는 수소 원자의 오비탈 (가)~(다)에 대한 자료이다. n은 주 양자수, l은 방위(부) 양자수, m_l은 자기 양자수이다.

오비탈	(가)	(나)	(다)
$n+l$	2	3	1
$n+m_l$	a	a	

이에 대한 설명으로 옳은 것만을 〈보기〉에서 있는 대로 고른 것은?

보기
ㄱ. (가)는 $2s$이다.
ㄴ. l는 (가)와 (나)가 같다.
ㄷ. m_l는 (나)와 (다)가 같다.

① ㄱ ② ㄴ ③ ㄱ, ㄷ
④ ㄴ, ㄷ ⑤ ㄱ, ㄴ, ㄷ

07

▸24067-0073

다음은 수소 원자의 오비탈 (가)~(다)에 대한 자료이다. n은 주 양자수, l은 방위(부) 양자수이다.

- (가)~(다)의 n는 모두 3 이하이다.
- 에너지 준위는 (다)$>$(가)$>$(나)이다.
- $n+l$는 (가)=(다)이다.

이에 대한 설명으로 옳은 것만을 〈보기〉에서 있는 대로 고른 것은?

보기
ㄱ. (가)의 $l=1$이다.
ㄴ. (나)의 모양은 구형이다.
ㄷ. $n-l$는 (다)$>$(가)이다.

① ㄱ ② ㄴ ③ ㄱ, ㄷ
④ ㄴ, ㄷ ⑤ ㄱ, ㄴ, ㄷ

08

▸24067-0074

그림은 학생들이 그린 플루오린(F) 원자의 전자 배치 (가)~(다)를 나타낸 것이다.

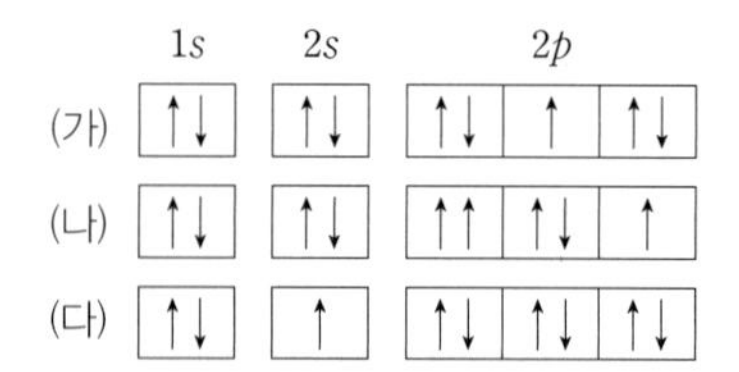

이에 대한 설명으로 옳은 것만을 〈보기〉에서 있는 대로 고른 것은?

보기
ㄱ. (가)는 바닥상태 전자 배치이다.
ㄴ. (나)는 파울리 배타 원리를 만족한다.
ㄷ. (다)는 쌓음 원리를 만족한다.

① ㄱ ② ㄴ ③ ㄱ, ㄷ
④ ㄴ, ㄷ ⑤ ㄱ, ㄴ, ㄷ

정답과 해설 16쪽

01

▸24067-0075

그림은 수소 원자의 오비탈 (가)~(다)를 모형으로 나타낸 것이고, 표는 오비탈 A~C에 대한 자료이다. (가)~(다)는 A~C를 순서 없이 나타낸 것이고 오비탈의 크기는 (다)>(나)이며, n은 주 양자수, l은 방위(부) 양자수이다.

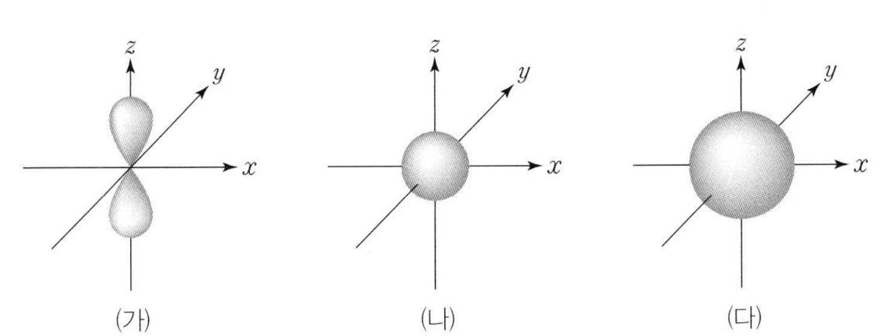

오비탈	A	B	C
n	1	b	$b+1$
$n+l$	a	3	3

이에 대한 설명으로 옳은 것만을 〈보기〉에서 있는 대로 고른 것은?

보기

ㄱ. $a+b=3$이다.
ㄴ. (다)는 $2s$이다.
ㄷ. 에너지 준위는 (가)>(다)이다.

① ㄱ ② ㄴ ③ ㄱ, ㄷ ④ ㄴ, ㄷ ⑤ ㄱ, ㄴ, ㄷ

02

▸24067-0076

다음은 2, 3주기 14~17족 바닥상태 원자 W~Z에 대한 자료이다.

- s 오비탈에 들어 있는 전자 수의 비는 W : X : Y=3 : 2 : 2이다.
- 홀전자 수의 비는 W : X : Z=1 : 3 : 2이다.
- 전자가 들어 있는 p 오비탈 수의 비는 Y : Z=2 : 5이다.

이에 대한 설명으로 옳은 것만을 〈보기〉에서 있는 대로 고른 것은? (단, W~Z는 임의의 원소 기호이다.)

보기

ㄱ. W는 3주기 원소이다.
ㄴ. 전자가 2개 들어 있는 오비탈 수의 비는 X : Y=1 : 2이다.
ㄷ. 원자가 전자 수는 Z>Y이다.

① ㄱ ② ㄴ ③ ㄱ, ㄷ ④ ㄴ, ㄷ ⑤ ㄱ, ㄴ, ㄷ

03

▸24067-0077

표는 2, 3주기 바닥상태 원자 X～Z에 대한 자료이다.

원자	X	Y	Z
$\frac{p \text{ 오비탈에 들어 있는 전자 수}}{s \text{ 오비탈에 들어 있는 전자 수}}$ (상댓값)	3	9	10
전자가 들어 있는 오비탈 수	a	b	b

이에 대한 설명으로 옳은 것만을 〈보기〉에서 있는 대로 고른 것은? (단, X～Z는 임의의 원소 기호이다.)

보기

ㄱ. $a+b=14$이다.
ㄴ. 홀전자 수는 Y>X이다.
ㄷ. 원자가 전자 수는 Z>Y이다.

① ㄱ ② ㄴ ③ ㄱ, ㄷ ④ ㄴ, ㄷ ⑤ ㄱ, ㄴ, ㄷ

04

▸24067-0078

다음은 바닥상태 원자 X에 대한 자료이다.

○ 원자 번호는 18 이하이다.
○ 홀전자 수는 a이다.
○ s 오비탈에 들어 있는 전자 수는 $2a$이다.
○ 전자가 들어 있는 오비탈 수는 $2a+1$이다.

바닥상태 원자 X의 전자 배치로 가장 적절한 것은? (단, X는 임의의 원소 기호이다.)

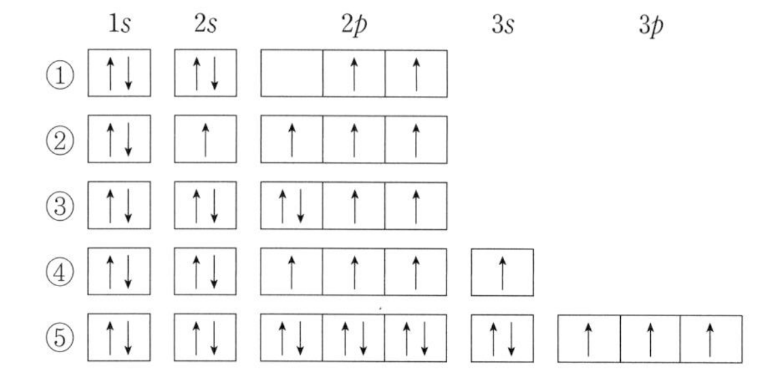

05

▸24067-0079

표는 수소 원자의 오비탈 (가)~(다)에 대한 자료이다. n은 주 양자수, l은 방위(부) 양자수, m_l은 자기 양자수이다.

오비탈	(가)	(나)	(다)
$n+l+m_l$	2	3	3
$\frac{n+l}{n-l}$	x	$2x$	x

이에 대한 설명으로 옳은 것만을 〈보기〉에서 있는 대로 고른 것은?

보기

ㄱ. (가)의 모양은 구형이다.
ㄴ. m_l는 (가)와 (나)가 같다.
ㄷ. 에너지 준위는 (나)>(다)이다.

① ㄱ ② ㄴ ③ ㄱ, ㄷ ④ ㄴ, ㄷ ⑤ ㄱ, ㄴ, ㄷ

06

▸24067-0080

그림은 2, 3주기 바닥상태 원자 X~Z에서 전자 수의 비를 나타낸 것이다. 원자 번호는 Y>X이고, ㉠과 ㉡은 $l=0$인 전자 수, $l=1$인 전자 수를 순서 없이 나타낸 것이다. l은 방위(부) 양자수이다.

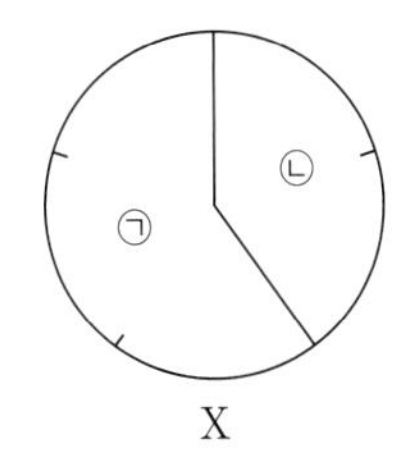

X

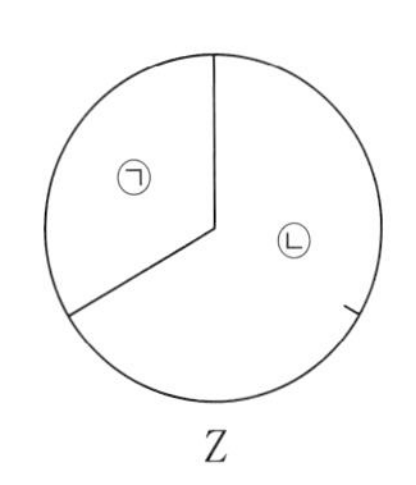

Y

㉠ ㉡
Z

이에 대한 설명으로 옳은 것만을 〈보기〉에서 있는 대로 고른 것은? (단, X~Z는 임의의 원소 기호이다.)

보기

ㄱ. ㉠은 $l=1$인 전자 수이다.
ㄴ. X의 홀전자 수는 0이다.
ㄷ. 전자가 2개 들어 있는 오비탈 수는 Y가 Z의 3배이다.

① ㄱ ② ㄴ ③ ㄱ, ㄷ ④ ㄴ, ㄷ ⑤ ㄱ, ㄴ, ㄷ

테마 07 원소의 주기적 성질

1 주기율

(1) 원소 분류의 역사

① 라부아지에(1789) : 물질을 네 그룹(기체, 금속, 비금속, 화합물)으로 분류하였다.

② 되베라이너(1816, 세 쌍 원소설) : 화학적 성질이 비슷한 세 쌍 원소에서 원소들의 물리적 성질의 관계가 원자량과 관련 있음을 발견하였다.

③ 뉴랜즈(1865, 옥타브설) : 당시까지 알려진 원소들을 원자량 순서로 배열하면 8번째마다 화학적 성질이 비슷한 원소가 나타나는 규칙성을 발견하였다.

④ 멘델레예프(1869)

- 당시까지 발견된 63종의 원소들을 원자량이 작은 원소부터 순서대로 나열하면 일정한 간격을 두고 성질이 비슷한 원소들이 주기적으로 나타나는 것을 발견하였다.
  ➡ 주기율표에서의 위치로부터 새로운 원소의 존재 가능성과 성질을 예측하였고, 이후에 이러한 성질을 갖는 원소가 실제로 발견되었다.
- 원자량 순서로 나열하였을 때 주기성이 맞지 않는 부분이 몇 군데 나타나는 한계가 있다.
  ➡ Ar(원자량 39.9)과 K(원자량 39.1)

⑤ 모즐리(1913)

- X선 연구를 통해 원자핵의 양성자수를 결정하고, 주기율을 결정하는 것은 원자량이 아니라 양성자수(원자 번호)임을 밝혔다.
- 멘델레예프 이후에 발견된 원소를 포함시키고, 원자 번호 순서에 따라 원소들을 배열하여 현대 주기율표의 기초가 되는 새로운 주기율표를 완성하였다.

(2) 주기율

① 원소를 원자 번호 순서에 따라 배열할 때 성질이 비슷한 원소가 주기적으로 나타나는 것을 주기율이라고 한다.

② 주기율이 나타나는 이유는 원소들의 화학적 성질을 결정하는 원자가 전자 수가 일정한 간격을 두고 주기적으로 반복되기 때문이다.

2 주기율표

(1) 주기율표의 구성

① 주기 : 주기율표의 가로줄로 1~7주기로 구분한다.
➡ 같은 주기 원소는 바닥상태 원자에서 전자가 들어 있는 전자 껍질 수가 같다.

주기	1	2	3	4
전자 껍질 수	1	2	3	4
가장 바깥 전자 껍질	K	L	M	N
원소 수	2	8	8	18

② 족 : 주기율표의 세로줄로 1~18족으로 구분한다.

(2) 주기율표

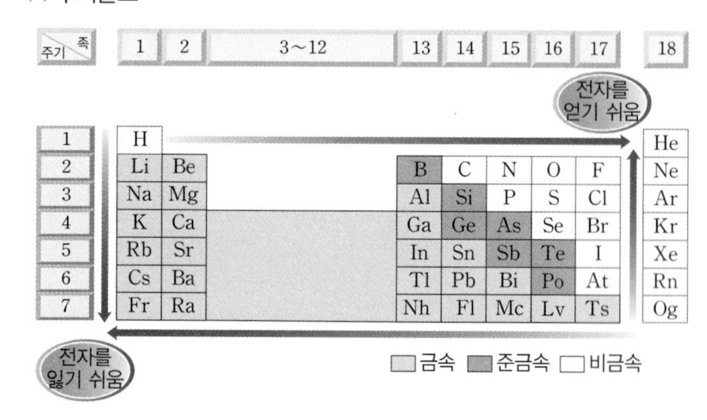

① 금속 원소, 비금속 원소

- 금속 원소 : 대체로 열과 전기 전도성, 연성(뽑힘성)과 전성(펴짐성)이 크다. 전자를 잃고 양이온이 되려는 경향이 있다.
- 비금속 원소 : 대체로 열과 전기 전도성이 매우 작다(탄소(흑연)는 예외). 전자를 얻어 음이온이 되려는 경향이 있다(18족 원소 제외).

※ 원자가 전자 : 바닥상태에서 화학 결합에 관여하는 가장 바깥 전자 껍질에 들어 있는 전자

② 주기율표에서 왼쪽 아래로 갈수록 전자를 잃기 쉽고, 오른쪽 위로 갈수록 전자를 얻기 쉽다(단, 18족은 제외).

더 알기 주기율이 나타나는 이유

- 원자가 전자 수가 주기적으로 반복되어 변하기 때문에 원소의 성질이 반복되는 주기성이 나타난다.
- 같은 족 원소들은 원자가 전자 수가 같다.
- 원자가 전자 수는 족의 일의 자리 수와 일치한다(단, 18족은 제외).
- 주기율표에서의 위치를 통해 원소의 전자 배치를 알 수 있다.

예 2주기 17족 원소 F은 전자 껍질 수는 2, 원자가 전자 수는 7이다.

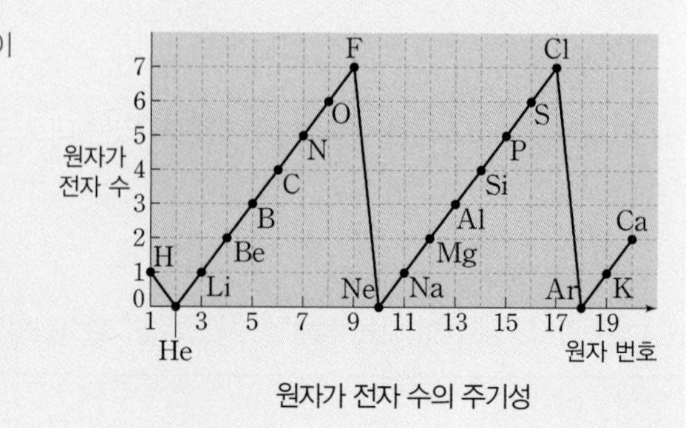

원자가 전자 수의 주기성

3 유효 핵전하

(1) 다전자 원자에서 전자와 원자핵 사이의 인력은 전자들 사이의 반발력에 의해 감소하기 때문에 전자에는 양성자수에 의한 핵전하만큼의 인력이 작용하지 못한다.

(2) 전자에 실제로 작용하는 핵전하를 유효 핵전하라고 한다.

(3) 같은 주기에서 원자 번호가 클수록 원자가 전자가 느끼는 유효 핵전하는 크다.

4 원자 반지름

(1) 같은 족 : 원자 번호가 증가할수록 전자 껍질 수가 증가하므로 원자 반지름이 커진다.

(2) 같은 주기 : 원자 번호가 증가할수록 원자가 전자가 느끼는 유효 핵전하가 증가하여 핵과 전자 사이의 인력이 증가하므로 원자 반지름이 작아진다.

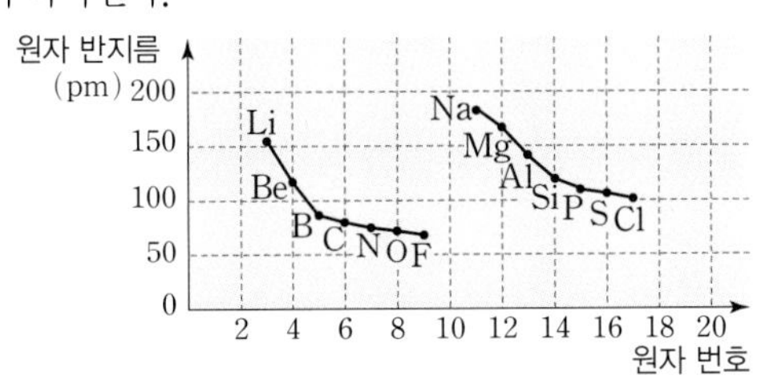

5 이온 반지름

(1) 양이온 반지름 : 금속 원소의 원자가 양이온이 되면 일반적으로 전자 껍질 수가 감소하므로 양이온 반지름은 원자 반지름보다 작아진다.

(2) 음이온 반지름 : 비금속 원소의 원자가 음이온이 되면 전자 수가 증가하여 전자 사이의 반발력이 증가하므로 유효 핵전하가 감소하여 음이온 반지름은 원자 반지름보다 커진다.

(3) 이온 반지름의 주기적 변화

① 같은 족 : 원자 번호가 증가할수록 전자 껍질 수가 증가하므로 이온 반지름이 커진다.

② 같은 주기 : 18족 원소와 같은 전자 배치를 갖는 양이온은 같은 주기 원소의 음이온보다 전자 껍질 수가 작기 때문에 반지름이 작다.

③ 전자 수가 같은 이온(등전자 이온)의 반지름 : 전자 수가 같은 이온의 경우 원자 번호가 클수록 유효 핵전하가 크므로 이온 반지름은 작다. 예 ${}_8O^{2-} > {}_9F^- > {}_{11}Na^+ > {}_{12}Mg^{2+} > {}_{13}Al^{3+}$

6 이온화 에너지

(1) 이온화 에너지 : 기체 상태의 원자 1 mol에서 전자 1 mol을 떼어 내는 데 필요한 최소한의 에너지이다.

$$M(g)+E \longrightarrow M^+(g)+e^- \ (E : 이온화\ 에너지)$$

(2) 이온화 에너지의 주기적 변화

① 같은 족 : 원자 번호가 증가할수록 전자 껍질 수가 커져 핵과 원자가 전자 사이의 인력이 작아지므로 이온화 에너지는 감소한다.

② 같은 주기 : 원자 번호가 증가할수록 유효 핵전하가 증가하여 핵과 원자가 전자 사이의 인력이 커지므로 이온화 에너지는 대체로 증가한다.

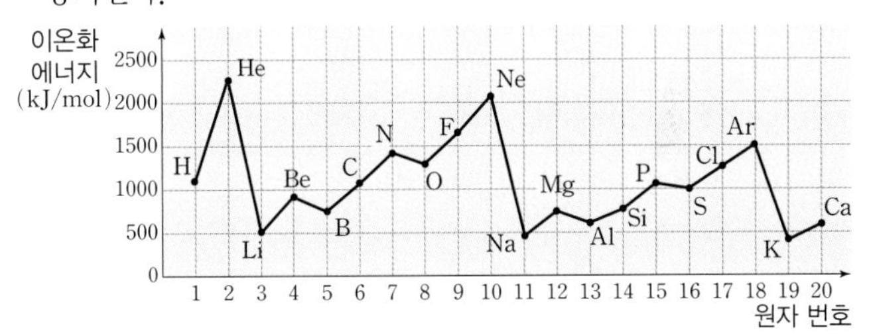

(3) 순차 이온화 에너지

① 순차 이온화 에너지 : 기체 상태의 원자 1 mol에서 전자를 1 mol씩 차례대로 떼어 내는 데 필요한 단계별 에너지로, 차수가 커질수록 증가한다.

② 순차 이온화 에너지와 원자가 전자 수 : 원자가 전자를 모두 떼어 낸 후 다음 전자를 떼어 낼 때는 안쪽 껍질의 전자가 떨어지게 되어 이온화 에너지가 급격히 증가하므로 순차 이온화 에너지를 비교하여 원자가 전자 수를 알 수 있다.

더 알기 원자 반지름과 이온 반지름

• 리튬(Li) 원자가 양이온(Li^+)이 될 때 : 반지름 감소

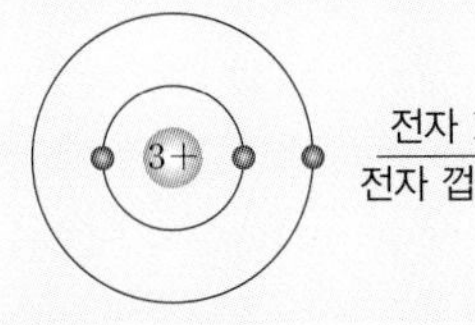

전자 1개 잃음
전자 껍질 수 감소

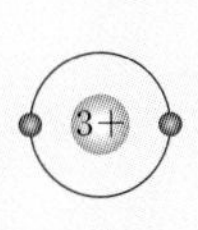

• 플루오린(F) 원자가 음이온(F^-)이 될 때 : 반지름 증가

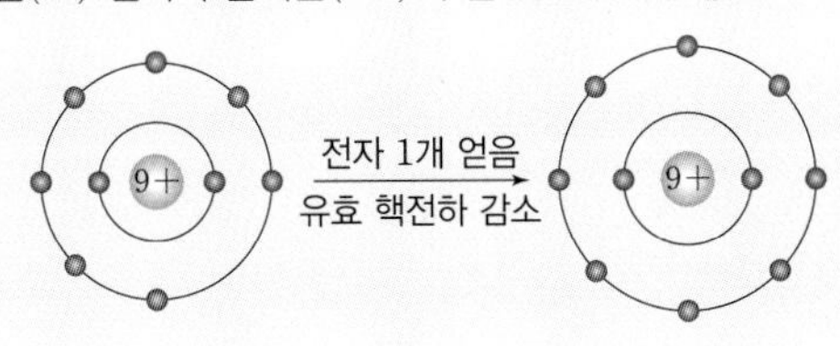

● 원자 ○ 양이온 ◌ 음이온(단위: pm)

주기 \ 족	1	2	13	16	17
2	Li 152 / Li^+ 60	Be 112 / Be^{2+} 31	B 87 / B^{3+} 20	O 73 / O^{2-} 140	F 71 / F^- 136
3	Na 186 / Na^+ 95	Mg 160 / Mg^{2+} 65	Al 143 / Al^{3+} 50	S 103 / S^{2-} 184	Cl 99 / Cl^- 181

원자 반지름과 이온 반지름

테마 대표 문제

| 2024학년도 수능 |

그림 (가)는 원자 A~D의 제2 이온화 에너지(E_2)와 ㉠을, (나)는 원자 C~E의 전기 음성도를 나타낸 것이다. A~E는 O, F, Na, Mg, Al을 순서 없이 나타낸 것이고, A~E의 이온은 모두 Ne의 전자 배치를 갖는다. ㉠은 원자 반지름과 이온 반지름 중 하나이다.

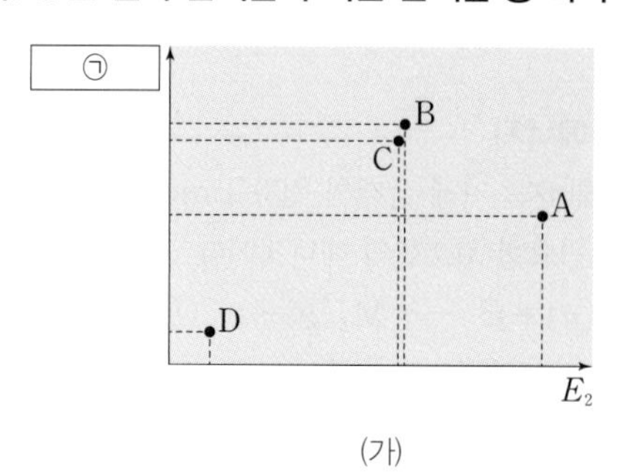

(가)

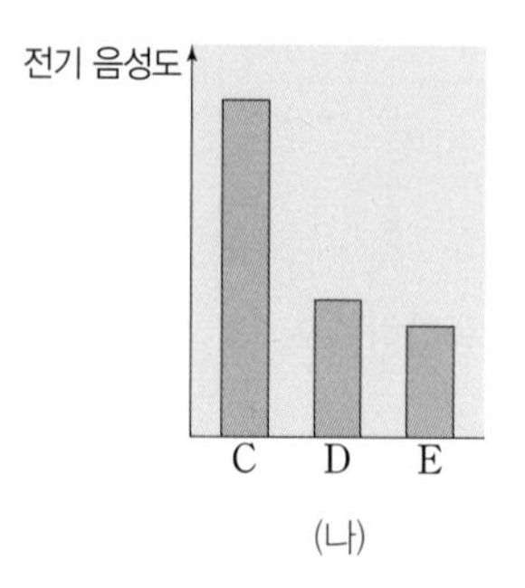

(나)

이에 대한 설명으로 옳은 것만을 〈보기〉에서 있는 대로 고른 것은?

보기

ㄱ. B는 산소(O)이다.
ㄴ. ㉠은 원자 반지름이다.
ㄷ. $\frac{\text{제3 이온화 에너지}}{\text{제2 이온화 에너지}}$는 E>D이다.

① ㄱ ② ㄷ ③ ㄱ, ㄴ ④ ㄱ, ㄷ ⑤ ㄴ, ㄷ

접근 전략

전기 음성도는 F>O>Al>Mg>Na, 제2 이온화 에너지는 Na>O>F>Al>Mg, 원자 반지름은 Na>Mg>Al>O>F, 이온 반지름은 O>F>Na>Mg>Al이다.

간략 풀이

(가)에서 E_2가 가장 작은 D는 Mg, Al 중 하나이다. 만일 D가 Mg이라면 ㉠은 원자 반지름이 될 수 없고, 이온 반지름이므로 E는 Al이다. 이때 (나)에서 전기 음성도는 D>E가 성립할 수 없다. 따라서 D는 Al이고, ㉠은 이온 반지름이므로 A~E는 각각 Na, O, F, Al, Mg이다.

㉠. B는 산소(O)이다.
ㄴ. ㉠은 이온 반지름이다.
ㄷ. 제2 이온화 에너지는 D>E이고, 제3 이온화 에너지는 E>D이므로 $\frac{\text{제3 이온화 에너지}}{\text{제2 이온화 에너지}}$는 E>D이다.

정답 | ④

닮은 꼴 문제로 유형 익히기

정답과 해설 17쪽

▸ 24067-0081

그림 (가)는 원자 A~D의 제2 이온화 에너지(E_2)와 전기 음성도를, (나)는 원자 C, E의 원자 반지름을 나타낸 것이다. A~E는 O, F, Na, Mg, Al을 순서 없이 나타낸 것이다.

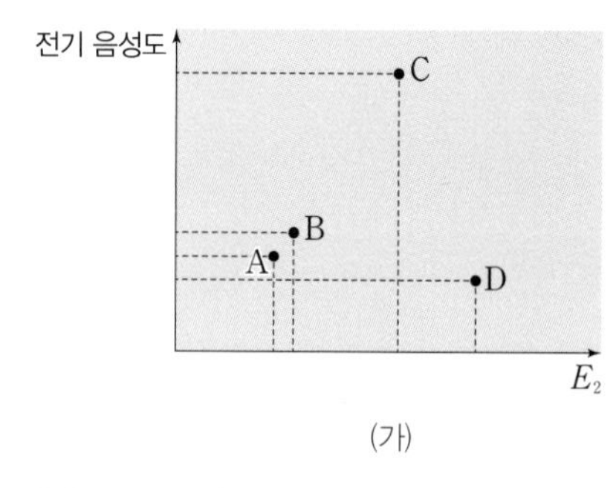

(가)

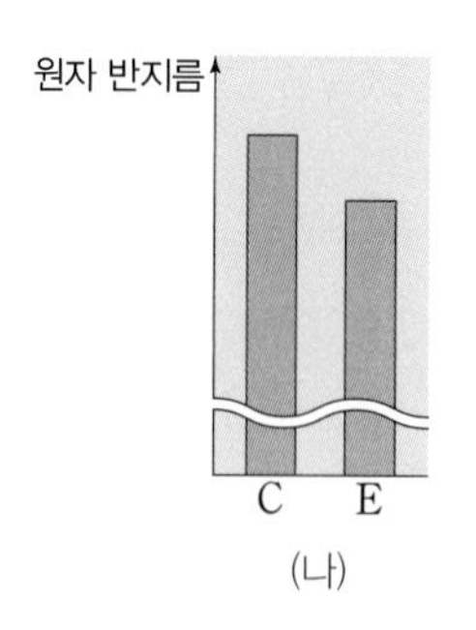

(나)

이에 대한 설명으로 옳은 것만을 〈보기〉에서 있는 대로 고른 것은?

보기

ㄱ. A는 Al이다.
ㄴ. Ne의 전자 배치를 갖는 이온의 반지름은 D>B이다.
ㄷ. 제1 이온화 에너지는 E>C이다.

① ㄱ ② ㄴ ③ ㄷ ④ ㄱ, ㄴ ⑤ ㄴ, ㄷ

유사점과 차이점

원소의 주기적 성질을 이용하여 주어진 원소를 알아내는 점은 테마 대표 문제와 유사하지만, 이온 반지름 대신 원자 반지름을 제시한 점이 다르다.

배경 지식

같은 족에서 원자 번호가 감소할수록, 같은 주기에서 원자 번호가 증가할수록 전기 음성도는 증가하는 경향이 있다.

정답과 해설 17쪽

01

▸24067-0082

그림은 주기율표의 일부를 나타낸 것이다.

주기 \ 족	1	2	13	14	15	16	17	18
2	W					X		
3		Y					Z	

W~Z에 대한 설명으로 옳은 것만을 〈보기〉에서 있는 대로 고른 것은? (단, W~Z는 임의의 원소 기호이다.)

보기
ㄱ. 금속 원소는 2가지이다.
ㄴ. 원자가 전자 수는 Y>X이다.
ㄷ. 바닥상태에서 전자가 들어 있는 전자 껍질 수는 Z>W이다.

① ㄱ ② ㄷ ③ ㄱ, ㄴ
④ ㄱ, ㄷ ⑤ ㄴ, ㄷ

02

▸24067-0083

그림은 원자 A와 B의 전자 배치를 모형으로 나타낸 것이다.

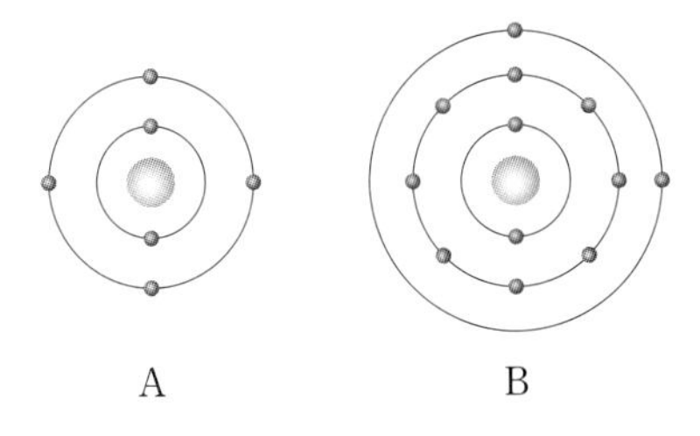

이에 대한 설명으로 옳은 것만을 〈보기〉에서 있는 대로 고른 것은? (단, A와 B는 임의의 원소 기호이다.)

보기
ㄱ. A는 14족 원소이다.
ㄴ. B는 3주기 원소이다.
ㄷ. A와 B는 모두 비금속 원소이다.

① ㄱ ② ㄷ ③ ㄱ, ㄴ
④ ㄴ, ㄷ ⑤ ㄱ, ㄴ, ㄷ

03

▸24067-0084

다음은 바닥상태 원자 A와 B의 전자 배치를 나타낸 것이다.

○ A : $1s^2 2s^2 2p^3$
○ B : $1s^2 2s^2 2p^6 3s^2 3p^2$

이에 대한 설명으로 옳은 것만을 〈보기〉에서 있는 대로 고른 것은? (단, A와 B는 임의의 원소 기호이다.)

보기
ㄱ. 양성자수는 B가 A의 2배이다.
ㄴ. 원자가 전자 수는 A>B이다.
ㄷ. 홀전자 수는 B>A이다.

① ㄱ ② ㄴ ③ ㄷ
④ ㄱ, ㄴ ⑤ ㄱ, ㄷ

04

▸24067-0085

다음은 주기율표의 일부와 바닥상태 원자 X와 Y에 대한 자료이다.

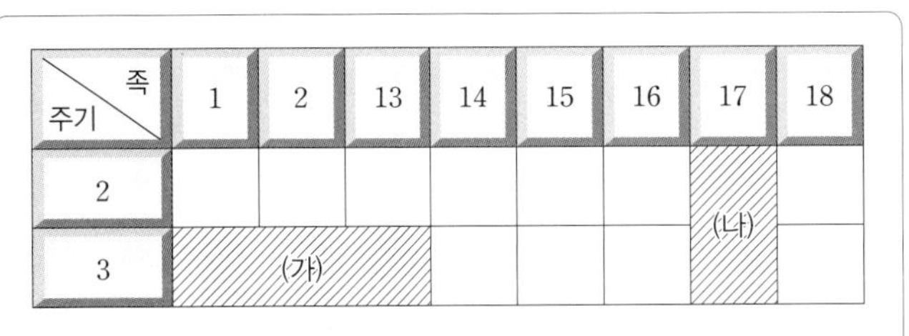

○ X와 Y는 각각 (가) 영역 또는 (나) 영역에 위치한다.
○ 전자가 들어 있는 전자 껍질 수는 Y>X이다.
○ 홀전자 수는 X>Y이다.

이에 대한 설명으로 옳은 것만을 〈보기〉에서 있는 대로 고른 것은? (단, X와 Y는 임의의 원소 기호이다.)

보기
ㄱ. Y는 금속 원소이다.
ㄴ. 원자 번호는 X>Y이다.
ㄷ. s 오비탈에 들어 있는 전자 수의 비는 X : Y=4 : 5이다.

① ㄱ ② ㄴ ③ ㄱ, ㄴ
④ ㄱ, ㄷ ⑤ ㄴ, ㄷ

05

▸24067-0086

다음은 원소의 주기적 성질에 대한 세 학생의 대화이다.

제시한 내용이 옳은 학생만을 있는 대로 고른 것은?

① A ② C ③ A, B
④ B, C ⑤ A, B, C

06

▸24067-0087

그림은 주기율표의 일부를 나타낸 것이다.

주기 \ 족	1	2	13	14	15	16	17	18
2			X				Y	
3		Z						

X～Z에 대한 설명으로 옳은 것만을 ⟨보기⟩에서 있는 대로 고른 것은? (단, X～Z는 임의의 원소 기호이다.)

보기

ㄱ. $\frac{\text{제3 이온화 에너지}}{\text{제2 이온화 에너지}}$가 가장 큰 것은 X이다.
ㄴ. 원자가 전자가 느끼는 유효 핵전하는 X>Y이다.
ㄷ. Ne의 전자 배치를 갖는 이온의 반지름은 Y>Z이다.

① ㄴ ② ㄷ ③ ㄱ, ㄴ
④ ㄱ, ㄷ ⑤ ㄱ, ㄴ, ㄷ

07

▸24067-0088

표는 원자 X～Z의 제n 이온화 에너지(E_n)에 대한 자료이다. X～Z는 Na, Mg, Al을 순서 없이 나타낸 것이다.

원자	$E_n(\times 10^3$ kJ/mol)			
	E_1	E_2	E_3	E_4
X	a	1.8	2.7	11.6
Y	0.5	4.6	6.9	9.5
Z	b	1.5	7.7	10.5

이에 대한 설명으로 옳은 것만을 ⟨보기⟩에서 있는 대로 고른 것은?

보기

ㄱ. $a>b$이다.
ㄴ. 원자 반지름은 Y>X이다.
ㄷ. 원자가 전자가 느끼는 유효 핵전하는 Z>X이다.

① ㄱ ② ㄴ ③ ㄱ, ㄷ
④ ㄴ, ㄷ ⑤ ㄱ, ㄴ, ㄷ

08

▸24067-0089

표는 바닥상태 원자 X～Z를 2가지 기준으로 분류한 것을 나타낸 것이다. X～Z의 원자 번호는 각각 7, 8, 9, 11, 12 중 하나이고, 각 원자의 이온은 모두 Ne의 전자 배치를 갖는다.

분류 기준	예	아니요
$\frac{\text{원자 반지름}}{\text{이온 반지름}}>1$인가?	X, Y	Z
홀전자 수는 1인가?	Y, Z	X

X～Z에 대한 설명으로 옳은 것만을 ⟨보기⟩에서 있는 대로 고른 것은? (단, X～Z는 임의의 원소 기호이다.)

보기

ㄱ. 2주기 원소는 2가지이다.
ㄴ. 제2 이온화 에너지는 Y>X이다.
ㄷ. 이온 반지름은 Z>Y이다.

① ㄱ ② ㄴ ③ ㄱ, ㄷ
④ ㄴ, ㄷ ⑤ ㄱ, ㄴ, ㄷ

09

▸24067-0090

표는 2주기 바닥상태 원자 X~Z에 대한 자료이다.

원자	홀전자 수	원자가 전자 수
X	$a-2$	b
Y	a	$b+2$
Z	$a+1$	$b+3$

이에 대한 설명으로 옳은 것만을 〈보기〉에서 있는 대로 고른 것은? (단, X~Z는 임의의 원소 기호이다.)

보기

ㄱ. $a+b=4$이다.

ㄴ. 원자가 전자가 느끼는 유효 핵전하는 X>Z이다.

ㄷ. X~Z 중 $\frac{\text{제3 이온화 에너지}}{\text{제2 이온화 에너지}}$는 Y가 가장 크다.

① ㄱ ② ㄴ ③ ㄱ, ㄷ ④ ㄴ, ㄷ ⑤ ㄱ, ㄴ, ㄷ

10

▸24067-0091

그림은 2주기 바닥상태 원자 X~Z의 홀전자 수와 제1 이온화 에너지를 나타낸 것이다.

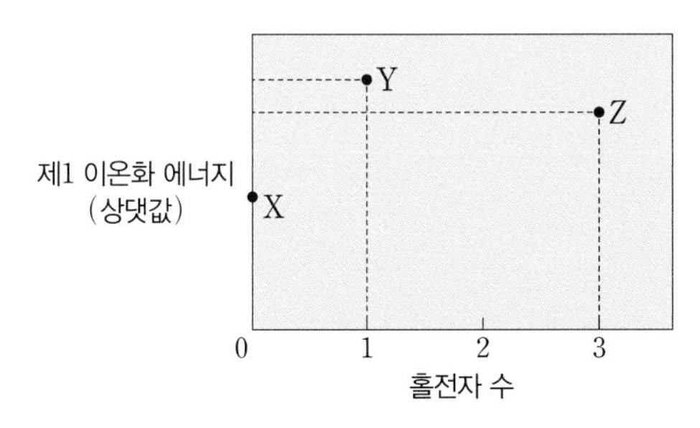

이에 대한 설명으로 옳은 것만을 〈보기〉에서 있는 대로 고른 것은? (단, X~Z는 임의의 원소 기호이다.)

보기

ㄱ. 원자 번호는 X>Y이다.

ㄴ. 원자 반지름은 X>Z이다.

ㄷ. 원자가 전자가 느끼는 유효 핵전하는 Y>Z이다.

① ㄱ ② ㄴ ③ ㄱ, ㄷ ④ ㄴ, ㄷ ⑤ ㄱ, ㄴ, ㄷ

11

▸24067-0092

다음은 바닥상태 원자 X~Z에 대한 자료이다. X~Z는 Li, N, P을 순서 없이 나타낸 것이다.

- 제1 이온화 에너지는 X>Y이다.
- 원자가 전자 수는 Y>Z이다.

이에 대한 설명으로 옳은 것만을 〈보기〉에서 있는 대로 고른 것은?

보기

ㄱ. Y는 Li이다.

ㄴ. 원자 반지름은 X>Y이다.

ㄷ. $\frac{\text{제2 이온화 에너지}}{\text{제1 이온화 에너지}}$는 Z>X이다.

① ㄱ ② ㄷ ③ ㄱ, ㄴ ④ ㄴ, ㄷ ⑤ ㄱ, ㄴ, ㄷ

12

▸24067-0093

다음은 3주기 바닥상태 원자 X~Z에 대한 자료이다.

- 원자가 전자 수

원자	X	Y	Z
원자가 전자 수	a	$a+4$	$2a$

- X~Z는 18족 원소가 아니다.
- 홀전자 수는 Y>Z이다.

X~Z에 대한 설명으로 옳은 것만을 〈보기〉에서 있는 대로 고른 것은? (단, X~Z는 임의의 원소 기호이다.)

보기

ㄱ. X는 Mg이다.

ㄴ. 원자 반지름은 Z가 가장 작다.

ㄷ. 제1 이온화 에너지는 Y>Z이다.

① ㄴ ② ㄷ ③ ㄱ, ㄴ ④ ㄱ, ㄷ ⑤ ㄱ, ㄴ, ㄷ

01

▸24067-0094

다음은 2, 3주기 바닥상태 원자 W~Z에 대한 자료이다.

○ W~Z의 $\frac{\text{원자가 전자 수}}{\text{홀전자 수}}$

원자	W	X	Y	Z
$\frac{\text{원자가 전자 수}}{\text{홀전자 수}}$(상댓값)	3	5	6	6

○ 전자가 2개 들어 있는 오비탈 수의 비는 W : X=1 : 2이다.
○ 원자 반지름은 Y>Z이다.

W~Z에 대한 설명으로 옳은 것만을 〈보기〉에서 있는 대로 고른 것은? (단, W~Z는 임의의 원소 기호이다.)

보기
ㄱ. W는 Li이다.
ㄴ. 원자가 전자 수는 X가 가장 크다.
ㄷ. 제1 이온화 에너지는 Y>Z이다.

① ㄱ ② ㄷ ③ ㄱ, ㄴ ④ ㄴ, ㄷ ⑤ ㄱ, ㄴ, ㄷ

02

▸24067-0095

다음은 바닥상태 원자 W~Z에 대한 자료이다. W~Z는 N, O, Mg, Al을 순서 없이 나타낸 것이다.

○ 홀전자 수는 Y>Z>X이다.
○ 제1 이온화 에너지는 Y>W>X이다.
○ 원자 반지름은 W>Y>Z이다.

이에 대한 설명으로 옳은 것만을 〈보기〉에서 있는 대로 고른 것은?

보기
ㄱ. W는 Mg이다.
ㄴ. X와 Y는 같은 주기 원소이다.
ㄷ. Ne의 전자 배치를 갖는 이온의 반지름은 Z>X이다.

① ㄱ ② ㄴ ③ ㄱ, ㄷ ④ ㄴ, ㄷ ⑤ ㄱ, ㄴ, ㄷ

03

▸24067-0096

다음은 주기율표의 일부와 빗금 친 부분에 위치하는 바닥상태 원자 W~Z에 대한 자료이다.

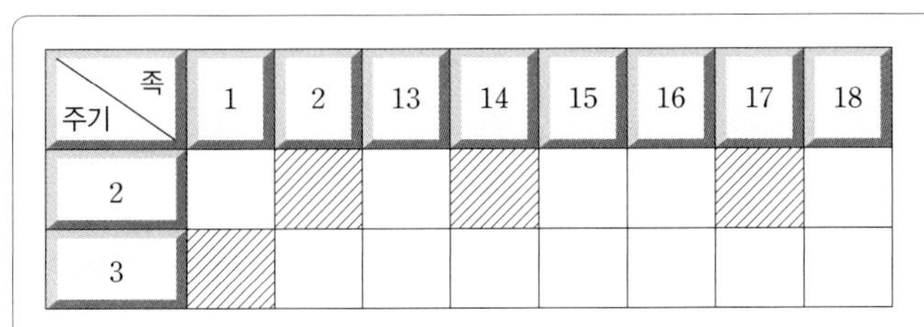

족 / 주기	1	2	13	14	15	16	17	18
2								
3								

○ W~Z 중 원자 반지름은 Y가 가장 크다.
○ 제1 이온화 에너지는 X>W이다.
○ 홀전자 수는 Z>X이다.

이에 대한 설명으로 옳은 것만을 〈보기〉에서 있는 대로 고른 것은? (단, W~Z는 임의의 원소 기호이다.)

보기

ㄱ. 전자가 들어 있는 전자 껍질 수는 W>Y이다.
ㄴ. 원자가 전자 수는 X>Y이다.
ㄷ. 원자가 전자가 느끼는 유효 핵전하는 Z>X이다.

① ㄴ ② ㄷ ③ ㄱ, ㄴ ④ ㄱ, ㄷ ⑤ ㄴ, ㄷ

04

▸24067-0097

다음은 바닥상태 원자 X~Z에 대한 자료이다. X~Z는 O, Na, Mg을 순서 없이 나타낸 것이다.

○ 각 원자의 이온은 모두 Ne의 전자 배치를 갖는다.
○ ㉠과 ㉡은 각각 원자 반지름, 이온 반지름 중 하나이다.

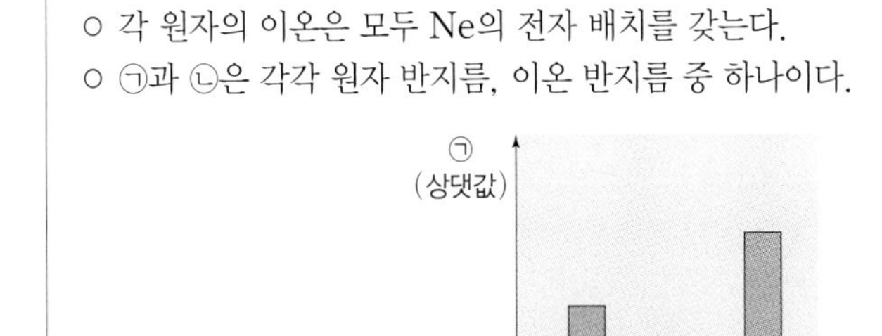

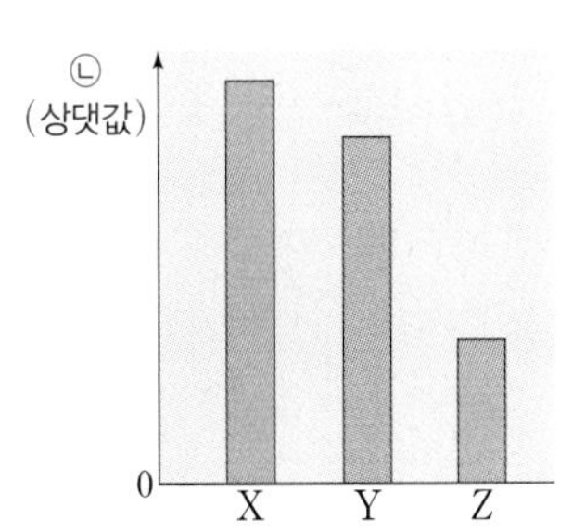

이에 대한 설명으로 옳은 것만을 〈보기〉에서 있는 대로 고른 것은?

보기

ㄱ. ㉠은 이온 반지름이다.
ㄴ. 홀전자 수는 X>Y이다.
ㄷ. 원자가 전자 수는 Z>X이다.

① ㄴ ② ㄷ ③ ㄱ, ㄴ ④ ㄱ, ㄷ ⑤ ㄱ, ㄴ, ㄷ

05

▸24067-0098

그림은 바닥상태 원자 W~Z의 홀전자 수와 $\frac{\text{이온 반지름}}{|\text{이온의 전하}|}$을 나타낸 것이다. W~Z의 원자 번호는 각각 8, 9, 11, 12, 13 중 하나이고, W~Z의 이온은 모두 Ne의 전자 배치를 갖는다.

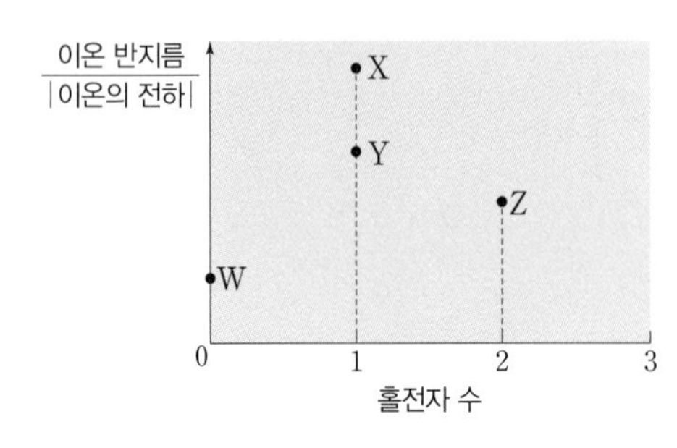

이에 대한 설명으로 옳은 것만을 〈보기〉에서 있는 대로 고른 것은? (단, W~Z는 임의의 원소 기호이다.)

보기

ㄱ. X는 Na이다.
ㄴ. 제1 이온화 에너지는 Y > W이다.
ㄷ. 원자 반지름은 Y > Z이다.

① ㄱ ② ㄴ ③ ㄷ ④ ㄱ, ㄴ ⑤ ㄴ, ㄷ

06

▸24067-0099

그림은 바닥상태 원자 W~Z에 대한 자료이다. W~Z는 O, F, Na, Mg을 순서 없이 나타낸 것이다.

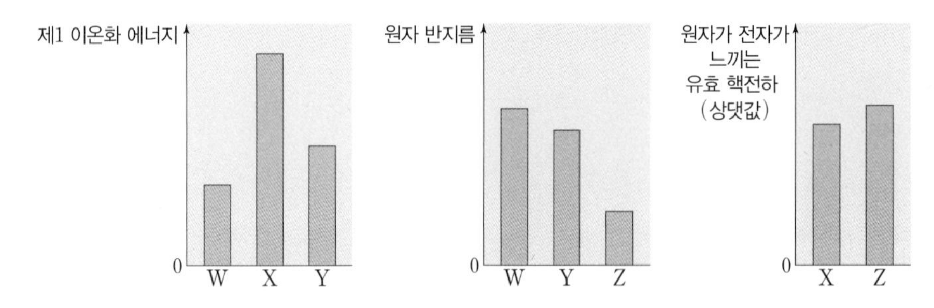

이에 대한 설명으로 옳은 것만을 〈보기〉에서 있는 대로 고른 것은?

보기

ㄱ. 제2 이온화 에너지는 W > Y이다.
ㄴ. 원자가 전자 수는 X > W이다.
ㄷ. Ne의 전자 배치를 갖는 이온의 반지름은 Z > X이다.

① ㄱ ② ㄷ ③ ㄱ, ㄴ ④ ㄴ, ㄷ ⑤ ㄱ, ㄴ, ㄷ

08 이온 결합

1 화학 결합의 전기적 성질

(1) 이온 결합의 전기적 성질

① 이온 결합 물질 : 염화 나트륨($NaCl$), 플루오린화 칼륨(KF) 등과 같이 이온으로 구성된 물질은 서로 다른 전하를 띤 이온들이 정전기적 인력에 의해 강하게 결합하고 있어서 상온에서 대부분 고체이다.

② 전기 전도성 : 이온 결합 물질은 고체 상태에서 이온들이 단단히 결합하고 있어서 자유롭게 이동하지 못하므로 전기 전도성이 없지만, 액체 상태나 수용액 상태에서는 이온들이 자유롭게 이동할 수 있으므로 전기 전도성이 있다.

(2) 공유 결합의 전기적 성질

① 공유 결합 물질 : 물(H_2O), 이산화 탄소(CO_2), 설탕($C_{12}H_{22}O_{11}$), 흑연(C), 다이아몬드(C)와 같이 원자 사이에 전자를 공유하는 공유 결합으로 이루어진 물질이다.

② 전기 전도성 : 공유 결합 물질에는 자유롭게 이동할 수 있는 이온이나 전자가 없으므로 고체나 액체 상태에서 전기 전도성이 없다(단, 흑연, 탄소 나노 튜브 등은 예외).

③ 물의 전기 분해 : 물에 소량의 황산 나트륨(Na_2SO_4)을 넣고 전류를 흘려주면 (+)극에서 산소(O_2) 기체, (−)극에서 수소(H_2) 기체가 생성되는 전기 분해가 일어나므로 공유 결합이 형성될 때 전자가 관여함을 알 수 있다.

(3) 화학 결합과 옥텟 규칙

① 비활성 기체의 전자 배치 : 주기율표 18족의 비활성 기체는 가장 바깥 전자 껍질에 8개의 전자가 배치되어 있다(단, He은 2개).

② 옥텟 규칙 : 18족 원소 이외의 원자들이 가장 바깥 전자 껍질에 8개의 전자를 채워 안정한 전자 배치를 가지려는 경향이다.

2 이온 결합

(1) 이온 결합

① 양이온의 형성 : 금속 원자가 전자를 잃어 양이온이 된다.

예 나트륨(Na)이 전자 1개를 잃어 Na^+이 되면 18족 원소인 네온(Ne)과 같은 전자 배치를 한다.

② 음이온의 형성 : 비금속 원자가 전자를 얻어 음이온이 된다.

예 염소(Cl)가 전자 1개를 얻어 Cl^-이 되면 18족 원소인 아르곤(Ar)과 같은 전자 배치를 한다.

③ 이온 결합 : 양이온과 음이온 사이의 정전기적 인력에 의해 형성되는 결합이다.

예 염화 나트륨의 생성 : 나트륨과 염소가 반응할 때 형성되는 나트륨 이온과 염화 이온이 정전기적 인력에 의해 결합하여 생성된다.

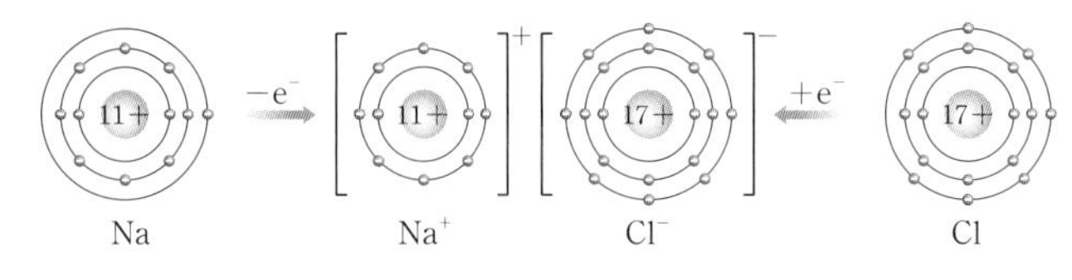

(2) 이온 결합의 형성과 에너지

① 양이온과 음이온이 서로 가까워지면 두 이온 사이에 작용하는 정전기적 인력에 의해 에너지가 낮아지고 안정해진다.

② 이온 사이의 거리가 너무 가까워지면 전자와 전자 사이, 원자핵과 원자핵 사이의 반발력이 너무 커져 에너지가 커지므로 불안정해진다.

③ 이온 사이의 인력과 반발력이 균형을 이루어 에너지가 가장 낮은 거리(r_0)에서 안정한 상태가 되며, 이때 이온 결합이 형성된다.

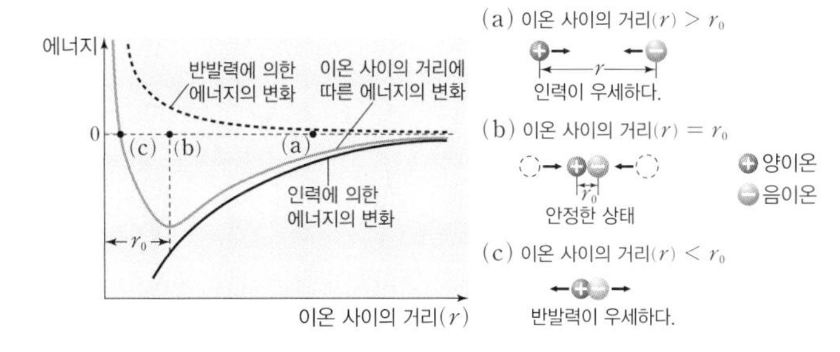

더 알기 물의 전기 분해

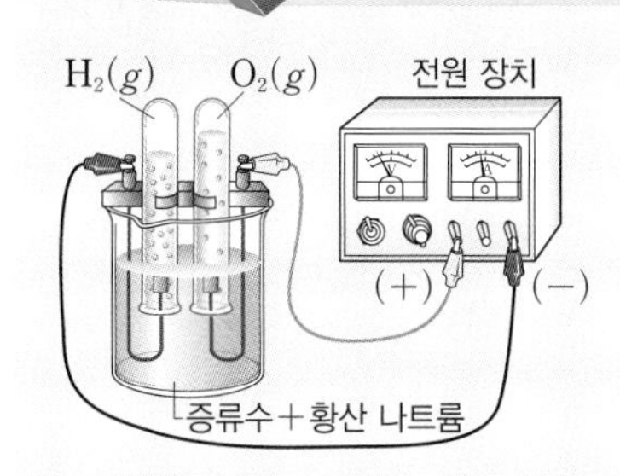

- 실험 결과 : 수소(H_2) 기체와 산소(O_2) 기체가 부피비 2 : 1로 생성된다.
  (−)극 : 물이 전자를 얻어 수소(H_2) 기체가 발생한다.
  (+)극 : 물이 전자를 잃어 산소(O_2) 기체가 발생한다.
  (전체 반응식) $2H_2O(l) \longrightarrow 2H_2(g)+O_2(g)$
- 물을 전기 분해하면 각각의 성분 원소로 분해할 수 있는 것으로 보아, 수소와 산소가 공유 결합하여 물이 생성될 때 전자가 관여함을 알 수 있다.

08 이온 결합

3 이온 결합 물질의 명명법과 구조

(1) 이온 결합 물질의 명명법

음이온의 이름을 먼저 읽고, 양이온의 이름을 나중에 읽으며, '이온'은 생략한다.

화학식	이름	화학식	이름	화학식	이름
$NaCl$	염화 나트륨	$MgSO_4$	황산 마그네슘	CaO	산화 칼슘
$MgCl_2$	염화 마그네슘	$CuSO_4$	황산 구리(Ⅱ)	K_2O	산화 칼륨
Na_2CO_3	탄산 나트륨	$BaSO_4$	황산 바륨	$AgNO_3$	질산 은
$CaCO_3$	탄산 칼슘	$Al_2(SO_4)_3$	황산 알루미늄	$Mg(OH)_2$	수산화 마그네슘

(2) 이온 결합 물질의 구조

많은 양이온과 음이온이 정전기적 인력에 의해 이온 결합을 형성하여 3차원적으로 서로를 둘러싸며 규칙적으로 배열된 형태로 존재한다.

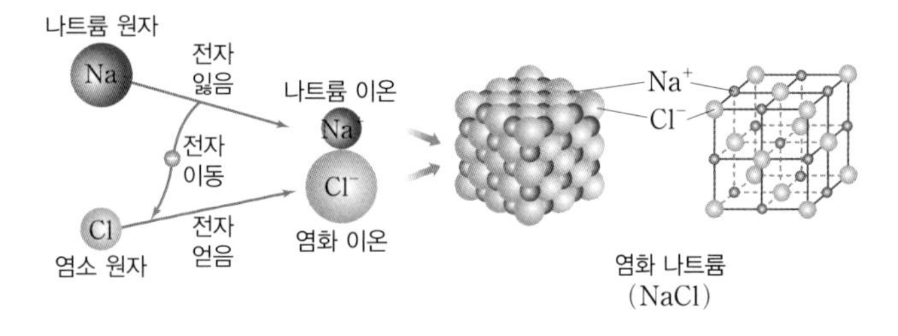

4 이온 결합 물질의 성질

(1) 물에 대한 용해성

많은 이온 결합 물질은 대부분 극성 용매인 물에 잘 녹는다. 고체 염화 나트륨이 물에 녹으면 나트륨 이온(Na^+)과 염화 이온(Cl^-)이 수용액 속에서 서로 결합하지 않고 이온 상태로 존재하게 된다.

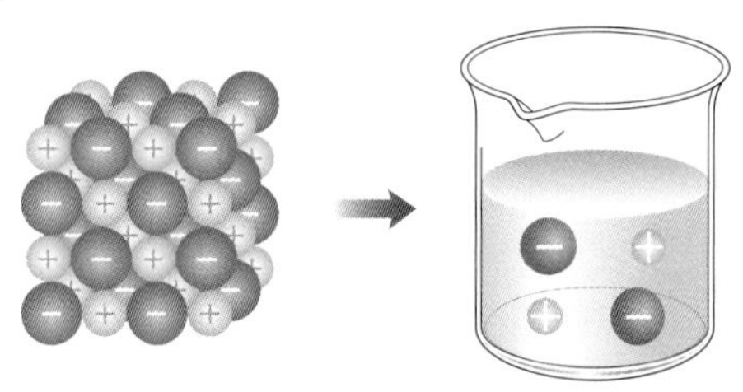

(2) 결정의 부서짐

이온 결합 물질에 힘을 가하면 이온의 층이 밀리면서 두 층의 경계면에서 같은 전하를 띤 이온들 사이의 반발력이 작용하여 쉽게 부서진다.

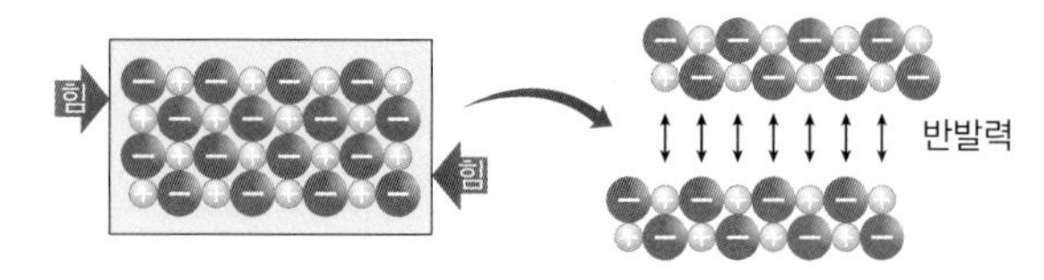

(3) 녹는점

양이온과 음이온 사이에 강한 정전기적 인력이 작용하기 때문에 녹는점이 높은 편이다. 이온 사이의 거리가 가까울수록, 이온의 전하량 크기가 클수록 대체로 녹는점이 높다.

(4) 전기 전도성

고체 상태에서는 이온의 이동이 없으므로 전기 전도성이 없고, 액체나 수용액 상태에서는 양이온과 음이온이 자유롭게 이동하므로 전기 전도성이 있다.

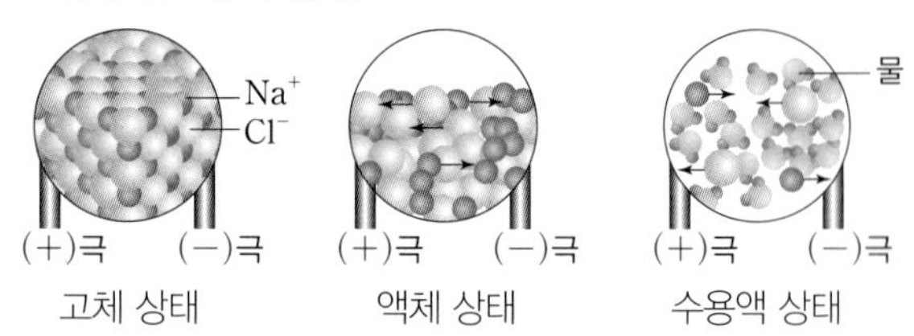

(5) 이온 결합 물질의 예

① 염화 나트륨($NaCl$) : 소금의 주성분으로 요리와 다양한 음식물의 저장에 활용된다.

② 탄산 칼슘($CaCO_3$) : 탄산 칼슘이 주성분인 대리석과 석회석은 건축재와 시멘트의 재료로 사용된다.

③ 염화 칼슘($CaCl_2$) : 제습제나 제설제로 주로 이용된다.

④ 탄산수소 나트륨($NaHCO_3$) : 빵을 만들 때 사용하는 베이킹 파우더의 주성분이다.

더 알기 이온 결합 물질의 녹는점

• 이온 결합은 양이온과 음이온 사이의 정전기적 인력에 의해 형성되는데 정전기적 인력(F)은 다음과 같다.

$$F=k\frac{q_1q_2}{r^2}\ (q_1,\ q_2 : \text{이온의 전하량},\ r : \text{이온 사이의 거리})$$

• 양이온과 음이온의 전하량의 크기가 같은 경우 이온 사이의 거리가 가까울수록 녹는점이 높다.

• 이온 사이의 거리가 비슷한 경우 이온의 전하량 크기가 클수록 녹는점이 높다.

물질	이온의 전하	이온 사이의 거리(pm)	녹는점(℃)	물질	이온의 전하	이온 사이의 거리(pm)	녹는점(℃)
NaF	+1, −1	231	996	MgO	+2, −2	210	2825
NaCl	+1, −1	276	801	CaO	+2, −2	240	2572
NaBr	+1, −1	291	747	SrO	+2, −2	253	2531
NaI	+1, −1	311	661	BaO	+2, −2	275	1972

➡ 이온의 전하량이 클수록, 이온 사이의 거리가 짧을수록 이온 사이의 인력이 증가하여 녹는점이 높다.

테마 대표 문제

| 2024학년도 수능 |

그림은 원자 X, Y로부터 Ne의 전자 배치를 갖는 이온이 형성되는 과정을 모형으로 나타낸 것이다.

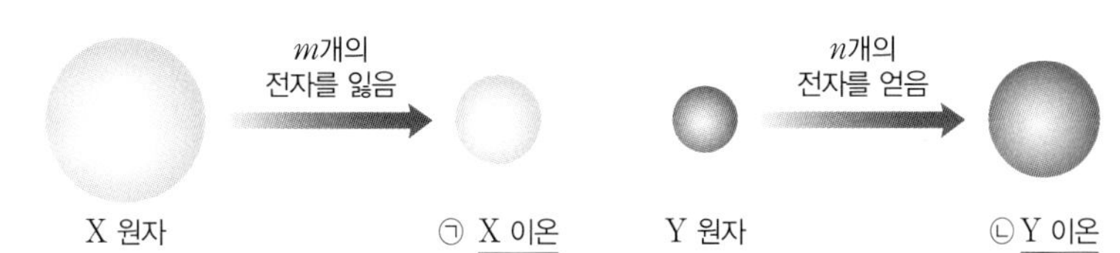

이에 대한 설명으로 옳은 것만을 〈보기〉에서 있는 대로 고른 것은? (단, X와 Y는 임의의 원소 기호이고, m과 n은 3 이하의 자연수이다.)

보기

ㄱ. X(s)는 전성(펴짐성)이 있다.
ㄴ. ㉡은 음이온이다.
ㄷ. ㉠과 ㉡으로부터 X_2Y가 형성될 때, $m:n=1:2$이다.

① ㄱ ② ㄷ ③ ㄱ, ㄴ ④ ㄴ, ㄷ ⑤ ㄱ, ㄴ, ㄷ

접근 전략

원자가 전자를 잃으면 양이온, 얻으면 음이온이 형성된다. 이온 결합 물질은 화합물이 전기적으로 중성이 되는 이온 수 비로 양이온과 음이온이 결합한다.

간략 풀이

X 원자는 m개의 전자를 잃고, Y 원자는 n개의 전자를 얻어 Ne의 전자 배치를 갖는 이온이 형성되므로 X와 Y는 각각 금속, 비금속 원소이다.

㉠ X는 금속 원소이므로 X(s)는 전성(펴짐성)이 있다.

㉡ Y 원자는 전자를 얻어 Y^{n-}이 된다. 따라서 ㉡은 음이온이다.

㉢ X^{m+}과 Y^{n-}은 $n:m$의 비로 결합하여 X_2Y를 형성한다. 따라서 $m:n=1:2$이다.

정답 | ⑤

닮은 꼴 문제로 유형 익히기

정답과 해설 20쪽

▸ 24067-0100

그림은 화합물 AB와 C_2B를 화학 결합 모형으로 나타낸 것이다.

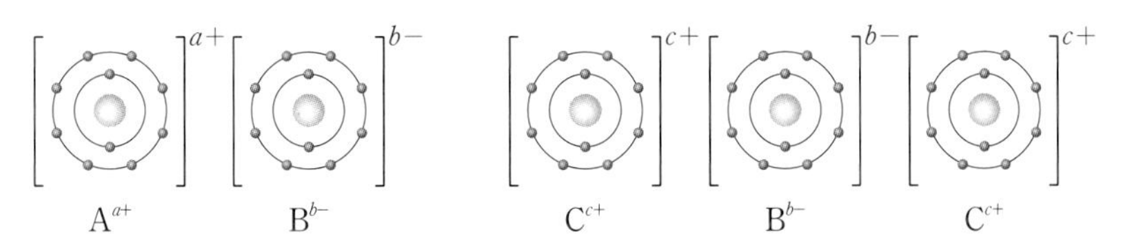

이에 대한 설명으로 옳은 것만을 〈보기〉에서 있는 대로 고른 것은? (단, A~C는 임의의 원소 기호이고, a~c는 3 이하의 자연수이다.)

보기

ㄱ. $a=1$이다.
ㄴ. A~C 중 3주기 원소는 1가지이다.
ㄷ. AB(l)는 전기 전도성이 있다.

① ㄱ ② ㄴ ③ ㄷ ④ ㄱ, ㄴ ⑤ ㄴ, ㄷ

유사점과 차이점

화합물에서 각 이온의 전자 배치가 18족 원소와 같고 전자를 잃거나 얻은 부분에 대한 정보를 알려준 점은 테마 대표 문제와 유사하지만, 이를 화학 결합 모형으로 제시한 점은 다르다.

배경 지식

- 금속 원소와 비금속 원소는 이온 결합하여 안정한 화합물을 형성한다.
- 화합물은 전기적으로 중성이므로 양이온의 총 전하량과 음이온의 총 전하량의 합이 0이다.

01

▸24067-0101

다음은 염화 나트륨(NaCl)에 대한 세 학생의 대화이다.

제시한 내용이 옳은 학생만을 있는 대로 고른 것은?

① A ② B ③ A, C
④ B, C ⑤ A, B, C

02

▸24067-0102

그림은 바닥상태 원자 X~Z의 전자 배치를 모형으로 나타낸 것이다.

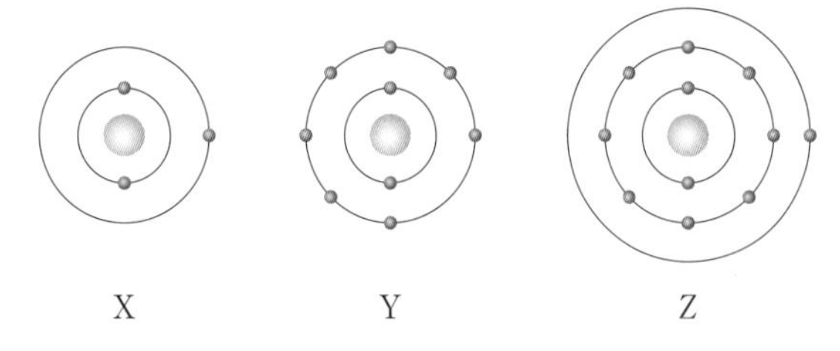

이에 대한 설명으로 옳은 것만을 〈보기〉에서 있는 대로 고른 것은? (단, X~Z는 임의의 원소 기호이다.)

보기
ㄱ. X~Z 중 금속 원소는 2가지이다.
ㄴ. ZY(s)는 전기 전도성이 있다.
ㄷ. X와 Y는 1 : 2로 결합하여 안정한 화합물을 형성한다.

① ㄱ ② ㄴ ③ ㄱ, ㄷ
④ ㄴ, ㄷ ⑤ ㄱ, ㄴ, ㄷ

03

▸24067-0103

그림은 화합물 A_2B를 화학 결합 모형으로 나타낸 것이다.

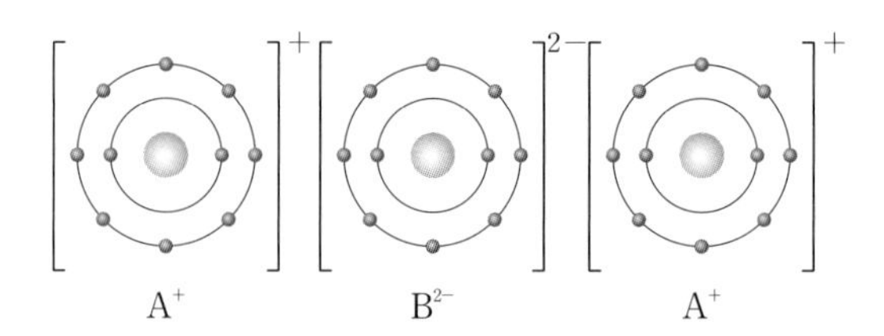

이에 대한 설명으로 옳은 것만을 〈보기〉에서 있는 대로 고른 것은? (단, A와 B는 임의의 원소 기호이다.)

보기
ㄱ. A는 금속 원소이다.
ㄴ. A와 B는 같은 주기 원소이다.
ㄷ. A_2B는 이온 결합 물질이다.

① ㄱ ② ㄴ ③ ㄷ
④ ㄱ, ㄴ ⑤ ㄱ, ㄷ

04

▸24067-0104

표는 원소 X~Z로 이루어진 2가지 이온 결합 물질에 대한 자료이다. X~Z는 Na, Mg, Cl를 순서 없이 나타낸 것이다.

물질	XY	ZY_2
수용액의 전기 전도성	있음	㉠

이에 대한 설명으로 옳은 것만을 〈보기〉에서 있는 대로 고른 것은?

보기
ㄱ. Y는 Cl이다.
ㄴ. '있음'은 ㉠으로 적절하다.
ㄷ. 원자가 전자가 느끼는 유효 핵전하는 Z>X이다.

① ㄱ ② ㄷ ③ ㄱ, ㄴ
④ ㄴ, ㄷ ⑤ ㄱ, ㄴ, ㄷ

05

▸24067-0105

다음은 바닥상태 원자 W~Z의 전자 배치이다.

- W : $1s^2 2s^2 2p^4$
- X : $1s^2 2s^2 2p^6 3s^2$
- Y : $1s^2 2s^2 2p^6 3s^2 3p^5$
- Z : $1s^2 2s^2 2p^6 3s^2 3p^6 4s^1$

이에 대한 설명으로 옳은 것만을 <보기>에서 있는 대로 고른 것은? (단, W~Z는 임의의 원소 기호이다.)

보기
ㄱ. Z는 금속 원소이다.
ㄴ. WY_2는 이온 결합 물질이다.
ㄷ. X와 Y는 2 : 1로 결합하여 안정한 화합물을 형성한다.

① ㄱ ② ㄷ ③ ㄱ, ㄴ
④ ㄴ, ㄷ ⑤ ㄱ, ㄴ, ㄷ

06

▸24067-0106

다음은 NaCl의 분해 반응에 대한 화학 반응식이다.

$$2NaCl \longrightarrow aNa + bCl_2 \quad (a, b\text{는 반응 계수})$$

이에 대한 설명으로 옳은 것만을 <보기>에서 있는 대로 고른 것은?

보기
ㄱ. $\frac{a}{b}=2$이다.
ㄴ. NaCl 1 mol에 들어 있는 $\frac{\text{음이온의 양(mol)}}{\text{양이온의 양(mol)}}=\frac{1}{2}$이다.
ㄷ. NaCl(l)은 전기 전도성이 있다.

① ㄱ ② ㄷ ③ ㄱ, ㄴ
④ ㄱ, ㄷ ⑤ ㄴ, ㄷ

07

▸24067-0107

그림은 주기율표의 일부를 나타낸 것이다.

주기 \ 족	1	2	13	14	15	16	17	18
2	W					X		
3			Y				Z	

이에 대한 설명으로 옳은 것만을 <보기>에서 있는 대로 고른 것은? (단, W~Z는 임의의 원소 기호이다.)

보기
ㄱ. W(s)는 전성(펴짐성)이 있다.
ㄴ. WZ(l)는 전기 전도성이 있다.
ㄷ. X와 Y는 2 : 3으로 결합하여 안정한 화합물을 형성한다.

① ㄱ ② ㄴ ③ ㄱ, ㄴ
④ ㄱ, ㄷ ⑤ ㄴ, ㄷ

08

▸24067-0108

표는 원자 W~Z의 이온에 대한 자료이다.

이온	W^+	X^{2-}	Y^{2+}	Z^-
1 mol에 들어 있는 전자의 양(mol)	2	10	10	18

이에 대한 설명으로 옳은 것만을 <보기>에서 있는 대로 고른 것은? (단, W~Z는 임의의 원소 기호이다.)

보기
ㄱ. WZ는 이온 결합 물질이다.
ㄴ. YX(l)는 전기 전도성이 있다.
ㄷ. W~Z 중 2주기 원소는 2가지이다.

① ㄱ ② ㄴ ③ ㄱ, ㄷ
④ ㄴ, ㄷ ⑤ ㄱ, ㄴ, ㄷ

01

▸24067-0109

그림은 화합물 AB와 CD를 화학 결합 모형으로 나타낸 것이다.

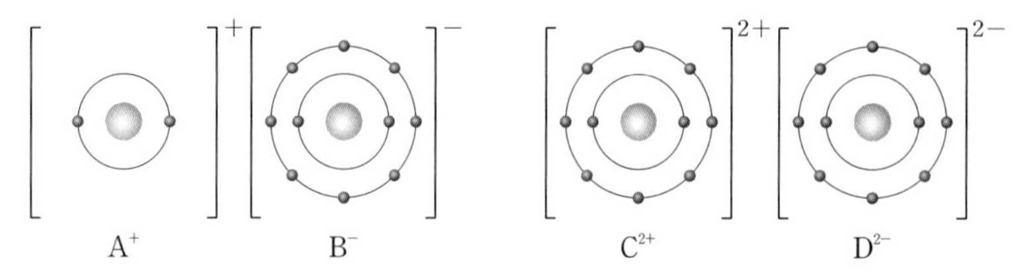

이에 대한 설명으로 옳은 것만을 〈보기〉에서 있는 대로 고른 것은? (단, A~D는 임의의 원소 기호이다.)

보기
ㄱ. AB는 공유 결합 물질이다.
ㄴ. CD(l)는 전기 전도성이 있다.
ㄷ. B와 C는 2 : 1로 결합하여 안정한 화합물을 형성한다.

① ㄱ ② ㄴ ③ ㄱ, ㄷ ④ ㄴ, ㄷ ⑤ ㄱ, ㄴ, ㄷ

02

▸24067-0110

다음은 원소 A~C로 이루어진 이온 결합 물질 (가)와 (나)에 대한 자료이다. A~C의 원자 번호는 각각 8, 9, 11, 12, 13 중 하나이다.

○ A^{a+}, B^{b+}, C^{c-}은 모두 Ne의 전자 배치를 갖는다.
○ (가)와 (나)의 구성 원소와 이온 수 비

물질	(가)	(나)
구성 원소	A, C	B, C
이온 수 비	A^{a+} : C^{c-}=1 : 1	B^{b+} : C^{c-}=2 : 3

A~C에 대한 설명으로 옳은 것만을 〈보기〉에서 있는 대로 고른 것은? (단, A~C는 임의의 원소 기호이고, a~c는 3 이하의 자연수이다.)

보기
ㄱ. 금속 원소는 1가지이다.
ㄴ. 원자가 전자 수는 A>B이다.
ㄷ. 이온 반지름은 C>A이다.

① ㄱ ② ㄷ ③ ㄱ, ㄴ ④ ㄱ, ㄷ ⑤ ㄴ, ㄷ

03

▸24067-0111

다음은 바닥상태 원자 A와 B의 전자 배치를, 그림은 원소 A와 B가 이온 결합하여 이루어진 물질의 고체 상태를 모형으로 나타낸 것이다.

- A : $1s^22s^22p^63s^1$
- B : $1s^22s^22p^63s^23p^5$

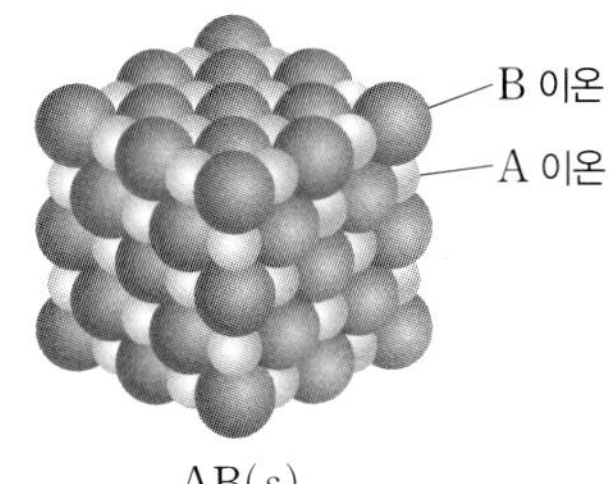

AB(s)

이에 대한 설명으로 옳은 것만을 〈보기〉에서 있는 대로 고른 것은? (단, A와 B는 임의의 원소 기호이고, A 이온과 B 이온은 모두 18족 원소의 전자 배치를 갖는다.)

보기

ㄱ. B는 비금속 원소이다.

ㄴ. AB(s) 1 mol에 들어 있는 이온의 전자 수는 A 이온>B 이온이다.

ㄷ. AB(s)는 전기 전도성이 있다.

① ㄱ ② ㄴ ③ ㄱ, ㄷ ④ ㄴ, ㄷ ⑤ ㄱ, ㄴ, ㄷ

04

▸24067-0112

다음은 원소 A~D로 이루어진 이온 결합 물질 (가)~(다)에 대한 자료이다. A~D의 원자 번호는 각각 8, 9, 11, 12, 13 중 하나이다.

- A~D의 이온은 모두 Ne의 전자 배치를 갖는다.
- (가)~(다)의 구성 원소와 1 mol에 들어 있는 구성 원소의 몰비

물질	(가)	(나)	(다)
구성 원소	A, B	A, C	B, D
1 mol에 들어 있는 구성 원소의 몰비	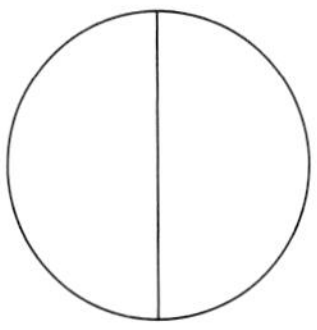	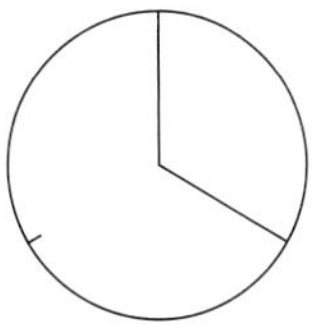	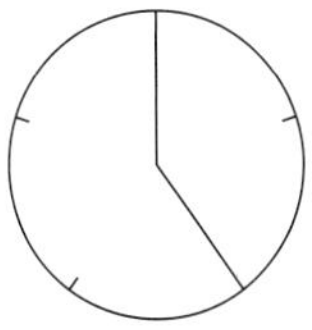

이에 대한 설명으로 옳은 것만을 〈보기〉에서 있는 대로 고른 것은? (단, A~D는 임의의 원소 기호이다.)

보기

ㄱ. (나)는 A_2C이다.

ㄴ. $\frac{\text{양이온 수}}{\text{음이온 수}}$의 비는 (나) : (다)=4 : 3이다.

ㄷ. 이온 반지름은 B>D이다.

① ㄱ ② ㄷ ③ ㄱ, ㄴ ④ ㄴ, ㄷ ⑤ ㄱ, ㄴ, ㄷ

공유 결합과 금속 결합

1 공유 결합

(1) **공유 결합** : 비금속 원소의 원자들이 전자쌍을 서로 공유하면서 형성되는 결합이다.

예 물 분자의 생성 : 산소 원자 1개가 수소 원자 2개와 각각 1개씩 전자쌍을 공유하여 물 분자가 생성되면, 산소는 네온의 전자 배치를, 수소는 헬륨의 전자 배치를 갖는다.

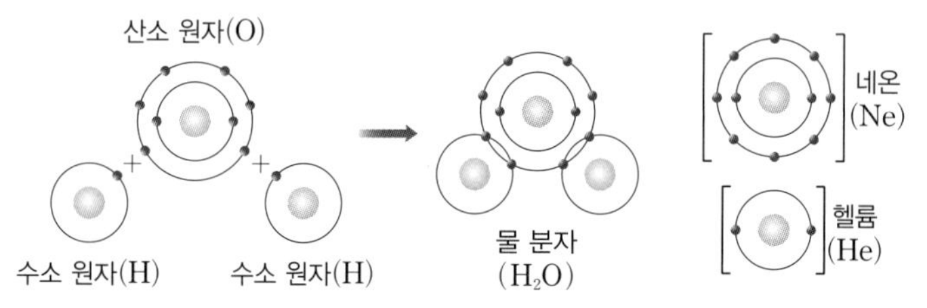

(2) **공유 결합의 형성과 에너지 변화** : 두 원자 사이의 거리가 가까워져 인력과 반발력이 균형을 이루어 에너지가 가장 낮아지는 지점에서 공유 결합이 형성된다.

(3) **단일 결합과 다중 결합**

① 단일 결합 : 두 원자 사이에 1개의 전자쌍을 공유하여 형성되는 결합이다.

② 다중 결합 : 두 원자 사이에 2, 3개의 전자쌍을 공유하고 있으면 각각 2중, 3중 결합이다.

단일 결합	2중 결합	3중 결합
1+ 17+ HCl	8+ 8+ O_2	7+ 7+ N_2

(4) **공유 결합 물질의 성질**

① 공유 결합 물질에는 분자로 존재하는 분자 결정과 원자들이 공유 결합하여 그물처럼 연결되어 있는 공유 결정이 있다.

② 분자 결정은 대부분 녹는점과 끓는점이 낮지만, 공유 결정은 녹는점과 끓는점이 매우 높다. 분자 결정 중에는 승화성 물질이 있다.

③ 고체 상태나 액체 상태에서 전류가 흐르지 않는다(단, 흑연과 같이 전기 전도성을 갖는 물질도 있다).

2 금속 결합

(1) **금속 결합** : 금속 양이온과 자유 전자 사이의 전기적 인력에 의해 형성된다. 자유 전자는 금속 원자가 양이온이 되면서 내놓은 원자가 전자로, 금속 양이온 사이를 자유롭게 움직이면서 금속 양이온을 결합시키는 역할을 한다. 금속에 전압을 걸어 주면 자유 전자는 (+)극 쪽으로 이동한다.

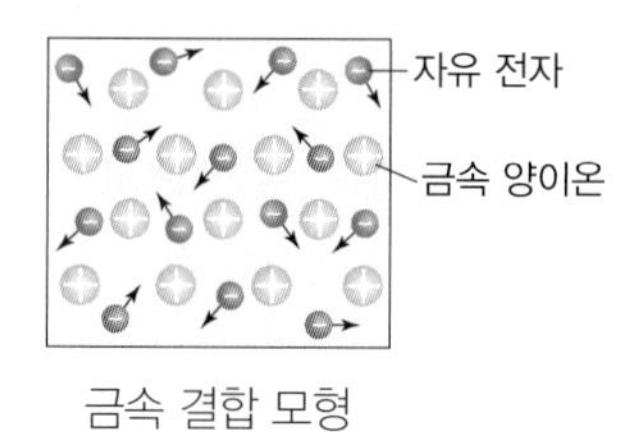

금속 결합 모형

(2) **금속의 특성** : 금속 결합을 이루는 금속의 특성이 나타나는 것은 자유 전자 때문이다.

① 전기 전도성 : 금속은 자유 전자가 자유롭게 움직일 수 있으므로 고체와 액체 상태에서 전기 전도성이 있다.

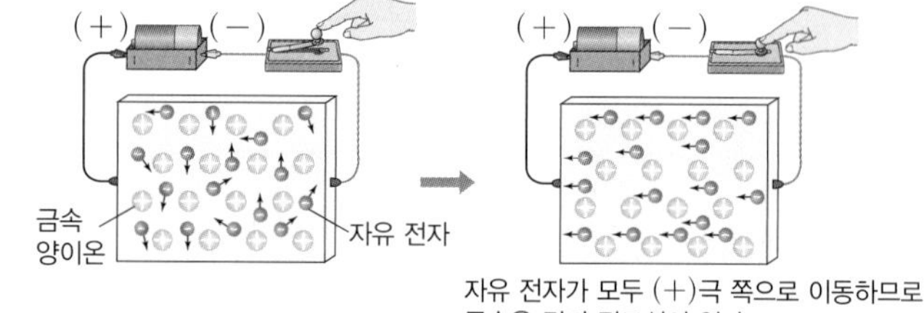

자유 전자가 모두 (+)극 쪽으로 이동하므로 금속은 전기 전도성이 있다.

② 열 전도성 : 금속을 가열하면 자유 전자가 열에너지를 얻게 되고, 자유 전자가 인접한 자유 전자와 금속 양이온에 열에너지를 전달하므로 금속은 열 전도성이 매우 크다.

③ 연성(뽑힘성)과 전성(펴짐성) : 외부의 힘에 의해 금속이 변형되어도 자유 전자가 이동하여 금속 결합을 유지할 수 있으므로 금속은 연성과 전성이 있다.

④ 녹는점과 끓는점 : 금속은 자유 전자와 금속 양이온 사이의 강한 전기적 인력에 의해 녹는점과 끓는점이 높다. 따라서 대부분 상온에서 고체 상태이다.

더 알기 다이아몬드(C)와 흑연(C)의 전기 전도성

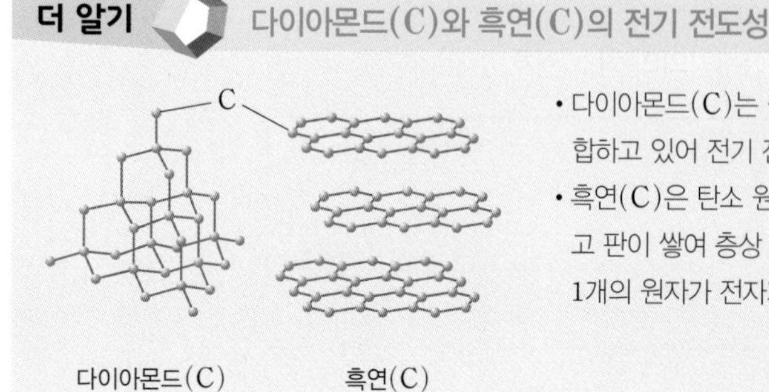

- 다이아몬드(C)는 원자가 전자 수가 4인 탄소 원자가 정사면체 꼭짓점에 있는 다른 탄소 원자 4개와 결합하고 있어 전기 전도성이 없다.
- 흑연(C)은 탄소 원자 1개가 다른 탄소 원자 3개와 결합하여 정육각형 모양이 반복되어 있는 판을 이루고 판이 쌓여 층상 구조를 이룬다. 원자가 전자 수가 4인 탄소 원자가 3개의 탄소 원자와 결합하고 남은 1개의 원자가 전자가 비교적 자유롭게 움직일 수 있어 전기 전도성을 갖는다.

테마 대표 문제

| 2024학년도 9월 모의평가 |

그림은 2가지 물질을 결합 모형으로 나타낸 것이다.

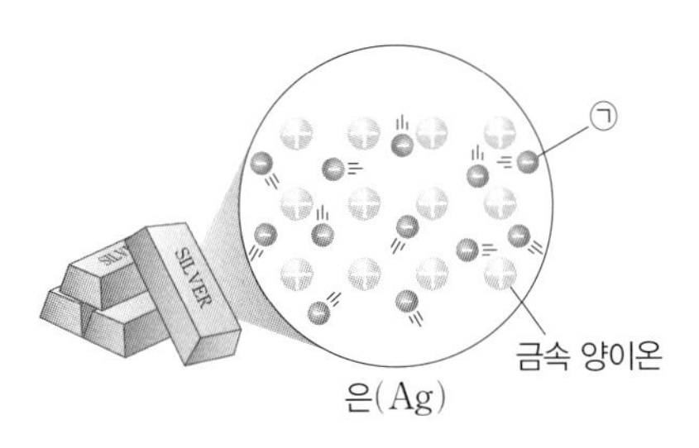

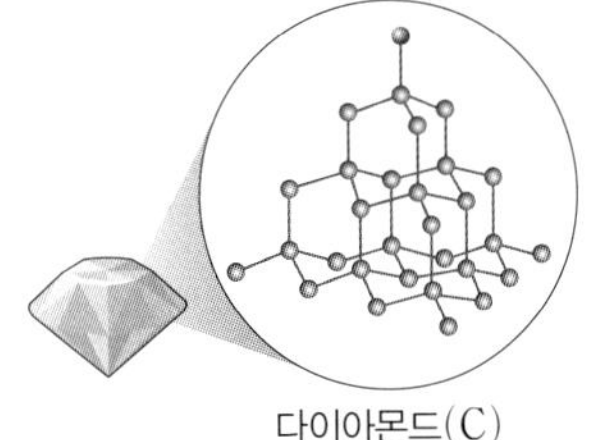

이에 대한 설명으로 옳은 것만을 〈보기〉에서 있는 대로 고른 것은? [3점]

보기

ㄱ. ㉠은 자유 전자이다.
ㄴ. $Ag(s)$은 전성(펴짐성)이 있다.
ㄷ. C(s,다이아몬드)를 구성하는 원자는 공유 결합을 하고 있다.

① ㄱ ② ㄷ ③ ㄱ, ㄴ ④ ㄴ, ㄷ ⑤ ㄱ, ㄴ, ㄷ

접근 전략

자유 전자와 금속 양이온으로 이루어진 은(Ag)과 비금속 원소로 이루어진 다이아몬드(C)의 2가지 결합 모형이 각각 어떤 화학 결합을 나타낸 것인지 파악해야 한다.

간략 풀이

은(Ag)은 금속 결합 물질, 다이아몬드(C)는 공유 결합 물질이다.

㉠ 금속 결합 물질에서 ㉠은 자유 전자이다.

㉡ 금속 결합 물질은 전성(펴짐성)과 연성(뽑힘성)이 있다.

㉢ 다이아몬드(C)는 공유 결합 물질로 구성 원자는 공유 결합을 하고 있다.

정답 | ⑤

닮은 꼴 문제로 유형 익히기

정답과 해설 22쪽

▸ 24067-0113

그림은 화합물 ABC를 화학 결합 모형으로 나타낸 것이다. 원자가 전자 수는 C>B이다.

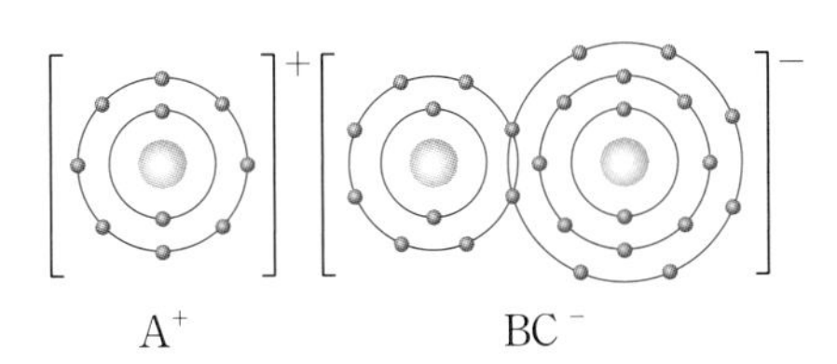

이에 대한 설명으로 옳은 것만을 〈보기〉에서 있는 대로 고른 것은? (단, A~C는 임의의 원소 기호이다.)

보기

ㄱ. $A(s)$는 전기 전도성이 있다.
ㄴ. BC^-을 구성하는 원자는 공유 결합을 하고 있다.
ㄷ. B_2에는 2중 결합이 있다.

① ㄴ ② ㄷ ③ ㄱ, ㄴ ④ ㄱ, ㄷ ⑤ ㄱ, ㄴ, ㄷ

유사점과 차이점

화학 결합 모형을 제시하고 물질의 특성을 다룬다는 점에서 테마 대표 문제와 유사하지만, 이온 결합 물질을 이루는 다원자 이온을 함께 다룬다는 점이 다르다.

배경 지식

- 이온 결합 물질은 금속의 양이온과 비금속의 음이온 사이의 정전기적 인력에 의해 형성된다.

정답과 해설 22쪽

[01~02] 그림은 화합물 ABC를 화학 결합 모형으로 나타낸 것이다. A~C는 임의의 원소 기호이고, 원자 번호는 B>C이다.

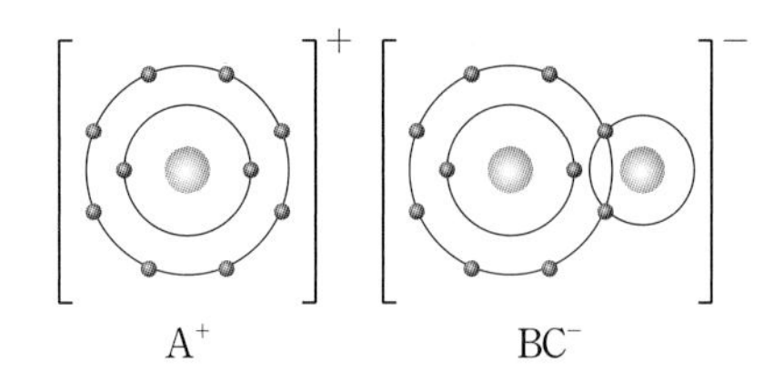

01

▸24067-0114

이에 대한 설명으로 옳은 것만을 〈보기〉에서 있는 대로 고른 것은?

보기

ㄱ. A(s)는 금속 결합 물질이다.
ㄴ. BC^-의 공유 전자쌍 수는 1이다.
ㄷ. ABC에서 A^+과 B는 모두 옥텟 규칙을 만족한다.

① ㄱ ② ㄴ ③ ㄱ, ㄷ
④ ㄴ, ㄷ ⑤ ㄱ, ㄴ, ㄷ

02

▸24067-0115

A~C로 구성된 물질에 대한 설명으로 옳은 것만을 〈보기〉에서 있는 대로 고른 것은?

보기

ㄱ. A(s)는 연성(뽑힘성)이 있다.
ㄴ. ABC(aq)은 전기 전도성이 있다.
ㄷ. C_2B는 공유 결합 물질이다.

① ㄱ ② ㄷ ③ ㄱ, ㄴ
④ ㄴ, ㄷ ⑤ ㄱ, ㄴ, ㄷ

03

▸24067-0116

다음은 금속 결합 물질의 특성에 대한 학생들의 대화이다.

학생들이 제시한 내용이 모두 옳을 때, ㉠과 ㉡으로 가장 적절한 것은?

	㉠	㉡
①	중성자	양성자
②	중성자	금속 양이온
③	자유 전자	양성자
④	자유 전자	금속 양이온
⑤	금속 양이온	자유 전자

04

▸24067-0117

그림 (가)와 (나)는 각각 C(s, 흑연)과 C(s, 다이아몬드)의 구조를 모형으로 나타낸 것이다.

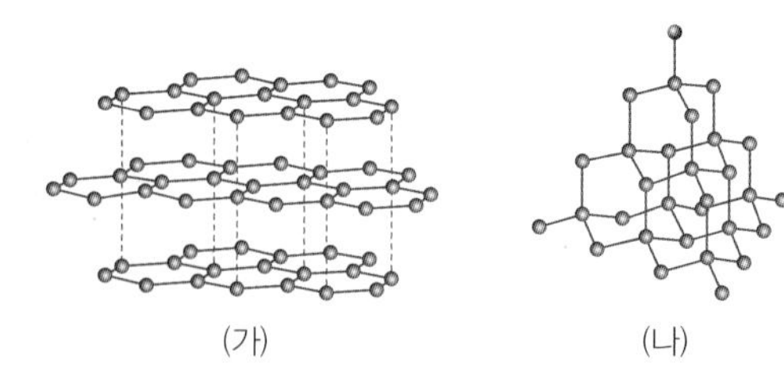

이에 대한 설명으로 옳은 것만을 〈보기〉에서 있는 대로 고른 것은?

보기

ㄱ. (가)는 이온 결합 물질이다.
ㄴ. (나)를 구성하는 원자는 공유 결합을 하고 있다.
ㄷ. 고체 상태에서 전기 전도성은 (가)>(나)이다.

① ㄱ ② ㄴ ③ ㄷ
④ ㄴ, ㄷ ⑤ ㄱ, ㄴ, ㄷ

05

▸24067-0118

그림은 1, 2주기 원소 X~Z로 구성된 분자 (가)~(다)의 구조식을 단일 결합과 다중 결합의 구분 없이 나타낸 것이다. (가)~(다)에서 X는 He의 전자 배치를 갖고, Y와 Z는 옥텟 규칙을 만족한다.

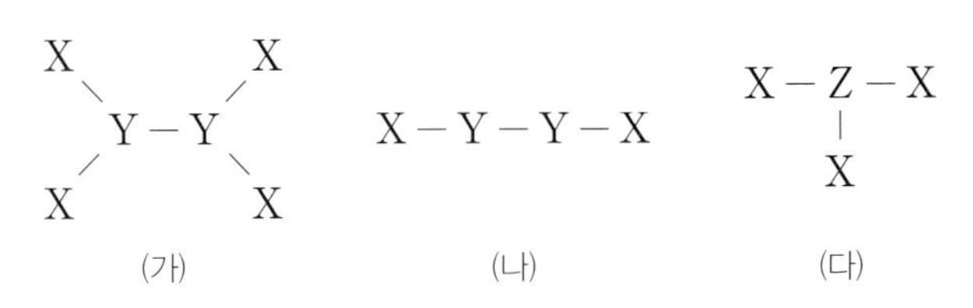

이에 대한 설명으로 옳은 것만을 〈보기〉에서 있는 대로 고른 것은? (단, X~Z는 임의의 원소 기호이다.)

보기
ㄱ. Y 사이의 공유 전자쌍 수는 (나)>(가)이다.
ㄴ. 비공유 전자쌍 수는 (나)>(다)이다.
ㄷ. Z_2에는 다중 결합이 있다.

① ㄱ ② ㄴ ③ ㄱ, ㄷ
④ ㄴ, ㄷ ⑤ ㄱ, ㄴ, ㄷ

06

▸24067-0119

그림은 X(*s*)를 금속 결합 모형으로 나타낸 것이다. ㉠, ㉡은 각각 금속 양이온과 자유 전자 중 하나이다.

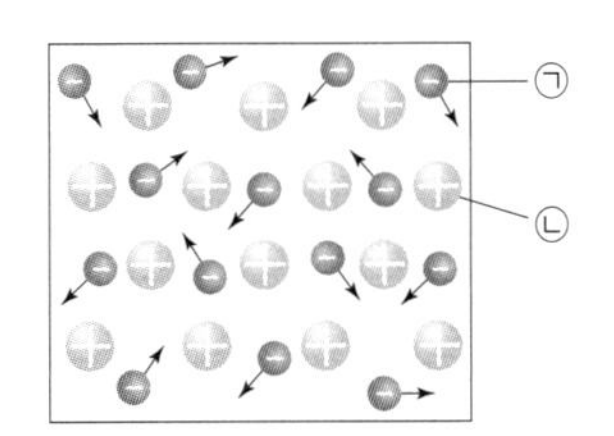

이에 대한 설명으로 옳은 것만을 〈보기〉에서 있는 대로 고른 것은? (단, X는 임의의 원소 기호이다.)

보기
ㄱ. X(*s*)는 전기 전도성이 있다.
ㄴ. X(*s*)에 전압을 걸어 주면 ㉠은 (−)극 쪽으로 이동한다.
ㄷ. ㉠은 ㉡ 사이를 자유롭게 움직이며 연성과 전성을 나타나게 한다.

① ㄱ ② ㄴ ③ ㄱ, ㄷ
④ ㄴ, ㄷ ⑤ ㄱ, ㄴ, ㄷ

07

▸24067-0120

그림은 4가지 물질을 주어진 기준에 따라 분류한 것이다. ㉠~㉢은 구리, 염화 나트륨, 드라이아이스(CO_2)를 순서 없이 나타낸 것이다.

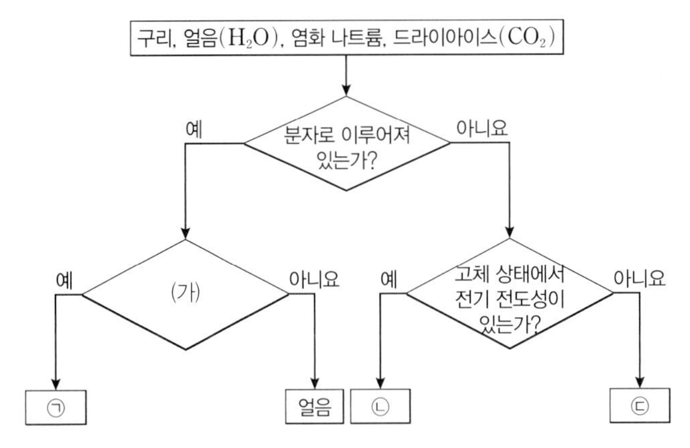

이에 대한 설명으로 옳은 것만을 〈보기〉에서 있는 대로 고른 것은?

보기
ㄱ. '물질을 구성하는 분자에 다중 결합이 있는가?'는 (가)로 적절하다.
ㄴ. ㉡은 액체 상태에서 전기 전도성이 있다.
ㄷ. ㉢은 수용액 상태에서 전기 전도성이 있다.

① ㄱ ② ㄷ ③ ㄱ, ㄴ
④ ㄴ, ㄷ ⑤ ㄱ, ㄴ, ㄷ

08

▸24067-0121

표는 물질 (가)~(라)에 대한 자료이다.

물질	분자식	녹는점(℃)	끓는점(℃)
(가)	H_2	−259.1	−252.8
(나)	N_2	−210.0	−195.8
(다)	O_2	−218.8	−182.9
(라)	Cl_2	−101.5	−34.1

(가)~(라)에 대한 설명으로 옳은 것만을 〈보기〉에서 있는 대로 고른 것은?

보기
ㄱ. 분자당 비공유 전자쌍 수는 (라)가 가장 크다.
ㄴ. 분자에 다중 결합이 있는 물질은 단일 결합이 있는 물질보다 녹는점이 높다.
ㄷ. 분자에 다중 결합이 있는 물질 중 녹는점이 높은 물질이 끓는점도 높다.

① ㄱ ② ㄴ ③ ㄱ, ㄷ
④ ㄴ, ㄷ ⑤ ㄱ, ㄴ, ㄷ

01

▸24067-0122

그림은 분자 (가)와 (나)를 화학 결합 모형으로 나타낸 것이다. (가)와 (나)의 분자식은 각각 X_2Y와 ZY_2이다.

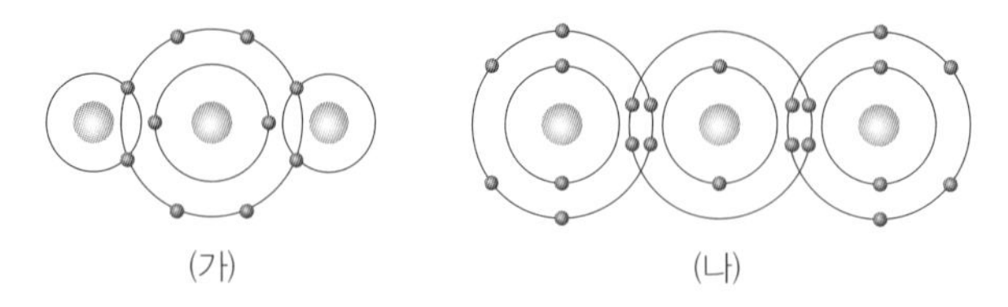

이에 대한 설명으로 옳은 것만을 〈보기〉에서 있는 대로 고른 것은? (단, X~Z는 임의의 원소 기호이다.)

보기

ㄱ. 원자 반지름은 Z > Y이다.
ㄴ. 공유 전자쌍 수는 (가)와 (나)가 같다.
ㄷ. ZX_2Y는 Y와 Z 사이에 2중 결합이 있다.

① ㄱ ② ㄴ ③ ㄱ, ㄷ ④ ㄴ, ㄷ ⑤ ㄱ, ㄴ, ㄷ

02

▸24067-0123

표는 4가지 물질 (가)~(라)의 녹는점과 전기 전도성을 나타낸 것이다. (가)~(라)는 H_2, Na, KF, Fe을 순서 없이 나타낸 것이고, ㉠~㉢은 '있음' 또는 '없음' 중 하나이다. H_2는 25°C에서 기체 상태이다.

물질		(가)	(나)	(다)	(라)
녹는점(°C)		858	−259	98	1538
전기 전도성	고체	없음		㉡	
	액체	㉠			㉢

이에 대한 설명으로 옳은 것만을 〈보기〉에서 있는 대로 고른 것은?

보기

ㄱ. (가)는 공유 결합 물질이다.
ㄴ. (다)와 (라)는 화학 결합의 종류가 같다.
ㄷ. ㉠~㉢은 모두 '있음'이다.

① ㄱ ② ㄴ ③ ㄷ ④ ㄴ, ㄷ ⑤ ㄱ, ㄴ, ㄷ

03

▸24067-0124

다음은 화학 결합이 형성되는 2가지 화학 반응식이다.

○ 2Na (가) + ㉠ ⟶ 2NaCl (나)

○ H_2 + ㉠ ⟶ 2 ㉡

이에 대한 설명으로 옳은 것만을 〈보기〉에서 있는 대로 고른 것은?

보기

ㄱ. 고체 상태에서 전기 전도성은 (가) > (나)이다.

ㄴ. 액체 상태의 (나)를 전기 분해하면 (−)극에서 (가)가 생성된다.

ㄷ. $\frac{\text{1 mol의 ㉡에 들어 있는 비공유 전자쌍 수}}{\text{1.5 mol의 ㉠에 들어 있는 공유 전자쌍 수}}=\frac{1}{3}$이다.

① ㄱ ② ㄷ ③ ㄱ, ㄴ ④ ㄴ, ㄷ ⑤ ㄱ, ㄴ, ㄷ

04

▸24067-0125

표는 마그네슘(Mg)과 2주기 원소 X, Y로 구성된 물질 (가)~(라)에 대한 자료이다. (나)~(라)에서 모든 원자는 옥텟 규칙을 만족하고, 이온은 Ne의 전자 배치를 갖는다.

물질	(가)	(나)	(다)	(라)
구성 원소	Mg	Mg, X	Mg, Y	X, Y
화학식을 구성하는 입자 수		3	2	3

이에 대한 설명으로 옳은 것만을 〈보기〉에서 있는 대로 고른 것은? (단, X와 Y는 임의의 원소 기호이다.)

보기

ㄱ. (가)~(다)는 모두 구성 입자들의 전기적 인력에 의해 형성된다.

ㄴ. 화학식을 구성하는 X 입자 수는 (나)에서와 (라)에서가 같다.

ㄷ. (라)에서 Y는 부분적인 양전하(δ^+)를 띤다.

① ㄴ ② ㄷ ③ ㄱ, ㄴ ④ ㄱ, ㄷ ⑤ ㄱ, ㄴ, ㄷ

10 결합의 극성

1 루이스 전자점식과 구조식

(1) **루이스 전자점식** : 원소 기호 주위에 원자가 전자를 점으로 표시하여 나타낸 식이다.

(2) **원자의 루이스 전자점식**

① 원소 기호 주위에 원자가 전자를 점으로 표시한다.

② 원소 기호의 네 방향 중 한 방향에 최대 2개의 점을 표시한다.

③ 2, 3주기 원자의 루이스 전자점식

주기 \ 족	1	2	13	14	15	16	17
2	Li·	·Be·	·Ḃ·	·Ċ·	·N̈·	·Ö:	·F̈:
3	Na·	·Mg·	·Ȧl·	·Ṡi·	·P̈·	·S̈:	·C̈l:

(3) **분자의 루이스 전자점식** : 공유 결합을 이루는 두 원자 사이의 공유 전자쌍과 공유 결합에 참여하지 않은 원자가 전자의 비공유 전자쌍을 각각 점으로 표시한다.

(4) **이온과 이온 결합 물질의 루이스 전자점식**

① 양이온은 점을 표시하지 않고, 음이온은 원자가 전자와 얻은 전자를 점으로 표시한다.

② 이온 결합 물질은 양이온과 음이온을 각각 전자점식으로 표시한다.

예 염화 나트륨의 루이스 전자점식 ➡ $[Na]^{+}[:\ddot{C}l:]^{-}$

(5) **루이스 구조식**

① 루이스 전자점식에서 공유 전자쌍을 결합선으로 나타낸 식이다.

② 비공유 전자쌍은 점으로 표시하거나 생략할 수 있다.

예 :F̈－F̈: 또는 F－F   H－C̈l: 또는 H－Cl

Ö＝C＝Ö 또는 O＝C＝O   :N ≡ N: 또는 N ≡ N

2 전기 음성도

(1) **전기 음성도**

① 결합을 형성한 원자가 공유 전자쌍을 끌어당기는 능력을 상대적인 수치로 나타낸 값이다.

② 미국의 화학자 폴링이 정한 척도가 가장 널리 사용되는데 플루오린(F)이 4.0으로 가장 크고, 다른 원소는 이보다 작은 값을 갖는다.

(2) **전기 음성도의 주기적 변화**

① 같은 족에서는 원자 번호가 증가할수록 전기 음성도가 감소하는 경향이 있다.

② 같은 주기에서는 원자 번호가 증가할수록 전기 음성도가 증가하는 경향이 있다.

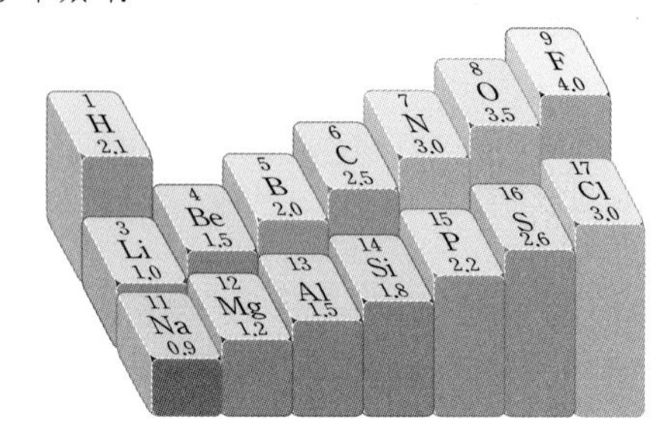

(3) **전기 음성도의 특성**

① 전기 음성도가 큰 원자일수록 공유 결합에서 공유 전자쌍을 더 세게 끌어당긴다.

② 공유 결합을 이룬 두 원자의 전기 음성도 차가 클수록 전기 음성도가 큰 원자 쪽으로 공유 전자쌍이 더 많이 치우친다.

3 결합의 극성과 쌍극자 모멘트

(1) **극성 공유 결합**

① 전기 음성도가 다른 두 원자 사이의 공유 결합이다.

② 전기 음성도가 큰 원자가 부분적인 음전하(δ^{-})를 띠고, 작은 원자가 부분적인 양전하(δ^{+})를 띤다.

(2) **무극성 공유 결합**

① 같은 원소의 원자 사이의 공유 결합이다.

② 결합한 두 원자의 전기 음성도가 서로 같으므로 부분적인 전하가 생기지 않는다.

(3) **쌍극자** : 전기 음성도가 서로 다른 두 원자가 공유 결합할 때 하나의 분자에 서로 다른 부분적인 전하(δ^{-}, δ^{+})를 띠는 것이다.

(4) **쌍극자 모멘트(μ)** : 쌍극자 모멘트(μ)의 크기는 부분 전하의 크기(q)와 두 전하 사이의 거리(r)를 곱한 값이다.

더 알기 쌍극자 모멘트의 표시

• 전기 음성도가 작은 원자에서 전기 음성도가 큰 원자를 향하도록 십자 화살표(+⟶)를 이용하여 나타낸다.

• 전기 음성도에 따른 쌍극자 모멘트의 표시

분자식	HCl	H_2O	NH_3
쌍극자 모멘트의 표시	δ^{+} H ⟶ Cl δ^{-}	δ^{+} H ⟶ O δ^{-} ⟵ H δ^{+}	δ^{+} H ⟶ N δ^{-} ⟵ H δ^{+}, δ^{+} H
전기 음성도	Cl>H	O>H	N>H

테마 대표 문제

| 2024학년도 수능 |

다음은 수소(H)와 2주기 원소 X, Y로 구성된 분자 (가)~(다)에 대한 자료이다. (가)~(다)에서 X와 Y는 옥텟 규칙을 만족한다.

○ (가)~(다)의 분자당 구성 원자 수는 각각 4 이하이다.
○ (가)와 (나)에서 분자당 X와 Y의 원자 수는 같다.
○ 각 분자 1 mol에 존재하는 원자 수 비

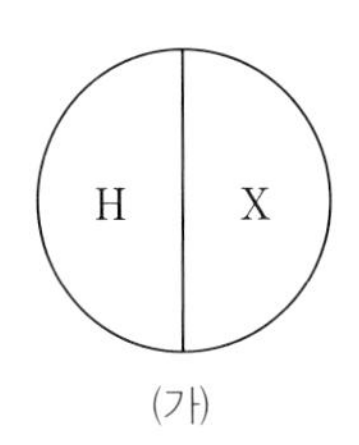

(가)

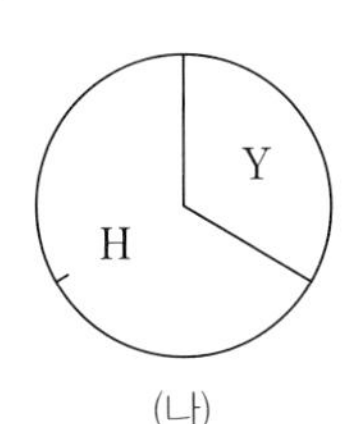

(나)

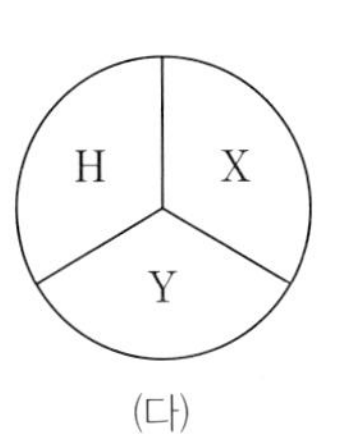

(다)

이에 대한 설명으로 옳은 것만을 〈보기〉에서 있는 대로 고른 것은? (단, X와 Y는 임의의 원소 기호이다.) [3점]

보기

ㄱ. (가)에는 2중 결합이 있다.
ㄴ. (나)에는 무극성 공유 결합이 있다.
ㄷ. (다)에서 X는 부분적인 음전하(δ^-)를 띤다.

① ㄴ ② ㄷ ③ ㄱ, ㄴ ④ ㄱ, ㄷ ⑤ ㄴ, ㄷ

접근 전략

분자당 구성 원자 수가 4 이하이고, (가)와 (나)에서 분자당 X와 Y의 원자 수가 같으므로 (가)와 (나)에서 X와 Y의 원자 수는 각각 1임을 파악해야 한다.

간략 풀이

각 분자 1 mol에 존재하는 원자 수 비로부터 (가)~(다)는 각각 HX, H_2Y, HXY(또는 HYX)임을 알 수 있고, X, Y는 각각 F, O이므로 (다)의 중심 원자는 Y(O)이다.

ㄱ. (가)에는 단일 결합이 있다.
ㄴ. (나)에는 극성 공유 결합만 있다.
ㄷ. 전기 음성도는 F>O>H이므로 (다)에서 X(F)는 부분적인 음전하(δ^-)를 띤다.

정답 | ②

닮은 꼴 문제로 유형 익히기

정답과 해설 24쪽

▸ 24067-0126

다음은 수소(H)와 2주기 원소 X, Y로 구성된 분자 (가)~(다)에 대한 자료이다. (가)~(다)에서 X와 Y는 옥텟 규칙을 만족한다.

○ (가)~(다)의 분자당 구성 원자 수는 각각 4 이하이다.
○ (나)의 $\frac{\text{비공유 전자쌍 수}}{\text{공유 전자쌍 수}}=1$이다.
○ (가)~(다)의 분자식

분자	(가)	(나)	(다)
분자식	HX	H_mY	YX_m

이에 대한 설명으로 옳은 것만을 〈보기〉에서 있는 대로 고른 것은? (단, X와 Y는 임의의 원소 기호이다.)

보기

ㄱ. (가)에서 X는 부분적인 음전하(δ^-)를 띤다.
ㄴ. 중심 원자의 비공유 전자쌍 수는 (나)와 (다)가 같다.
ㄷ. Y_2X_2에는 무극성 공유 결합이 있다.

① ㄴ ② ㄷ ③ ㄱ, ㄴ ④ ㄱ, ㄷ ⑤ ㄱ, ㄴ, ㄷ

유사점과 차이점

수소(H)와 2주기 원소로 구성된 분자를 다룬다는 점에서 테마 대표 문제와 유사하지만, 분자식을 제시했다는 점이 다르다.

배경 지식

• 수소(H)와 2주기 원소 X, Y로 구성된 사원자 이하의 분자 중 분자 내에서 X, Y가 옥텟 규칙을 만족하는 분자에는 HF, H_2O, OF_2, HOF, HCN, NH_3 등이 있다.

01

▸24067-0127

다음은 전기 음성도에 대한 학생들의 대화이다.

제시한 내용이 옳은 학생만을 있는 대로 고른 것은?

① Y　② Z　③ X, Y　④ X, Z　⑤ X, Y, Z

03

▸24067-0129

그림 (가)와 (나)는 이원자 분자들을 결합의 종류에 따라 ㉠과 ㉡으로, 분자의 성질에 따라 ㉢과 ㉣로 각각 분류한 것을 나타낸 것이다.

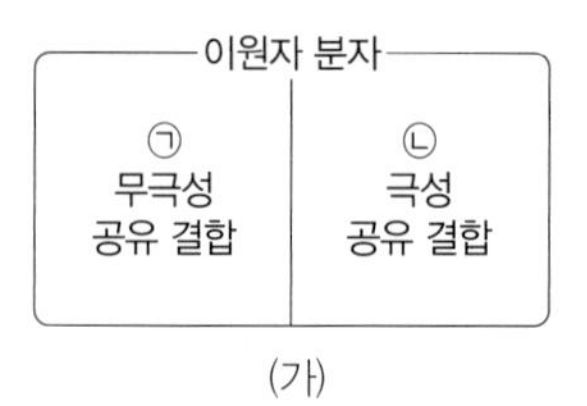

(가)

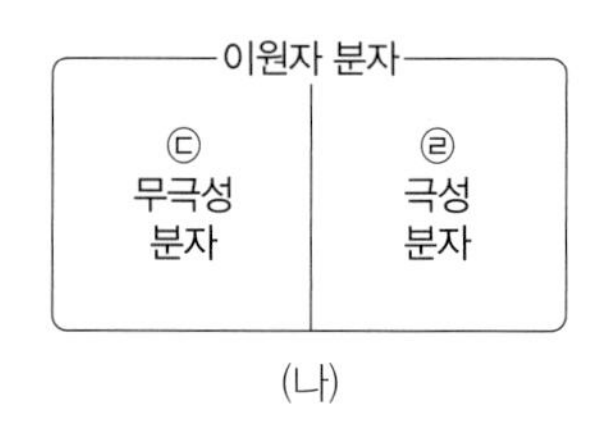

(나)

이에 대한 설명으로 옳은 것만을 〈보기〉에서 있는 대로 고른 것은?

보기
ㄱ. ㉠에 속한 분자는 모두 ㉢에 속한다.
ㄴ. ㉡에 속한 분자의 일부는 ㉢에 속한다.
ㄷ. ㉣에 속한 분자의 구성 원소는 전기 음성도가 서로 다르다.

① ㄱ　② ㄴ　③ ㄱ, ㄷ　④ ㄴ, ㄷ　⑤ ㄱ, ㄴ, ㄷ

02

▸24067-0128

그림은 주기율표의 일부를 나타낸 것이다. X는 영역 (가)에서 전기 음성도가 가장 크고, Y는 영역 (나)에서 전기 음성도가 가장 작은 원소이다.

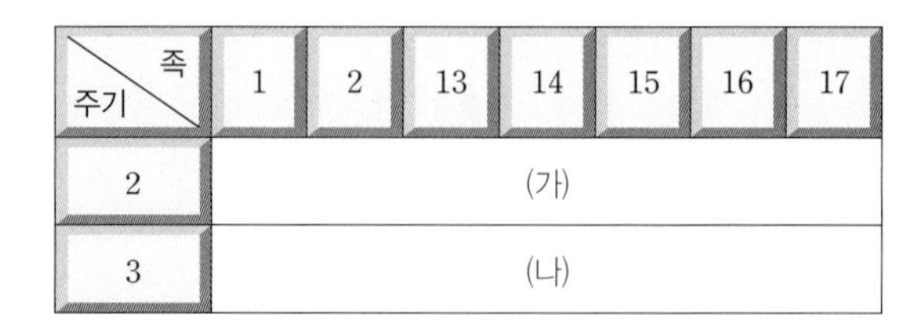

주기＼족	1	2	13	14	15	16	17
2	(가)						
3	(나)						

이에 대한 설명으로 옳은 것만을 〈보기〉에서 있는 대로 고른 것은? (단, X와 Y는 임의의 원소 기호이다.)

보기
ㄱ. 전기 음성도는 X>Y이다.
ㄴ. 영역 (가)에서 전기 음성도는 원자 번호가 증가할수록 증가한다.
ㄷ. 화합물 YX에서 X 이온은 (+)전하를 띤다.

① ㄴ　② ㄷ　③ ㄱ, ㄴ　④ ㄱ, ㄷ　⑤ ㄱ, ㄴ, ㄷ

04

▸24067-0130

표는 1~3주기 원소 W~Z로 구성된 4가지 분자의 모형에 학생들이 결합의 쌍극자 모멘트(μ)를 표시한 것과 채점 결과의 일부를 나타낸 것이다. Y와 Z는 같은 족 원소이고, 원자 반지름은 Y>Z이다.

(○ : 맞음, × : 틀림)

학생	A	B	C	D
결합의 쌍극자 모멘트 표시	X–W–X	Y=Z	Z–W–Z	Y–Y
채점 결과	○		×	

이에 대한 설명으로 옳은 것만을 〈보기〉에서 있는 대로 고른 것은? (단, W~Z는 임의의 원소 기호이다.)

보기
ㄱ. 4가지 분자는 모두 극성 분자이다.
ㄴ. XZ에서 Z는 부분적인 음전하(δ^-)를 띤다.
ㄷ. 학생 A~D 중 채점 결과 맞은 학생은 1명이다.

① ㄱ　② ㄴ　③ ㄷ　④ ㄱ, ㄴ　⑤ ㄴ, ㄷ

05

▸24067-0131

그림은 1, 2주기 원소 X~Z로 이루어진 이온 XY^-과 분자 YZ의 루이스 전자점식을 나타낸 것이다.

$$\left[:\ddot{\underset{..}{X}}:Y\right]^- \qquad Y:\ddot{\underset{..}{Z}}:$$

이에 대한 설명으로 옳은 것만을 〈보기〉에서 있는 대로 고른 것은? (단, X~Z는 임의의 원소 기호이다.)

보기

ㄱ. X와 Z는 같은 족 원소이다.
ㄴ. 제2 이온화 에너지는 X > Z이다.
ㄷ. YZ에서 Y는 부분적인 양전하(δ^+)를 띤다.

① ㄱ ② ㄴ ③ ㄷ ④ ㄴ, ㄷ ⑤ ㄱ, ㄴ, ㄷ

06

▸24067-0132

다음은 X와 (가)가 반응하여 XY를 생성하는 반응에서 생성물을 루이스 전자점식으로 나타낸 것이다. X와 Y는 2, 3주기 원소이고, 원자 번호는 X > Y이다.

$$2X + \boxed{\text{(가)}} \longrightarrow 2[X]^+\left[:\ddot{\underset{..}{Y}}:\right]^-$$

이에 대한 설명으로 옳은 것만을 〈보기〉에서 있는 대로 고른 것은? (단, X와 Y는 임의의 원소 기호이다.)

보기

ㄱ. (가)에는 비공유 전자쌍이 있다.
ㄴ. 전자 수는 X^+과 Y^-이 같다.
ㄷ. 고체 상태의 전기 전도성은 X > XY이다.

① ㄱ ② ㄷ ③ ㄱ, ㄴ ④ ㄴ, ㄷ ⑤ ㄱ, ㄴ, ㄷ

07

▸24067-0133

그림은 주기율표의 일부를 나타낸 것이다.

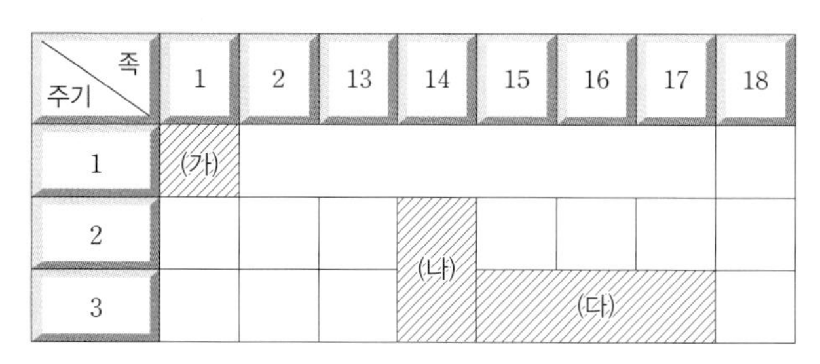

(가)~(다) 영역에 속하는 원자의 루이스 전자점식에 대한 설명으로 옳은 것만을 〈보기〉에서 있는 대로 고른 것은?

보기

ㄱ. 한 원자의 원소 기호 주위에 표시되는 점의 수는 (다)에 속한 원자 > (나)에 속한 원자 > (가)에 속한 원자이다.
ㄴ. (나)에 속한 원자들은 원소 기호 주위에 표시되는 점의 수가 모두 같다.
ㄷ. (나)에 속한 원자 1개는 (가) 원자 4개와 결합하여 안정한 화합물을 형성할 수 있다.

① ㄱ ② ㄷ ③ ㄱ, ㄴ ④ ㄴ, ㄷ ⑤ ㄱ, ㄴ, ㄷ

08

▸24067-0134

표는 1, 2주기 원소 W~Z로 구성된 분자 (가)~(다)에 대한 자료이다. (가)~(다)에서 W, Y, Z는 옥텟 규칙을 만족하고 원자가 전자 수는 Z > X이며, 구조식은 단일 결합과 다중 결합의 구분 없이 나타낸 것이다.

분자	(가)	(나)	(다)
구조식	X−W−X	W−Y−W	X−Y−Z
비공유 전자쌍 수	a	b	1

이에 대한 설명으로 옳은 것만을 〈보기〉에서 있는 대로 고른 것은? (단, W~Z는 임의의 원소 기호이다.)

보기

ㄱ. (가)에서 중심 원자의 비공유 전자쌍 수는 a이다.
ㄴ. (나)의 공유 전자쌍 수는 b이다.
ㄷ. (다)에는 다중 결합이 있다.

① ㄱ ② ㄷ ③ ㄱ, ㄴ ④ ㄴ, ㄷ ⑤ ㄱ, ㄴ, ㄷ

정답과 해설 25쪽

01

▶ 24067-0135

표는 산소(O)와 1~3주기 원소 X~Z로 구성된 분자 (가)~(다)에 대한 자료이다. 원자 번호는 Y > X이고, (가)~(다)에서 Y와 Z는 옥텟 규칙을 만족한다.

분자	(가)	(나)	(다)
구조식	X−Y	Y−O−Y	Z−O−Z
부분적인 음전하(δ^-)를 띠는 원자	Y	O	Z

이에 대한 설명으로 옳은 것만을 〈보기〉에서 있는 대로 고른 것은? (단, X~Z는 임의의 원소 기호이다.)

보기

ㄱ. (가)~(다)는 모두 극성 공유 결합으로 이루어져 있다.
ㄴ. 분자 XZ에서 Z는 부분적인 양전하(δ^+)를 띤다.
ㄷ. 물질 1 g에 들어 있는 비공유 전자쌍 수는 (나) > (다)이다.

① ㄱ ② ㄴ ③ ㄱ, ㄷ ④ ㄴ, ㄷ ⑤ ㄱ, ㄴ, ㄷ

02

▶ 24067-0136

다음은 18족을 제외한 2주기 바닥상태 원자 X~Z에 대한 자료이다.

○ X~Z는 각각 모두 홀전자 수와 원자가 전자 수의 합이 a이다.
○ 전자쌍이 들어 있는 오비탈 수는 Y > X > Z이다.

이에 대한 설명으로 옳은 것만을 〈보기〉에서 있는 대로 고른 것은? (단, X~Z는 임의의 원소 기호이다.)

보기

ㄱ. a=8이다.
ㄴ. XY_2에서 X는 부분적인 음전하(δ^-)를 띤다.
ㄷ. ZY_3에서 $\frac{\text{비공유 전자쌍 수}}{\text{공유 전자쌍 수}}=\frac{1}{3}$이다.

① ㄱ ② ㄴ ③ ㄱ, ㄷ ④ ㄴ, ㄷ ⑤ ㄱ, ㄴ, ㄷ

03

▶24067-0137

다음은 2, 3주기 원소 X~Z로 구성된 물질 (가)와 (나)의 구조식과 (다)의 루이스 전자점식이다. Y와 Z는 같은 주기 원소이며, (가)에서 산화수는 Y > X이고, (가)와 (나)에서 X와 Y는 옥텟 규칙을 만족한다.

Y－X	Y－Y	$Z^{+}[:\ddot{\underset{..}{Y}}:]^{-}$
(가)	(나)	(다)

이에 대한 설명으로 옳은 것만을 〈보기〉에서 있는 대로 고른 것은? (단, X~Z는 임의의 원소 기호이다.)

보기

ㄱ. 원자 반지름은 Z > Y > X이다.
ㄴ. (가)와 (나)에는 모두 극성 공유 결합이 있다.
ㄷ. (다)에서 Z^{+}은 Ne의 전자 배치를 갖는다.

① ㄱ ② ㄴ ③ ㄱ, ㄷ ④ ㄴ, ㄷ ⑤ ㄱ, ㄴ, ㄷ

04

▶24067-0138

다음은 바닥상태 원자 X~Z에 대한 자료이다. a는 방위(부) 양자수(l)가 0인 오비탈에 들어 있는 전자 수이고, b는 l이 1인 오비탈에 들어 있는 전자 수이다.

○ X~Z는 C, O, Mg을 순서 없이 나타낸 것이다.
○ X에서 $\frac{a}{\text{전자가 들어 있는 } p \text{ 오비탈 수}}=2$이다.
○ Y에서 $a=b$이다.
○ Z에서 $a+b=6$이다.

이에 대한 설명으로 옳은 것만을 〈보기〉에서 있는 대로 고른 것은?

보기

ㄱ. X는 Mg이다.
ㄴ. X~Z 중 전기 음성도는 Y가 가장 크다.
ㄷ. 공유 전자쌍 수는 ZY_2가 Y_2의 2배이다.

① ㄱ ② ㄷ ③ ㄱ, ㄴ ④ ㄴ, ㄷ ⑤ ㄱ, ㄴ, ㄷ

테마

11 분자의 구조와 성질

1 전자쌍 반발 이론

(1) **전자쌍 반발 이론 :** 전자쌍들은 음전하를 띠고 있으므로 서로 반발하여 가능한 한 멀리 떨어져 있으려고 한다. 반발력의 크기는 비공유 전자쌍－비공유 전자쌍＞공유 전자쌍－비공유 전자쌍＞공유 전자쌍－공유 전자쌍이다.

(2) **전자쌍의 배열 :** 중심 원자 주위에 있는 전자쌍 수에 따라 전자쌍의 배열이 달라진다. ➡ 중심 원자에 비공유 전자쌍이 없을 때 중심 원자 주위의 서로 다른 위치에 배열한 2개의 전자쌍은 직선형, 서로 다른 위치에 배열한 3개의 전자쌍은 평면 삼각형, 서로 다른 위치에 배열한 4개의 전자쌍은 사면체형으로 각각 반발력을 최소로 하면서 배열한다.

2 결합각과 분자의 구조

(1) **결합각 :** 분자나 이온에서 중심 원자의 원자핵과 중심 원자와 공유 결합한 원자의 원자핵을 선으로 연결하였을 때 생기는 내각이다.

(2) **분자의 구조**

① 중심 원자에 2개의 원자가 공유 결합한 분자 : 직선형 구조를 갖는다(중심 원자가 공유 전자쌍만 갖는 경우).

분자식	BeF_2	CO_2	HCN
루이스 전자점식	:F: Be :F:	:O::C::O:	H:C⋮N:
분자 모형	180°	180°	180°

② 중심 원자에 3개의 원자가 공유 결합한 분자 : 평면 삼각형 구조를 갖는다(중심 원자가 공유 전자쌍만 갖는 경우).

분자식	BCl_3	CH_2O
루이스 전자점식	:Cl: :Cl: B :Cl:	:O: :: C H H
분자 모형	120°	

③ 중심 원자에 4개의 원자가 공유 결합한 분자 : 정사면체형 또는 사면체형 구조를 갖는다.

	결합한 원자가 모두 같은 경우		결합한 원자가 다른 경우
분자식	CH_4	CF_4	CH_3Cl
루이스 전자점식	H H:C:H H	:F: :F:C:F: :F:	:Cl: H:C:H H
분자 모형	109.5°	109.5°	
분자 모양	정사면체형	정사면체형	사면체형

④ 중심 원자가 비공유 전자쌍 1개를 가지면서 3개의 원자가 공유 결합한 분자 : 삼각뿔형 구조를 갖는다.

분자식	NH_3	NF_3	PCl_3
루이스 전자점식	H:N:H H	:F:N:F: :F:	:Cl:P:Cl: :Cl:
분자 모형	비공유 전자쌍 107°	비공유 전자쌍	비공유 전자쌍

⑤ 중심 원자가 비공유 전자쌍 2개를 가지면서 2개의 원자가 공유 결합한 분자 : 굽은 형 구조를 갖는다.

분자식	H_2O	OF_2	H_2S
루이스 전자점식	H:O:H	:F:O:F:	H:S:H
분자 모형	비공유 전자쌍 104.5°	비공유 전자쌍	비공유 전자쌍

더 알기 분자 또는 이온의 구조

분자 또는 이온	C_2H_6	C_2H_2	NH_4^+	H_3O^+
루이스 구조식	H H / H－C－C－H / H H	H－C≡C－H	[H / H－N－H / H]$^+$	[H－Ö－H / H]$^+$
구조	탄소 원자 주변 네 방향으로 전자쌍이 위치 ➡ 입체 구조	탄소 원자 주변 두 방향으로 전자쌍이 위치 ➡ 직선형	질소 원자 주변 네 방향으로 전자쌍이 위치, 비공유 전자쌍이 없음 ➡ 정사면체형	산소 원자 주변에 세 방향으로 전자쌍이 위치, 비공유 전자쌍이 1개 있음 ➡ 삼각뿔형

3 분자 구조의 예측

(1) 분자의 루이스 전자점식을 그린다.

(2) 중심 원자에 결합된 원자 수와 중심 원자의 비공유 전자쌍 수를 세어 본다.

(3) 전자쌍 반발 이론을 이용하여 전자쌍의 배열을 결정한다.

(4) 분자의 구성 원자를 고려하여 분자 구조를 예측하고, 비공유 전자쌍, 공유 전자쌍 사이의 반발력을 고려하여 결합각을 예측한다.

중심 원자에 결합된 원자 수	중심 원자의 비공유 전자쌍 수	분자 모양
2	0	직선형
3	0	평면 삼각형
4	0	정사면체형 또는 사면체형
3	1	삼각뿔형
2	2	굽은 형

4 분자의 성질

(1) **무극성 분자** : 분자 내 모든 결합이 무극성 공유 결합인 분자 또는 극성 공유 결합이 있는 분자에서 분자의 쌍극자 모멘트가 0인 분자이다.

예 Cl_2, CO_2, BCl_3, CCl_4

(2) **극성 분자** : 분자의 쌍극자 모멘트가 0이 아닌 분자이다.

예 HF, H_2O, CH_2O, CH_3Cl

5 극성 분자와 무극성 분자의 성질

(1) **용해성**

① 극성 분자는 극성 용매에 잘 용해되고, 무극성 분자는 무극성 용매에 잘 용해된다.

② 물질의 용해성 실험 : 물과 사염화 탄소(CCl_4)가 각각 들어 있는 시험관에 황산 구리(Ⅱ)($CuSO_4$)와 아이오딘(I_2)을 각각 넣어 주면 황산 구리(Ⅱ)는 물에, 아이오딘은 사염화 탄소에 더 잘 녹는다.

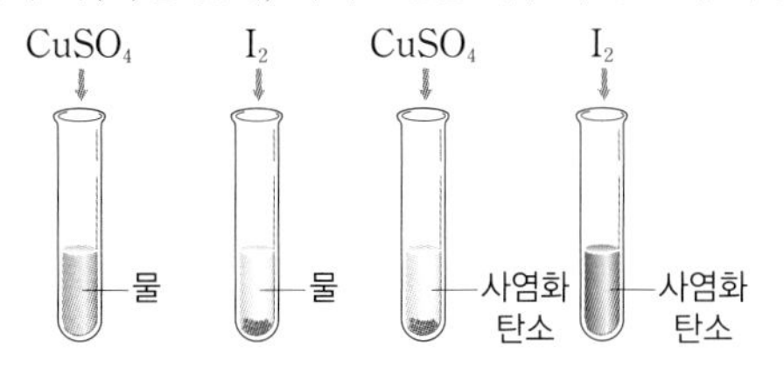

(2) **끓는점** : 일반적으로 극성 물질은 분자량이 비슷한 무극성 물질에 비해 분자 사이의 인력이 크고 끓는점이 높다.

(3) **전기적 성질**

① 기체 상태의 극성 분자는 전기장에서 부분적인 음전하(δ^-)를 띠는 부분이 전기장의 (+)극 쪽으로 배열되고, 부분적인 양전하(δ^+)를 띠는 부분이 전기장의 (−)극 쪽으로 배열된다.

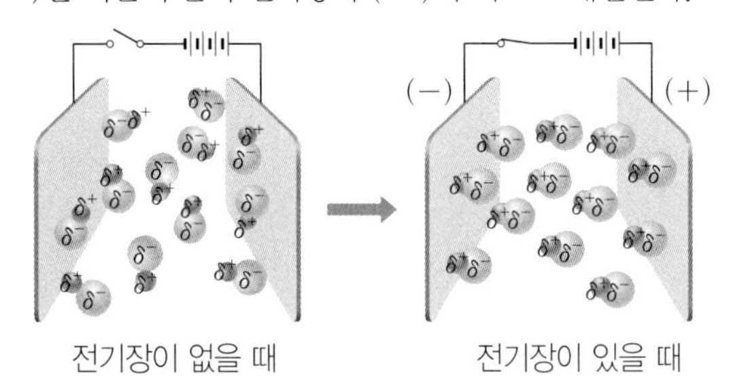

② (+)대전체나 (−)대전체를 극성 물질인 물에 가까이하면 물은 대전체에 끌린다.

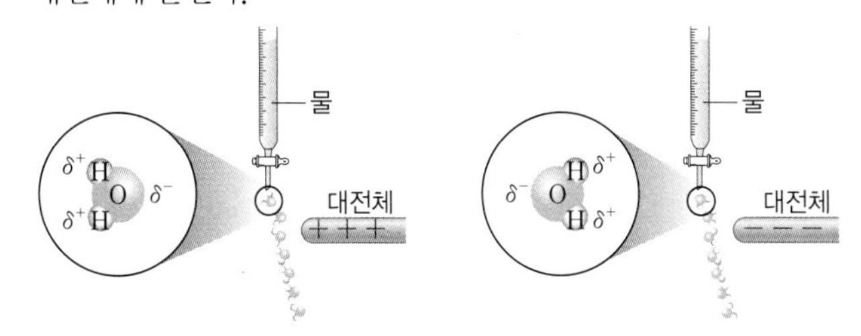

더 알기 중심 원자에 비공유 전자쌍이 없는 분자의 구조와 성질

분자식	BeF_2	BCl_3	CCl_4	CH_2O	CH_3Cl
분자 모형	180°	120°	109.5°		
중심 원자의 공유 전자쌍 수	2	3	4	4	4
중심 원자의 비공유 전자쌍 수	0	0	0	0	0
분자 구조	직선형	평면 삼각형	정사면체형	평면 삼각형	사면체형
분자의 쌍극자 모멘트	0	0	0	0이 아님	0이 아님

테마 대표 문제

| 2024학년도 6월 모의평가 |

그림은 2주기 원소 X~Z로 구성된 분자 (가)~(다)의 구조식을 나타낸 것이다. (가)~(다)에서 모든 원자는 옥텟 규칙을 만족한다.

Y = X = Y　　Z − Y − Z　　Z − X(=Y) − Z

(가)　　(나)　　(다)

(가)~(다)에 대한 설명으로 옳은 것만을 〈보기〉에서 있는 대로 고른 것은? (단, X~Z는 임의의 원소 기호이다.)

보기

ㄱ. 극성 분자는 2가지이다.
ㄴ. 결합각은 (가)>(나)이다.
ㄷ. 중심 원자에 비공유 전자쌍이 있는 분자는 1가지이다.

① ㄱ　② ㄷ　③ ㄱ, ㄴ　④ ㄴ, ㄷ　⑤ ㄱ, ㄴ, ㄷ

접근 전략

구조식으로부터 X~Z가 각각 어떤 원소 기호인지 파악해야 한다.

간략 풀이

X~Z는 2주기 원소이고, (가)~(다)에서 모든 원자는 옥텟 규칙을 만족하므로 (가)는 CO_2, (나)는 OF_2, (다)는 COF_2이다. 따라서 X는 C, Y는 O, Z는 F이다.

㉠ 극성 분자는 OF_2와 COF_2로 2가지이다.

㉡ (가)의 분자 모양은 직선형, (나)의 분자 모양은 굽은 형이므로 결합각은 (가)>(나)이다.

㉢ 중심 원자에 비공유 전자쌍이 있는 분자는 OF_2로 1가지이다.

정답 | ⑤

닮은 꼴 문제로 유형 익히기

정답과 해설 27쪽

▸ 24067-0139

표는 원소 X~Z로 구성된 분자 (가)~(다)에 대한 자료이다. X~Z는 C, O, F을 순서 없이 나타낸 것이고 분자에서 모든 원자는 옥텟 규칙을 만족하며, 분자당 구성 원자 수는 각각 4 이하이다.

	(가)	(나)	(다)
각 분자 1 mol에 존재하는 원자 수 비	X, Y, Z	X, Y	Y, Z
중심 원자	Z		

(가)~(다)에 대한 설명으로 옳은 것만을 〈보기〉에서 있는 대로 고른 것은?

보기

ㄱ. (가)의 분자 모양은 평면 삼각형이다.
ㄴ. 결합각은 (다)>(나)이다.
ㄷ. 극성 분자는 2가지이다.

① ㄱ　② ㄷ　③ ㄱ, ㄴ　④ ㄴ, ㄷ　⑤ ㄱ, ㄴ, ㄷ

유사점과 차이점

분자의 구조와 성질을 다룬다는 점에서 테마 대표 문제와 유사하지만, 화학식을 구성하는 원소의 원자 수 비와 중심 원자를 다루는 점이 다르다.

배경 지식

- C, O, F으로 구성된 분자 중 구성 원자 수가 4 이하이고 분자 1 mol에 존재하는 원자 수 비가 1 : 1 : 2인 분자에는 COF_2가, 1 : 2인 분자에는 CO_2, OF_2가 있다.

정답과 해설 27쪽

01

▸24067-0140

다음은 분자 X와 Y에 대한 자료이다.

> ○ 결합각은 X > Y이다.
> ○ X와 Y는 중심 원자에 비공유 전자쌍이 있다.

X와 Y로 가장 적절한 것은?

	X	Y
①	H_2O	HCN
②	HCN	H_2O
③	H_2O	NH_3
④	BF_3	H_2O
⑤	NH_3	H_2O

02

▸24067-0141

그림은 2주기 원자 W~Z의 루이스 전자점식을 나타낸 것이다.

$\cdot\dot{\underset{\cdot}{W}}\cdot$ $\quad$ $\cdot\ddot{\underset{\cdot}{X}}\cdot$ $\quad$ $:\ddot{\underset{\cdot}{Y}}\cdot$ $\quad$ $:\ddot{\underset{\cdot\cdot}{Z}}\cdot$

이에 대한 설명으로 옳은 것만을 <보기>에서 있는 대로 고른 것은? (단, W~Z는 임의의 원소 기호이다.)

> 보기
> ㄱ. WY_2와 W_2Z_2에는 모두 다중 결합이 있다.
> ㄴ. XZ_3의 구성 원자는 모두 동일 평면에 있다.
> ㄷ. 결합각은 HWX > YZ_2이다.

① ㄱ ② ㄴ ③ ㄱ, ㄷ
④ ㄴ, ㄷ ⑤ ㄱ, ㄴ, ㄷ

03

▸24067-0142

그림은 2주기 원소 X~Z로 구성된 분자 (가)~(다)의 구조식을 단일 결합과 다중 결합의 구분 없이 나타낸 것이다. (가)~(다)에서 X~Z는 옥텟 규칙을 만족하고, 전기 음성도는 Z > Y > X이다.

H−X−X−H	H−Y−Y−H	H−Z−Z−H
(가)	(나)	(다)

이에 대한 설명으로 옳은 것만을 <보기>에서 있는 대로 고른 것은? (단, X~Z는 임의의 원소 기호이다.)

> 보기
> ㄱ. 비공유 전자쌍 수는 (나) > (다)이다.
> ㄴ. (가)~(다) 중 다중 결합이 있는 분자는 2가지이다.
> ㄷ. 분자의 쌍극자 모멘트는 XZ_2와 (가)가 모두 0이다.

① ㄱ ② ㄴ ③ ㄷ
④ ㄴ, ㄷ ⑤ ㄱ, ㄴ, ㄷ

04

▸24067-0143

그림은 수소(H)와 2주기 원소 X~Z로 구성된 3가지 분자를 주어진 기준에 따라 분류한 것이다. 분자에서 중심 원자인 X~Z는 옥텟 규칙을 만족한다.

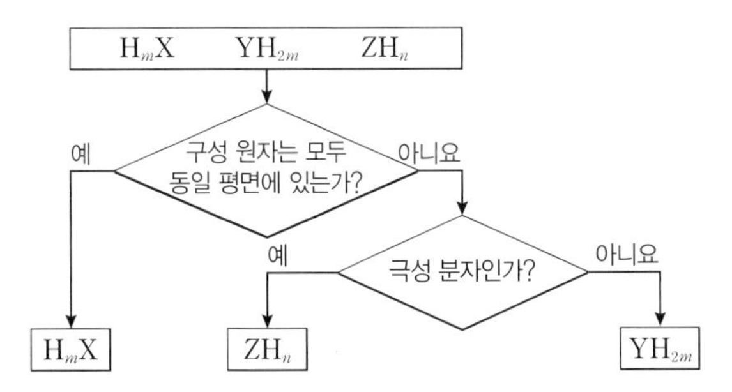

이에 대한 설명으로 옳은 것만을 <보기>에서 있는 대로 고른 것은? (단, X~Z는 임의의 원소 기호이다.)

> 보기
> ㄱ. $m=1$이다.
> ㄴ. ZH_n의 분자 모양은 삼각뿔형이다.
> ㄷ. 결합각은 YH_{2m} > H_mX이다.

① ㄱ ② ㄴ ③ ㄷ
④ ㄴ, ㄷ ⑤ ㄱ, ㄴ, ㄷ

05

▸24067-0144

그림은 화합물 (가)~(다)의 구조식을 나타낸 것이다.

(가) $Cl-B(-Cl)(-Cl)$, 결합각 α
(나) $H-N(-H)(-H)$, 결합각 β
(다) $[NH_4]^+$, 결합각 γ

(가)~(다)에 대한 설명으로 옳은 것만을 〈보기〉에서 있는 대로 고른 것은?

보기

ㄱ. 비공유 전자쌍 수는 (가)가 가장 크다.
ㄴ. (나)에서 N는 부분적인 음전하(δ^-)를 띤다.
ㄷ. 결합각은 $\alpha=\beta>\gamma$이다.

① ㄱ ② ㄷ ③ ㄱ, ㄴ
④ ㄴ, ㄷ ⑤ ㄱ, ㄴ, ㄷ

06

▸24067-0145

다음은 분자 (가)~(다)에 대한 자료이다. (가)~(다)는 CO_2, CF_4, COF_2를 순서 없이 나타낸 것이다.

○ (가)와 (다)는 분자의 쌍극자 모멘트가 0이다.
○ (나)와 (다)에서 모든 원자는 동일 평면에 있다.

(가)~(다)에 대한 설명으로 옳은 것만을 〈보기〉에서 있는 대로 고른 것은?

보기

ㄱ. (가)는 CF_4이다.
ㄴ. (나)의 분자 모양은 평면 삼각형이다.
ㄷ. 결합각은 (다)가 가장 크다.

① ㄴ ② ㄷ ③ ㄱ, ㄴ
④ ㄱ, ㄷ ⑤ ㄱ, ㄴ, ㄷ

07

▸24067-0146

표는 수소(H)와 2주기 원소 X~Z로 구성된 분자 (가)~(다)의 구조식을 단일 결합과 다중 결합의 구분 없이 나타낸 것이다. (가)~(다)에서 X~Z는 옥텟 규칙을 만족한다.

분자	(가)	(나)	(다)
구조식	H－X－H │ H	H－Y－H	Y－Z－Y

이에 대한 설명으로 옳은 것만을 〈보기〉에서 있는 대로 고른 것은? (단, X~Z는 임의의 원소 기호이다.)

보기

ㄱ. HZX에는 다중 결합이 있다.
ㄴ. 결합각은 (나)>(가)이다.
ㄷ. (다)는 분자의 쌍극자 모멘트가 0이다.

① ㄱ ② ㄴ ③ ㄱ, ㄷ
④ ㄴ, ㄷ ⑤ ㄱ, ㄴ, ㄷ

08

▸24067-0147

다음은 분자의 구조와 성질에 대한 세 학생의 대화이다.

제시한 내용이 옳은 학생만을 있는 대로 고른 것은?

① X ② Y ③ Z
④ X, Y ⑤ Y, Z

09

▸24067-0148

다음은 화합물 ㉠과 관련된 3가지 반응의 화학 반응식이다.

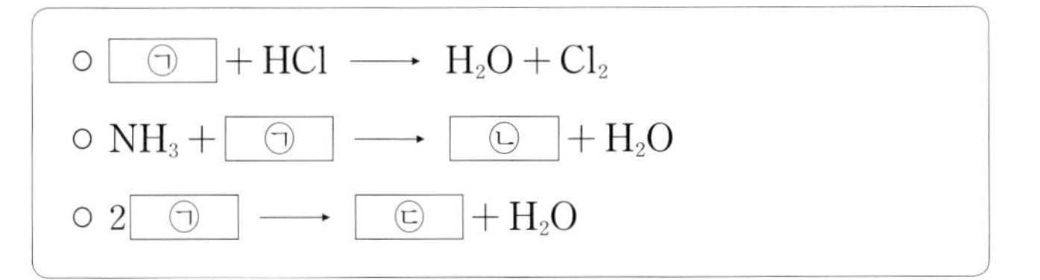

이에 대한 설명으로 옳은 것만을 〈보기〉에서 있는 대로 고른 것은?

보기
ㄱ. ㉠의 결합각은 180°보다 작다.
ㄴ. ㉡의 분자 모양은 삼각뿔형이다.
ㄷ. ㉢의 구성 원자는 모두 동일 평면에 있다.

① ㄱ ② ㄴ ③ ㄷ
④ ㄱ, ㄴ ⑤ ㄱ, ㄴ, ㄷ

10

▸24067-0149

표는 수소(H)와 질소(N)로 구성된 분자 (가)와 (나)에 대한 자료이다. (가)와 (나)의 분자당 구성 원자 수는 4이고, (가)와 (나)에서 N는 옥텟 규칙을 만족한다.

분자	(가)	(나)
H 1 mol당 결합한 N의 양(mol)	$3m$	m

이에 대한 설명으로 옳은 것만을 〈보기〉에서 있는 대로 고른 것은? (단, H, N의 원자량은 각각 1, 14이다.)

보기
ㄱ. 1 g에 들어 있는 H 원자 수는 (나)가 (가)의 2배보다 크다.
ㄴ. 비공유 전자쌍 수는 (가) > (나)이다.
ㄷ. (나)의 분자 모양은 삼각뿔형이다.

① ㄱ ② ㄴ ③ ㄱ, ㄷ
④ ㄴ, ㄷ ⑤ ㄱ, ㄴ, ㄷ

11

▸24067-0150

그림은 산소(O)와 1~3주기 서로 다른 원소 X~Z로 구성된 분자 (가)와 (나)의 구조식과 부분 전하의 일부를 나타낸 것이다. (가)와 (나)에서 O와 Y, Z는 옥텟 규칙을 만족한다.

$$X-O-Y^{\delta-} \qquad X-O-Z^{\delta+}$$

(가) (나)

이에 대한 설명으로 옳은 것만을 〈보기〉에서 있는 대로 고른 것은? (단, X~Z는 임의의 원소 기호이다.)

보기
ㄱ. 비공유 전자쌍 수는 (나) > (가)이다.
ㄴ. ZY에서 Y는 부분적인 음전하(δ^-)를 띤다.
ㄷ. CY_2Z_2는 분자의 쌍극자 모멘트가 0이다.

① ㄱ ② ㄴ ③ ㄷ
④ ㄴ, ㄷ ⑤ ㄱ, ㄴ, ㄷ

12

▸24067-0151

표는 산소(O)와 1, 2주기 서로 다른 원소 X~Z로 구성된 분자 (가)~(다)에 대한 자료이다. (가)~(다) 모두 중심 원자는 1개이고 X이며, (가)~(다)에서 O와 X, Y는 옥텟 규칙을 만족한다.

분자	(가)	(나)	(다)
구성 원자	X, O	X, Y, O	X, Y, Z
구성 원자 수	3	4	5

이에 대한 설명으로 옳은 것만을 〈보기〉에서 있는 대로 고른 것은? (단, X~Z는 임의의 원소 기호이다.)

보기
ㄱ. 전기 음성도는 X > Y이다.
ㄴ. Z_2O의 결합각은 120°보다 작다.
ㄷ. (가)~(다) 중 극성 분자는 2가지이다.

① ㄱ ② ㄴ ③ ㄷ
④ ㄴ, ㄷ ⑤ ㄱ, ㄴ, ㄷ

01

▸24067-0152

표는 2, 3주기 바닥상태 원자 X와 Y에 대한 자료이고, 그림은 X와 Y로 구성된 분자의 루이스 전자점식을 나타낸 것이다.

원자	X	Y
전자가 들어 있는 s 오비탈 수	$2N$	$3N$

$:\ddot{\underset{..}{Y}}:X::X:\ddot{\underset{..}{Y}}:$

중심 원자가 X이고, $m+n=4$인 분자 XH_mY_n에 대한 설명으로 옳은 것만을 <보기>에서 있는 대로 고른 것은? (단, X와 Y는 임의의 원소 기호이다.)

보기

ㄱ. 분자의 구성 원자는 모두 동일 평면에 존재한다.
ㄴ. 결합각은 $m=4$인 분자와 $n=4$인 분자가 같다.
ㄷ. $m=3$인 분자는 분자의 쌍극자 모멘트가 0이 아니다.

① ㄱ ② ㄴ ③ ㄷ ④ ㄴ, ㄷ ⑤ ㄱ, ㄴ, ㄷ

02

▸24067-0153

표는 2주기 바닥상태 원자 X~Z에 대한 자료이다.

원자	X	Y	Z
전자쌍이 들어 있는 오비탈 수	a	a	$2a$
전자가 들어 있는 p 오비탈 수	$b-2$	$b-1$	b

XZ_3과 YZ_4의 공통점으로 옳은 것만을 <보기>에서 있는 대로 고른 것은? (단, X~Z는 임의의 원소 기호이다.)

보기

ㄱ. 무극성 공유 결합이 있다.
ㄴ. 분자의 쌍극자 모멘트가 0이다.
ㄷ. 구성 원자가 모두 동일 평면에 있다.

① ㄴ ② ㄷ ③ ㄱ, ㄴ ④ ㄱ, ㄷ ⑤ ㄴ, ㄷ

03

▸24067-0154

그림은 수소(H)와 2주기 원소 X, Y로 구성된 분자 (가)~(다)의 구조식을 단일 결합과 다중 결합의 구분 없이 나타낸 것이다. (가)~(다)에서 X와 Y는 옥텟 규칙을 만족한다.

H－X－X－H (가)

H－Y－Y－H (나)

H－Y(－X)－H (다)

이에 대한 설명으로 옳은 것만을 〈보기〉에서 있는 대로 고른 것은? (단, X와 Y는 임의의 원소 기호이다.)

보기

ㄱ. (가)와 (나)에는 모두 다중 결합이 있다.
ㄴ. YX_2의 분자 모양은 직선형이다.
ㄷ. (다)는 분자의 쌍극자 모멘트가 0이 아니다.

① ㄱ ② ㄴ ③ ㄷ ④ ㄴ, ㄷ ⑤ ㄱ, ㄴ, ㄷ

04

▸24067-0155

표는 2주기 원소로 구성된 분자 (가)~(다)에 대한 자료이다. (가)~(다)에서 분자당 구성 원자 수는 모두 4이고 모든 원자는 옥텟 규칙을 만족하며, 원자 번호는 X > Y > Z > 3이다.

분자	(가)	(나)	(다)
구성 원소	F, X	F, Y	F, Z
$\frac{\text{F을 제외한 원자 수}}{\text{F 원자 수}}$(상댓값)	3	1	3

이에 대한 설명으로 옳은 것만을 〈보기〉에서 있는 대로 고른 것은? (단, X~Z는 임의의 원소 기호이다.)

보기

ㄱ. 분자당 F 원자 수는 (나) > (가)이다.
ㄴ. (나)의 구성 원자는 모두 동일 평면에 있다.
ㄷ. (다)와 HZY에는 모두 다중 결합이 있다.

① ㄱ ② ㄴ ③ ㄱ, ㄷ ④ ㄴ, ㄷ ⑤ ㄱ, ㄴ, ㄷ

05

▸24067-0156

표는 수소(H)와 2주기 원소로 구성된 4가지 분자 ㉠~㉣을 주어진 기준에 따라 분류한 것이다. ㉠~㉣은 FCX, CF_{2m}, CYF_m, CH_nF을 순서 없이 나타낸 것이고, 분자에서 2주기 원소는 옥텟 규칙을 만족한다.

기준	예	아니요
분자당 F 원자 수가 2 이상인가?	㉠, ㉡	㉢, ㉣
(가)	㉡, ㉣	㉠, ㉢

이에 대한 설명으로 옳은 것만을 〈보기〉에서 있는 대로 고른 것은? (단, X와 Y는 임의의 원소 기호이다.)

보기

ㄱ. $m>n$이다.

ㄴ. (가)가 '구성 원자가 모두 동일 평면에 있는가?'일 때 ㉡은 CYF_m이다.

ㄷ. XH_n의 분자 모양은 삼각뿔형이다.

① ㄱ ② ㄴ  ③ ㄷ ④ ㄴ, ㄷ ⑤ ㄱ, ㄴ, ㄷ

06

▸24067-0157

다음은 1, 2족을 제외한 2, 3주기 바닥상태 원자 W~Z로 구성된 분자에 대한 자료이다.

원자	W	X	Y	Z
$\frac{\text{전자쌍이 들어 있는 오비탈 수}}{\text{원자가 전자가 들어 있는 } p \text{ 오비탈 수}}$	1	1	2	$\frac{4}{3}$

○ XW_2에서 X와 W는 모두 옥텟 규칙을 만족한다.

○ YZ_3의 구성 원자는 모두 동일 평면에 있다.

이에 대한 설명으로 옳은 것만을 〈보기〉에서 있는 대로 고른 것은? (단, W~Z는 임의의 원소 기호이다.)

보기

ㄱ. 결합각은 YZ_3가 XZ_4보다 크다.

ㄴ. XW_2의 분자 모양은 직선형이다.

ㄷ. X_2H_2는 분자의 쌍극자 모멘트가 0이 아니다.

① ㄱ ② ㄴ ③ ㄷ ④ ㄱ, ㄴ ⑤ ㄱ, ㄴ, ㄷ

12 가역 반응과 동적 평형

1 가역 반응과 비가역 반응

(1) **정반응과 역반응** : 정반응은 반응물이 생성물로 되는 반응이고, 역반응은 정반응의 생성물이 다시 반응물로 되는 반응으로 정반응과 역반응은 서로 반대 방향으로 진행한다.

(2) **가역 반응** : 반응 조건(농도, 압력, 온도 등)에 따라 정반응과 역반응이 모두 일어날 수 있는 반응으로 화학 반응식에서 $\rightleftarrows$로 나타낸다.

예
- 물을 냉동실에 넣으면 얼고 꺼내 놓으면 다시 녹는다(정반응 : 물의 응고, 역반응 : 얼음의 융해).
- 풀잎에 이슬이 맺혔다가 시간이 지나면 없어진다(정반응 : 수증기의 액화, 역반응 : 물의 기화).
- 석회암 지대에서 탄산 칼슘이 이산화 탄소를 포함한 지하수에 녹아 탄산수소 칼슘 수용액이 되면서 석회 동굴이 생성되고, 탄산수소 칼슘 수용액에서 이산화 탄소가 빠져나가면 탄산수소 칼슘이 탄산 칼슘으로 되면서 종유석과 석순이 생성된다.

$$CaCO_3(s)+H_2O(l)+CO_2(g) \underset{\text{종유석, 석순 생성}}{\overset{\text{석회 동굴 생성}}{\rightleftarrows}} Ca(HCO_3)_2(aq)$$

(3) **비가역 반응** : 한쪽 방향으로만 진행되는 반응으로, 역반응이 정반응에 비해 거의 일어나지 않는 반응이다.

예
- 연소 반응

$$CH_4(g)+2O_2(g) \longrightarrow CO_2(g)+2H_2O(l)$$

- 금속과 산의 반응

$$Mg(s)+2HCl(aq) \longrightarrow MgCl_2(aq)+H_2(g)$$

- 중화 반응

$$HCl(aq)+NaOH(aq) \longrightarrow NaCl(aq)+H_2O(l)$$

- 앙금 생성 반응

$$AgNO_3(aq)+NaCl(aq) \longrightarrow AgCl(s)+NaNO_3(aq)$$

2 동적 평형

(1) **동적 평형** : 가역 반응에서 반응물과 생성물의 농도가 변하지 않아 반응이 정지된 것처럼 보이나, 실제로는 정반응과 역반응이 같은 속도로 일어나고 있는 상태이다.

예 밀폐된 용기에 물을 넣고 충분한 시간이 지나면 물과 수증기가 동적 평형을 이룬다.

(2) **상평형**

① 상평형 : 1가지 물질이 2가지 이상의 상태로 공존할 때 서로 상태가 변하는 속도가 같아 겉보기에 상태 변화가 일어나지 않는 것처럼 보이는 동적 평형 상태이다.

② 증발과 응축의 동적 평형 : 일정한 온도에서 밀폐된 용기에 들어 있는 액체가 표면에서 증발하는 속도와 액체의 증기가 다시 응축하는 속도가 같아서 변화가 없는 것처럼 보이는 상태이다.

(3) **용해 평형**

① 용질이 용해되는 속도와 석출되는 속도가 같아서 겉보기에 용해나 석출이 일어나지 않는 것처럼 보이는 동적 평형 상태이다.

② 용매에 충분한 양의 용질을 넣으면 처음에는 용해 속도가 석출 속도보다 크지만, 시간이 지나면서 석출 속도가 점점 커져 용해 속도와 석출 속도가 같아지는 동적 평형 상태에 도달한다.

③ 용해 평형을 이루고 있는 용액을 포화 용액, 포화 용액보다 용질이 적게 녹아 있는 용액을 불포화 용액이라고 한다.

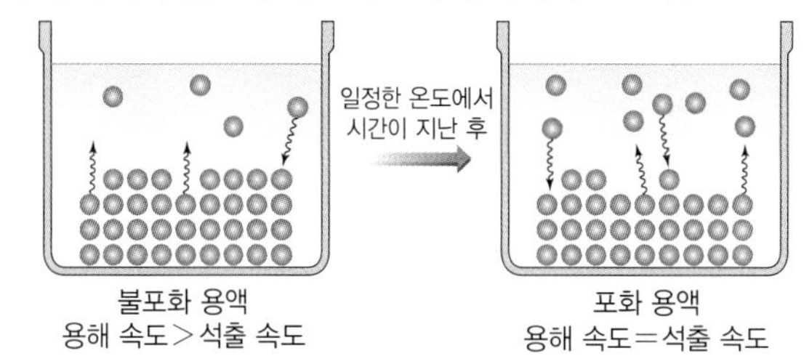

더 알기 이산화 질소($NO_2(g)$)와 사산화 이질소($N_2O_4(g)$)의 동적 평형

- 화학 반응식 : $2NO_2(g) \rightleftarrows N_2O_4(g)$
- 일정한 온도에서 밀폐된 진공 용기에 $NO_2(g)$ 또는 $N_2O_4(g)$를 넣은 후 용기 속 색 변화

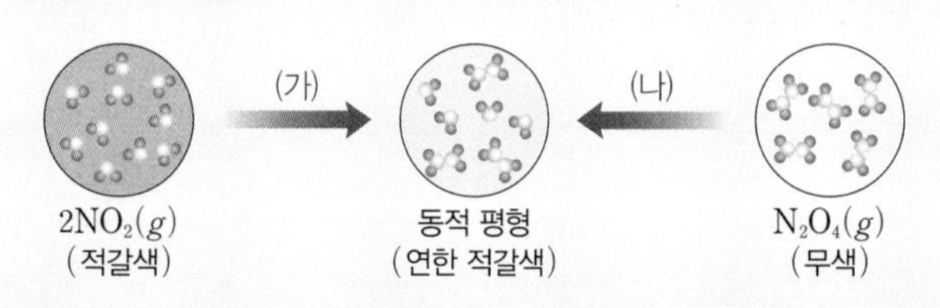

- (가)에서 시간이 지날수록 적갈색이 점점 옅어지다가 연한 적갈색을 띠게 되고, 혼합 기체의 색은 일정하게 유지된다.
- (나)에서 시간이 지날수록 적갈색이 점점 진해지다가 연한 적갈색을 띠게 되고, 혼합 기체의 색은 일정하게 유지된다.
- $\dfrac{N_2O_4(g)\text{의 양(mol)}}{NO_2(g)\text{의 양(mol)}}$은 동적 평형 상태에 도달할 때까지 (가)에서 증가하고, (나)에서 감소한다. 동적 평형 상태일 때, (가)와 (나)에서 $\dfrac{N_2O_4(g)\text{의 양(mol)}}{NO_2(g)\text{의 양(mol)}}$은 각각 일정하게 유지된다.

테마 대표 문제

| 2024학년도 수능 |

다음은 학생 A가 수행한 탐구 활동이다.

[학습 내용]
○ 이산화 탄소(CO_2)의 상변화에 따른 동적 평형 : $CO_2(s) \rightleftharpoons CO_2(g)$
[가설]
○ 밀폐된 용기에서 드라이아이스($CO_2(s)$)와 $CO_2(g)$가 동적 평형 상태에 도달하면
㉠
[탐구 과정]
○ -70°C에서 밀폐된 진공 용기에 $CO_2(s)$를 넣고, 온도를 -70°C로 유지하며 시간에 따른 $CO_2(s)$의 질량을 측정한다.
[탐구 결과]
○ t_2일 때 동적 평형 상태에 도달하였고, 시간에 따른 $CO_2(s)$의 질량은 그림과 같았다.

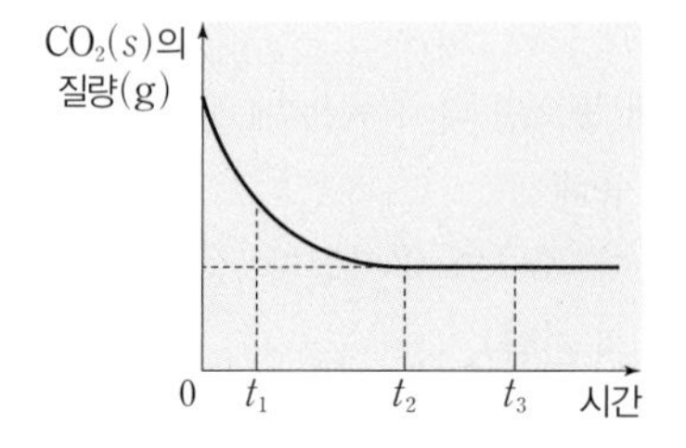

[결론]
○ 가설은 옳다.

학생 A의 결론이 타당할 때, 이에 대한 설명으로 옳은 것만을 <보기>에서 있는 대로 고른 것은?

보기

ㄱ. '$CO_2(s)$의 질량이 변하지 않는다.'는 ㉠으로 적절하다.
ㄴ. t_1일 때 $\dfrac{CO_2(g)\text{가 } CO_2(s)\text{로 승화되는 속도}}{CO_2(s)\text{가 } CO_2(g)\text{로 승화되는 속도}} < 1$이다.
ㄷ. t_3일 때 $CO_2(s)$가 $CO_2(g)$로 승화되는 반응은 일어나지 않는다.

① ㄱ ② ㄴ ③ ㄷ ④ ㄱ, ㄴ ⑤ ㄱ, ㄷ

접근 전략

t_2일 때 $CO_2(s)$와 $CO_2(g)$는 동적 평형 상태에 도달하였음을 아는 것이 중요하다.

간략 풀이

㉠. 탐구 결과를 보면 동적 평형 상태에 도달하였을 때부터 $CO_2(s)$의 질량이 변하지 않았고, 결론에서 가설은 옳다고 하였으므로 '$CO_2(s)$의 질량이 변하지 않는다.'는 ㉠으로 적절하다.
Ⓛ. t_1은 동적 평형 상태에 도달하기 전이므로 $CO_2(s)$가 $CO_2(g)$로 승화되는 속도가 $CO_2(g)$가 $CO_2(s)$로 승화되는 속도보다 빠르다.
ⅹ. t_3은 동적 평형 상태에 도달한 이후이고, $CO_2(s) \rightleftharpoons CO_2(g)$ 반응은 가역 반응이므로 $CO_2(s)$가 $CO_2(g)$로 승화되는 반응은 일어난다.
정답 | ④

닮은 꼴 문제로 유형 익히기

정답과 해설 29쪽

▶ 24067-0158

표는 밀폐된 진공 용기에 $CO_2(s)$를 넣은 후 시간에 따른 $\dfrac{CO_2(g)\text{의 질량}}{CO_2(s)\text{의 질량}}$에 대한 자료이다. $0<t_1<t_2<t_3$이고, t_2일 때 $CO_2(s)$와 $CO_2(g)$는 동적 평형 상태에 도달하였다.

시간	t_1	t_2	t_3
$\dfrac{CO_2(g)\text{의 질량}}{CO_2(s)\text{의 질량}}$	a	b	c

이에 대한 설명으로 옳은 것만을 <보기>에서 있는 대로 고른 것은? (단, 온도는 일정하다.)

보기

ㄱ. $b=c$이다.
ㄴ. $b>a$이다.
ㄷ. $\dfrac{CO_2(g)\text{가 } CO_2(s)\text{로 승화되는 속도}}{CO_2(s)\text{가 } CO_2(g)\text{로 승화되는 속도}}$는 t_1일 때가 t_3일 때보다 크다.

① ㄱ ② ㄴ ③ ㄷ ④ ㄱ, ㄴ ⑤ ㄴ, ㄷ

유사점과 차이점

$CO_2(s) \rightleftharpoons CO_2(g)$ 반응의 동적 평형 상태에 대해 묻는 점은 테마 대표 문제와 유사하지만, 동적 평형 상태에 도달했을 때부터 $\dfrac{CO_2(g)\text{의 질량}}{CO_2(s)\text{의 질량}}$이 일정하다는 점을 통해 t_3일 때 $\dfrac{CO_2(g)\text{의 질량}}{CO_2(s)\text{의 질량}}$을 알아야 한다는 점이 다르다.

배경 지식

- 일정한 온도에서 밀폐된 진공 용기에 $CO_2(s)$를 넣은 후 동적 평형 상태에 도달하면 $CO_2(s)$가 $CO_2(g)$로 승화되는 속도와 $CO_2(g)$가 $CO_2(s)$로 승화되는 속도가 같아진다.

01

▸24067-0159

다음은 화학 반응 (가)와 (나)에 대한 화학 반응식과 세 학생의 대화이다.

(가) $CH_4(g)+2O_2(g) \longrightarrow CO_2(g)+2H_2O(l)$

(나) $2NO_2(g) \rightleftarrows N_2O_4(g)$

제시한 내용이 옳은 학생만을 있는 대로 고른 것은?

① A ② B ③ A, C
④ B, C ⑤ A, B, C

02

▸24067-0160

표는 밀폐된 진공 용기에 $H_2O(l)$을 넣은 후 시간에 따른 H_2O의 증발 속도와 응축 속도에 대한 자료이다. $3t$일 때 $H_2O(l)$과 $H_2O(g)$는 동적 평형 상태에 도달하였다.

시간	t	$2t$	$3t$
$H_2O(l)$의 증발 속도	a	b	
$H_2O(g)$의 응축 속도		c	d

이에 대한 설명으로 옳은 것만을 〈보기〉에서 있는 대로 고른 것은? (단, 온도는 일정하다.)

보기

ㄱ. H_2O의 상변화는 가역 반응이다.
ㄴ. $a=b$이다.
ㄷ. $b=d>c$이다.

① ㄱ ② ㄴ ③ ㄱ, ㄷ
④ ㄴ, ㄷ ⑤ ㄱ, ㄴ, ㄷ

03

▸24067-0161

다음은 $N_2O_4(g)$로부터 $NO_2(g)$가 생성되는 반응의 화학 반응식이다.

$$N_2O_4(g) \rightleftarrows 2NO_2(g)$$

그림 (가)는 진공 상태의 밀폐된 투명한 용기에 $N_2O_4(g)$를 넣은 것을, (나)는 (가)에서 반응이 진행되어 도달한 동적 평형 상태를 나타낸 것이다.

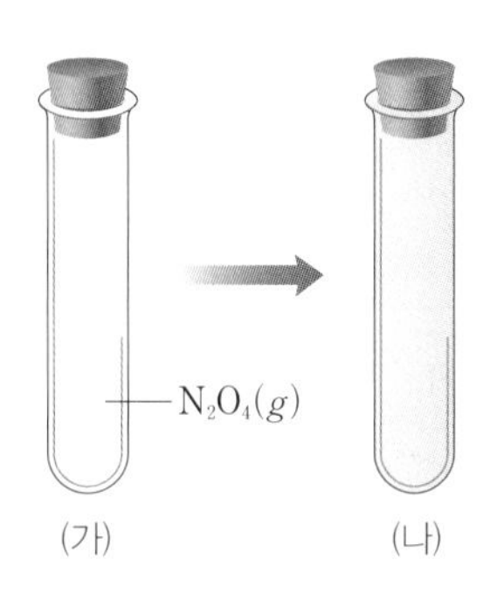

이에 대한 설명으로 옳은 것만을 〈보기〉에서 있는 대로 고른 것은? (단, 온도는 일정하다.)

보기

ㄱ. $N_2O_4(g) \rightleftarrows 2NO_2(g)$ 반응은 가역 반응이다.
ㄴ. (나)에서 $\dfrac{N_2O_4(g)\text{의 양(mol)}}{NO_2(g)\text{의 양(mol)}}=0$이다.
ㄷ. (가)에서 (나)로 반응이 진행될 때 $\dfrac{\text{역반응의 속도}}{\text{정반응의 속도}}$는 증가한다.

① ㄱ ② ㄴ ③ ㄷ
④ ㄱ, ㄴ ⑤ ㄱ, ㄷ

04

▸24067-0162

표는 밀폐된 진공 용기에 $H_2O(l)$을 넣은 후 시간에 따른 H_2O의 $\dfrac{B}{A}$에 대한 자료이다. A와 B는 각각 H_2O의 증발 속도와 응축 속도 중 하나이고, $0<t_1<t_2<t_3$이다.

시간	t_1	t_2	t_3
$\dfrac{B}{A}$	$\dfrac{1}{2}$	1	x

이에 대한 설명으로 옳은 것만을 〈보기〉에서 있는 대로 고른 것은? (단, 온도는 일정하다.)

보기

ㄱ. A는 $H_2O(l)$의 증발 속도이다.
ㄴ. $x=1$이다.
ㄷ. $H_2O(g)$의 질량은 t_2일 때가 t_3일 때보다 크다.

① ㄱ ② ㄷ ③ ㄱ, ㄴ
④ ㄱ, ㄷ ⑤ ㄴ, ㄷ

05

▸24067-0163

표는 25°C의 물이 담긴 비커에 충분한 양의 설탕을 넣은 후 시간에 따른 설탕 수용액의 몰 농도에 대한 자료이다. t_2일 때 설탕 수용액은 용해 평형 상태에 도달하였고, $0<t_1<t_2<t_3$이다.

시간	t_1	t_2	t_3
몰 농도(M)	a	b	x

이에 대한 설명으로 옳은 것만을 〈보기〉에서 있는 대로 고른 것은? (단, 온도는 25°C로 일정하고, 물의 증발은 무시한다.)

보기
ㄱ. $b>a$이다.
ㄴ. $x=b$이다.
ㄷ. 설탕의 $\frac{\text{용해 속도}}{\text{석출 속도}}$는 t_3일 때가 t_1일 때보다 크다.

① ㄱ ② ㄴ ③ ㄷ
④ ㄱ, ㄴ ⑤ ㄴ, ㄷ

06

▸24067-0164

그림은 진공 상태의 투명한 밀폐 용기에 $I_2(s)$을 넣은 후 시간 t_1일 때와 t_2일 때를 나타낸 것이다. $0<t_1<t_2$이고, t_2일 때 $I_2(s)$과 $I_2(g)$은 동적 평형 상태에 도달하였다.

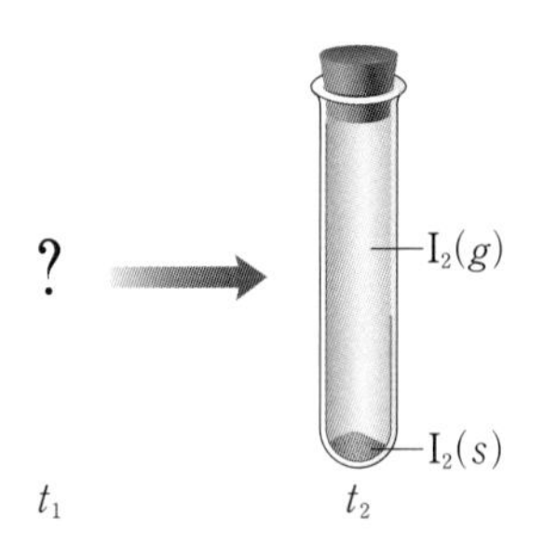

이에 대한 설명으로 옳은 것만을 〈보기〉에서 있는 대로 고른 것은? (단, 온도는 일정하다.)

보기
ㄱ. I_2의 상변화는 가역 반응이다.
ㄴ. t_1일 때 $\frac{I_2(g)\text{이 } I_2(s)\text{으로 승화되는 속도}}{I_2(s)\text{이 } I_2(g)\text{으로 승화되는 속도}}>1$이다.
ㄷ. $I_2(g)$의 양(mol)은 t_1일 때가 t_2일 때보다 많다.

① ㄱ ② ㄴ ③ ㄱ, ㄴ
④ ㄱ, ㄷ ⑤ ㄴ, ㄷ

07

▸24067-0165

그림은 밀폐된 진공 용기에 $H_2O(l)$을 넣은 후 시간 t_1, t_2, t_3일 때의 A의 양(mol)을 나타낸 것이다. A는 $H_2O(l)$과 $H_2O(g)$ 중 하나이고, t_1일 때 $H_2O(l)$과 $H_2O(g)$는 동적 평형 상태에 도달하였다. t_1~t_3은 시간 순서가 아니고, $t_1>t_2$이다.

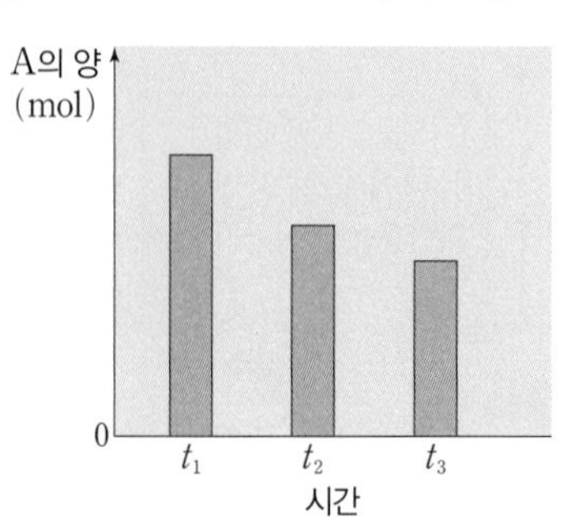

이에 대한 설명으로 옳은 것만을 〈보기〉에서 있는 대로 고른 것은? (단, 온도는 일정하다.)

보기
ㄱ. A는 $H_2O(g)$이다.
ㄴ. $t_2>t_3$이다.
ㄷ. $H_2O(l)$의 양(mol)은 t_2일 때가 t_3일 때보다 많다.

① ㄱ ② ㄴ ③ ㄱ, ㄴ
④ ㄱ, ㄷ ⑤ ㄴ, ㄷ

08

▸24067-0166

그림은 밀폐된 진공 용기에 $H_2O(l)$을 넣은 후 시간 $2t$일 때 A와 B를 나타낸 것이다. A와 B는 각각 H_2O의 증발 속도와 응축 속도 중 하나이다.

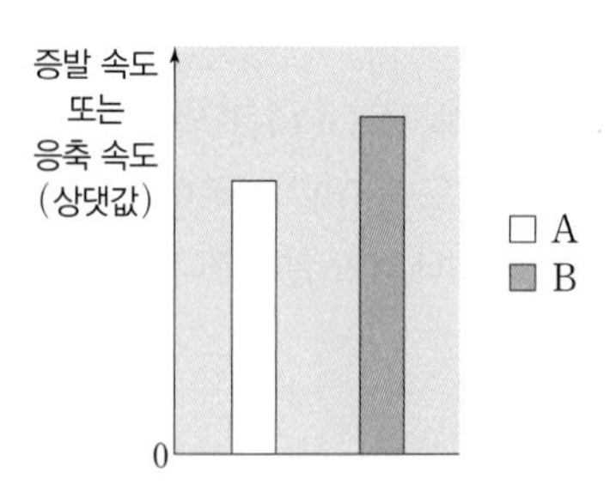

이에 대한 설명으로 옳은 것만을 〈보기〉에서 있는 대로 고른 것은? (단, 온도는 일정하다.)

보기
ㄱ. B는 $H_2O(l)$의 증발 속도이다.
ㄴ. t일 때 $H_2O(l)$과 $H_2O(g)$는 동적 평형 상태에 도달하였다.
ㄷ. $t \rightarrow 2t$일 때 $\frac{B}{A}$는 증가한다.

① ㄱ ② ㄴ ③ ㄱ, ㄴ
④ ㄱ, ㄷ ⑤ ㄴ, ㄷ

정답과 해설 30쪽

01

▸24067-0167

표는 밀폐된 진공 용기에 $H_2O(l)$을 넣은 후 시간 t_1, t_2, t_3일 때의 A−B에 대한 자료이다. A와 B는 각각 H_2O의 증발 속도와 응축 속도 중 하나이고, $0<x<y$이며, t_1~t_3은 시간 순서가 아니다.

시간	t_1	t_2	t_3
A−B	0	x	y

이에 대한 설명으로 옳은 것만을 ⟨보기⟩에서 있는 대로 고른 것은? (단, 온도는 일정하고, $t_1>0$이다.)

보기

ㄱ. A는 $H_2O(l)$의 증발 속도이다.
ㄴ. $t_3>t_2$이다.
ㄷ. $H_2O(g)$의 응축 속도는 t_2일 때가 t_3일 때보다 크다.

① ㄱ ② ㄴ ③ ㄱ, ㄷ ④ ㄴ, ㄷ ⑤ ㄱ, ㄴ, ㄷ

02

▸24067-0168

그림은 밀폐된 진공 용기에 $H_2O(l)$을 넣은 것을, 표는 진공 용기에서 시간에 따른 A에 대한 자료이다. A는 H_2O의 증발 속도와 응축 속도 중 하나이고, t_2일 때 $H_2O(l)$과 $H_2O(g)$는 동적 평형 상태에 도달하였다. $b>a$이다.

시간	t_1	t_2	t_3
A	a	b	b

이에 대한 설명으로 옳은 것만을 ⟨보기⟩에서 있는 대로 고른 것은? (단, 온도는 일정하다.)

보기

ㄱ. A는 $H_2O(g)$의 응축 속도이다.
ㄴ. $t_2>t_1$이다.
ㄷ. $\dfrac{H_2O(l)\text{의 질량(g)}}{H_2O(g)\text{의 질량(g)}}$은 t_1일 때가 t_3보다 크다.

① ㄱ ② ㄷ ③ ㄱ, ㄴ ④ ㄴ, ㄷ ⑤ ㄱ, ㄴ, ㄷ

03

▸24067-0169

표는 밀폐된 진공 용기에 $H_2O(l)$을 넣은 후 시간에 따른 $\frac{B}{A}$에 대한 자료이다. A와 B는 각각 $H_2O(l)$의 질량과 $H_2O(g)$의 질량 중 하나이고, $0<x<y$이며, t_1~t_3은 시간 순서가 아니다.

시간	t_1	t_2	t_3
$\frac{B}{A}$	x	y	y

이에 대한 설명으로 옳은 것만을 <보기>에서 있는 대로 고른 것은? (단, 온도는 일정하다.)

보기

ㄱ. B는 $H_2O(g)$의 질량이다.

ㄴ. $t_3>t_1$이다.

ㄷ. $H_2O(l)$의 질량은 t_1일 때가 t_2일 때보다 크다.

① ㄱ ② ㄷ ③ ㄱ, ㄴ ④ ㄴ, ㄷ ⑤ ㄱ, ㄴ, ㄷ

04

▸24067-0170

그림 (가)와 (나)는 동일한 종류의 투명한 진공 밀폐 용기에 같은 질량의 $NO_2(g)$와 $N_2O_4(g)$가 각각 들어 있는 것을, 표는 (가)와 (나)에서 각각 동적 평형 상태에 도달한 시간 t일 때 용기 속 기체에 대한 자료이다.

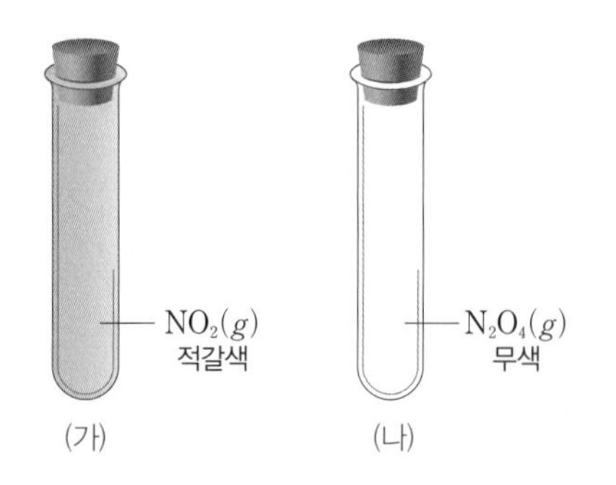

용기	(가)	(나)
$NO_2(g)$의 양(mol)	a	c
$N_2O_4(g)$의 양(mol)	b	d

이에 대한 설명으로 옳은 것만을 <보기>에서 있는 대로 고른 것은? (단, 온도는 일정하다.)

보기

ㄱ. 평형에 도달할 때까지 (가)의 색은 옅어진다.

ㄴ. $\frac{d}{a}=\frac{b}{c}$이다.

ㄷ. t일 때 용기 속 혼합 기체의 색은 (가)와 (나)가 같다.

① ㄱ ② ㄷ ③ ㄱ, ㄴ ④ ㄴ, ㄷ ⑤ ㄱ, ㄴ, ㄷ

13 물의 자동 이온화

1 물의 자동 이온화

(1) 물의 자동 이온화

① 물은 대부분 분자 상태로 존재하지만 매우 적은 양의 물이 이온화하여 동적 평형을 이룬다.

② 물의 자동 이온화 반응 : 물에서 매우 적은 양의 물 분자끼리 수소 이온(H^+)을 주고받아 하이드로늄 이온(H_3O^+)과 수산화 이온(OH^-)을 생성하는 반응

$$H_2O(l) + H_2O(l) \rightleftharpoons H_3O^+(aq) + OH^-(aq)$$

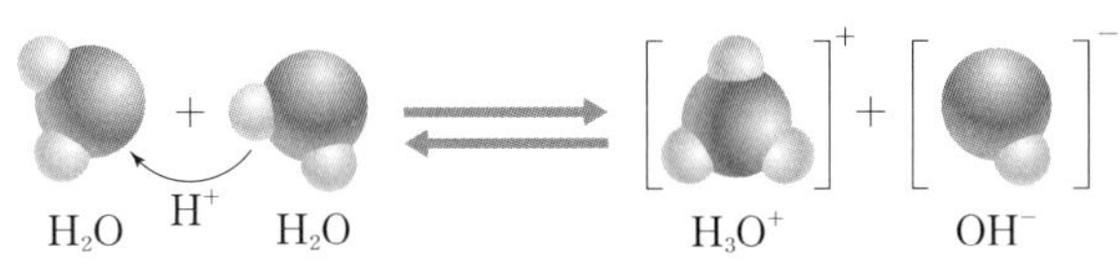

(2) 물의 이온화 상수

① 물의 이온화 상수(K_w) : 일정한 온도에서 물이 자동 이온화하여 생성된 하이드로늄 이온(H_3O^+)의 몰 농도와 수산화 이온(OH^-)의 몰 농도는 일정하게 유지되는데, 두 이온의 몰 농도의 곱을 물의 이온화 상수라고 한다.

$$K_w = [H_3O^+][OH^-]$$

② 온도가 일정하면 물의 이온화 상수(K_w) 값은 일정하다.

③ 25℃의 순수한 물에서 $[H_3O^+] = [OH^-] = 1 \times 10^{-7}$ M이므로 $K_w = 1 \times 10^{-14}$이다.

④ 온도가 일정하면 순수한 물뿐 아니라 수용액에서도 K_w는 일정한 값을 갖는다.

(3) $[H_3O^+]$와 $[OH^-]$에 따른 수용액의 액성

$[H_3O^+] = [OH^-]$이면 중성, $[H_3O^+] > [OH^-]$이면 산성, $[H_3O^+] < [OH^-]$이면 염기성이다.

수용액의 액성	$[H_3O^+]$와 $[OH^-]$
산성	$[H_3O^+] > [OH^-]$
중성	$[H_3O^+] = [OH^-]$
염기성	$[H_3O^+] < [OH^-]$

2 수소 이온 농도와 pH

(1) pH(수소 이온 농도 지수)

① pH는 수용액 속 $[H_3O^+]$를 알아보기 쉽게 나타낸 값으로 $[H_3O^+]$의 상용로그 값에 음의 부호를 붙인 것이다.

$$pH = -\log[H_3O^+]$$

- $[H_3O^+]$가 클수록 pH는 작다.
- $[H_3O^+]$가 100배 커지면 pH는 2만큼 작아진다.

예 $[H_3O^+] = 1 \times 10^{-5}$ M인 수용액은 pH=5.0이고, pH=3.0인 수용액은 $[H_3O^+] = 1 \times 10^{-3}$ M이다.

② pOH는 $[OH^-]$의 상용로그 값에 음의 부호를 붙인 것이다.

$$pOH = -\log[OH^-]$$

- $[OH^-]$가 클수록 pOH는 작다.
- $[OH^-]$가 10배 커지면 pOH는 1만큼 작아진다.

(2) 수용액의 액성과 pH

① 25℃에서 순수한 물과 모든 수용액의 $K_w = [H_3O^+][OH^-] = 1 \times 10^{-14}$이므로 pH와 pOH의 합은 14.0이다.

② 25℃의 순수한 물이나 중성의 수용액에서 $[H_3O^+] = [OH^-]$이므로 pH와 pOH는 모두 7.0이다.

③ 25℃의 산성 수용액에서는 $[H_3O^+] > [OH^-]$이고 $[H_3O^+] > 1 \times 10^{-7}$ M $> [OH^-]$이므로 pH<7.0이고 pOH>7.0이다.

④ 25℃의 염기성 수용액에서는 $[H_3O^+] < [OH^-]$이고 $[H_3O^+] < 1 \times 10^{-7}$ M $< [OH^-]$이므로 pH>7.0이고 pOH<7.0이다.

25℃에서 수용액의 액성	$[H_3O^+]$와 $[OH^-]$ (25℃)
산성	$[H_3O^+] > 1 \times 10^{-7}$ M $> [OH^-]$
중성	$[H_3O^+] = 1 \times 10^{-7}$ M $= [OH^-]$
염기성	$[H_3O^+] < 1 \times 10^{-7}$ M $< [OH^-]$

(3) pH 측정 방법

pH는 pH 시험지 또는 pH 미터를 이용하여 알아낼 수 있다.

더 알기 25℃에서 수용액 속 이온의 양(mol)

- (가)와 (나)는 각각 HCl(aq)과 NaOH(aq) 중 하나이다.

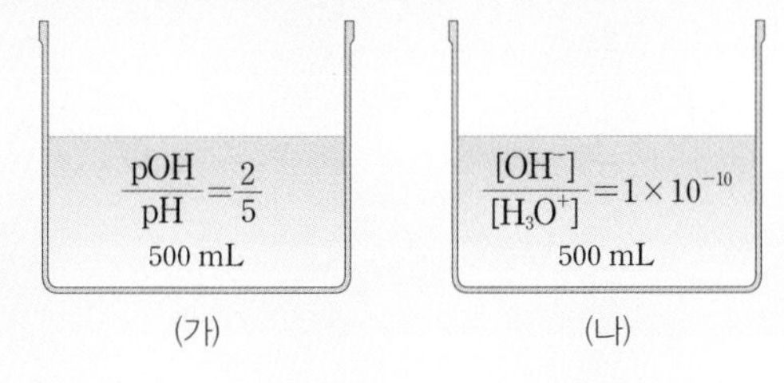

- 25℃에서 $[H_3O^+] \times [OH^-] = 1 \times 10^{-14}$이고, pH+pOH=14.0이다.
- (가)의 pH와 pOH를 각각 $5k$, $2k$라고 두면, $5k + 2k = 14$에서 $k = 2$이므로 (가)의 $[OH^-] = 1 \times 10^{-4}$ M이고, (가)는 NaOH(aq)이다.
- (나)에서 $\dfrac{[OH^-]}{[H_3O^+]} = \dfrac{1 \times 10^{-14}}{[H_3O^+]^2} = 1 \times 10^{-10}$에서 $[H_3O^+] = 1 \times 10^{-2}$ M이고, (나)는 HCl(aq)이다.
- $\dfrac{\text{(나)에서 } OH^- \text{의 양(mol)}}{\text{(가)에서 } H_3O^+ \text{의 양(mol)}} = \dfrac{1 \times 10^{-12} \times 0.5}{1 \times 10^{-10} \times 0.5} = 1 \times 10^{-2}$이다.

테마 대표 문제

| 2024학년도 수능 |

다음은 25 ℃에서 수용액 (가)~(다)에 대한 자료이다.

○ (가)~(다)의 액성은 모두 다르며, 각각 산성, 중성, 염기성 중 하나이다.
○ $|pH-pOH|$은 (가)가 (나)보다 4만큼 크다.

수용액	(가)	(나)	(다)
$\frac{pH}{pOH}$	$\frac{3}{25}$	x	y
부피(L)	0.2	0.4	0.5
OH^-의 양(mol)	a	b	c

이에 대한 설명으로 옳은 것만을 〈보기〉에서 있는 대로 고른 것은? (단, 25 ℃에서 물의 이온화 상수 (K_w)는 1×10^{-14}이다.) [3점]

보기

ㄱ. (나)의 액성은 중성이다.
ㄴ. $x+y=4$이다.
ㄷ. $\frac{b\times c}{a}=100$이다.

① ㄱ ② ㄴ ③ ㄷ ④ ㄱ, ㄴ ⑤ ㄴ, ㄷ

접근 전략

25 ℃에서 물의 이온화 상수(K_w)는 1×10^{-14}이므로 $pH+pOH=14.0$임을 아는 것이 중요하다.

간략 풀이

(가)의 $\frac{pH}{pOH}=\frac{3}{25}$이고, $pH+pOH=14.0$이므로 $pH=1.5$, $pOH=12.5$이다. (가)의 $|pH-pOH|$은 11.0이므로 (나)의 $|pH-pOH|$은 7.0이고, (나)는 염기성이므로 $pH-pOH$가 7.0이며, $pH=10.5$, $pOH=3.5$이다.

ㄱ. (나)의 액성은 염기성이다.

ㄴ. $x=\frac{10.5}{3.5}=3$, $y=\frac{7}{7}=1$이므로 $x+y=4$이다.

ㄷ. 이온의 양(mol)은 몰 농도(M)와 부피(L)의 곱과 같으므로 $a=0.2\times10^{-12.5}$, $b=0.4\times10^{-3.5}$, $c=0.5\times10^{-7}$이므로 $\frac{b\times c}{a}=\frac{0.4\times10^{-3.5}\times0.5\times10^{-7}}{0.2\times10^{-12.5}}=100$이다.

정답 | ⑤

닮은 꼴 문제로 유형 익히기

정답과 해설 31쪽

▸ 24067-0171

다음은 25 ℃에서 수용액 (가)~(다)에 대한 자료이다.

○ (가)~(다)의 액성은 모두 다르며, 각각 산성, 중성, 염기성 중 하나이다.

수용액	(가)	(나)	(다)
$\frac{[OH^-]}{[H_3O^+]}$(상댓값)	1×10^{-11}	1	1×10^{-20}
$|pH-pOH|$		a	b
부피(L)	0.1	1	0.01
H^+의 양(mol)	x	y	z

이에 대한 설명으로 옳은 것만을 〈보기〉에서 있는 대로 고른 것은? (단, 25 ℃에서 물의 이온화 상수 (K_w)는 1×10^{-14}이다.)

보기

ㄱ. (나)의 액성은 염기성이다.
ㄴ. $a-b=3.0$이다.
ㄷ. $x+\frac{y}{z}=1\times10^{-8}$이다.

① ㄱ ② ㄴ ③ ㄷ ④ ㄱ, ㄴ ⑤ ㄴ, ㄷ

유사점과 차이점

액성이 모두 다른 수용액 (가)~(다)에 대한 자료를 통해 수용액의 액성을 파악하는 점은 테마 대표 문제와 유사하지만, $\frac{pH}{pOH}$가 아닌 $\frac{[OH^-]}{[H_3O^+]}$를 통해 파악하는 점이 다르다.

배경 지식

• 25 ℃에서 물의 이온화 상수(K_w) $=[H_3O^+][OH^-]=1\times10^{-14}$이고, $pH+pOH=14.0$이다.

01

▸24067-0172

다음은 물의 자동 이온화 반응의 화학 반응식과 이에 대한 세 학생의 대화이다.

$$2H_2O(l) \rightleftharpoons H_3O^+(aq) + OH^-(aq)$$

제시한 내용이 옳은 학생만을 있는 대로 고른 것은? (단, 온도는 25℃로 일정하다.)

① A　② B　③ A, C　④ B, C　⑤ A, B, C

02

▸24067-0173

표는 25℃에서 수용액 (가)와 (나)에 대한 자료이다. (가)와 (나)는 각각 x M HCl(aq)과 y M NaOH(aq) 중 하나이다.

수용액	(가)	(나)
$\frac{[OH^-]}{[H_3O^+]}$	1×10^4	1×10^{-8}
부피(mL)	$\frac{1}{10}V$	$10V$

이에 대한 설명으로 옳은 것만을 〈보기〉에서 있는 대로 고른 것은? (단, 25℃에서 물의 이온화 상수(K_w)는 1×10^{-14}이다.)

보기
ㄱ. (가)는 NaOH(aq)이다.
ㄴ. $\frac{y}{x}=1\times10^{-2}$이다.
ㄷ. $\frac{\text{(나)에서 } OH^- \text{의 양(mol)}}{\text{(가)에서 } H_3O^+ \text{의 양(mol)}} > 10$이다.

① ㄱ　② ㄷ　③ ㄱ, ㄴ　④ ㄴ, ㄷ　⑤ ㄱ, ㄴ, ㄷ

03

▸24067-0174

표는 25℃에서 수용액 (가)~(다)에 대한 자료이다.

수용액	(가)	(나)	(다)
$[OH^-]$(M)	1×10^{-13}	1×10^{-2}	1×10^{-4}
H_3O^+의 양(mol)	x	1×10^{-13}	1×10^{-12}
부피(mL)	V_1	V_1	V_2

이에 대한 설명으로 옳은 것만을 〈보기〉에서 있는 대로 고른 것은? (단, 25℃에서 물의 이온화 상수(K_w)는 1×10^{-14}이다.)

보기
ㄱ. (가)의 pH는 12.0이다.
ㄴ. $V_2=2V_1$이다.
ㄷ. $x=1\times10^{-2}$이다.

① ㄱ　② ㄴ　③ ㄷ　④ ㄱ, ㄴ　⑤ ㄱ, ㄷ

04

▸24067-0175

그림 (가)는 25℃에서 HCl(aq) 10 mL를, (나)는 (가)에 물을 추가하여 만든 HCl(aq) V mL를 나타낸 것이다.

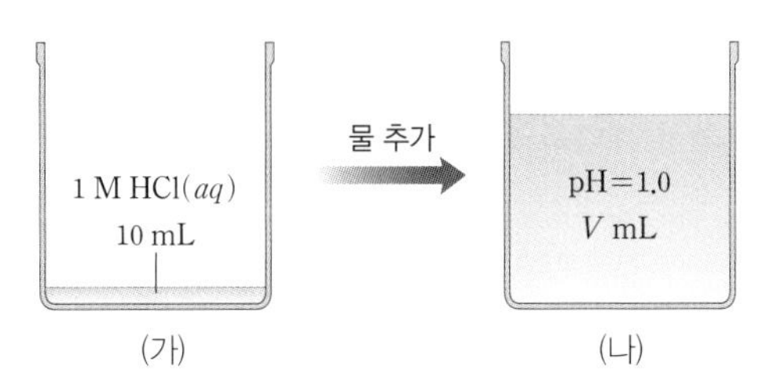

이에 대한 설명으로 옳은 것만을 〈보기〉에서 있는 대로 고른 것은? (단, 온도는 25℃로 일정하며, 25℃에서 물의 이온화 상수(K_w)는 1×10^{-14}이다.)

보기
ㄱ. (가)에서 Cl^-의 양은 0.01 mol이다.
ㄴ. $V=100$이다.
ㄷ. $\frac{[H_3O^+]}{[OH^-]}$의 비는 (가) : (나)=100 : 1이다.

① ㄱ　② ㄴ　③ ㄱ, ㄷ　④ ㄴ, ㄷ　⑤ ㄱ, ㄴ, ㄷ

05

▸24067-0176

그림은 25°C에서 수용액 (가)와 (나)를 나타낸 것이다. (가)와 (나)는 각각 a M HCl(aq)과 b M NaOH(aq)이고, $\frac{\text{pOH}}{\text{pH}}$의 비는 (가) : (나)=15 : 1이다.

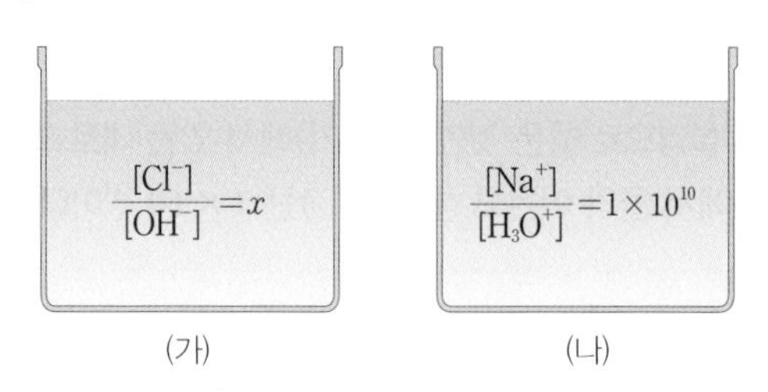

이에 대한 설명으로 옳은 것만을 〈보기〉에서 있는 대로 고른 것은? (단, 25°C에서 물의 이온화 상수(K_w)는 1×10^{-14}이다.)

보기

ㄱ. $\frac{b}{a}=\frac{1}{2}$이다.

ㄴ. $x=1\times10^6$이다.

ㄷ. $\frac{\text{(나)에서 } [\text{H}_3\text{O}^+]}{\text{(가)에서 } [\text{OH}^-]}=1\times10^{-1}$이다.

① ㄱ ② ㄴ ③ ㄷ
④ ㄱ, ㄴ ⑤ ㄴ, ㄷ

06

▸24067-0177

그림은 같은 부피의 물질 (가)~(다)에 대한 자료이다. (가)~(다)는 HCl(aq), $H_2O(l)$, NaOH(aq)을 순서 없이 나타낸 것이다.

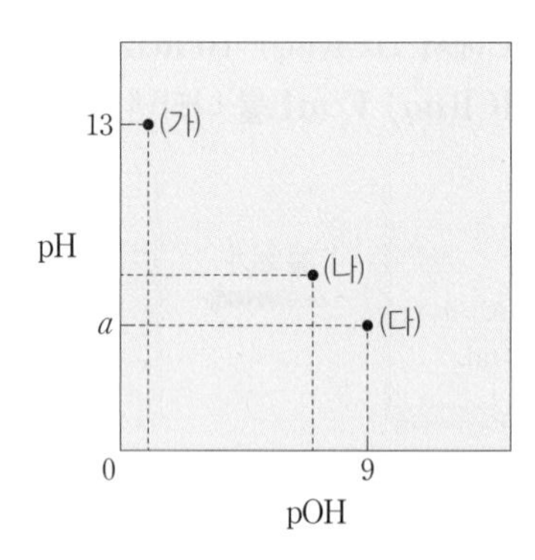

이에 대한 설명으로 옳은 것만을 〈보기〉에서 있는 대로 고른 것은? (단, 온도는 25°C로 일정하며, 25°C에서 물의 이온화 상수(K_w)는 1×10^{-14}이다.)

보기

ㄱ. (나)는 $H_2O(l)$이다.

ㄴ. $a=5$이다.

ㄷ. OH^-의 양(mol)은 (다)가 (가)의 1×10^{-8}배이다.

① ㄱ ② ㄷ ③ ㄱ, ㄴ
④ ㄴ, ㄷ ⑤ ㄱ, ㄴ, ㄷ

07

▸24067-0178

그림 (가)는 x M HCl(aq)을, (나)는 (가)에 물을 추가하여 만든 HCl(aq)을 나타낸 것이다. (나)에서 $\frac{[\text{H}_3\text{O}^+]}{[\text{OH}^-]}=1\times10^8$이다.

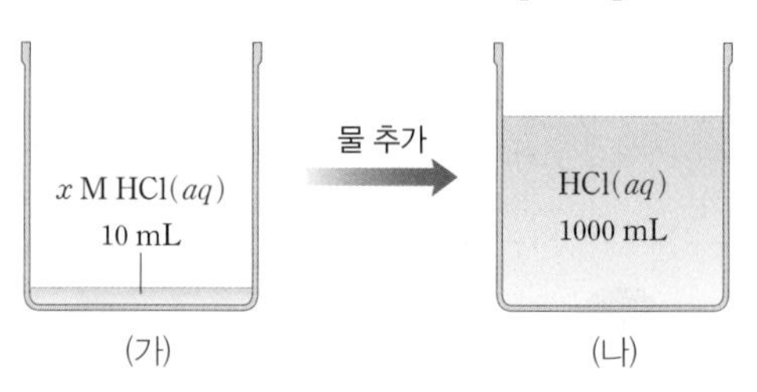

이에 대한 설명으로 옳은 것만을 〈보기〉에서 있는 대로 고른 것은? (단, 온도는 25°C로 일정하며, 25°C에서 물의 이온화 상수(K_w)는 1×10^{-14}이다.)

보기

ㄱ. $x=0.1$이다.

ㄴ. (나)에서 OH^-의 양은 1×10^{-11} mol이다.

ㄷ. $\frac{\text{(나)에서 } [\text{H}_3\text{O}^+]}{\text{(가)에서 } [\text{OH}^-]}=1\times10^{10}$이다.

① ㄱ ② ㄷ ③ ㄱ, ㄴ
④ ㄴ, ㄷ ⑤ ㄱ, ㄴ, ㄷ

08

▸24067-0179

표는 25°C의 수용액 (가)와 (나)에 대한 자료이다. (가)와 (나)는 HCl(aq), NaOH(aq)을 순서 없이 나타낸 것이고, $\frac{[\text{OH}^-]}{[\text{H}_3\text{O}^+]}$는 (나)>(가)이다.

수용액	(가)	(나)
pH×pOH	40.0	24.0
수용액 속 양이온의 몰 농도(상댓값)	1	100
부피(mL)	1000	10

이에 대한 설명으로 옳은 것만을 〈보기〉에서 있는 대로 고른 것은? (단, 25°C에서 물의 이온화 상수(K_w)는 1×10^{-14}이다.)

보기

ㄱ. (가)는 NaOH(aq)이다.

ㄴ. (나)의 pOH=2.0이다.

ㄷ. (가)와 (나)를 모두 혼합한 수용액에서 $\frac{OH^-\text{의 양(mol)}}{H_3O^+\text{의 양(mol)}}=1$이다.

① ㄱ ② ㄴ ③ ㄷ
④ ㄱ, ㄴ ⑤ ㄴ, ㄷ

정답과 해설 33쪽

01

▸24067-0180

표는 25°C의 물질 (가)~(다)에 대한 자료이다. (가)~(다)는 $HCl(aq)$, $H_2O(l)$, $NaOH(aq)$을 순서 없이 나타낸 것이다.

물질	(가)	(나)	(다)
$\lvert pH-pOH \rvert$	9.0		7.0
$\frac{[OH^-]}{[H_3O^+]}$(상댓값)	x	1×10^7	1

이에 대한 설명으로 옳은 것만을 〈보기〉에서 있는 대로 고른 것은? (단, 25°C에서 물의 이온화 상수(K_w)는 1×10^{-14}이다.)

보기

ㄱ. (가)는 $NaOH(aq)$이다.

ㄴ. $x=1\times10^{16}$이다.

ㄷ. $\frac{\text{(다)의 pOH}}{\text{(가)의 pH}}=\frac{21}{23}$이다.

① ㄱ ② ㄴ ③ ㄱ, ㄷ ④ ㄴ, ㄷ ⑤ ㄱ, ㄴ, ㄷ

02

▸24067-0181

표는 25°C의 물질 (가)~(다)에 대한 자료이다. (가)~(다)는 $HCl(aq)$ 또는 $NaOH(aq)$이다.

$\frac{\text{(가)의 pOH}}{\text{(나)의 pH}}$	$\frac{\text{(다)의 pOH}}{\text{(가)의 pH}}$	$\frac{\text{(나)의 pOH}}{\text{(다)의 pH}}$
$\frac{6}{5}$	1	$\frac{1}{3}$

이에 대한 설명으로 옳은 것만을 〈보기〉에서 있는 대로 고른 것은? (단, 25°C에서 물의 이온화 상수(K_w)는 1×10^{-14}이다.)

보기

ㄱ. (나)는 $NaOH(aq)$이다.

ㄴ. (다)의 pH=12.0이다.

ㄷ. 같은 부피의 (가)와 (다)를 혼합한 수용액의 액성은 중성이다.

① ㄱ ② ㄷ ③ ㄱ, ㄴ ④ ㄴ, ㄷ ⑤ ㄱ, ㄴ, ㄷ

03

▸24067-0182

표는 25°C의 물질 (가)~(다)에 대한 자료이다. (가)~(다)는 각각 HCl(aq) 또는 NaOH(aq)이다.

물질	(가)	(나)	(다)
pH(상댓값)	3	8	24
pOH(상댓값)	x	5	1

이에 대한 설명으로 옳은 것만을 〈보기〉에서 있는 대로 고른 것은? (단, 25°C에서 물의 이온화 상수(K_w)는 1×10^{-14}이다.)

보기

ㄱ. (나)는 HCl(aq)이다.

ㄴ. $x=\frac{25}{2}$이다.

ㄷ. 수용액의 몰 농도(M)는 (다)>(나)이다.

① ㄱ ② ㄴ ③ ㄱ, ㄷ ④ ㄴ, ㄷ ⑤ ㄱ, ㄴ, ㄷ

04

▸24067-0183

그림은 25°C의 물질 (가)와 (나)에 대한 자료이다. (가)와 (나)는 각각 HCl(aq), NaOH(aq) 중 하나이고, ㉠과 ㉡은 각각 pH와 pOH 중 하나이며, $\frac{\text{(나)의 }[OH^-]}{\text{(가)의 }[H_3O^+]}=10$이다.

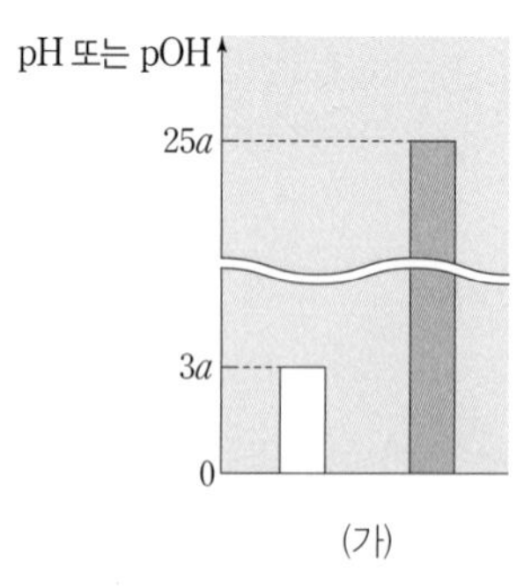

(가)

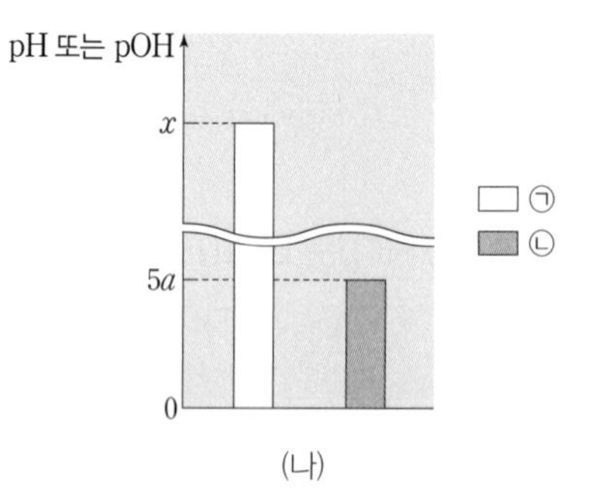

(나)

이에 대한 설명으로 옳은 것만을 〈보기〉에서 있는 대로 고른 것은? (단, 25°C에서 물의 이온화 상수(K_w)는 1×10^{-14}이다.)

보기

ㄱ. (가)는 HCl(aq)이다.

ㄴ. ㉠은 pOH이다.

ㄷ. $x=23a$이다.

① ㄱ ② ㄴ ③ ㄷ ④ ㄱ, ㄷ ⑤ ㄴ, ㄷ

14 산 염기 중화 반응

1 산과 염기의 정의

(1) 아레니우스 정의

① 산 : 수용액에서 수소 이온(H^+)을 내놓는 물질

예 HCl, CH_3COOH, H_2SO_4 등

② 염기 : 수용액에서 수산화 이온(OH^-)을 내놓는 물질

예 $NaOH$, KOH, $Ca(OH)_2$ 등

③ 아레니우스 정의의 한계

- 수용액 상태가 아닌 경우 적용할 수 없다.
- 수소 이온(H^+)을 내놓지 않는 산, 수산화 이온(OH^-)을 내놓지 않는 염기는 설명할 수 없다.

(2) 브뢴스테드·로리 정의

① 산 : 양성자(H^+)를 주는 물질(양성자 주개)

② 염기 : 양성자(H^+)를 받는 물질(양성자 받개)

③ 브뢴스테드·로리 산과 염기

- 염화 수소와 물의 반응 : $HCl+H_2O \longrightarrow Cl^-+H_3O^+$

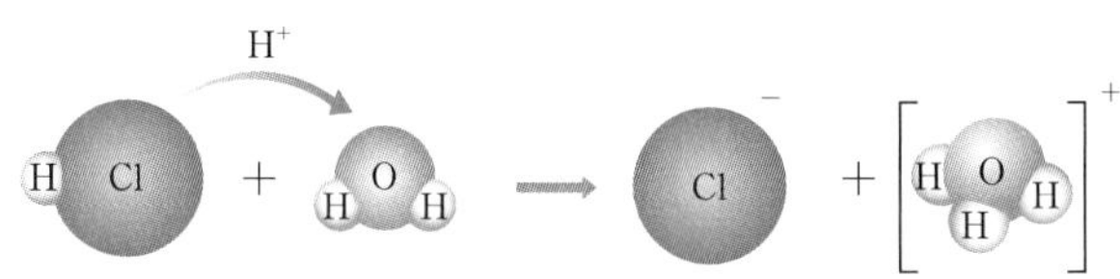

- 암모니아와 물의 반응 : $NH_3+H_2O \longrightarrow NH_4^++OH^-$

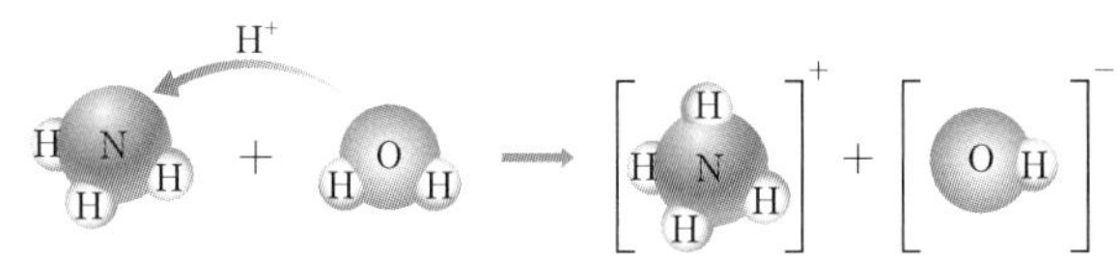

- 염화 수소와 암모니아의 반응 : $HCl+NH_3 \longrightarrow Cl^-+NH_4^+$

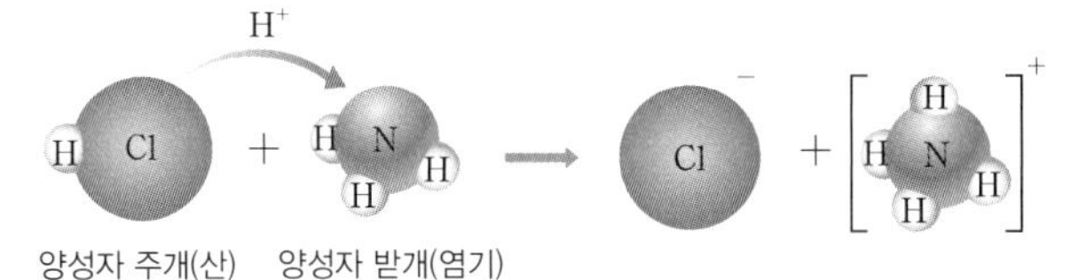

2 중화 반응

(1) 중화 반응 : 산과 염기가 반응하여 물과 염을 생성하는 반응

산 + 염기 ⟶ 물 + 염

예 $HCl(aq)$과 $NaOH(aq)$의 중화 반응

$HCl(aq)+NaOH(aq) \longrightarrow H_2O(l)+NaCl(aq)$
산 염기 물 염

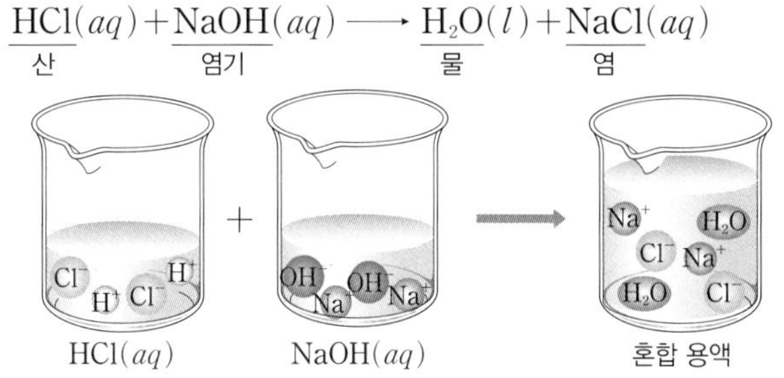

염산과 수산화 나트륨 수용액의 중화 반응 모형

(2) 중화 반응의 알짜 이온 반응식

- 알짜 이온 반응식 : 반응에 실제로 참여한 이온만으로 나타낸 화학 반응식

  예 $HCl(aq)$과 $NaOH(aq)$의 중화 반응에서

  알짜 이온 반응식 : $H^+(aq)+OH^-(aq) \longrightarrow H_2O(l)$

- 구경꾼 이온 : 반응에 실제로 참여하지 않는 이온

  예 $HCl(aq)$과 $NaOH(aq)$의 중화 반응에서

  구경꾼 이온 : 염화 이온(Cl^-), 나트륨 이온(Na^+)

(3) 중화 반응의 양적 관계

① 산의 H^+과 염기의 OH^-이 항상 1 : 1의 몰비로 반응하여 물을 생성한다.

- H^+ 수$>$$OH^-$ 수 : 반응 후 혼합 용액은 산성
- H^+ 수$=$$OH^-$ 수 : 반응 후 혼합 용액은 중성
- H^+ 수$<$$OH^-$ 수 : 반응 후 혼합 용액은 염기성

② 중화점에서 반응한 산이 내놓는 H^+의 양(mol)과 염기가 내놓는 OH^-의 양(mol)이 같다.

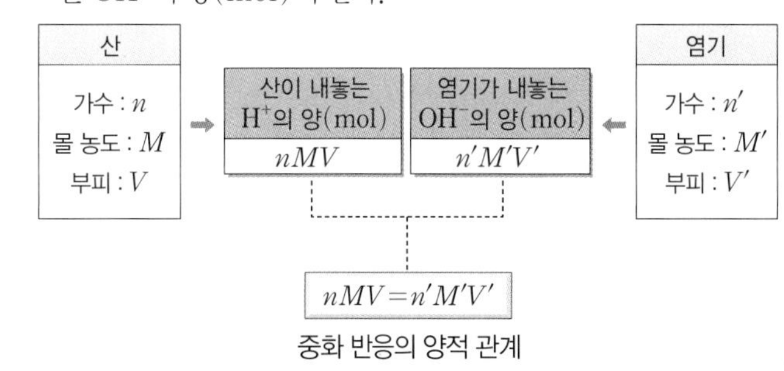

중화 반응의 양적 관계

더 알기 x M $HCl(aq)$과 0.1 M $X(OH)_2(aq)$의 중화 반응에서 양적 관계

- 수용액에서 $X(OH)_2$는 X^{2+}과 OH^-으로 모두 이온화되고 Cl^-, X^{2+}은 반응하지 않는다.

실험	x M $HCl(aq)$의 부피(mL)	0.1 M $X(OH)_2(aq)$의 부피(mL)	혼합 용액에 존재하는 양이온의 양(mol)
Ⅰ	100	0	0.02
Ⅱ	100	50	n
Ⅲ	100	V	0.01

- Ⅰ에서 용액에 들어 있는 양이온은 H^+이므로 $0.1\times x=0.02$에서 $x=0.2$이다.
- Ⅲ에서 용액에 들어 있는 양이온은 X^{2+}이므로 $0.1\times V\times 10^{-3}=0.01$에서 $V=100$이다.
- Ⅱ에서 용액에 들어 있는 양이온은 H^+과 X^{2+}이므로 $0.02-0.1\times 50\times 10^{-3}=n$에서 $n=0.015$이다.

③ $HCl(aq)$에 $NaOH(aq)$을 넣을 때 혼합 용액의 액성 : 일정량의 $HCl(aq)$에 $NaOH(aq)$을 넣으면 중화 반응이 진행되어 중화점에서 혼합 용액의 액성은 중성이 되고, $NaOH(aq)$을 더 넣으면 염기성이 된다.

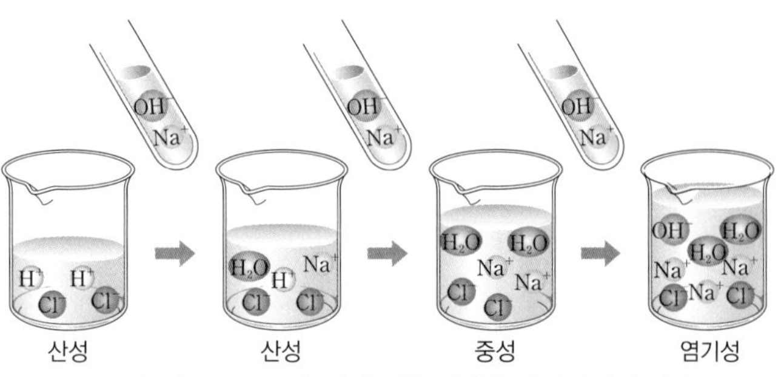

$HCl(aq)$에 $NaOH(aq)$을 넣을 때 혼합 용액의 액성 변화

④ $HCl(aq)$에 $NaOH(aq)$을 넣을 때 이온 수의 변화
- H^+ : OH^-과 반응하여 H_2O이 되므로 이온 수 감소
- Cl^- : 구경꾼 이온이므로 이온 수 일정
- Na^+ : 구경꾼 이온이므로 계속 이온 수 증가
- OH^- : H^+과 반응하여 H_2O이 되므로 H^+이 모두 반응할 때까지는 수용액에 존재하지 않지만, H^+이 모두 반응한 후에는 $NaOH(aq)$을 넣으면 이온 수 증가

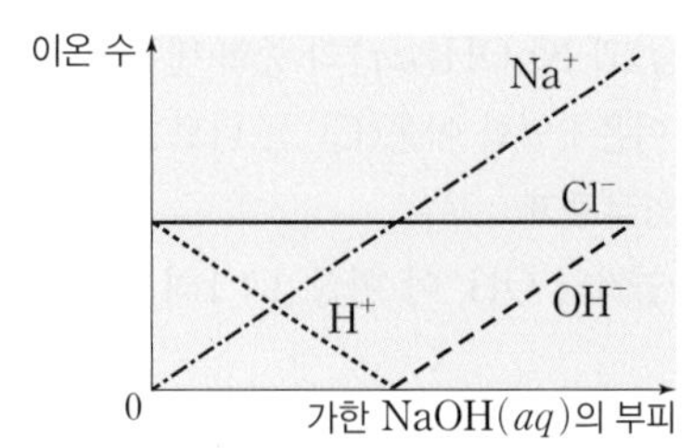

$HCl(aq)$에 $NaOH(aq)$을 넣을 때 이온 수의 변화

3 중화 적정

(1) 중화 적정

① 중화 적정 : 중화 반응의 양적 관계를 이용하여 농도를 모르는 산이나 염기의 농도를 알아내는 실험 과정

② 중화점 : 중화 적정에서 반응한 산이 내놓는 H^+의 양(mol)과 염기가 내놓는 OH^-의 양(mol)이 같아지는 지점

③ 표준 용액 : 중화 적정에서 농도를 정확히 알고 사용하는 산 또는 염기 수용액

(2) 중화 적정에 사용되는 실험 기구

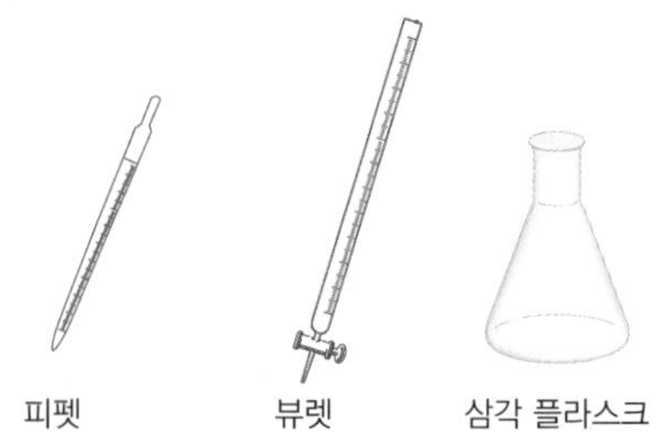

① 피펫 : 정확한 부피의 용액을 옮길 때 사용

② 뷰렛 : 중화점까지 표준 용액을 가하고 그 부피를 정확하게 측정할 때 사용

③ 삼각 플라스크 : 농도를 모르는 산(또는 염기) 수용액을 넣어 사용

(3) 중화 적정 과정

① 농도를 모르는 산(또는 염기)의 수용액을 피펫으로 정확한 부피만큼 취해 삼각 플라스크에 넣는다.

② 삼각 플라스크에 지시약을 몇 방울 넣는다.

③ 농도를 알고 있는 염기(또는 산)의 수용액(표준 용액)을 뷰렛에 넣고, 삼각 플라스크에 떨어뜨리면서 섞어 준다.

④ 삼각 플라스크의 혼합 용액의 색이 전체적으로 변하는 순간까지 넣어 준 표준 용액의 부피를 측정한다.

⑤ 중화 반응의 양적 관계($nMV=n'M'V'$)를 이용하여 산(또는 염기)의 농도를 구한다.

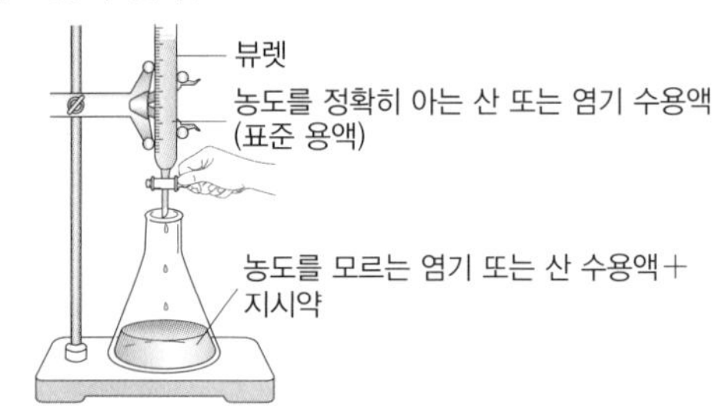

더 알기 식초 1 g에 들어 있는 아세트산(CH_3COOH)의 질량 구하기

❶ 25℃에서 밀도가 d g/mL인 식초 20 mL를 피펫으로 취하여 삼각 플라스크에 넣는다.

❷ ❶의 삼각 플라스크에 페놀프탈레인 용액을 2~3방울 넣고 0.1 M $NaOH(aq)$으로 적정하였을 때, 수용액 전체가 붉게 변하는 순간까지 넣어 준 $NaOH(aq)$의 부피(V)를 측정한다.

❸ 중화점에서 식초 속 CH_3COOH의 양(mol)=넣어 준 NaOH의 양(mol)이므로 이를 이용하여 식초 속 CH_3COOH의 질량(g)을 계산한다.

➡ 식초 속 CH_3COOH의 질량 : $0.1\ M \times V \times 10^{-3}\ L \times 60\ g/mol = 6V \times 10^{-3}\ g$

❹ 식초 20 mL의 질량(g)을 계산한다.

➡ 식초 20 mL의 질량 : $20\ mL \times d\ g/mL = 20d\ g$

❺ 식초 1 g에 들어 있는 아세트산의 질량을 계산한다.

➡ 식초 1 g에 들어 있는 아세트산의 질량 : $\dfrac{6V \times 10^{-3}\ g}{20d\ g} = \dfrac{3}{d}V \times 10^{-4}$

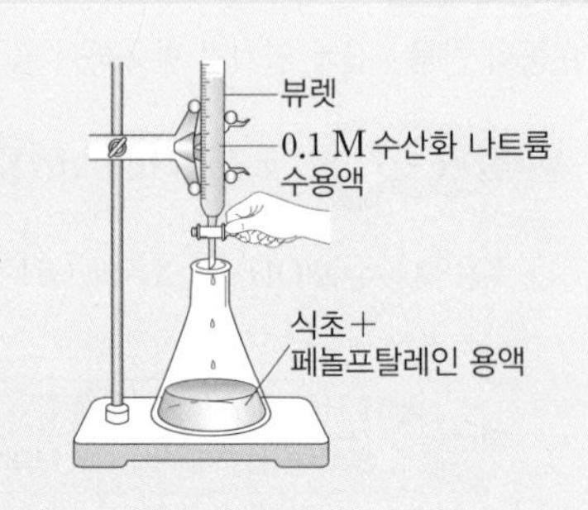

테마 대표 문제

| 2024학년도 수능 |

다음은 중화 반응 실험이다.

[자료]
○ 수용액에서 H_2A는 H^+과 A^{2-}으로 모두 이온화된다.

[실험 과정]
(가) x M $H_2A(aq)$과 y M $NaOH(aq)$을 준비한다.
(나) 3개의 비커에 (가)의 2가지 수용액의 부피를 달리하여 혼합한 용액 Ⅰ~Ⅲ을 만든다.

[실험 결과]
○ Ⅰ~Ⅲ의 액성은 모두 다르며, 각각 산성, 중성, 염기성 중 하나이다.
○ 혼합 용액 Ⅰ~Ⅲ에 대한 자료

혼합 용액	혼합 전 수용액의 부피(mL)		모든 양이온의 몰 농도(M) 합
	x M $H_2A(aq)$	y M $NaOH(aq)$	
Ⅰ	V	10	2
Ⅱ	V	20	2
Ⅲ	$3V$	40	㉠

㉠ × $\frac{x}{y}$는? (단, 혼합 용액의 부피는 혼합 전 각 용액의 부피의 합과 같고, 물의 자동 이온화는 무시한다.) [3점]

① $\frac{4}{7}$ ② $\frac{8}{7}$ ③ $\frac{12}{7}$ ④ $\frac{15}{7}$ ⑤ $\frac{18}{7}$

접근 전략

Ⅰ~Ⅲ의 액성은 모두 다르므로 혼합 전 산과 염기의 부피를 통해 각각의 액성을 파악하는 것이 중요하다.

간략 풀이

Ⅰ이 중성 또는 염기성이면 Ⅱ, Ⅲ도 모두 염기성이므로 Ⅰ은 산성이다. Ⅱ가 중성이면 Ⅲ은 Ⅱ보다 넣어 준 산의 양은 3배이고 염기의 양은 2배이므로 산성이 되어 조건에 부합하지 않으므로 Ⅰ~Ⅲ의 액성은 각각 산성, 염기성, 중성이다. Ⅰ과 Ⅱ에서 모든 양이온의 몰 농도(M) 합이 같으므로 $\frac{2xV}{V+10}=\frac{20y}{V+20}$이고, $\frac{x}{y}=\frac{10(V+10)}{V(V+20)}$이다. Ⅲ은 중성으로 넣어 준 H^+의 양(mol)과 OH^-의 양(mol)이 같으므로 $6xV=40y$, $\frac{x}{y}=\frac{20}{3V}$에서 $V=10$이다. Ⅰ에서 모든 양이온의 몰 농도 합이 2 M이므로 $\frac{0.02x}{0.02}=2$, $x=2$이다. 따라서 ㉠은 $\frac{0.04y}{0.07}$이므로 ㉠ × $\frac{x}{y}=\frac{4y}{7}\times\frac{2}{y}=\frac{8}{7}$이다.

정답 | ②

닮은 꼴 문제로 유형 익히기

정답과 해설 34쪽

▸ 24067-0184

다음은 a M $HCl(aq)$과 b M $X(OH)_2(aq)$의 부피를 달리하여 혼합한 용액 Ⅰ~Ⅲ에 대한 자료이다.

○ 수용액에서 $X(OH)_2$는 X^{2+}과 OH^-으로 모두 이온화된다.

혼합 용액	혼합 전 수용액의 부피(mL)		모든 이온의 몰 농도(M) 합
	a M $HCl(aq)$	b M $X(OH)_2(aq)$	
Ⅰ	20	10	$8n$
Ⅱ	20	20	$9n$
Ⅲ	V	25	㉠

○ Ⅰ~Ⅲ의 액성은 모두 다르며, 각각 산성, 중성, 염기성 중 하나이다.

$\frac{a+b}{㉠}$는? (단, 혼합 용액의 부피는 혼합 전 각 용액의 부피의 합과 같고, 물의 자동 이온화는 무시하며, Cl^-, X^{2+}은 반응하지 않는다.)

① $\frac{13}{20}$ ② $\frac{13}{10}$ ③ $\frac{39}{20}$ ④ $\frac{39}{10}$ ⑤ $\frac{26}{5}$

유사점과 차이점

부피를 달리하여 혼합한 용액의 액성을 찾아 혼합 용액에 존재하는 이온의 몰 농도(M)를 계산하는 점은 테마 대표 문제와 유사하지만, 혼합 용액에 존재하는 모든 이온의 몰 농도(M)를 묻는 점이 다르다.

배경 지식

- 중화점까지 반응한 산 수용액의 H^+의 양(mol)과 염기 수용액의 OH^-의 양(mol)은 같다.
- 수용액에서 이온의 전하량의 합은 0이다.

01

▶24067-0185

다음은 3가지 반응의 화학 반응식이다.

(가) $HCl(g)+H_2O(l) \rightleftharpoons H_3O^+(aq)+Cl^-(aq)$
(나) $H_3O^+(aq)+NH_3(aq) \rightleftharpoons H_2O(l)+NH_4^+(aq)$
(다) $CO_3^{2-}(aq)+HCl(aq) \rightleftharpoons HCO_3^-(aq)+Cl^-(aq)$

이에 대한 설명으로 옳은 것만을 〈보기〉에서 있는 대로 고른 것은?

보기
ㄱ. (가)에서 HCl는 아레니우스 산이다.
ㄴ. (나)에서 H_3O^+은 브뢴스테드·로리 산이다.
ㄷ. (다)에서 CO_3^{2-}은 브뢴스테드·로리 염기이다.

① ㄱ ② ㄴ ③ ㄱ, ㄷ
④ ㄴ, ㄷ ⑤ ㄱ, ㄴ, ㄷ

02

▶24067-0186

그림은 A(*aq*) 20 mL에 B(*aq*)을 넣을 때, 넣어 준 B(*aq*)의 부피에 따른 혼합 용액 속 이온 수를 나타낸 것이다. A(*aq*)과 B(*aq*)은 각각 0.1 M HCl(*aq*)과 0.2 M NaOH(*aq*) 중 하나이다.

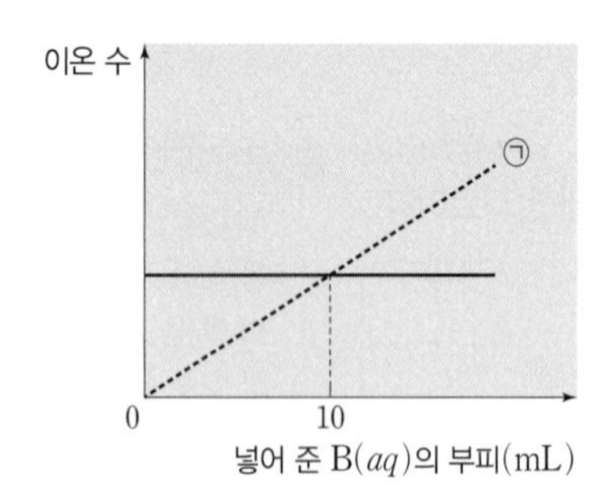

이에 대한 설명으로 옳은 것만을 〈보기〉에서 있는 대로 고른 것은? (단, 물의 자동 이온화는 무시한다.)

보기
ㄱ. B는 NaOH이다.
ㄴ. ㉠은 Cl^-이다.
ㄷ. B(*aq*) 15 mL를 넣었을 때, 혼합 용액 속 모든 이온의 양은 0.006 mol이다.

① ㄱ ② ㄴ ③ ㄱ, ㄷ
④ ㄴ, ㄷ ⑤ ㄱ, ㄴ, ㄷ

03

▶24067-0187

그림은 0.4 M HCl(*aq*) 100 mL에 *x* M NaOH(*aq*) 100 mL씩 차례대로 가할 때 용액 (가)~(다)에 들어 있는 음이온만을 모형으로 나타낸 것이다.

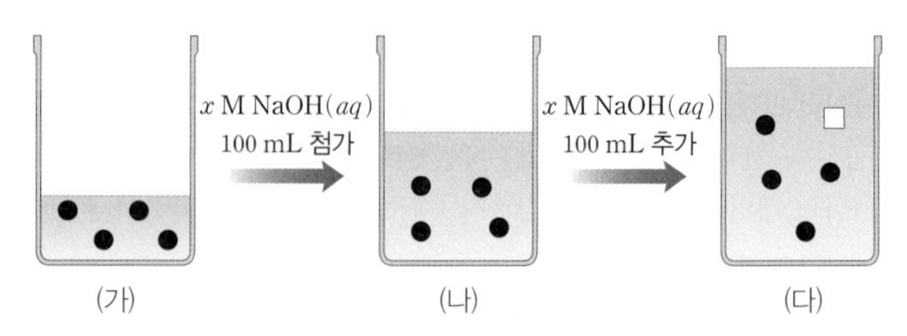

이에 대한 설명으로 옳은 것만을 〈보기〉에서 있는 대로 고른 것은? (단, 온도는 일정하고, 혼합 용액의 부피는 혼합 전 각 용액의 부피의 합과 같다.)

보기
ㄱ. $x=0.5$이다.
ㄴ. (나)의 액성은 산성이다.
ㄷ. 혼합 용액 속 모든 이온의 몰 농도(M) 합의 비는 (나) : (다) =6 : 5이다.

① ㄱ ② ㄴ ③ ㄱ, ㄷ
④ ㄴ, ㄷ ⑤ ㄱ, ㄴ, ㄷ

04

▶24067-0188

다음은 중화 적정 실험이다.

[실험 과정]
(가) *x* M $CH_3COOH(aq)$ 30 mL에 물을 넣어 100 mL 수용액을 만든다.
(나) 삼각 플라스크에 (가)에서 만든 수용액 25 mL를 넣고, 페놀프탈레인 용액을 2~3방울 떨어뜨린다.
(다) 0.25 M NaOH(*aq*)을 뷰렛에 넣고 (나)의 삼각 플라스크에 한 방울씩 떨어뜨리면서 삼각 플라스크를 흔들어 준다.
(라) (다)의 삼각 플라스크 속 수용액 전체가 붉게 변하는 순간 적정을 멈추고 적정에 사용된 NaOH(*aq*)의 부피를 측정한다.

[실험 결과]
○ 적정에 사용된 NaOH(*aq*)의 부피 : 30 mL

*x*는? (단, 온도는 25°C로 일정하다.)

① $\frac{1}{4}$ ② $\frac{1}{2}$ ③ $\frac{3}{4}$
④ 1 ⑤ $\frac{3}{2}$

05

▸24067-0189

표는 X(aq)과 Y(aq)에 대한 자료이다. X(aq)과 Y(aq)은 HA(aq)과 $B(OH)_2$(aq)을 순서 없이 나타낸 것이고, 수용액에서 HA는 H^+과 A^-으로, $B(OH)_2$는 B^{2+}과 OH^-으로 모두 이온화된다.

수용액	X(aq)	Y(aq)
몰 농도(M)	0.1	0.2
부피(mL)	200	100
음이온의 양(mol)	$2n$	n

이에 대한 설명으로 옳은 것만을 〈보기〉에서 있는 대로 고른 것은? (단, 온도는 일정하고, 물의 자동 이온화는 무시한다.)

보기

ㄱ. X는 $B(OH)_2$이다.

ㄴ. X(aq)과 Y(aq)을 모두 혼합한 용액의 액성은 산성이다.

ㄷ. 수용액 속 모든 이온의 몰 농도(M) 합은 Y(aq) > X(aq)이다.

① ㄱ ② ㄴ ③ ㄱ, ㄷ
④ ㄴ, ㄷ ⑤ ㄱ, ㄴ, ㄷ

06

▸24067-0190

표는 혼합 용액 (가)와 (나)에 대한 자료이다.

혼합 용액		(가)	(나)
혼합 전 용액의 부피(mL)	a M HCl(aq)	10	20
	b M NaOH(aq)	10	45
혼합 용액 속 양이온의 양(mol)		n	$3n$

이에 대한 설명으로 옳은 것만을 〈보기〉에서 있는 대로 고른 것은? (단, 온도는 일정하고, 물의 자동 이온화는 무시한다.)

보기

ㄱ. (가)의 액성은 산성이다.

ㄴ. $\frac{b}{a}=\frac{3}{2}$이다.

ㄷ. (가)와 (나)를 모두 혼합한 용액의 액성은 염기성이다.

① ㄱ ② ㄴ ③ ㄱ, ㄷ
④ ㄴ, ㄷ ⑤ ㄱ, ㄴ, ㄷ

07

▸24067-0191

다음은 25°C에서 식초 속 아세트산(CH_3COOH)의 질량을 알아보기 위한 중화 적정 실험이다.

[자료]
- CH_3COOH의 분자량 : 60
- 25°C에서 식초의 밀도는 d g/mL이다.

[실험 과정]

(가) 식초 100 mL를 준비한다.

(나) (가)의 식초 25 mL에 물을 넣어 100 mL 식초 A를 만든다.

(다) 25 mL의 식초 A에 페놀프탈레인 용액을 2~3방울 넣고, 0.2 M NaOH(aq)으로 적정하였을 때, 수용액 전체가 붉게 변하는 순간까지 넣어 준 NaOH(aq)의 부피(V)를 측정한다.

[실험 결과]
- (다)에서 V : 25 mL
- 식초 1 g에 들어 있는 CH_3COOH의 질량 : x g

x는? (단, 온도는 25°C로 일정하고, 중화 적정 과정에서 식초 A에 포함된 물질 중 CH_3COOH만 NaOH과 반응한다.)

① $\frac{1}{250d}$ ② $\frac{1}{125d}$ ③ $\frac{3}{250d}$
④ $\frac{3}{125d}$ ⑤ $\frac{6}{125d}$

08

▸24067-0192

다음은 0.1 M HCl(aq)과 0.15 M $X(OH)_2$(aq)의 부피를 달리하여 혼합한 용액 Ⅰ과 Ⅱ에 대한 자료이다.

- 수용액에서 $X(OH)_2$는 X^{2+}과 OH^-으로 모두 이온화된다.

혼합 용액	혼합 전 용액의 부피(mL)	
	0.1 M HCl(aq)	0.15 M $X(OH)_2$(aq)
Ⅰ	400	100
Ⅱ	400	V

- Ⅰ에서 모든 양이온의 몰 농도 합 : a M
- Ⅱ에서 모든 양이온의 몰 농도 합 : 0.05 M
- Ⅰ과 Ⅱ의 액성은 서로 다르며, 각각 산성, 중성, 염기성 중 하나이다.

$\frac{V}{a}$는? (단, 혼합 용액의 부피는 혼합 전 각 용액의 부피의 합과 같고, 물의 자동 이온화는 무시하며, Cl^-, X^{2+}은 반응하지 않는다.)

① 1000 ② 2000 ③ 3000
④ 4000 ⑤ 5000

09

▸24067-0193

그림 (가)는 0.2 M $H_2A(aq)$ 100 mL를, (나)는 (가)에 x M $NaOH(aq)$ 100 mL를 첨가한 것을, (다)는 (나)에 x M $NaOH(aq)$ 100 mL를 추가한 것을 나타낸 것이다. 수용액에서 H_2A는 H^+과 A^{2-}으로 모두 이온화되고, A^{2-}과 Na^+은 반응하지 않는다.

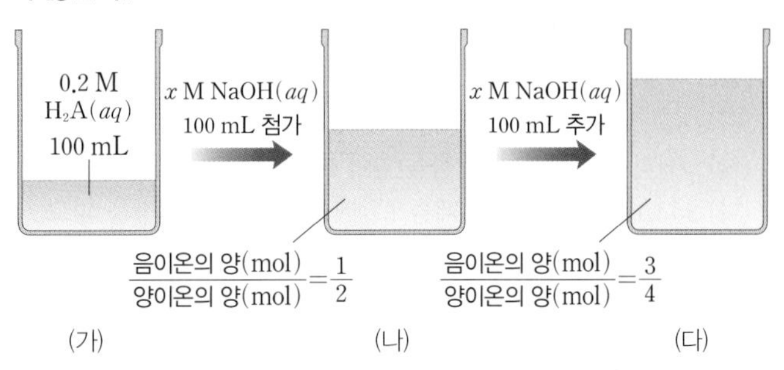

이에 대한 설명으로 옳은 것만을 〈보기〉에서 있는 대로 고른 것은? (단, 혼합 용액의 부피는 혼합 전 각 용액의 부피의 합과 같고, 물의 자동 이온화는 무시한다.)

보기
ㄱ. (다)의 액성은 중성이다.
ㄴ. $x=0.2$이다.
ㄷ. (나)에서 모든 음이온의 몰 농도 합은 0.1 M이다.

① ㄱ ② ㄷ ③ ㄱ, ㄴ ④ ㄴ, ㄷ ⑤ ㄱ, ㄴ, ㄷ

10

▸24067-0194

다음은 a M $HA(aq)$, b M $HB(aq)$, $2a$ M $NaOH(aq)$의 부피를 달리하여 혼합한 용액 (가)와 (나)에 대한 자료이다.

○ 수용액에서 HA는 H^+과 A^-으로, HB는 H^+과 B^-으로 모두 이온화된다.

혼합 용액	혼합 전 용액의 부피(mL)			모든 양이온의 몰 농도(M) 합 (상댓값)
	a M HA(aq)	b M HB(aq)	$2a$ M NaOH(aq)	
(가)	10	10	10	1
(나)	10	10	20	1

○ (가)의 액성은 산성이다.

이에 대한 설명으로 옳은 것만을 〈보기〉에서 있는 대로 고른 것은? (단, 혼합 용액의 부피는 혼합 전 각 용액의 부피의 합과 같고, 물의 자동 이온화는 무시한다.)

보기
ㄱ. (나)의 액성은 염기성이다.
ㄴ. $b=2a$이다.
ㄷ. (가)와 (나)를 모두 혼합한 용액의 액성은 염기성이다.

① ㄱ ② ㄷ ③ ㄱ, ㄴ ④ ㄴ, ㄷ ⑤ ㄱ, ㄴ, ㄷ

11

▸24067-0195

표는 a M $HCl(aq)$, 0.1 M $NaOH(aq)$, b M $KOH(aq)$의 부피를 달리하여 혼합한 용액 (가)~(다)에 대한 자료이다.

혼합 용액	혼합 전 용액의 부피(mL)			혼합 용액에 존재하는 모든 이온의 몰 농도(M)비
	a M HCl(aq)	0.1 M NaOH(aq)	b M KOH(aq)	
(가)	5	5	5	1 : 1 : 2
(나)	10	5	10	1 : 1 : 2 : 4
(다)	15	20	20	

이에 대한 설명으로 옳은 것만을 〈보기〉에서 있는 대로 고른 것은? (단, 혼합 용액의 부피는 혼합 전 각 용액의 부피의 합과 같고, 물의 자동 이온화는 무시한다.)

보기
ㄱ. (나)의 액성은 염기성이다.
ㄴ. $\frac{b}{a}=\frac{1}{2}$이다.
ㄷ. (다)에 존재하는 모든 이온의 몰 농도의 합은 $\frac{8}{55}$ M이다.

① ㄱ ② ㄴ ③ ㄱ, ㄴ ④ ㄱ, ㄷ ⑤ ㄴ, ㄷ

12

▸24067-0196

표는 0.4 M $H_2A(aq)$ 100 mL에 x M $X(aq)$ 200 mL를 첨가한 혼합 용액 Ⅰ과, Ⅰ에 x M $Y(aq)$ 200 mL를 첨가한 혼합 용액 Ⅱ에 대한 자료이다. X와 Y는 $B(OH)_2$와 NaOH을 순서 없이 나타낸 것이고, 수용액에서 H_2A는 H^+과 A^{2-}으로, $B(OH)_2$는 B^{2+}과 OH^-으로 모두 이온화된다.

혼합 용액	혼합 용액의 부피(mL)	혼합 용액에 존재하는 모든 이온의 몰 농도(M) 합
Ⅰ	300	0.4
Ⅱ	500	0.4

이에 대한 설명으로 옳은 것만을 〈보기〉에서 있는 대로 고른 것은? (단, 물의 자동 이온화는 무시하고, A^{2-}과 B^{2+}은 반응하지 않는다.)

보기
ㄱ. X는 NaOH이다.
ㄴ. $x=0.24$이다.
ㄷ. Ⅱ에서 $\frac{\text{혼합 용액 속 모든 음이온의 양(mol)}}{\text{혼합 용액 속 모든 양이온의 양(mol)}}=\frac{3}{2}$이다.

① ㄱ ② ㄴ ③ ㄱ, ㄴ ④ ㄱ, ㄷ ⑤ ㄴ, ㄷ

정답과 해설 36쪽

01

▸24067-0197

다음은 25℃에서 식초 A, B 각 1 g에 들어 있는 아세트산(CH_3COOH)의 질량을 알아보기 위한 중화 적정 실험이다.

[자료]
- ○ CH_3COOH의 분자량 : 60

[실험 과정]
(가) 식초를 준비한다.
(나) (가)의 식초 50 g에 물을 넣어 100 mL 식초 A를 만든다.
(다) (가)의 식초 50 g에 $CH_3COOH(l)$을 추가한 후 물을 넣어 식초 B를 만든다.
(라) 25 mL의 식초 A에 페놀프탈레인 용액을 2~3방울 넣고, 0.5 M NaOH(aq)으로 적정하였을 때, 수용액 전체가 붉게 변하는 순간까지 넣어 준 NaOH(aq)의 부피(V)를 측정한다.
(마) 25 mL의 식초 B를 이용하여 (라)를 반복한다.

[실험 결과]
- ○ 25℃에서 식초 A, B의 밀도(g/mL)는 각각 d_A, d_B이다.
- ○ (라)에서 V : a mL
- ○ (마)에서 V : b mL
- ○ 식초 1 g에 들어 있는 CH_3COOH의 질량

식초	A	B
CH_3COOH의 질량(g)	$\frac{1}{50}$	$\frac{9}{200}$

$\frac{d_B}{d_A}$는? (단, 온도는 25℃로 일정하고, 중화 적정 과정에서 식초 A, B에 포함된 물질 중 CH_3COOH만 NaOH과 반응한다.)

① $\frac{b}{9a}$ ② $\frac{2b}{9a}$ ③ $\frac{b}{3a}$ ④ $\frac{4b}{9a}$ ⑤ $\frac{2b}{3a}$

02

▸24067-0198

그림은 $3x$ M A(aq) 100 mL에 x M B(aq)을 첨가할 때, 첨가한 B(aq)의 부피에 따른 수용액 속 ㉠ 이온과 ㉡ 이온의 양을 나타낸 것이다. A와 B는 H_2X와 NaOH을 순서 없이 나타낸 것이고, 수용액에서 H_2X는 H^+과 X^{2-}으로 모두 이온화되며, A^{2-}과 Na^+은 반응하지 않는다.

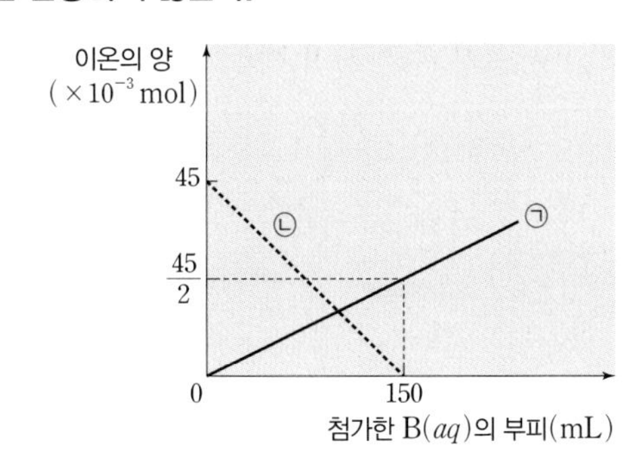

이에 대한 설명으로 옳은 것만을 <보기>에서 있는 대로 고른 것은? (단, 온도는 일정하고, 물의 자동 이온화는 무시한다.)

보기
ㄱ. A는 H_2X이다.
ㄴ. ㉡은 Na^+이다.
ㄷ. x=0.15이다.

① ㄱ ② ㄷ ③ ㄱ, ㄴ ④ ㄴ, ㄷ ⑤ ㄱ, ㄴ, ㄷ

03

▸24067-0199

표는 서로 다른 농도의 $HCl(aq)$, $H_2A(aq)$, $B(OH)_2(aq)$의 부피를 달리하여 혼합한 용액 (가)~(다)에 대한 자료이다. 수용액에서 H_2A는 H^+과 A^{2-}으로, $B(OH)_2$는 B^{2+}과 OH^-으로 모두 이온화되고, $a>0$이다.

혼합 용액		(가)	(나)	(다)
혼합 전 용액의 부피(mL)	$HCl(aq)$	200	200	400
	$H_2A(aq)$	0	aV	$2V$
	$B(OH)_2(aq)$	200	300	200
혼합 용액에 존재하는 모든 이온의 몰 농도(M)의 비		3 : 4 : 5	2 : 3 : ㉠	1 : 4 : 6

이에 대한 설명으로 옳은 것만을 〈보기〉에서 있는 대로 고른 것은? (단, 온도는 일정하고, 물의 자동 이온화는 무시하며, Cl^-, A^{2-}, B^{2+}은 반응하지 않는다.)

보기

ㄱ. (가)의 액성은 산성이다.

ㄴ. $a=9$이다.

ㄷ. ㉠$=4$이다.

① ㄱ ② ㄷ ③ ㄱ, ㄴ ④ ㄴ, ㄷ ⑤ ㄱ, ㄴ, ㄷ

04

▸24067-0200

다음은 중화 반응 실험이다.

[자료]

○ 수용액 ㉠과 ㉡은 y M $B(OH)_2(aq)$과 z M $COH(aq)$을 순서 없이 나타낸 것이다.

○ 수용액에서 H_2A는 H^+과 A^{2-}으로, $B(OH)_2$는 B^{2+}과 OH^-으로, COH는 C^+과 OH^-으로 모두 이온화된다.

[실험 과정]

(가) x M $H_2A(aq)$ 300 mL가 담긴 비커에 수용액 ㉠ 300 mL를 첨가하여 혼합 용액 Ⅰ을 만든다.

(나) Ⅰ에 수용액 ㉡ 300 mL를 첨가하여 혼합 용액 Ⅱ를 만든다.

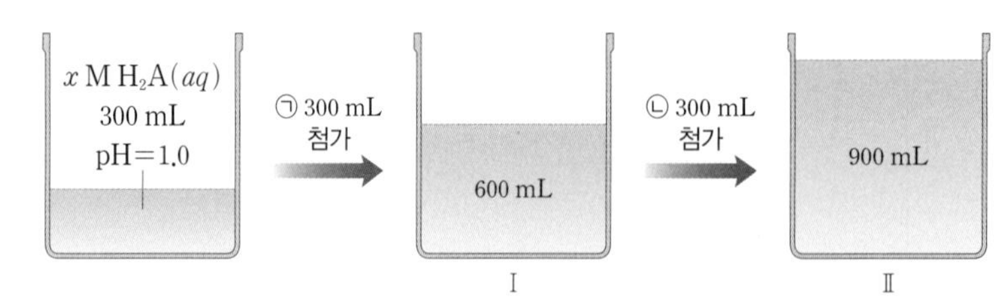

[실험 결과]

○ Ⅰ에서 혼합 용액에 존재하는 모든 양이온의 몰 농도(M) 합 : 0.03 M

○ Ⅱ에서 혼합 용액에 존재하는 모든 이온의 몰 농도(M) 합 : 0.04 M

$\frac{x+z}{y}$는? (단, 물의 자동 이온화는 무시하고, A^{2-}, B^{2+}, C^+은 반응하지 않는다.)

① $\frac{5}{16}$ ② $\frac{5}{8}$ ③ $\frac{5}{4}$ ④ $\frac{15}{8}$ ⑤ $\frac{15}{4}$

05

▸24067-0201

그림은 0.05 M $H_2A(aq)$ 400 mL에 $X(aq)$과 $Y(aq)$을 차례대로 넣을 때, 혼합 용액의 부피에 따른 생성된 물의 전체 질량을 나타낸 것이다. $X(aq)$과 $Y(aq)$은 x M $HCl(aq)$과 y M $NaOH(aq)$을 순서 없이 나타낸 것이다. 수용액에서 H_2A는 H^+과 A^{2-}으로 모두 이온화되고, A^{2-}, Na^+, Cl^-은 반응하지 않는다.

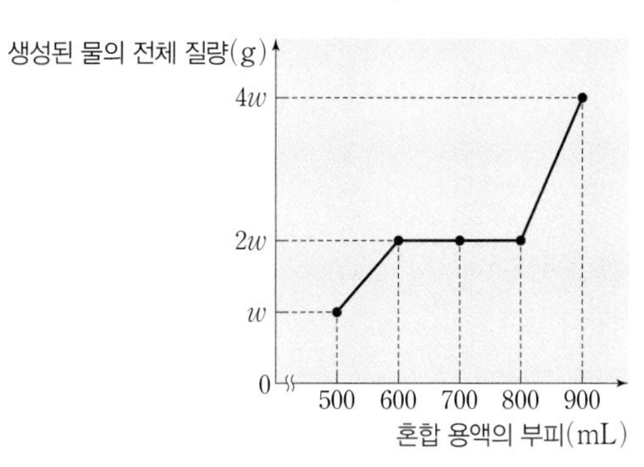

이에 대한 설명으로 옳은 것만을 〈보기〉에서 있는 대로 고른 것은? (단, 온도는 일정하고, 혼합 용액의 부피는 혼합 전 각 용액의 부피의 합과 같으며, 물의 자동 이온화는 무시한다.)

보기

ㄱ. X는 NaOH이다.

ㄴ. $\frac{y}{x}=2$이다.

ㄷ. 혼합 용액의 부피가 700 mL일 때, 혼합 용액에 존재하는 모든 이온의 몰 농도(M) 합은 $\frac{6}{35}$ M이다.

① ㄱ ② ㄴ ③ ㄱ, ㄷ ④ ㄴ, ㄷ ⑤ ㄱ, ㄴ, ㄷ

06

▸24067-0202

다음은 중화 반응 실험이다.

[자료]

○ $X(aq)$과 $Y(aq)$은 각각 x M $BOH(aq)$과 y M $C(OH)_2(aq)$ 중 하나이다.

○ 수용액에서 H_2A는 H^+과 A^{2-}으로, BOH는 B^+과 OH^-으로, $C(OH)_2$는 C^{2+}과 OH^-으로 모두 이온화된다.

[실험 과정]

(가) 0.4 M $H_2A(aq)$ 300 mL가 담긴 비커에 $X(aq)$ 200 mL를 첨가하여 혼합 용액 Ⅰ을 만든다.

(나) Ⅰ에 $Y(aq)$ 200 mL를 첨가하여 혼합 용액 Ⅱ를 만든다.

[실험 결과]

○ Ⅰ의 액성은 산성이다.

○ Ⅰ에서 혼합 용액에 존재하는 모든 양이온의 몰 농도 합은 0.38 M이다.

○ $\frac{\text{Ⅱ에 존재하는 모든 이온의 몰 농도(M) 합}}{\text{Ⅰ에 존재하는 모든 이온의 몰 농도(M) 합}}=\frac{25}{31}$이다.

$\frac{y}{x}$는? (단, 혼합 용액의 부피는 혼합 전 각 용액의 부피의 합과 같고, 물의 자동 이온화는 무시하며, A^{2-}, B^+, C^{2+}은 반응하지 않는다.)

① $\frac{1}{8}$ ② $\frac{5}{32}$ ③ $\frac{1}{4}$ ④ $\frac{5}{16}$ ⑤ $\frac{5}{8}$

15 산화 환원 반응

1 전자의 이동에 의한 산화 환원

(1) **산화** : 물질이 전자를 잃는 반응

예 $Zn \longrightarrow Zn^{2+} + 2e^-$

(2) **환원** : 물질이 전자를 얻는 반응

예 $Cu^{2+} + 2e^- \longrightarrow Cu$

(3) **산화 환원의 동시성** : 한 물질이 전자를 잃고 산화되면, 다른 물질은 전자를 얻고 환원되므로 산화와 환원은 항상 동시에 일어난다.

예 구리 이온이 녹아 있는 수용액에 아연을 넣으면 아연은 전자를 잃고 아연 이온이 되고, 수용액 속의 구리 이온은 전자를 얻어 구리로 석출된다. 산화될 때 잃은 전자 수와 환원될 때 얻은 전자 수는 같다.

산화(전자 잃음): Zn → Zn^{2+}

$$Zn(s) + Cu^{2+}(aq) \longrightarrow Zn^{2+}(aq) + Cu(s)$$

환원(전자 얻음): Cu^{2+} → Cu

2 전자의 이동에 의한 여러 가지 산화 환원 반응

(1) **금속과 비금속의 반응** : 금속은 산화되어 양이온이 되고, 비금속은 환원되어 음이온이 된다.

산화: Na → NaCl

$$2Na + Cl_2 \longrightarrow 2NaCl$$

환원: Cl_2 → NaCl

(2) **금속과 금속 이온의 반응** : 반응성이 작은 금속의 양이온이 들어 있는 수용액에 반응성이 큰 금속을 넣으면 반응성이 큰 금속은 산화되어 양이온으로 수용액에 녹아 들어가고, 반응성이 작은 금속의 양이온은 환원되어 금속으로 석출된다.

(3) **금속과 산의 반응** : 수소보다 산화 반응이 잘 일어나는 금속은 산과 반응하여 수소 기체를 발생시킨다.

예 아연을 묽은 염산에 넣으면 아연은 전자를 잃고 산화되어 아연 이온이 되고 묽은 염산에 존재하는 수소 이온은 전자를 얻어 수소 기체가 된다.

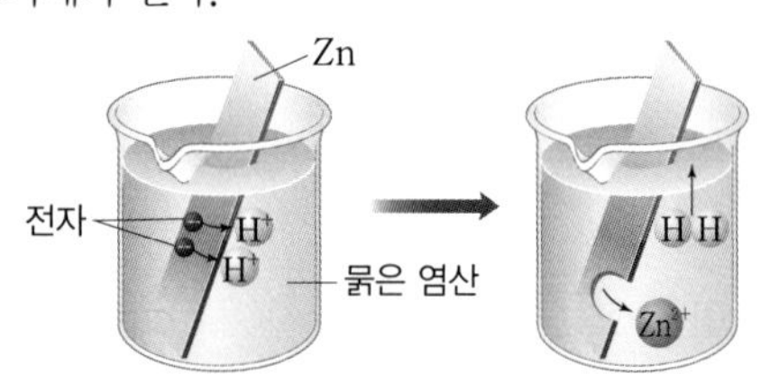

산화: Zn → Zn^{2+}

$$Zn + 2H^+ \longrightarrow Zn^{2+} + H_2$$

환원: H^+ → H_2

산화 반응 : $Zn \longrightarrow Zn^{2+} + 2e^-$
환원 반응 : $2H^+ + 2e^- \longrightarrow H_2$

단, 수소(H)보다 반응성이 작은 금, 백금, 은, 수은, 구리 등은 수소 이온과 반응하지 않는다.

(4) **할로젠과 할로젠화 이온의 반응** : 반응성이 작은 할로젠의 음이온이 들어 있는 수용액에 반응성이 큰 할로젠 분자를 넣으면 반응성이 작은 할로젠의 음이온은 산화되어 할로젠 분자가 되고, 반응성이 큰 할로젠 분자는 환원되어 음이온이 된다.

산화: Br^- → Br_2

$$2Br^- + Cl_2 \longrightarrow Br_2 + 2Cl^-$$

환원: Cl_2 → Cl^-

산화 반응 : $2Br^- \longrightarrow Br_2 + 2e^-$
환원 반응 : $Cl_2 + 2e^- \longrightarrow 2Cl^-$

더 알기 원자가 화합물에서 가질 수 있는 대표적인 산화수

같은 원자라도 화합물에서 결합되어 있는 원자의 종류가 다르면 산화수가 다를 수 있다.

❶ 원자가 원자가 전자를 모두 잃을 때 가장 큰 산화수를 가지며, 이때의 산화수는 원자가 전자 수와 같다.

❷ 화합물에서 1족, 2족, 13족 금속 원자의 산화수는 각각 +1, +2, +3이다.

❸ 비금속 원소에서 각 원자가 가질 수 있는 가장 작은 산화수는 (원자가 전자 수−8)이다(단, 수소는 제외).

[원자가 전자 수에 따른 가장 큰 산화수와 가장 작은 산화수]

원자가 전자 수	1	2	3	4	5	6	7
가장 큰 산화수	+1	+2	+3	+4	+5	+6	+7
가장 작은 산화수	−1(H)			−4	−3	−2	−1

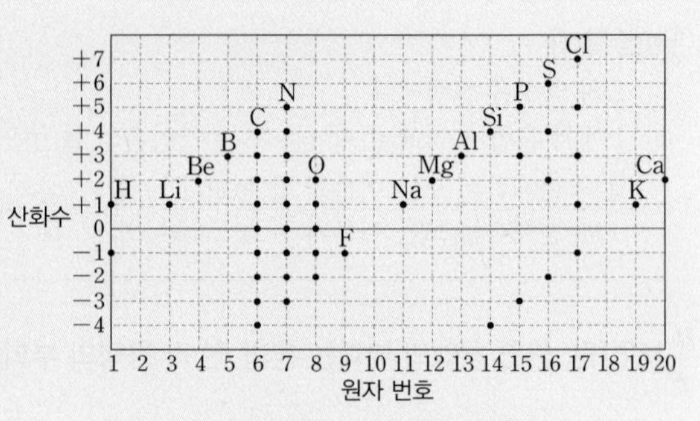

원자 번호가 1~20인 원자가 화합물에서 가질 수 있는 대표적인 산화수

3 산화수와 산화 환원 반응

(1) **산화수** : 물질을 구성하는 원자가 산화 또는 환원된 정도를 나타내며, 산화된 상태는 (＋), 환원된 상태는 (－)로 표시한다.

① 이온 결합 물질 : 산화수가 이온의 전하와 같다.

② 공유 결합 물질 : 전기 음성도가 큰 원자가 공유 전자쌍을 완전히 차지한다고 가정할 때, 각 구성 원자의 전하가 그 원자의 산화수이다.

(2) **산화수를 구하는 방법(산화수 규칙)**

① 원소에서 원자의 산화수는 0이다.

② 화합물에서 각 원자의 산화수의 총합은 0이다.

③ 이온의 산화수는 이온의 전하와 같다. 다원자 이온에서 각 원자의 산화수의 총합은 다원자 이온의 전하와 같다.

④ 화합물에서 1족 금속 원자의 산화수는 ＋1, 2족 금속 원자의 산화수는 ＋2이다.

⑤ 화합물에서 F의 산화수는 －1이다.

⑥ 화합물에서 H의 산화수는 ＋1이다(단, 금속과 결합한 H의 산화수는 －1이다).

⑦ 화합물에서 O의 산화수는 －2이다(단, H_2O_2에서는 －1, OF_2에서는 ＋2, O_2F_2에서는 ＋1이다).

(3) **산화수 변화와 산화 환원 반응** : 어떤 원자의 산화수가 증가하면 산화된 것이고, 산화수가 감소하면 환원된 것이다.

예 $MnO_2(s)$와 $HCl(aq)$이 반응하면 Mn의 산화수는 ＋4에서 ＋2로 감소하고, Cl의 산화수는 －1에서 0으로 증가한다. 이때 Mn는 산화수가 감소했으므로 환원되었고, Cl는 산화수가 증가했으므로 산화되었다.

산화(산화수 증가): Cl (－1 → 0)

$$\underset{+4}{\underline{Mn}}O_2(s)+4H\underset{-1}{\underline{Cl}}(aq) \longrightarrow \underset{+2}{\underline{Mn}}Cl_2(aq)+2H_2O(l)+\underset{0}{\underline{Cl_2}}(g)$$

환원(산화수 감소): Mn (＋4 → ＋2)

4 산화제와 환원제

(1) **산화제** : 다른 물질을 산화시키고 자신은 환원되는 물질이다.

(2) **환원제** : 다른 물질을 환원시키고 자신은 산화되는 물질이다.

환원(산화수 감소): Fe (＋3 → 0)

$$\underset{+3}{\underline{Fe}}_2O_3 + 3\underset{+2}{\underline{C}}O \longrightarrow 2\underset{0}{\underline{Fe}} + 3\underset{+4}{\underline{C}}O_2$$

Fe_2O_3: 산화제, CO: 환원제

산화(산화수 증가): C (＋2 → ＋4)

(3) **산화제와 환원제의 상대적 세기** : 산화 환원 반응에서 전자를 잃거나 얻으려는 경향은 서로 상대적이므로 어떤 반응에서 산화제로 작용하는 물질이라도 산화시키는 능력이 더 큰 다른 물질과 반응할 때에는 환원제로 작용할 수 있다.

예 이산화 황(SO_2)은 황화 수소(H_2S)와 반응할 때에는 산화제로 작용하고, 상대적으로 더 강한 산화제인 염소(Cl_2)와 반응할 때에는 환원제로 작용한다.

$$\underset{+4}{\underline{S}}O_2(g) + 2H_2\underset{-2}{\underline{S}}(g) \longrightarrow 2H_2O(l) + 3\underset{0}{\underline{S}}(s)$$

SO_2: 산화제, H_2S: 환원제 (산화: S −2 → 0, 환원: S ＋4 → 0)

$$\underset{+4}{\underline{S}}O_2(g)+2H_2O(l)+\underset{0}{\underline{Cl_2}}(g) \longrightarrow H_2\underset{+6}{\underline{S}}O_4(aq)+2H\underset{-1}{\underline{Cl}}(aq)$$

SO_2: 환원제, Cl_2: 산화제 (산화: S ＋4 → ＋6, 환원: Cl 0 → −1)

5 산화 환원 반응식의 완성

산화와 환원은 항상 동시에 일어나고 산화 환원 반응에서 증가한 산화수의 합과 감소한 산화수의 합은 항상 같으므로 반응물과 생성물의 원자 수와 산화수 변화를 맞추어 화학 반응식을 완성할 수 있다.

예 $Sn^{2+}+MnO_4^-+H^+ \longrightarrow Sn^{4+}+Mn^{2+}+H_2O$의 화학 반응식 완성하기

[1단계] 각 원자의 산화수를 구한다.

$$\underset{+2}{\underline{Sn}}^{2+}+\underset{+7\ -2}{\underline{MnO_4}}^-+\underset{+1}{\underline{H}}^+ \longrightarrow \underset{+4}{\underline{Sn}}^{4+}+\underset{+2}{\underline{Mn}}^{2+}+\underset{+1\ -2}{\underline{H_2O}}$$

[2단계] 반응 전후의 산화수 변화를 확인한다.

$$\underset{+2}{\underline{Sn}}^{2+}+\underset{+7}{\underline{Mn}}O_4^-+H^+ \longrightarrow \underset{+4}{\underline{Sn}}^{4+}+\underset{+2}{\underline{Mn}}^{2+}+H_2O$$

산화수 2 증가 (Sn), 산화수 5 감소 (Mn)

[3단계] 증가한 산화수의 합과 감소한 산화수의 합이 같도록 계수를 맞춘다.

$$5\underset{+2}{\underline{Sn}}^{2+}+2\underset{+7}{\underline{Mn}}O_4^-+H^+ \longrightarrow 5\underset{+4}{\underline{Sn}}^{4+}+2\underset{+2}{\underline{Mn}}^{2+}+H_2O$$

산화수 2×5 증가 (Sn), 산화수 5×2 감소 (Mn)

[4단계] 산화수의 변화가 없는 원자들의 수가 같도록 계수를 맞추어 산화 환원 반응식을 완성한다.

$$5Sn^{2+}+2MnO_4^-+16H^+ \longrightarrow 5Sn^{4+}+2Mn^{2+}+8H_2O$$

더 알기 은 숟가락의 녹 제거와 산화 환원 반응

비커에 소금을 조금 녹인 물을 넣고 바닥에 알루미늄 포일을 깐 후, 검게 녹슨 은 숟가락을 알루미늄 포일에 올려놓고 가열하면, 은 숟가락 표면의 녹(Ag_2S)이 은(Ag)으로 환원되면서 깨끗해진다. 황화 은(Ag_2S)과 알루미늄(Al)이 반응할 때의 화학 반응식은 다음과 같다.

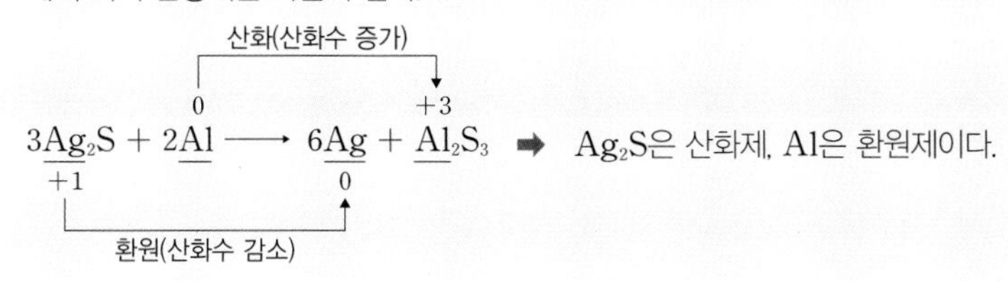

테마 대표 문제

| 2024학년도 수능 |

다음은 금속 A~C의 산화 환원 반응 실험이다.

[실험 과정]
(가) $A^{+}(aq)$ $15N$ mol이 들어 있는 수용액 V mL를 준비한다.
(나) (가)의 비커에 $B(s)$를 넣어 반응시킨다.
(다) (나)의 비커에 $C(s)$를 넣어 반응시킨다.
[실험 결과 및 자료]
○ (나) 과정 후 B는 모두 B^{2+}이 되었고, (다) 과정에서 B^{2+}은 C와 반응하지 않으며, (다) 과정 후 C는 모두 C^{m+}이 되었다.
○ 각 과정 후 수용액 속에 들어 있는 양이온의 종류와 수

과정	(나)	(다)
양이온의 종류	A^{+}, B^{2+}	B^{2+}, C^{m+}
전체 양이온 수(mol)	$12N$	$6N$

이에 대한 설명으로 옳은 것만을 〈보기〉에서 있는 대로 고른 것은? (단, A~C는 임의의 원소 기호이고 물과 반응하지 않으며, 음이온은 반응에 참여하지 않는다.)

보기

ㄱ. $m=3$이다.
ㄴ. (나)와 (다)에서 A^{+}은 산화제로 작용한다.
ㄷ. (다) 과정 후 양이온 수 비는 $B^{2+} : C^{m+}=1 : 1$이다.

① ㄱ ② ㄷ ③ ㄱ, ㄴ ④ ㄴ, ㄷ ⑤ ㄱ, ㄴ, ㄷ

접근 전략

금속과 금속 이온의 반응에서 반응 전후 양이온의 총 전하량은 변하지 않으므로, 이를 이용하여 (나) 과정 후 수용액에 들어 있는 A^{+}과 B^{2+}의 양(mol)을 구해야 한다.

간략 풀이

(나) 과정 후 수용액에 들어 있는 A^{+}의 양을 xN mol이라고 하면, 반응 전후 양이온의 총 전하량은 일정하므로, $15N=xN+2(12-x)N$에서 $x=9$이다. 따라서 (나) 과정 후 수용액에 들어 있는 A^{+}의 양은 $9N$ mol, B^{2+}의 양은 $3N$ mol이고, (다) 과정 후 수용액에 들어 있는 C^{m+}의 양은 $3N$ mol이다.

ㄱ. (다)에서 A^{+} $9N$ mol과 C $3N$ mol이 반응했으므로 $m=3$이다.

ㄴ. (나)와 (다)에서 A^{+}은 각각 B와 C를 산화시켰으므로 산화제로 작용한다.

ㄷ. (다) 과정 후 수용액에 들어 있는 C^{m+}의 양은 $3N$ mol이므로 양이온 수 비는 $B^{2+} : C^{m+}=1 : 1$이다.

정답 | ⑤

닮은 꼴 문제로 유형 익히기

정답과 해설 38쪽

▸ 24067-0203

다음은 금속 A~C의 산화 환원 반응 실험이다.

[실험 과정]
(가) $A^{+}(aq)$ $2V$ mL와 $B^{3+}(aq)$ $2V$ mL를 준비한다.
(나) (가)의 $A^{+}(aq)$ V mL를 비커에 넣은 후, $B(s)$를 넣어 반응시킨다.
(다) (가)의 $B^{3+}(aq)$ V mL를 비커에 넣은 후, $C(s)$를 넣어 반응시킨다.
(라) (가)의 $A^{+}(aq)$ V mL와 $B^{3+}(aq)$ V mL를 비커에 넣은 후, $C(s)$를 넣어 반응시킨다.
[실험 결과 및 자료]
○ (가)에서 수용액 속에 들어 있는 A^{+}과 B^{3+}의 양은 각각 $12N$ mol, $8N$ mol이다.
○ (나) 과정 후 B는 모두 B^{3+}으로, (다)와 (라) 과정 후 C는 모두 C^{m+}으로 되었다.
○ 각 과정 후 수용액 속에 들어 있는 양이온의 종류와 수

과정	(나)	(다)	(라)
양이온의 종류	A^{+}, B^{3+}	B^{3+}, C^{m+}	C^{m+}
전체 양이온 수(mol)	$4N$	$5N$	$9N$

이에 대한 설명으로 옳은 것만을 〈보기〉에서 있는 대로 고른 것은? (단, A~C는 임의의 원소 기호이고 물과 반응하지 않으며, 음이온은 반응에 참여하지 않는다.)

보기

ㄱ. (다)와 (라)에서 C는 환원제로 작용한다.
ㄴ. (다) 과정 후 양이온 수 비는 $B^{3+} : C^{m+}=2 : 3$이다.
ㄷ. 반응 후 수용액 속에 들어 있는 B^{3+} 수는 (다)에서가 (나)에서의 2배이다.

① ㄱ ② ㄷ ③ ㄱ, ㄴ ④ ㄴ, ㄷ ⑤ ㄱ, ㄴ, ㄷ

유사점과 차이점

금속과 금속 이온의 반응에서 양이온의 총 전하량이 같음을 이용하여 수용액 속에 들어 있는 이온 수를 구하는 점은 테마 대표 문제와 유사하지만, 두 가지 이온이 혼합되어 있는 수용액에 금속을 넣어 반응시킨 결과로부터 C^{m+}의 전하를 알아낸다는 점이 다르다.

배경 지식

- 환원제는 자신은 산화되면서 다른 물질을 환원시키는 물질이다.
- 금속과 금속 양이온의 반응에서 반응 전후 양이온의 총 전하량은 일정하다.

정답과 해설 38쪽

01

▸24067-0204

다음은 2가지 산화 환원 반응의 화학 반응식이다.

(가) $2HCl + Mg \longrightarrow MgCl_2 + H_2$
(나) $2Na + 2H_2O \longrightarrow 2NaOH + H_2$

이에 대한 설명으로 옳은 것만을 〈보기〉에서 있는 대로 고른 것은?

보기

ㄱ. (가)에서 Cl의 산화수는 증가한다.
ㄴ. (나)에서 Na은 산화된다.
ㄷ. 환원제 1 mol이 반응할 때 생성되는 H_2의 양(mol)은 (가)에서가 (나)에서의 2배이다.

① ㄱ　② ㄴ　③ ㄷ　④ ㄱ, ㄴ　⑤ ㄴ, ㄷ

02

▸24067-0205

다음은 산화 환원 반응 (가)와 (나)에 대한 자료이다.

(가) 메테인(CH_4)을 연소시키면 ㉠과 물이 생성된다.
$CH_4 + 2O_2 \longrightarrow$ ㉠ $+ 2H_2O$
(나) ㉡을 탄소(C)와 반응시키면 마그네슘과 ㉠이 생성된다.
2 ㉡ $+ C \longrightarrow 2Mg +$ ㉠

이에 대한 설명으로 옳은 것만을 〈보기〉에서 있는 대로 고른 것은?

보기

ㄱ. ㉠은 CO_2이다.
ㄴ. (나)에서 ㉡은 환원제이다.
ㄷ. (가)와 (나)에서 모두 C의 산화수는 증가한다.

① ㄱ　② ㄴ　③ ㄱ, ㄷ　④ ㄴ, ㄷ　⑤ ㄱ, ㄴ, ㄷ

03

▸24067-0206

다음은 2가지 산화 환원 반응의 화학 반응식이다. a~d는 반응 계수이다.

(가) $aMnO_4^- + bSO_3^{2-} + H_2O \longrightarrow aMnO_2 + bSO_4^{2-} + 2OH^-$
(나) $aCrO_4^{2-} + bSO_3^{2-} + cH^+ \longrightarrow aCr^{n+} + bSO_4^{2-} + dH_2O$

이에 대한 설명으로 옳은 것만을 〈보기〉에서 있는 대로 고른 것은?

보기

ㄱ. (가)와 (나)에서 SO_3^{2-}은 산화제로 작용한다.
ㄴ. $n=3$이다.
ㄷ. $\frac{c+d}{a+b}=2$이다.

① ㄱ　② ㄴ　③ ㄱ, ㄷ　④ ㄴ, ㄷ　⑤ ㄱ, ㄴ, ㄷ

04

▸24067-0207

다음은 이산화 질소(NO_2)와 관련된 2가지 반응의 화학 반응식이다.

(가) $2NO_2 + 7H_2 \longrightarrow 2NH_3 + 4H_2O$
(나) $aNO_2 + bH_2O \longrightarrow cHNO_3 + NO$ (a~c는 반응 계수)

이에 대한 설명으로 옳은 것만을 〈보기〉에서 있는 대로 고른 것은?

보기

ㄱ. (가)에서 N의 산화수는 감소한다.
ㄴ. (나)에서 H_2O은 환원제이다.
ㄷ. $\frac{a+b}{c}=2$이다.

① ㄱ　② ㄴ　③ ㄱ, ㄷ　④ ㄴ, ㄷ　⑤ ㄱ, ㄴ, ㄷ

05

▸24067-0208

그림은 1, 2주기 원소 X와 Y로 구성된 분자 X_2Y_2와 X_2Y의 구조식을 나타낸 것이다. 전기 음성도는 Y > X이고, 분자 내에서 Y는 옥텟 규칙을 만족한다.

X − Y − Y − X　　　X − Y − X
(가)　　　　　　　(나)

이에 대한 설명으로 옳은 것만을 〈보기〉에서 있는 대로 고른 것은? (단, X와 Y는 임의의 원소 기호이다.)

보기
ㄱ. (가)에서 X의 산화수는 +1이다.
ㄴ. Y의 산화수는 (가)에서와 (나)에서가 같다.
ㄷ. $2X_2Y_2 \longrightarrow 2X_2Y + Y_2$ 반응에서 X의 산화수는 감소한다.

① ㄱ　② ㄴ　③ ㄱ, ㄷ　④ ㄴ, ㄷ　⑤ ㄱ, ㄴ, ㄷ

06

▸24067-0209

다음은 A_xB와 관련된 반응 (가)와 (나)의 화학 반응식이다. ㉠은 분자이고, 화합물에서 A의 산화수는 +1이다.

(가) $2A_2 +$ ㉠ $\longrightarrow 2A_xB$
(나) $2A_xB_y \longrightarrow 2A_xB +$ ㉠

이에 대한 설명으로 옳은 것만을 〈보기〉에서 있는 대로 고른 것은? (단, A와 B는 임의의 원소 기호이다.)

보기
ㄱ. ㉠은 B_2이다.
ㄴ. (가)에서 A_2는 산화제이다.
ㄷ. (나)에서 A_xB_y가 A_xB로 될 때 B의 산화수는 1만큼 감소한다.

① ㄱ　② ㄴ　③ ㄱ, ㄴ　④ ㄱ, ㄷ　⑤ ㄴ, ㄷ

07

▸24067-0210

다음은 나트륨(Na)과 물의 반응의 화학 반응식이다.

$$2Na(s) + 2H_2O(l) \longrightarrow 2\boxed{(가)} + H_2(g)$$

그림은 물이 들어 있는 수조에 Na(s)을 넣은 것을 나타낸 것이다. 수조에서 $H_2(g)$가 발생하였다.

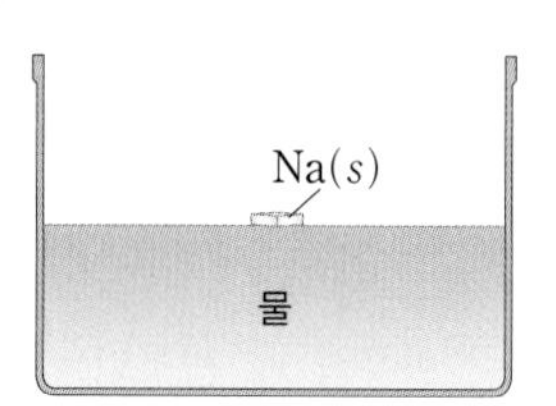

이에 대한 설명으로 옳은 것만을 〈보기〉에서 있는 대로 고른 것은?

보기
ㄱ. 반응이 일어날 때 Na은 산화된다.
ㄴ. 1 mol의 Na(s)이 반응하면 2 mol의 $H_2(g)$가 발생한다.
ㄷ. 반응이 완결된 후, 수용액에 존재하는 $\frac{양이온 수}{음이온 수} = \frac{1}{2}$이다.

① ㄱ　② ㄴ　③ ㄱ, ㄴ　④ ㄱ, ㄷ　⑤ ㄴ, ㄷ

08

▸24067-0211

그림은 금속 이온 X^+이 들어 있는 $XNO_3(aq)$에 금속 Y(s)와 Z(s)를 차례대로 첨가하여 반응을 완결시켰을 때, 수용액에 존재하는 NO_3^- 수와 양이온 수의 비를 나타낸 것이다.

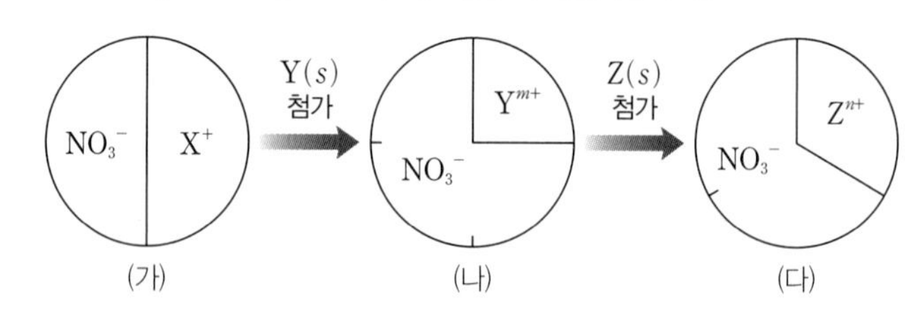

이에 대한 설명으로 옳은 것만을 〈보기〉에서 있는 대로 고른 것은? (단, X~Z는 임의의 원소 기호이고, 물과 음이온은 반응하지 않으며, m과 n은 3 이하의 자연수이다.)

보기
ㄱ. $m=3$이다.
ㄴ. (나)에 Z(s)를 넣었을 때 Z(s)는 환원제로 작용한다.
ㄷ. 양이온의 양(mol)은 (가)에서가 (다)에서의 $\frac{3}{2}$배이다.

① ㄱ　② ㄷ　③ ㄱ, ㄴ　④ ㄴ, ㄷ　⑤ ㄱ, ㄴ, ㄷ

정답과 해설 39쪽

01

▸24067-0212

그림은 XY_2와 Z_2X가 반응하여 ZY와 X_2를 생성하는 반응을 반응물과 생성물의 구조식으로 나타낸 것이다. 전기 음성도는 $Y > X > Z$이고, 분자 내에서 X~Z는 옥텟 규칙을 만족한다.

$$Y-X-Y + Z-X-Z \longrightarrow 2Z-Y + X=X$$

이에 대한 설명으로 옳은 것만을 〈보기〉에서 있는 대로 고른 것은? (단, X~Z는 임의의 원소 기호이다.)

보기

ㄱ. XY_2에서 Y의 산화수는 -1이다.
ㄴ. Z_2X는 산화제이다.
ㄷ. 반응이 일어나면 Z의 산화수는 1만큼 증가한다.

① ㄱ ② ㄴ ③ ㄱ, ㄷ ④ ㄴ, ㄷ ⑤ ㄱ, ㄴ, ㄷ

02

▸24067-0213

다음은 Cr과 관련된 산화 환원 반응에 대한 자료이다. 화합물에서 O의 산화수는 -2이다.

○ 화학 반응식
$a\mathrm{Cr_2O_7}^{n-} + b\mathrm{Fe}^{2+} + c\mathrm{H}^+ \longrightarrow d\mathrm{Cr}^{(n+1)+} + b\mathrm{Fe}^{3+} + e\mathrm{H_2O}$ (a~e는 반응 계수)
○ 산화제 1 mol이 반응하면 Fe^{3+} 6 mol이 생성된다.

이에 대한 설명으로 옳은 것만을 〈보기〉에서 있는 대로 고른 것은?

보기

ㄱ. $n=1$이다.
ㄴ. Cr의 산화수는 3만큼 감소한다.
ㄷ. $\dfrac{c}{b+d+e}=1$이다.

① ㄱ ② ㄴ ③ ㄱ, ㄷ ④ ㄴ, ㄷ ⑤ ㄱ, ㄴ, ㄷ

03

▸24067-0214

다음은 학생 A가 수행한 탐구 활동이다.

[학습 내용]
○ 한 물질이 전자를 잃고 산화되면 다른 물질은 전자를 얻고 환원되므로 산화와 환원은 항상 동시에 일어난다.

[가설]
○ 금속과 금속 이온의 반응에서 반응 전후 금속 양이온의 (㉠)

[탐구 과정]
(가) 금속 이온 X^+ N mol이 들어 있는 수용액을 준비한다.
(나) (가)의 수용액에 충분한 양의 금속 $Y(s)$를 넣어 반응을 완결시킨다.
(다) (나) 과정 후 수용액에 존재하는 Y^{2+}의 양(mol)을 구한다.
(라) 반응 전후 양이온의 총 전하량을 비교한다.

[탐구 결과]
○ 반응 전후 양이온의 총 전하량은 같다.

[결론]
○ 가설은 옳다.

학생 A의 결론이 타당할 때, 이에 대한 설명으로 옳은 것만을 〈보기〉에서 있는 대로 고른 것은? (단, X와 Y는 임의의 원소 기호이고, 물과 음이온은 반응하지 않는다.)

보기

ㄱ. '총 전하량은 일정하다.'는 ㉠으로 적절하다.
ㄴ. (나)에서 반응이 일어날 때 Y의 산화수는 증가한다.
ㄷ. (나) 과정 후 수용액에 존재하는 Y^{2+}의 양은 N mol보다 작다.

① ㄱ ② ㄷ ③ ㄱ, ㄴ ④ ㄴ, ㄷ ⑤ ㄱ, ㄴ, ㄷ

04

▸24067-0215

다음은 금속 X를 이용한 실험이다.

[실험 과정]
(가) 비커 Ⅰ에 $HCl(aq)$을, Ⅱ에 $YSO_4(aq)$을 각각 넣는다.
(나) Ⅰ과 Ⅱ에 각각 w g의 $X(s)$ 조각을 넣고 반응을 완결시킨다.

[실험 결과]

비커	Ⅰ	Ⅱ
남은 $X(s)$의 질량(g)	$\frac{1}{4}w$	0
생성된 기체 또는 금속의 양	$H_2(g)$ n mol	$Y(s)$ x mol
수용액에 존재하는 양이온	X^{2+}	X^{2+}, Y^{2+}

이에 대한 설명으로 옳은 것만을 〈보기〉에서 있는 대로 고른 것은? (단, X와 Y는 임의의 원소 기호이고, 물과 음이온은 반응하지 않는다.)

보기

ㄱ. Ⅰ에서 $X(s)$는 환원제이다.
ㄴ. Ⅱ에서 Y의 산화수는 1만큼 감소한다.
ㄷ. $x=\frac{4}{3}n$이다.

① ㄱ ② ㄴ ③ ㄱ, ㄷ ④ ㄴ, ㄷ ⑤ ㄱ, ㄴ, ㄷ

05

▸24067-0216

다음은 금속 A~C의 산화 환원 반응 실험이다.

[실험 과정]
(가) A^{+} xN mol과 B^{m+} xN mol이 들어 있는 수용액을 준비한다.
(나) (가)의 수용액에 C(s) w g을 넣어 반응을 완결시킨다.
(다) (나)의 수용액에 C(s) w g을 추가로 넣어 반응을 완결시킨다.
(라) (다)의 수용액에 C(s) $2w$ g을 추가로 넣어 반응을 완결시킨다.

[실험 결과]
○ 수용액에 들어 있는 양이온 수는 (가)에서가 (나)에서보다 크다.
○ (나)에서 A^{+}은 모두 반응하였고, B^{m+}은 반응하지 않았다.
○ (나)~(라)에서 C^{n+}이 생성되었다.

과정 후	(나)	(다)	(라)
양이온의 양(mol)	$4.5N$	$5N$	aN

이에 대한 설명으로 옳은 것만을 <보기>에서 있는 대로 고른 것은? (단, A~C는 임의의 원소 기호이고, 물과 음이온은 반응하지 않는다. m과 n은 3 이하의 자연수이다.)

보기
ㄱ. (나)에서 C(s)는 환원제이다.
ㄴ. (다) 과정 후 수용액에 존재하는 이온 수 비는 B^{m+} : C^{n+}=3 : 2이다.
ㄷ. a=6이다.

① ㄱ ② ㄴ ③ ㄱ, ㄷ ④ ㄴ, ㄷ ⑤ ㄱ, ㄴ, ㄷ

06

▸24067-0217

그림은 금속 이온 A^{2+} $4N$ mol이 들어 있는 수용액 (가)와 (나)에 금속 B(s)와 C(s)를 각각 넣는 모습을 나타낸 것이다. (가)와 (나)에서 A^{2+}은 모두 반응하였고, 반응 후 수용액에 들어 있는 양이온의 몰비는 (가) : (나)=2 : 3이다.

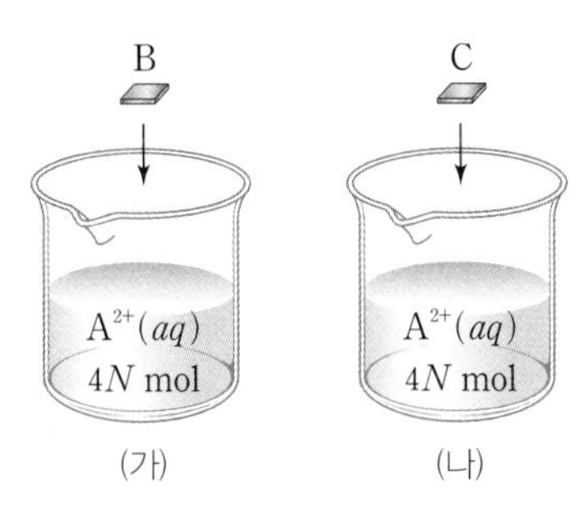

이에 대한 설명으로 옳은 것만을 <보기>에서 있는 대로 고른 것은? (단, A~C는 임의의 원소 기호이고, 물과 음이온은 반응하지 않으며, B 이온과 C 이온의 산화수는 3 이하의 자연수이다.)

보기
ㄱ. (가)에서 반응 후 B 이온의 양은 $4N$ mol이다.
ㄴ. 산화수는 B 이온이 C 이온보다 크다.
ㄷ. 반응 후 수용액에 들어 있는 양이온의 총 전하량은 (나)에서가 (가)에서보다 크다.

① ㄱ ② ㄴ ③ ㄱ, ㄷ ④ ㄴ, ㄷ ⑤ ㄱ, ㄴ, ㄷ

테마

16 화학 반응에서 열의 출입

1 화학 반응에서 출입하는 열

(1) 화학 반응과 열의 출입

① 화학 반응에서 반응물과 생성물이 가지고 있는 에너지가 다르다.

② 화학 반응이 일어나면 반응물과 생성물의 에너지 차만큼 에너지가 방출되거나 흡수된다.

(2) 발열 반응과 흡열 반응

① 발열 반응

- 화학 반응이 일어날 때 열을 방출하는 반응이다.
- 생성물의 에너지 합이 반응물의 에너지 합보다 작다.
- 열을 방출하므로 주위의 온도가 높아진다.

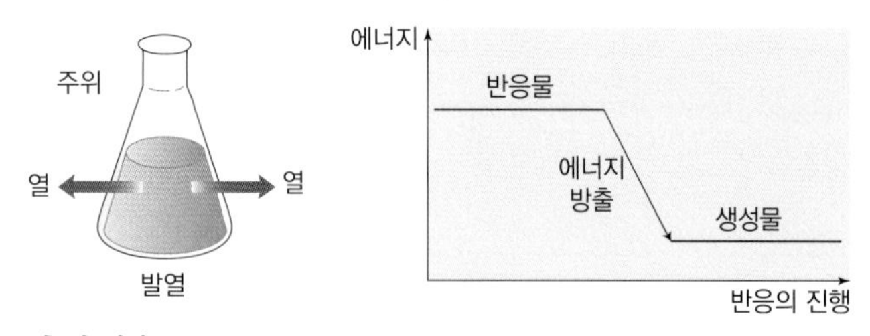

② 흡열 반응

- 화학 반응이 일어날 때 열을 흡수하는 반응이다.
- 생성물의 에너지 합이 반응물의 에너지 합보다 크다.
- 열을 흡수하므로 주위의 온도가 낮아진다.

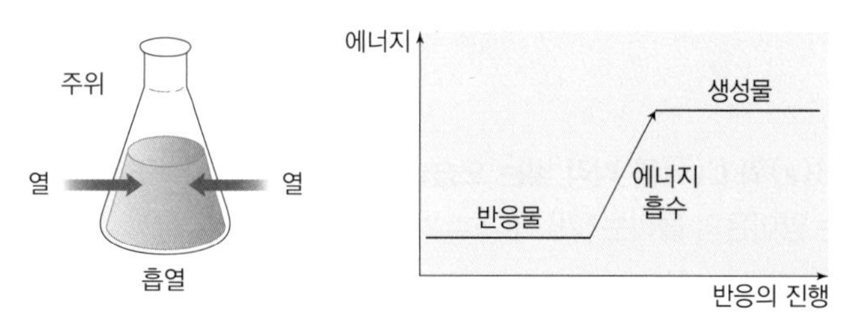

③ 발열 반응과 흡열 반응의 예

발열 반응	• 수증기의 액화, 물의 응고 • 연소, 금속의 산화
흡열 반응	• 물의 기화, 얼음의 융해 • 광합성, 물에서의 질산 암모늄의 용해

2 화학 반응에서 출입하는 열의 측정

(1) 열량과 비열

① 열량(Q) : 물질이 방출하거나 흡수하는 열에너지의 양

② 비열(c) : 물질 1 g의 온도를 1℃ 높이는 데 필요한 열량으로 단위는 J/(g·℃)이다.

③ 어떤 물질이 방출하거나 흡수하는 열량(Q)은 그 물질의 비열(c)에 질량(m)과 온도 변화(Δt)를 곱하여 구할 수 있다.

$$열량(Q) = 비열(c) \times 질량(m) \times 온도\ 변화(\Delta t)$$

(2) 열량계를 이용한 열의 측정

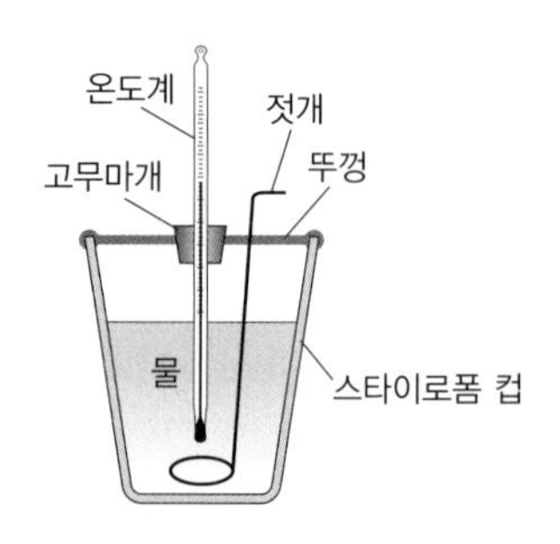

① 화학 반응에서 출입하는 열의 양은 열량계를 사용하여 측정할 수 있다.

② 열량계와 외부 사이에 열의 출입이 없다고 가정하고 열량계 자체가 흡수하는 열을 무시하면 화학 반응에서 발생한 열량은 열량계 속 용액이 얻은 열량과 같다.

③ 열량계 속 용액의 비열($c_{용액}$), 용액의 질량($m_{용액}$), 용액의 온도 변화($\Delta t_{용액}$)를 통해 화학 반응에서 출입한 열량을 계산할 수 있다.

$$화학\ 반응에서\ 출입한\ 열량(Q) = c_{용액} \times m_{용액} \times \Delta t_{용액}$$

더 알기 화학 반응에서 출입하는 열

[실험 과정]

(가) 나무판의 중앙에 물을 조금 떨어뜨리고, 수산화 바륨 팔수화물($Ba(OH)_2 \cdot 8H_2O(s)$)이 담긴 삼각 플라스크를 올려놓는다.

(나) (가)의 삼각 플라스크에 질산 암모늄($NH_4NO_3(s)$)을 넣고 유리 막대로 잘 저어 고르게 섞은 다음, 몇 분 뒤 삼각 플라스크를 들어 올린다.

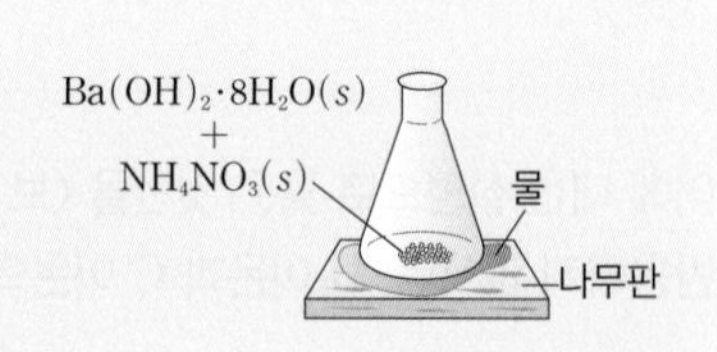

[실험 결과]

- 나무판 위의 물이 얼면서 나무판이 삼각 플라스크에 달라붙어 삼각 플라스크를 들어 올릴 때 나무판이 함께 들어 올려졌다.

[분석 point]

- $Ba(OH)_2 \cdot 8H_2O$과 NH_4NO_3이 반응하면서 나무판 위의 물로부터 열을 빼앗아 물이 얼게 된다.
- $Ba(OH)_2 \cdot 8H_2O$과 NH_4NO_3의 반응은 열을 흡수하는 흡열 반응이다.

테마 대표 문제

| 2024학년도 수능 |

다음은 일상생활에서 사용되고 있는 물질에 대한 자료이다.

㉠ 에탄올(C_2H_5OH)이 주성분인 손 소독제를 손에 바르면, 에탄올이 증발하면서 손이 시원해진다.

손난로를 흔들면, 손난로 속에 있는 ㉡ 철가루(Fe)가 산화되면서 열을 방출한다.

이에 대한 설명으로 옳은 것만을 <보기>에서 있는 대로 고른 것은?

보기

ㄱ. ㉠은 탄소 화합물이다.
ㄴ. ㉠이 증발할 때 주위로 열을 방출한다.
ㄷ. ㉡이 산화되는 반응은 발열 반응이다.

① ㄱ ② ㄴ ③ ㄱ, ㄷ ④ ㄴ, ㄷ ⑤ ㄱ, ㄴ, ㄷ

접근 전략

주위로 열을 방출하는지, 주위로부터 열을 흡수하는지를 파악하여 어느 것이 발열 반응인지 또는 흡열 반응인지 찾아내야 한다.

간략 풀이

㉠. 에탄올의 구성 원소는 C, H, O이므로 탄소 화합물이다.
ㄴ. 에탄올이 증발할 때 손이 시원해지므로 주위의 열을 흡수한다.
㉢. 철가루가 산화되면서 열을 방출하므로 철가루의 산화 반응은 발열 반응이다.

정답 | ③

닮은 꼴 문제로 유형 익히기

정답과 해설 40쪽

▸ 24067-0218

다음은 일상생활에서 사용되고 있는 물질에 대한 자료이다.

- (가) (으)로 사용되는 메테인(CH_4)을 연소시키면 열을 방출한다.
- 제설제로 사용되는 ㉠ 염화 칼슘($CaCl_2$)을 물에 녹이면 열을 방출한다.
- 냉각 팩에 사용되는 ㉡ 질산 암모늄(NH_4NO_3)을 물에 녹이면 수용액의 온도는 낮아진다.

이에 대한 설명으로 옳은 것만을 <보기>에서 있는 대로 고른 것은?

보기

ㄱ. '가정용 연료'는 (가)로 적절하다.
ㄴ. ㉠은 탄소 화합물이다.
ㄷ. ㉠과 ㉡을 물에 용해시키는 반응은 모두 발열 반응이다.

① ㄱ ② ㄴ ③ ㄱ, ㄴ ④ ㄱ, ㄷ ⑤ ㄴ, ㄷ

유사점과 차이점

어떤 반응이 발열 반응인지 흡열 반응인지를 구별하는 것을 다룬다는 점은 테마 대표 문제와 유사하지만, 물질의 연소 반응을 일상생활에서 어떻게 이용하는지를 묻는 점이 다르다.

배경 지식

- 물질이 물에 용해되는 반응이 발열 반응이면 수용액의 온도는 높아지고, 흡열 반응이면 수용액의 온도는 낮아진다.

01

▸24067-0219

다음은 반응의 열 출입을 이용한 사례에 대한 설명이다.

○ ㉠ 얼음($H_2O(s)$)의 융해 반응을 이용하여 음료수를 차갑게 한다.
○ ㉡ 뷰테인($C_4H_{10}(g)$)의 연소 반응을 이용하여 냄비 속 물을 데운다.

이에 대한 설명으로 옳은 것만을 〈보기〉에서 있는 대로 고른 것은?

보기
ㄱ. ㉠은 흡열 반응이다.
ㄴ. ㉡이 일어날 때 열을 방출한다.
ㄷ. ㉠과 ㉡은 모두 산화 환원 반응이다.

① ㄱ ② ㄷ ③ ㄱ, ㄴ
④ ㄴ, ㄷ ⑤ ㄱ, ㄴ, ㄷ

02

▸24067-0220

다음은 드라이아이스($CO_2(s)$)를 이용한 실험이다.

○ $CO_2(s)$를 철 숟가락에 올려놓았더니 승화되면서 숟가락이 차가워졌다. 이 때 공기 중 ㉠ 수증기가 얼음이 되어 숟가락 표면에 달라붙었다.

이에 대한 설명으로 옳은 것만을 〈보기〉에서 있는 대로 고른 것은?

보기
ㄱ. $CO_2(s) \longrightarrow CO_2(g)$ 반응은 흡열 반응이다.
ㄴ. ㉠이 일어날 때 열을 방출한다.
ㄷ. $CO_2(s)$의 승화 반응은 아이스크림을 차갑게 보관할 때 이용할 수 있다.

① ㄱ ② ㄷ ③ ㄱ, ㄴ
④ ㄴ, ㄷ ⑤ ㄱ, ㄴ, ㄷ

03

▸24067-0221

그림은 25°C의 물 100 g이 들어 있는 열량계를, 표는 열량계 (가)에 25°C의 $X(s)$~$Z(s)$ w g씩을 각각 모두 녹인 실험 Ⅰ~Ⅲ에서 측정한 최저 또는 최고 온도를 나타낸 것이다.

(가)

실험	물질	최저 또는 최고 온도(°C)
Ⅰ	$X(s)$	26
Ⅱ	$Y(s)$	27
Ⅲ	$Z(s)$	22

이에 대한 설명으로 옳은 것만을 〈보기〉에서 있는 대로 고른 것은? (단, 열량계의 열 흡수 및 열량계와 외부 사이의 열 출입은 없고, 수용액의 비열은 같다.)

보기
ㄱ. $X(s)$~$Z(s)$가 각각 물에 용해되는 반응 중 흡열 반응인 것은 2가지이다.
ㄴ. Ⅰ~Ⅲ 중 출입하는 열이 가장 큰 것은 Ⅲ이다.
ㄷ. 25°C의 물 100 g에 $X(s)$ $2w$ g을 모두 용해시킨 수용액의 최고 온도는 26°C보다 낮다.

① ㄱ ② ㄴ ③ ㄷ
④ ㄱ, ㄴ ⑤ ㄴ, ㄷ

04

▸24067-0222

그림은 모닥불을 이용하여 냄비 속 물을 끓이는 모습을 나타낸 것이다.

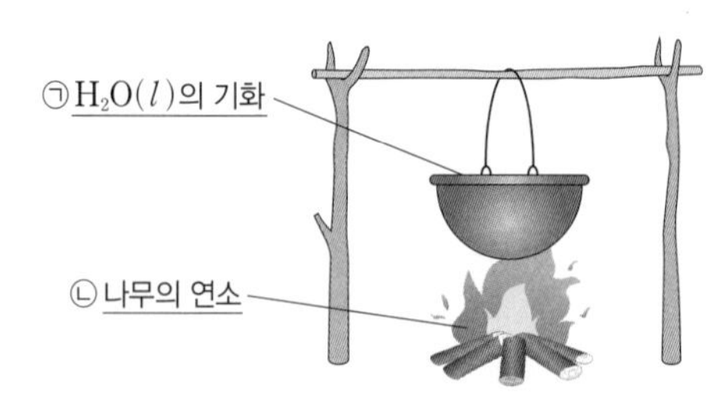

이에 대한 설명으로 옳은 것만을 〈보기〉에서 있는 대로 고른 것은?

보기
ㄱ. ㉠은 발열 반응이다.
ㄴ. ㉡이 일어날 때 주위의 온도는 높아진다.
ㄷ. ㉡은 산화 환원 반응이다.

① ㄱ ② ㄴ ③ ㄱ, ㄷ
④ ㄴ, ㄷ ⑤ ㄱ, ㄴ, ㄷ

정답과 해설 41쪽

01

▸24067-0223

다음은 학생 A가 가설을 세우고 수행한 탐구 활동이다.

[가설]
○ 수용액에서 산과 염기의 반응은 ㉠ 이다.

[탐구 과정]
(가) 열량계에 들어 있는 25℃의 0.1 M $HCl(aq)$ 50 mL에 25℃의 0.1 M $NaOH(aq)$ 50 mL를 혼합한 후 최고 온도(t_1℃)를 측정한다.
(나) 열량계에 들어 있는 25℃의 0.1 M $HBr(aq)$ 50 mL에 25℃의 0.1 M $KOH(aq)$ 50 mL를 혼합한 후 최고 온도(t_2℃)를 측정한다.

[탐구 결과]
○ $t_1 > 25$, $t_2 > 25$이다.

[결론]
○ 가설은 옳다.

학생 A의 결론이 타당할 때, 이에 대한 설명으로 옳은 것만을 〈보기〉에서 있는 대로 고른 것은? (단, 열량계의 열 흡수 및 열량계와 외부 사이의 열 출입은 없다.)

보기
ㄱ. '발열 반응'은 ㉠으로 적절하다.
ㄴ. (가)에서 반응이 일어날 때 열을 방출한다.
ㄷ. (나)에서 $KOH(aq)$ 대신 $NaOH(aq)$을 사용하여 실험했을 때 최고 온도는 25℃보다 높다.

① ㄱ ② ㄷ ③ ㄱ, ㄴ ④ ㄴ, ㄷ ⑤ ㄱ, ㄴ, ㄷ

02

▸24067-0224

다음은 금속 나트륨(Na)을 이용한 실험이다.

[실험 과정]
(가) 수조에 물을 절반 정도 넣은 후, 페놀프탈레인 용액을 2~3방울 넣는다.
(나) (가)의 수조에 쌀알 크기의 $Na(s)$을 넣고 관찰한다.

[실험 결과]
○ $Na(s)$이 물과 닿은 부분에서 불꽃이 일어났고, 기체가 발생하였다.
○ 수용액의 색깔이 무색에서 붉은색으로 변하였다.

이에 대한 설명으로 옳은 것만을 〈보기〉에서 있는 대로 고른 것은?

보기
ㄱ. $Na(s)$과 물의 반응은 발열 반응이다.
ㄴ. (나)에서 Na은 산화제로 작용한다.
ㄷ. (나) 과정 후 수용액의 액성은 염기성이다.

① ㄱ ② ㄴ ③ ㄱ, ㄷ ④ ㄴ, ㄷ ⑤ ㄱ, ㄴ, ㄷ

실전 모의고사 1회

(제한시간 30분) (배점 50점) 정답과 해설 41쪽

문항에 따라 배점이 다르니, 각 물음의 끝에 표시된 배점을 참고하시오. 3점 문항에만 점수가 표시되어 있습니다. 점수 표시가 없는 문항은 모두 2점입니다.

01

▸24067-0225

다음은 일상생활에서 이용되는 2가지 물질에 대한 자료이다.

- ㉠ 메테인(CH_4)이 연소될 때 많은 열을 방출하므로 (가) (으)로 이용할 수 있다.
- ㉡ 산화 칼슘(CaO)이 물에 녹으면 열을 방출하므로 발열 도시락에 이용할 수 있다.

이에 대한 설명으로 옳은 것만을 〈보기〉에서 있는 대로 고른 것은?

보기

ㄱ. CH_4은 탄소 화합물이다.
ㄴ. '연료'는 (가)로 적절하다.
ㄷ. ㉠과 ㉡은 모두 발열 반응이다.

① ㄱ ② ㄷ ③ ㄱ, ㄴ
④ ㄴ, ㄷ ⑤ ㄱ, ㄴ, ㄷ

02

▸24067-0226

그림은 AB와 C_2B를 화학 결합 모형으로 나타낸 것이다.

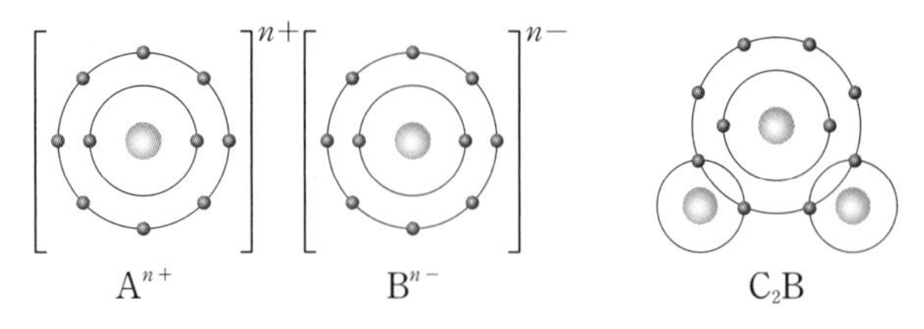

이에 대한 설명으로 옳은 것만을 〈보기〉에서 있는 대로 고른 것은? (단, A~C는 임의의 원소 기호이다.)

보기

ㄱ. A(s)는 전성(펴짐성)이 있다.
ㄴ. 1 mol에 들어 있는 전자의 양(mol)은 AB가 C_2B의 2배이다.
ㄷ. A와 C는 1 : 2로 결합하여 안정한 화합물을 형성한다.

① ㄱ ② ㄷ ③ ㄱ, ㄴ
④ ㄴ, ㄷ ⑤ ㄱ, ㄴ, ㄷ

03

▸24067-0227

그림은 분자 (가)~(다)의 구조식을 나타낸 것이다. 분자에서 구성 원자는 옥텟 규칙을 만족한다.

$$\mathrm{Cl-O-Cl} \qquad \mathrm{F-N=O} \qquad \mathrm{F-C\equiv N}$$

(가) (나) (다)

(가)~(다)에 대한 설명으로 옳은 것만을 〈보기〉에서 있는 대로 고른 것은?

보기

ㄱ. (가)의 분자 모양은 직선형이다.
ㄴ. 결합각은 (다)>(나)이다.
ㄷ. $\dfrac{\text{비공유 전자쌍 수}}{\text{공유 전자쌍 수}}$는 (가)가 (나)의 2배이다.

① ㄱ ② ㄴ ③ ㄱ, ㄷ
④ ㄴ, ㄷ ⑤ ㄱ, ㄴ, ㄷ

04

▸24067-0228

표는 바닥상태 원자 W~Z에 대한 자료이다. W~Z는 서로 다른 2, 3주기 원자이고, 원자가 전자 수는 각각 5, 6, 7 중 하나이다.

원자	W	X	Y	Z
$\dfrac{\text{전자가 들어 있는 } p \text{ 오비탈 수}}{\text{홀전자 수}}$	a	$2b$	x	$4b$
$\dfrac{\text{전자가 2개 들어 있는 오비탈 수}}{s \text{ 오비탈에 들어 있는 전자 수}}$		b	a	a

W~Z에 대한 설명으로 옳은 것만을 〈보기〉에서 있는 대로 고른 것은? (단, W~Z는 임의의 원소 기호이다.) [3점]

보기

ㄱ. 3주기 원소는 2가지이다.
ㄴ. $x=2a$이다.
ㄷ. 원자가 전자 수는 Z>X이다.

① ㄱ ② ㄴ ③ ㄱ, ㄷ
④ ㄴ, ㄷ ⑤ ㄱ, ㄴ, ㄷ

05

▸24067-0229

다음은 학생 A가 수행한 탐구 활동이다.

[가설]
○ 무극성 공유 결합이 있는 분자는 모두 분자의 쌍극자 모멘트가 0이다.

[탐구 과정]
(가) 무극성 공유 결합이 있는 분자를 찾는다.
(나) (가)에서 찾은 분자의 쌍극자 모멘트가 0인지 확인한다.

[탐구 결과]

가설에 일치하는 분자	N_2, C_2H_2, ㉠ ⋯
가설에 어긋나는 분자	H_2O_2, N_2H_4 ⋯

[결론]
○ 가설에 어긋나는 분자가 있으므로 가설은 옳지 않다.

학생 A의 탐구 과정 및 결과와 결론이 타당할 때, 이에 대한 설명으로 옳은 것만을 〈보기〉에서 있는 대로 고른 것은? [3점]

보기
ㄱ. C_2H_2에는 극성 공유 결합이 있다.
ㄴ. N_2H_4에서 N에는 비공유 전자쌍이 있다.
ㄷ. CO_2는 ㉠으로 적절하다.

① ㄱ ② ㄷ ③ ㄱ, ㄴ ④ ㄴ, ㄷ ⑤ ㄱ, ㄴ, ㄷ

06

▸24067-0230

다음은 망가니즈(Mn)와 관련된 산화 환원 반응의 화학 반응식이다.

$$a\text{Mn}^{2+}+b\text{H}_2\text{O} \longrightarrow a\text{Mn}+c\text{O}_2+d\text{H}^+ \quad (a\sim d\text{는 반응 계수})$$

이에 대한 설명으로 옳은 것만을 〈보기〉에서 있는 대로 고른 것은?

보기
ㄱ. H_2O은 산화제이다.
ㄴ. $\frac{b}{c+d}=\frac{2}{5}$이다.
ㄷ. Mn^{2+} 1 mol이 반응하면 O_2 1 mol이 생성된다.

① ㄱ ② ㄴ ③ ㄱ, ㄷ ④ ㄴ, ㄷ ⑤ ㄱ, ㄴ, ㄷ

07

▸24067-0231

그림 (가)는 밀폐된 진공 용기에 물을, (나)는 a M X(aq) 100 mL에 X(s)를 넣은 초기 상태를 나타낸 것이다. (가)에서는 시간이 $2t$일 때 $H_2O(l)$과 $H_2O(g)$가 동적 평형에, (나)에서는 $3t$일 때 X(aq)이 용해 평형에 도달하였고, X(s)의 질량은 w g보다 작아졌다.

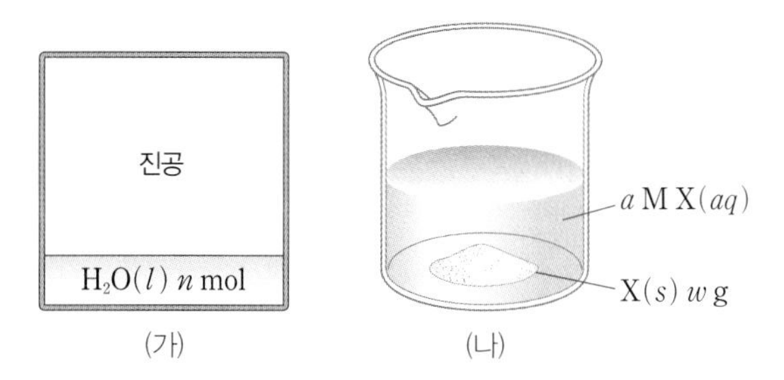

이에 대한 설명으로 옳은 것만을 〈보기〉에서 있는 대로 고른 것은? (단, 온도는 일정하고, (나)에서 물의 증발은 무시한다.)

보기
ㄱ. (가)에서 t일 때 $H_2O(l)$의 양은 n mol보다 적다.
ㄴ. (나)에서 $4t$일 때 X(aq)의 몰 농도는 a M이다.
ㄷ. $2t$일 때 (가)에서 H_2O의 $\frac{\text{증발 속도}}{\text{응축 속도}}$는 (나)에서 X의 $\frac{\text{용해 속도}}{\text{석출 속도}}$보다 크다.

① ㄱ ② ㄴ ③ ㄱ, ㄷ ④ ㄴ, ㄷ ⑤ ㄱ, ㄴ, ㄷ

08

▸24067-0232

다음은 수소 원자의 오비탈 (가)~(다)에 대한 자료이다. n은 주 양자수이고, l은 방위(부) 양자수이며, m_l은 자기 양자수이다.

○ (가)~(다)의 n의 합은 6이다.
○ (가)~(다)의 l의 합은 1이다.

오비탈	(가)	(나)	(다)
n	a	b	
$\frac{n+l+m_l}{n}$	b	$2c$	$3c$

이에 대한 설명으로 옳은 것만을 〈보기〉에서 있는 대로 고른 것은? [3점]

보기
ㄱ. $\frac{a+b}{c}=8$이다.
ㄴ. 에너지 준위는 (나)와 (다)가 같다.
ㄷ. (가)~(다)의 m_l의 합은 1이다.

① ㄱ ② ㄴ ③ ㄱ, ㄴ ④ ㄱ, ㄷ ⑤ ㄴ, ㄷ

09

▸24067-0233

다음은 ㉠에 대한 설명과 2, 3주기 바닥상태 원자 W~Z에 대한 자료이다. W~Z의 원자 번호는 각각 7~13 중 하나이고, l은 방위(부) 양자수이다.

- ㉠ : 바닥상태 전자 배치에서 $l=1$인 오비탈에 들어 있는 전자 수
- W~Z의 ㉠과 제2 이온화 에너지

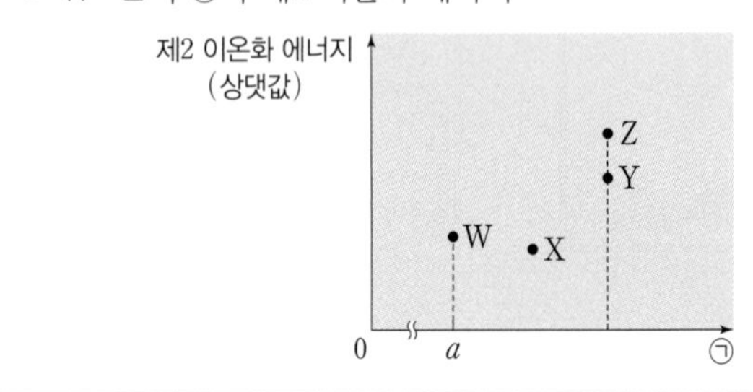

이에 대한 설명으로 옳은 것만을 〈보기〉에서 있는 대로 고른 것은? (단, W~Z는 임의의 원소 기호이다.) [3점]

보기
ㄱ. $a=4$이다.
ㄴ. Y와 Z는 모두 3주기 원소이다.
ㄷ. 원자가 전자가 느끼는 유효 핵전하는 W>X이다.

① ㄱ ② ㄴ ③ ㄱ, ㄴ
④ ㄱ, ㄷ ⑤ ㄴ, ㄷ

10

▸24067-0234

그림 (가)는 실린더에 $AB(g)$와 $B_2(g)$를 넣은 것을, (나)는 (가)의 실린더에서 반응을 완결시킨 것을 나타낸 것이다.

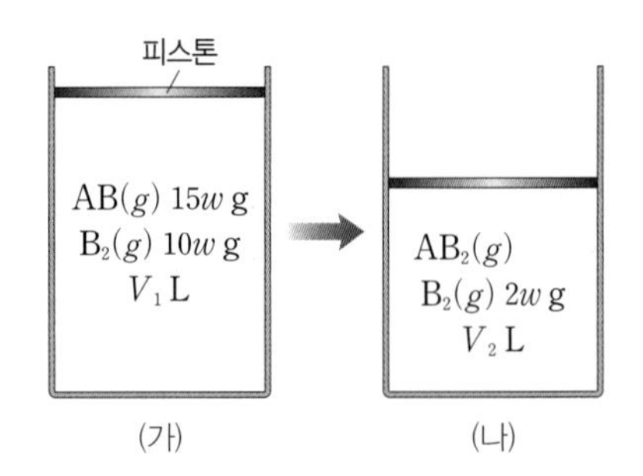

$\frac{\text{B의 원자량}}{\text{A의 원자량}} \times \frac{V_1}{V_2}$은? (단, A와 B는 임의의 원소 기호이고, 실린더 속 기체의 온도와 압력은 일정하다.)

① $\frac{27}{25}$ ② $\frac{52}{35}$ ③ $\frac{104}{63}$ ④ $\frac{7}{4}$ ⑤ $\frac{55}{24}$

11

▸24067-0235

다음은 2, 3주기 바닥상태 원자 X~Z에 대한 자료이다. X~Z는 각각 1족, 2족, 13족 원소를 순서 없이 나타낸 것이다.

- X의 홀전자 수는 0이다.
- 전기 음성도는 Z>Y이다.
- 원자 반지름은 X>Y이다.
- X~Z의 원자가 전자 수와 제1 이온화 에너지

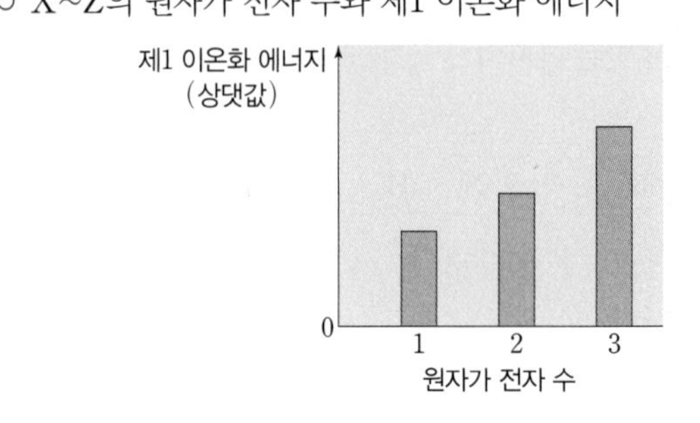

X~Z에 대한 설명으로 옳은 것만을 〈보기〉에서 있는 대로 고른 것은? (단, X~Z는 임의의 원소 기호이다.)

보기
ㄱ. Z는 13족 원소이다.
ㄴ. 2주기 원소는 2가지이다.
ㄷ. 전기 음성도는 Z>X이다.

① ㄱ ② ㄷ ③ ㄱ, ㄴ
④ ㄴ, ㄷ ⑤ ㄱ, ㄴ, ㄷ

12

▸24067-0236

표는 원소 W~Z로 이루어진 분자 (가)~(라)에 대한 자료이다. W~Z는 각각 C, N, O, F 중 하나이고, (가)~(라)에서 중심 원자는 1개이며, 구성 원자는 옥텟 규칙을 만족한다.

분자	(가)	(나)	(다)	(라)
구성 원소 수	2	2	2	3
중심 원자	W	X	Y	
비공유 전자쌍 수	a	$\frac{6}{5}a$	$\frac{4}{5}a$	$\frac{4}{5}a$

이에 대한 설명으로 옳은 것만을 〈보기〉에서 있는 대로 고른 것은?

보기
ㄱ. $a=10$이다.
ㄴ. (라)의 분자 모양은 평면 삼각형이다.
ㄷ. (나)와 (다)는 모두 분자의 쌍극자 모멘트가 0이다.

① ㄱ ② ㄷ ③ ㄱ, ㄴ
④ ㄴ, ㄷ ⑤ ㄱ, ㄴ, ㄷ

13

▸24067-0237

다음은 금속 X~Z의 산화 환원 반응 실험이다.

[실험 과정]
(가) X^{2+} $5N$ mol과 Y^{+} $4N$ mol이 들어 있는 수용액을 준비한다.
(나) (가)의 수용액에 $Z(s)$ xN mol을 넣고 반응을 완결시킨다.
[실험 결과]
○ (나)에서 Z^{m+}이 생성되었다.
○ (나) 과정 후 수용액에 들어 있는 양이온은 2가지이고, 양이온의 총 양은 $8N$ mol이다.

이에 대한 설명으로 옳은 것만을 〈보기〉에서 있는 대로 고른 것은? (단, X~Z는 임의의 원소 기호이고 물과 반응하지 않으며, 음이온은 반응에 참여하지 않는다. m은 3 이하의 자연수이다.) [3점]

보기
ㄱ. $\frac{x}{m}=2$이다.
ㄴ. (나)에서 Z의 산화수는 증가한다.
ㄷ. (나) 과정 후 수용액에 충분한 양의 $Z(s)$을 넣어 주면 Z^{m+} $\frac{2}{3}N$ mol이 생성된다.

① ㄱ ② ㄴ ③ ㄱ, ㄷ
④ ㄴ, ㄷ ⑤ ㄱ, ㄴ, ㄷ

14

▸24067-0238

다음은 $A(aq)$을 이용한 실험이다.

[실험 과정]
(가) $A(s)$ 4 g을 물에 녹여 수용액 Ⅰ 100 g을 만든다.
(나) (가)에서 만든 수용액 Ⅰ w g에 물을 넣어 수용액 Ⅱ 100 mL를 만든다.
[실험 결과]
○ 수용액 Ⅰ의 몰 농도와 밀도 : x M, d g/mL
○ 수용액 Ⅱ의 몰 농도 : 0.2 M

$w \times x$는? (단, 온도는 일정하고, A의 화학식량은 40이다.)

① $5d$ ② $10d$ ③ $20d$
④ $30d$ ⑤ $40d$

15

▸24067-0239

다음은 25 ℃에서 수용액 (가)~(다)에 대한 자료이다. (가)~(다)의 액성은 각각 산성 또는 염기성이다.

수용액	(가)	(나)	(다)
$\lvert pH-pOH \rvert$		$3a$	$3a$
H_3O^+의 양(mol)	$10b$	b	$100b$
부피(mL)		$100V$	V

○ (가)의 $\frac{pOH}{pH}=a$이다.

이에 대한 설명으로 옳은 것만을 〈보기〉에서 있는 대로 고른 것은? (단, 25 ℃에서 물의 이온화 상수(K_w)는 1×10^{-14}이다.) [3점]

보기
ㄱ. $a=\frac{4}{3}$이다.
ㄴ. (가)의 부피는 V mL이다.
ㄷ. $\frac{[H_3O^+]}{[OH^-]}$는 (다)에서가 (가)에서의 10배이다.

① ㄱ ② ㄷ ③ ㄱ, ㄴ
④ ㄴ, ㄷ ⑤ ㄱ, ㄴ, ㄷ

16

▸24067-0240

다음은 25 ℃에서 식초 A 1 g에 들어 있는 CH_3COOH의 질량을 알아보기 위한 중화 적정 실험 과정이다.

[실험 과정]
(가) 식초 A 10 g에 물을 넣어 수용액 100 mL를 만든다.
(나) (가)에서 만든 수용액 30 mL를 삼각 플라스크에 넣고 페놀프탈레인 용액을 2~3방울 떨어뜨린다.
(다) (나)의 수용액을 a M $NaOH(aq)$으로 적정하였을 때, 수용액 전체가 붉은색으로 변할 때까지 넣어 준 $NaOH(aq)$의 부피(V)를 측정한다.
(라) (다)의 적정 결과로부터 식초 A 1 g에 들어 있는 CH_3COOH의 질량(w)을 구한다.

w를 구하기 위해 반드시 필요한 자료만을 〈보기〉에서 있는 대로 고른 것은? (단, 온도는 25 ℃로 일정하고, 중화 적정 과정에서 식초 A에 포함된 물질 중 CH_3COOH만 NaOH과 반응한다.) [3점]

보기
ㄱ. CH_3COOH의 분자량
ㄴ. 25 ℃에서 식초 A의 밀도
ㄷ. 25 ℃에서 a M $NaOH(aq)$의 밀도

① ㄱ ② ㄴ ③ ㄷ
④ ㄱ, ㄴ ⑤ ㄴ, ㄷ

17

▸24067-0241

다음은 용기 (가)와 (나)에 들어 있는 혼합 기체에 대한 자료이다.

(가)	(나)
${}^{a}X_2(g)$ 0.1 mol ${}^{a+2}X_2(g)$ 0.1 mol ${}^{c}Y(g)$ 0.1 mol	${}^{a}X{}^{a+2}X(g)$ 0.5 mol ${}^{b}Y(g)$ x mol

○ (가)와 (나)에 들어 있는 원자 X와 Y에 대한 자료

원자	${}^{a}X$	${}^{a+2}X$	${}^{b}Y$	${}^{c}Y$
양성자수		$\frac{1}{2}a$	$\frac{5}{8}a$	
중성자수	$\frac{1}{2}a$		$\frac{5}{8}a$	$\frac{5}{8}a+2$
원자량	a	$a+2$	b	c

○ (가)에서 $\frac{\text{중성자수}}{\text{양성자수}}=\frac{8}{7}$이다.

○ 용기에 들어 있는 혼합 기체의 질량비는 (가) : (나)=3 : 7이다.

이에 대한 설명으로 옳은 것만을 〈보기〉에서 있는 대로 고른 것은? (단, X와 Y는 임의의 원소 기호이다.) [3점]

보기

ㄱ. $a\times x=1.6$이다.

ㄴ. (나)에서 $\frac{{}^{a+2}X\text{의 질량}}{{}^{b}Y\text{의 질량}}=\frac{9}{4}$이다.

ㄷ. 중성자의 양은 (나)에서가 (가)에서보다 6.2 mol만큼 크다.

① ㄱ ② ㄴ ③ ㄱ, ㄷ ④ ㄴ, ㄷ ⑤ ㄱ, ㄴ, ㄷ

18

▸24067-0242

표는 실린더 (가)와 (나)에 들어 있는 기체에 대한 자료이다.

실린더	(가)	(나)
기체의 양	X_aY_b 0.2 mol	X_aY_b x mol $X_{2a}Y_{2b}$ y mol
단위 부피당 질량(상댓값)	5	8
단위 질량당 X 원자 수	N	
단위 질량당 Y 원자 수		$2N$

$\frac{b}{a}\times\frac{y}{x}$는? (단, X와 Y는 임의의 원소 기호이고, 실린더 속 기체의 온도와 압력은 일정하다.)

① 2 ② 3 ③ 4 ④ 5 ⑤ 6

19

▸24067-0243

다음은 $2a$ M XOH(aq), a M $H_2Y(aq)$, b M HZ(aq)을 이용한 중화 반응 실험이다.

[자료] ○ 수용액에서 XOH는 X^+과 OH^-으로, H_2Y는 H^+과 Y^{2-}으로, HZ는 H^+과 Z^-으로 모두 이온화된다.

[실험 과정]

(가) $2a$ M XOH(aq) V mL에 a M $H_2Y(aq)$ 10 mL를 조금씩 가한다.

(나) (가)의 최종 혼합 용액에서 15 mL를 취하여 비커에 넣는다.

(다) (나)의 비커에 b M HZ(aq) 20 mL를 넣는다.

[실험 결과]

○ (가)에서 넣어 준 $H_2Y(aq)$의 부피에 따른 이온의 몰 농도

넣어 준 $H_2Y(aq)$의 부피(mL)	0	5	10
X^+ 또는 OH^-의 몰 농도(상댓값)	15	9	5

○ (다) 과정 후 최종 혼합 용액의 액성은 산성이다.

○ (다) 과정 후 혼합 용액에 존재하는 $\frac{\text{음이온의 양(mol)}}{\text{양이온의 양(mol)}}=\frac{7}{8}$이고, 음이온의 몰 농도 합은 $\frac{1}{5}$ M이다.

$\frac{a+b}{V}$는? (단, 혼합 용액의 부피는 혼합 전 각 용액의 부피의 합과 같고, 물의 자동 이온화는 무시하며, X^+, Y^{2-}, Z^-은 반응하지 않는다.) [3점]

① $\frac{1}{50}$ ② $\frac{1}{40}$ ③ $\frac{1}{30}$ ④ $\frac{1}{20}$ ⑤ $\frac{1}{10}$

20

▸24067-0244

다음은 A(g)와 B(g)가 반응하여 C(g)를 생성하는 반응의 화학 반응식이다.

$$a\text{A}(g)+2\text{B}(g)\longrightarrow 2\text{C}(g)\ \ (a\text{는 반응 계수})$$

표는 실린더에 A(g)와 B(g)의 질량을 달리하여 넣고 반응을 완결시킨 실험 Ⅰ~Ⅲ에 대한 자료이다. Ⅲ에서 A(g)는 모두 반응하였다.

실험		Ⅰ	Ⅱ	Ⅲ
반응 전	A(g)의 질량(g)	w_1	w_1	$2w_1$
	B(g)의 질량(g)	w_2	$2w_2$	k
반응 후	실린더 속 기체의 부피(L)	1		2
	$\frac{\text{생성된 C}(g)\text{의 양(mol)}}{\text{전체 기체의 양(mol)}}$	$\frac{2}{3}$	$\frac{3}{5}$	

$\frac{\text{A의 분자량}}{\text{B의 분자량}}\times k$는? (단, 실린더 속 기체의 온도와 압력은 일정하다.) [3점]

① $\frac{1}{4}w_1$ ② $\frac{1}{2}w_1$ ③ w_1 ④ $2w_1$ ⑤ $4w_1$

실전 모의고사 2회

제한시간 30분 | 배점 50점 | 정답과 해설 45쪽

문항에 따라 배점이 다르니, 각 물음의 끝에 표시된 배점을 참고하시오. 3점 문항에만 점수가 표시되어 있습니다. 점수 표시가 없는 문항은 모두 2점입니다.

01

▸24067-0245

다음은 일상생활에서 이용되고 있는 물질 (가)~(라)에 대한 자료이다. (가)~(라)는 각각 암모니아(NH_3), 메테인(CH_4), 아세트산(CH_3COOH), 에탄올(C_2H_5OH)을 순서 없이 나타낸 것이다.

- (가)는 손 소독제의 성분이다.
- (나)는 천연 가스의 주성분이다.
- (다)는 식초의 성분이다.
- (라)는 질소 비료의 원료이다.

이에 대한 설명으로 옳은 것만을 <보기>에서 있는 대로 고른 것은?

보기

ㄱ. (가)와 (다)는 구성 원소의 종류가 같다.
ㄴ. (나)의 연소 반응은 발열 반응이다.
ㄷ. (라)를 물에 녹인 수용액은 염기성을 띤다.

① ㄱ ② ㄷ ③ ㄱ, ㄴ
④ ㄴ, ㄷ ⑤ ㄱ, ㄴ, ㄷ

02

▸24067-0246

표는 2주기 원자 X~Z의 순차 이온화 에너지에 대한 자료이다. E_1~E_3은 각각 제1~제3 이온화 에너지이고, X~Z는 원자 번호가 연속이며, 원자 번호 순서가 아니다.

원자	X	Y	Z
$\frac{E_2}{E_1}$	1.89	a	14.6
$\frac{E_3}{E_2}$	8.82	1.54	1.64

이에 대한 설명으로 옳은 것만을 <보기>에서 있는 대로 고른 것은? (단, X~Z는 임의의 원소 기호이다.)

보기

ㄱ. 원자가 전자 수는 Y>Z이다.
ㄴ. $a<1.89$이다.
ㄷ. E_1는 Z>X이다.

① ㄱ ② ㄷ ③ ㄱ, ㄴ
④ ㄴ, ㄷ ⑤ ㄱ, ㄴ, ㄷ

03

▸24067-0247

다음은 용액의 몰 농도에 대한 실험이다.

[실험 과정]
(가) a M A(aq)을 준비한다.
(나) (가)에서 만든 용액 20 mL에 물을 가해 V mL가 되게 한다.
(다) (나)에서 만든 용액 20 mL에 물을 가해 V mL가 되게 한다.
(라) (다)에서 만든 용액 20 mL에 물을 가해 V mL가 되게 한다.

[실험 결과]
- (다) 과정 후 용액의 몰 농도는 0.02 M이다.
- 몰 농도비는 (나) 과정 후 : (라) 과정 후=25 : 1이다.

$V\times a$는? (단, 온도는 일정하다.)

① 40 ② 45 ③ 50 ④ 55 ⑤ 60

04

▸24067-0248

다음은 C_mH_n이 완전 연소되는 반응에 대한 자료이다.

- 화학 반응식
  $C_mH_n + aO_2 \longrightarrow bCO_2 + cH_2O$ (a~c는 반응 계수)
- 용기에 C_mH_n과 O_2를 넣고 C_mH_n을 완전 연소시켰으며, 반응 후 용기에 남아 있는 C_mH_n과 O_2는 없다.
- 반응 전과 후의 질량비

반응 전	$C_mH_n : O_2 = 9 : x$
반응 후	$CO_2 : H_2O = 55 : 27$

$\frac{m}{n}\times x$는? (단, H, C, O의 원자량은 각각 1, 12, 16이다.)

① $\frac{25}{3}$ ② 10 ③ $\frac{35}{3}$ ④ $\frac{40}{3}$ ⑤ 15

05

▸24067-0249

표는 실린더 (가)와 (나)에 들어 있는 기체에 대한 자료이다. (가)에서 $\frac{^{16}\text{O의 양(mol)}}{^{18}\text{O의 양(mol)}}=2$이다.

실린더	(가)	(나)
기체	$^{16}O_2$, $^{16}O^{18}O$	$^{18}O_2$
부피	V	kV
질량	w	w

$k\times\frac{\text{(가)에 들어 있는 전체 중성자의 양(mol)}}{\text{(나)에 들어 있는 전체 양성자의 양(mol)}}$은? (단, 실린더 속 기체의 온도와 압력은 일정하며, ^{16}O와 ^{18}O의 원자량은 각각 16, 18이고, O의 원자 번호는 8이다.) [3점]

① $\frac{14}{13}$ ② $\frac{13}{12}$ ③ $\frac{12}{11}$ ④ $\frac{11}{10}$ ⑤ $\frac{10}{9}$

06

▸24067-0250

다음은 물질의 용해 과정과 열 출입에 대한 자료이다.

○ A(s)가 물에 용해되는 과정은 발열 반응이고, B(s)가 물에 용해되는 과정은 흡열 반응이다.
○ 용해 전 용매와 용질의 온도는 모두 25℃이다.
○ 용매 및 용질의 질량과 용해 후 최고 또는 최저 온도

실험	용매(물)의 질량(g)	용질의 질량(g)		용해 후 최고 또는 최저 온도(℃)
		A(s)	B(s)	
Ⅰ	100	5	0	t_1
Ⅱ	100	0	5	t_2
Ⅲ	200	5	0	t_3
Ⅳ	200	0	5	t_4

이에 대한 설명으로 옳은 것만을 <보기>에서 있는 대로 고른 것은? (단, 용해 반응 이외의 반응은 일어나지 않으며, 반응에서 출입하는 열은 수용액의 온도만을 변화시킨다.)

보기
ㄱ. $t_2>25$이다.
ㄴ. $t_3>t_1$이다.
ㄷ. $t_4>t_2$이다.

① ㄴ ② ㄷ ③ ㄱ, ㄴ
④ ㄱ, ㄷ ⑤ ㄱ, ㄴ, ㄷ

07

▸24067-0251

그림은 3가지 물질을 기준 Ⅰ과 기준 Ⅱ로 분류한 것이다. 기준 Ⅰ과 기준 Ⅱ는 각각 ㉠, ㉡ 중 하나이다.

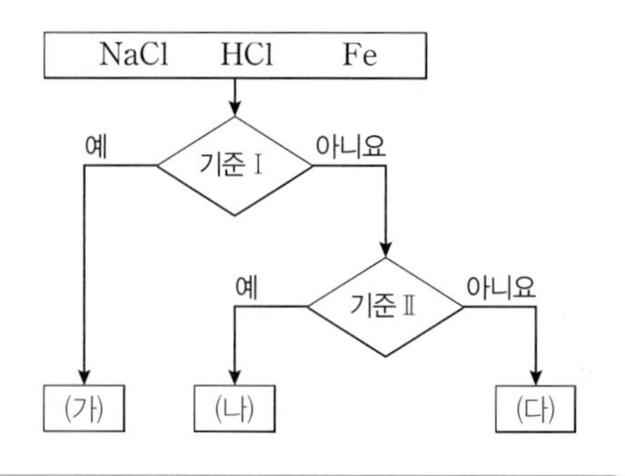

㉠ : 고체 상태에서 전기 전도성이 있는가?
㉡ : 액체 상태에서 전기 전도성이 있는가?

이에 대한 설명으로 옳은 것만을 <보기>에서 있는 대로 고른 것은?

보기
ㄱ. 기준 Ⅰ은 ㉠이다.
ㄴ. (나)는 이온 결합 물질이다.
ㄷ. (다)는 공유 결합 물질이다.

① ㄴ ② ㄷ ③ ㄱ, ㄴ
④ ㄱ, ㄷ ⑤ ㄱ, ㄴ, ㄷ

08

▸24067-0252

다음은 바닥상태 원자 W~Z에 대한 자료이다 W~Z는 N, O, P, Cl를 순서 없이 나타낸 것이다.

○ 원자가 전자 수는 Y>Z이다.
○ 원자 반지름은 W>X이다.
○ 홀전자 수는 W>Z이다.

W~Z에 대한 설명으로 옳은 것만을 <보기>에서 있는 대로 고른 것은? [3점]

보기
ㄱ. 전기 음성도는 X>W이다.
ㄴ. 18족 원소의 전자 배치를 갖는 이온의 반지름은 W>Y이다.
ㄷ. 제1 이온화 에너지는 Z>X이다.

① ㄱ ② ㄷ ③ ㄱ, ㄴ
④ ㄱ, ㄷ ⑤ ㄴ, ㄷ

09

▸24067-0253

다음은 수소 원자의 오비탈 (가)~(다)에 대한 자료이다. (가)~(다)는 각각 $1s$, $2s$, $2p$, $3s$ 오비탈 중 하나이며, n은 주 양자수, l은 방위(부) 양자수이다.

- $n-l$는 (가)와 (나)가 같다.
- $n+l$는 (나)와 (다)가 같다.

(가)~(다)에 대한 설명으로 옳은 것만을 〈보기〉에서 있는 대로 고른 것은? [3점]

보기

ㄱ. 에너지 준위는 (나)가 (가)보다 크다.
ㄴ. (다)는 아령 모양이다.
ㄷ. 수소 원자의 바닥상태 전자 배치에서 전자는 (나)에 들어 있다.

① ㄱ ② ㄷ ③ ㄱ, ㄴ
④ ㄴ, ㄷ ⑤ ㄱ, ㄴ, ㄷ

10

▸24067-0254

표는 밀폐된 진공 용기에 $H_2O(l)$을 넣은 후 시간에 따른 $H_2O(l)$과 $H_2O(g)$의 양(mol)을 나타낸 것이다.

$0<t_1<t_2<t_3<t_4$이며, t_3에서 $H_2O(l)$과 $H_2O(g)$는 동적 평형에 도달하였다.

시간	0	t_1	t_2	t_3	t_4
$H_2O(l)$의 양(mol)	x	$5a$	$4a$	$3a$	
$H_2O(g)$의 양(mol)		$2b$	y		$6b$

이에 대한 설명으로 옳은 것만을 〈보기〉에서 있는 대로 고른 것은? (단, 온도는 일정하다.)

보기

ㄱ. $\frac{x}{b}=10$이다.
ㄴ. $\frac{y}{a}=2$이다.
ㄷ. $H_2O(g)$의 양(mol)은 t_3에서가 t_1에서의 3배이다.

① ㄱ ② ㄷ ③ ㄱ, ㄴ
④ ㄴ, ㄷ ⑤ ㄱ, ㄴ, ㄷ

11

▸24067-0255

표는 t℃, 1 atm에서 용기 (가)와 (나)에 들어 있는 기체에 대한 자료이다.

용기	기체	질량	부피	전체 원자 수 (상댓값)	Y 원자 수 (상댓값)
(가)	XY_2	$22w$	$5V$	12	1
	XY	$21w$			
(나)	Z_2	$7w$	$8V$	23	2
	ZY_2	㉠			

㉠ × $\frac{\text{X의 원자량}}{\text{Z의 원자량}}$은? (단, X~Z는 임의의 원소 기호이고, 기체의 온도와 압력은 일정하다.) [3점]

① $67w$ ② $69w$ ③ $72w$
④ $75w$ ⑤ $78w$

12

▸24067-0256

그림은 4가지 분자 (가)~(라)에 대한 자료이다. (가)~(라)는 각각 NH_3, NF_3, COF_2, CF_4 중 하나이다.

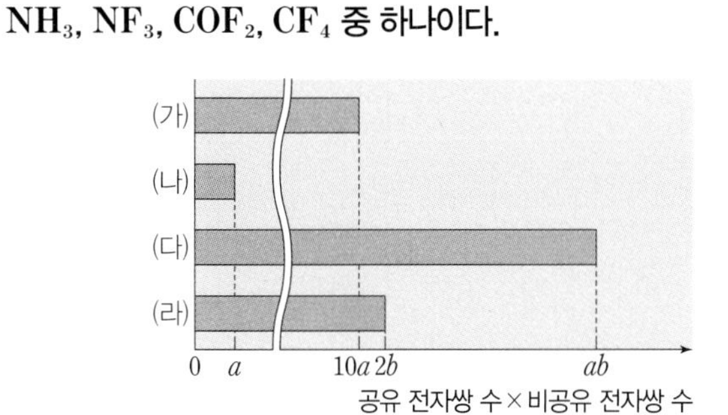

이에 대한 설명으로 옳은 것만을 〈보기〉에서 있는 대로 고른 것은?

보기

ㄱ. 결합각은 (다)가 (나)보다 크다.
ㄴ. (가)와 (나)는 모두 분자의 쌍극자 모멘트가 0이 아니다.
ㄷ. $a+b=19$이다.

① ㄱ ② ㄷ ③ ㄱ, ㄴ
④ ㄴ, ㄷ ⑤ ㄱ, ㄴ, ㄷ

13

▸24067-0257

그림은 1, 2주기 원소 X~Z로 이루어진 분자의 루이스 전자점식이다. ㉠은 X~Z 중 하나이다.

$$\begin{array}{c} :\boxed{㉠}: \\ X:\ddot{Y}:\ddot{\underset{\cdot\cdot}{Z}}:X \end{array}$$

이에 대한 설명으로 옳은 것만을 〈보기〉에서 있는 대로 고른 것은? (단, X~Z는 임의의 원소 기호이다.)

보기

ㄱ. ㉠은 Y이다.

ㄴ. 원자 번호는 Z가 Y보다 크다.

ㄷ. 공유 전자쌍 수는 YZ_2가 X_2Z의 2배이다.

① ㄱ ② ㄷ ③ ㄱ, ㄴ

④ ㄴ, ㄷ ⑤ ㄱ, ㄴ, ㄷ

14

▸24067-0258

그림은 2, 3주기 바닥상태 원자 X~Z에 대한 자료이다. X의 원자가 전자 수는 Y와 Z의 원자가 전자 수의 합과 같다.

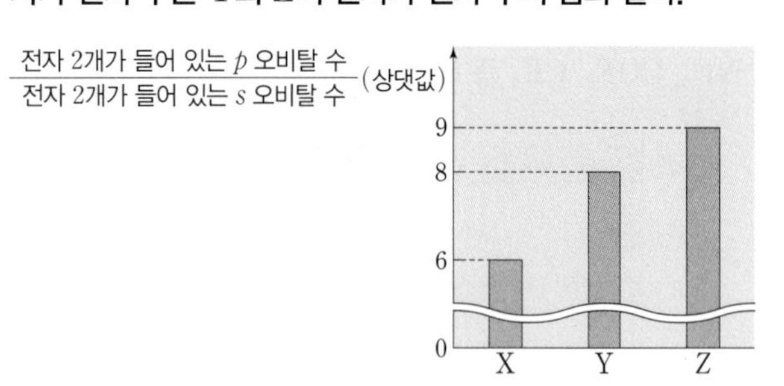

X~Z에 대한 설명으로 옳은 것만을 〈보기〉에서 있는 대로 고른 것은? (단, X~Z는 임의의 원소 기호이다.) [3점]

보기

ㄱ. 홀전자 수는 Z가 가장 크다.

ㄴ. 2주기 원소는 1가지이다.

ㄷ. $\frac{p \text{ 오비탈에 들어 있는 전자 수}}{s \text{ 오비탈에 들어 있는 전자 수}}$는 X가 Y의 $\frac{4}{3}$배이다.

① ㄴ ② ㄷ ③ ㄱ, ㄴ

④ ㄱ, ㄷ ⑤ ㄱ, ㄴ, ㄷ

15

▸24067-0259

표는 수용액 (가)와 (나)에 대한 자료이다. (가)와 (나)는 $HCl(aq)$, $NaOH(aq)$을 순서 없이 나타낸 것이다.

수용액	부피 (mL)	H_3O^+의 양 (mol)	OH^-의 양 (mol)	$\lvert pH-pOH \rvert$ (상댓값)
(가)	100	a		4
(나)	10		a	5

이에 대한 설명으로 옳은 것만을 〈보기〉에서 있는 대로 고른 것은? (단, 온도는 25℃로 일정하고, 25℃에서 물의 이온화 상수(K_w)는 1×10^{-14}이다.) [3점]

보기

ㄱ. (가)는 $NaOH(aq)$이다.

ㄴ. $a=0.001$이다.

ㄷ. $\frac{\text{(가)에서 } OH^- \text{의 양(mol)}}{\text{(나)에서 } H_3O^+ \text{의 양(mol)}}=100$이다.

① ㄱ ② ㄴ ③ ㄷ

④ ㄱ, ㄴ ⑤ ㄴ, ㄷ

16

▸24067-0260

다음은 중화 적정 실험이다.

[실험 과정]

(가) a M $CH_3COOH(aq)$ V mL와 $2a$ M $CH_3COOH(aq)$ $2V$ mL를 혼합한 후 물을 넣어 80 mL 수용액을 만든다.

(나) (가)에서 만든 수용액 V mL를 취하여 삼각 플라스크에 넣는다.

(다) (나)의 삼각 플라스크에 페놀프탈레인 용액을 2~3방울 떨어뜨린 후, 뷰렛에 담긴 0.4 M $NaOH(aq)$을 한 방울씩 넣는다.

(라) 수용액 전체가 붉게 변하는 순간 적정을 멈추고 적정에 사용된 $NaOH(aq)$의 부피를 측정한다.

(마) (나)에서 취하고 남은 수용액으로 (다)와 (라)를 반복한다.

[실험 결과]

과정	(라)	(마)
적정에 사용된 $NaOH(aq)$의 부피(mL)	4	16

$V\times a$는? (단, 온도는 일정하다.) [3점]

① 1 ② $\frac{6}{5}$ ③ $\frac{7}{5}$ ④ $\frac{8}{5}$ ⑤ $\frac{9}{5}$

17

▸24067-0261

다음은 금속 X~Z의 산화 환원 반응 실험이다.

[실험 과정]
(가) X^{a+} kN mol이 들어 있는 수용액을 준비한다.
(나) (가)의 수용액에 $Y(s)$를 넣어 반응을 완결시킨다.
(다) (나)의 수용액에 충분한 양의 $Z(s)$를 넣어 반응을 완결시킨다.

[실험 결과]
○ (나)와 (다) 과정 후 수용액에 존재하는 양이온의 종류와 양

과정	양이온의 종류	전체 양이온의 양(mol)
(나)	X^{a+}, $Y^{(a+1)+}$	$(k-1)N$
(다)	Z^{+}	$2kN$

(나) 과정 후 수용액에 존재하는 $Y^{(a+1)+}$의 양(mol)이 yN일 때, $\frac{a}{y}$는? (단, X~Z는 임의의 원소 기호이고 물과 반응하지 않으며, 음이온은 반응에 참여하지 않는다.)

① 1 ② 2 ③ 3 ④ 4 ⑤ 5

18

▸24067-0262

다음은 원소 W~Z로 이루어진 분자 (가)~(라)에 대한 자료이다. W~Z는 O, F, S, Cl를 순서 없이 나타낸 것이고, 분자 내에서 모든 원자는 옥텟 규칙을 만족한다.

○ 전기 음성도는 O>Cl이다.
○ (가)~(라)의 구성 원자 수와 부분적인 전하를 띠는 원자(단, α, β는 각각 부분적인 양전하(δ^{+}), 부분적인 음전하(δ^{-}) 중 하나이다.)

분자	구성 원자 수				부분적인 전하를 띠는 원자	
	W	X	Y	Z	α	β
(가)	1	2			X	
(나)		2	1		X	Y
(다)			1	2		Y
(라)	1			2	㉠	

이에 대한 설명으로 옳은 것만을 〈보기〉에서 있는 대로 고른 것은? [3점]

보기
ㄱ. α는 부분적인 양전하(δ^{+})이다.
ㄴ. Y는 S이다.
ㄷ. ㉠은 W이다.

① ㄱ ② ㄴ ③ ㄱ, ㄷ ④ ㄴ, ㄷ ⑤ ㄱ, ㄴ, ㄷ

19

▸24067-0263

다음은 중화 반응 실험이다.

[자료]
○ 수용액에서 $X(OH)_2$는 X^{2+}과 OH^{-}으로, H_2Y는 H^{+}과 Y^{2-}으로, ZOH는 Z^{+}과 OH^{-}으로 모두 이온화된다.

[실험 과정]
(가) 0.4 M $H_2Y(aq)$과 0.2 M $ZOH(aq)$을 같은 부피로 혼합하여 혼합 용액 Ⅰ을 만든다.
(나) a M $X(OH)_2(aq)$ $2V$ mL에 Ⅰ V mL를 첨가하여 혼합 용액 Ⅱ를 만든다.
(다) a M $X(OH)_2(aq)$ $2V$ mL에 Ⅰ $2V$ mL를 첨가하여 혼합 용액 Ⅲ을 만든다.

[실험 결과]
○ Ⅱ와 Ⅲ에 대한 자료

혼합 용액	Ⅱ	Ⅲ
혼합 용액에 존재하는 모든 이온 수 비	2 : 2 : 1 : 1	2 : 1 : 1 : 1
$\frac{\text{음이온 수}}{\text{양이온 수}}$		x
혼합 용액에 존재하는 모든 이온의 몰 농도(M) 합(상댓값)	1	y
액성	염기성	산성

$a \times x \times y$는? (단, 온도는 일정하고, X^{2+}, Y^{2-}, Z^{+}은 반응하지 않으며, 물의 자동 이온화는 무시한다. 혼합 용액의 부피는 혼합 전 각 용액의 부피의 합과 같다.) [3점]

① $\frac{1}{24}$ ② $\frac{1}{12}$ ③ $\frac{1}{10}$ ④ $\frac{1}{8}$ ⑤ $\frac{1}{2}$

20

▸24067-0264

다음은 $A(g)$와 $B(g)$가 반응하여 $C(g)$를 생성하는 반응의 화학 반응식이다.

$$A(g) + bB(g) \longrightarrow 2C(g) \quad (b\text{는 반응 계수})$$

표는 실린더에 $A(g)$와 $B(g)$를 넣고 반응을 완결시킨 실험 Ⅰ, Ⅱ에 대한 자료이다. Ⅰ, Ⅱ에서 반응 후 남은 반응물의 종류는 같고, 반응 전 실린더 속 기체의 부피비는 Ⅰ : Ⅱ = 7 : 12이다.

실험	반응 전		반응 후
	$A(g)$의 질량(g)	$B(g)$의 질량(g)	$\frac{\text{생성된 } C(g)\text{의 양(mol)}}{\text{남은 반응물의 양(mol)}}$(상댓값)
Ⅰ	w	$\frac{3}{2}w$	3
Ⅱ	$\frac{3}{2}w$	$3w$	5

$b \times \frac{\text{반응 후 Ⅰ에서 전체 기체의 부피(L)}}{\text{반응 후 Ⅱ에서 전체 기체의 부피(L)}}$는? (단, 기체의 온도와 압력은 일정하다.) [3점]

① $\frac{7}{9}$ ② $\frac{8}{9}$ ③ 1 ④ $\frac{10}{9}$ ⑤ $\frac{11}{9}$

실전 모의고사 3회

제한시간 30분 | 배점 50점 | 정답과 해설 48쪽

문항에 따라 배점이 다르니, 각 물음의 끝에 표시된 배점을 참고하시오. 3점 문항에만 점수가 표시되어 있습니다. 점수 표시가 없는 문항은 모두 2점입니다.

01

▸24067-0265

다음은 일상생활에서 이용되고 있는 3가지 물질에 대한 자료이다.

- 암모니아(NH_3)는 [㉠].
- ㉡ 메테인(CH_4)을 연소시키면 열이 발생한다.
- ㉢ 에탄올(C_2H_5OH)은 의료용 손 소독제로 이용된다.

이에 대한 설명으로 옳은 것만을 〈보기〉에서 있는 대로 고른 것은?

보기

ㄱ. '질소 비료를 만드는 데 이용된다'는 ㉠으로 적절하다.

ㄴ. ㉡의 연소 반응은 발열 반응이다.

ㄷ. ㉢은 탄소 화합물이다.

① ㄱ ② ㄷ ③ ㄱ, ㄴ ④ ㄴ, ㄷ ⑤ ㄱ, ㄴ, ㄷ

02

▸24067-0266

그림은 화합물 AB와 CB_2를 화학 결합 모형으로 나타낸 것이다.

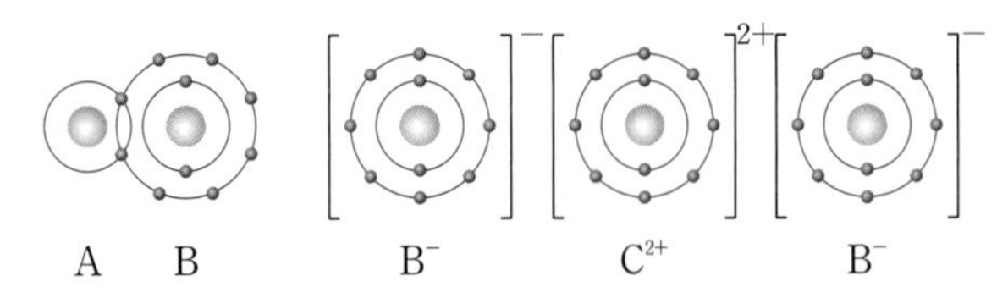

이에 대한 설명으로 옳은 것만을 〈보기〉에서 있는 대로 고른 것은? (단, A~C는 임의의 원소 기호이다.)

보기

ㄱ. A는 금속 원소이다.

ㄴ. B_2는 공유 결합 물질이다.

ㄷ. $C(s)$는 전기 전도성이 있다.

① ㄱ ② ㄴ ③ ㄱ, ㄴ ④ ㄴ, ㄷ ⑤ ㄱ, ㄴ, ㄷ

03

▸24067-0267

그림은 2주기 원소 W~Z로 구성된 2가지 분자의 루이스 전자점식을 나타낸 것이다.

:X:
:X:W:X: :Z::Y::Z:

이에 대한 설명으로 옳은 것만을 〈보기〉에서 있는 대로 고른 것은? (단, W~Z는 임의의 원소 기호이다.)

보기

ㄱ. 원자가 전자 수는 W > Z이다.

ㄴ. 전기 음성도는 Y > X이다.

ㄷ. XYW의 $\frac{\text{비공유 전자쌍 수}}{\text{공유 전자쌍 수}} = 1$이다.

① ㄱ ② ㄷ ③ ㄱ, ㄴ ④ ㄴ, ㄷ ⑤ ㄱ, ㄴ, ㄷ

04

▸24067-0268

표는 3가지 분자를 주어진 기준에 따라 각각 분류한 것이다. ㉠~㉢은 O_2, H_2O, CF_4를 순서 없이 나타낸 것이다.

기준	예	아니요
극성 공유 결합이 있는가?	㉠, ㉢	㉡
분자의 쌍극자 모멘트가 0인가?	㉡, ㉢	㉠

이에 대한 설명으로 옳은 것만을 〈보기〉에서 있는 대로 고른 것은?

보기

ㄱ. ㉠에서 중심 원자는 부분적인 양전하(δ^+)를 띤다.

ㄴ. 비공유 전자쌍 수는 ㉡이 ㉠의 2배이다.

ㄷ. ㉢에는 다중 결합이 있다.

① ㄴ ② ㄷ ③ ㄱ, ㄴ ④ ㄱ, ㄷ ⑤ ㄱ, ㄴ, ㄷ

05

▸24067-0269

표는 분자 (가)~(라)에 대한 자료이다. (가)~(라)는 N_2, HCN, NH_3, CH_3Cl을 순서 없이 나타낸 것이다.

분자	(가)	(나)	(다)	(라)
공유 전자쌍 수	4	x		
비공유 전자쌍 수	1	2	x	y

이에 대한 설명으로 옳은 것만을 <보기>에서 있는 대로 고른 것은?

보기

ㄱ. $\frac{x}{y}=3$이다.

ㄴ. 결합각은 (가)>(라)이다.

ㄷ. (다)는 구성 원자가 모두 동일 평면에 존재한다.

① ㄱ ② ㄷ ③ ㄱ, ㄴ
④ ㄴ, ㄷ ⑤ ㄱ, ㄴ, ㄷ

06

▸24067-0270

표는 원소 X와 Y에 대한 자료이다. 자연계에서 X는 ^{35}X와 ^{37}X로만 존재하고, Y는 ^{m}Y와 ^{m+2}Y로만 존재한다.

원소	원자 번호	동위 원소	원자량	자연계에 존재하는 비율(%)	평균 원자량
X	17	^{35}X	35	$a+25$	$35+x$
		^{37}X	37	$a-25$	
Y	35	^{m}Y	m	b	$m+y$
		^{m+2}Y	$m+2$	b	

이에 대한 설명으로 옳은 것만을 <보기>에서 있는 대로 고른 것은? (단, X와 Y는 임의의 원소 기호이다.) [3점]

보기

ㄱ. $\frac{x}{y}=2$이다.

ㄴ. $\frac{1\text{ g의 }^{35}X\text{에 들어 있는 양성자수}}{1\text{ g의 }^{37}X\text{에 들어 있는 양성자수}}=\frac{37}{35}$이다.

ㄷ. 자연계에서 $\frac{1\text{ mol의 }X_2\text{ 중 }^{37}X_2\text{의 전체 중성자수}}{1\text{ mol의 YX 중 }^{m+2}Y^{37}X\text{의 전체 양성자수}}=\frac{5}{13}$이다.

① ㄱ ② ㄴ ③ ㄷ
④ ㄱ, ㄴ ⑤ ㄴ, ㄷ

07

▸24067-0271

표는 2, 3주기 바닥상태 원자 X~Z의 전자 배치에 대한 자료이다.

원자	X	Y	Z
$\frac{p\text{ 오비탈에 들어 있는 전자 수}}{s\text{ 오비탈에 들어 있는 전자 수}}$	a	$3a$	
전자가 2개 들어 있는 오비탈 수	b	$3b$	$3b+2$

이에 대한 설명으로 옳은 것만을 <보기>에서 있는 대로 고른 것은? (단, X~Z는 임의의 원소 기호이다.) [3점]

보기

ㄱ. $b=4a$이다.

ㄴ. 홀전자 수는 X>Y이다.

ㄷ. 원자가 전자 수는 Y>Z이다.

① ㄱ ② ㄷ ③ ㄱ, ㄴ
④ ㄴ, ㄷ ⑤ ㄱ, ㄴ, ㄷ

08

▸24067-0272

표는 수소 원자의 오비탈 (가)~(다)에 대한 자료이다. (가)~(다)는 각각 $1s$, $2s$, $2p$, $3s$, $3p$ 중 하나이고, n은 주 양자수, l은 방위(부) 양자수, m_l은 자기 양자수이다. 에너지 준위는 (가)>(다)이다.

오비탈	(가)	(나)	(다)
$n-l$	x	$3x$	x
$\frac{n+m_l}{l+1}$	y	$6y$	z

이에 대한 설명으로 옳은 것만을 <보기>에서 있는 대로 고른 것은?

보기

ㄱ. (가)는 $3s$이다.

ㄴ. $\frac{x+z}{y}=2$이다.

ㄷ. 에너지 준위는 (나)>(다)이다.

① ㄱ ② ㄴ ③ ㄷ
④ ㄱ, ㄷ ⑤ ㄴ, ㄷ

09

▸24067-0273

다음은 바닥상태 원자 X~Z에 대한 자료이다. n은 주 양자수, l은 방위(부) 양자수이다.

- X~Z의 원자 번호는 모두 다르며 각각 7~13 중 하나이다.
- $n+l=3$인 전자 수의 비는 X : Y=2 : 1이다.
- $\frac{\text{홀전자 수}}{\text{전자가 들어 있는 오비탈 수}}$의 비는 Y : Z=2 : 1이다.
- p 오비탈에 들어 있는 전자 수의 비는 X : Y=3 : 2이다.

X~Z에 대한 설명으로 옳은 것만을 <보기>에서 있는 대로 고른 것은? (단, X~Z는 임의의 원소 기호이다.) [3점]

보기

ㄱ. 2주기 원소는 2가지이다.

ㄴ. $\frac{\text{제2 이온화 에너지}}{\text{제1 이온화 에너지}}$는 Y>Z이다.

ㄷ. Ne의 전자 배치를 갖는 이온의 반지름은 Z>X이다.

① ㄱ ② ㄷ ③ ㄱ, ㄴ ④ ㄴ, ㄷ ⑤ ㄱ, ㄴ, ㄷ

10

▸24067-0274

다음은 바닥상태 원자 W~Z에 대한 자료이다. W~Z는 O, Na, Mg, Al을 순서 없이 나타낸 것이다.

- X는 원자가 전자 수가 홀전자 수의 3배이다.
- $\frac{\text{제2 이온화 에너지}}{\text{제1 이온화 에너지}}$는 Y가 가장 크다.
- Ne의 전자 배치를 갖는 이온의 반지름은 Z>Y>W이다.

이에 대한 설명으로 옳은 것만을 <보기>에서 있는 대로 고른 것은?

보기

ㄱ. 원자 반지름은 Z>Y이다.

ㄴ. 제1 이온화 에너지는 X>W이다.

ㄷ. 원자가 전자가 느끼는 유효 핵전하는 X>Y이다.

① ㄱ ② ㄴ ③ ㄷ ④ ㄱ, ㄴ ⑤ ㄴ, ㄷ

11

▸24067-0275

그림은 t℃에서 A(l)와 $6a$ M A(aq)을 혼합한 후 물을 추가하여 $5a$ M A(aq)을 만드는 과정을 나타낸 것이다. t℃에서 A(l)의 밀도는 d g/mL이고, A의 분자량은 x이다.

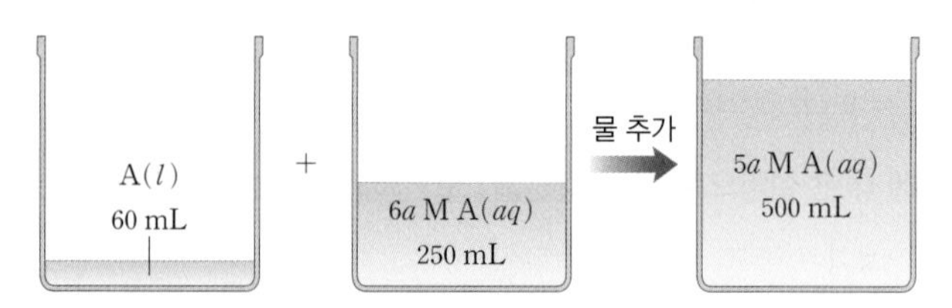

$\frac{d}{a}$는? (단, 온도는 t℃로 일정하다.) [3점]

① $\frac{x}{60}$ ② $\frac{x}{30}$ ③ $\frac{x}{20}$ ④ $\frac{x}{10}$ ⑤ $\frac{x}{5}$

12

▸24067-0276

표는 25℃에서 수용액 (가)~(다)에 대한 자료이다.

수용액	(가)	(나)	(다)
H_3O^+의 양(mol)	10^8a	a	
pOH	$7b$	b	$4b+1$
부피(L)	1	10	

이에 대한 설명으로 옳은 것만을 <보기>에서 있는 대로 고른 것은? (단, 25℃에서 물의 이온화 상수(K_w)는 1×10^{-14}이다.) [3점]

보기

ㄱ. $b=1$이다.

ㄴ. $\frac{\text{(나)에서 } OH^- \text{의 양(mol)}}{\text{(가)에서 } H_3O^+ \text{의 양(mol)}}=1\times10^3$이다.

ㄷ. (다)에서 $\frac{[OH^-]}{[H_3O^+]}=1\times10^{-2}$이다.

① ㄱ ② ㄴ ③ ㄱ, ㄷ ④ ㄴ, ㄷ ⑤ ㄱ, ㄴ, ㄷ

13

▸24067-0277

표는 25°C에서 밀폐된 진공 용기에 $X(s)$를 넣은 후 시간에 따른 $\frac{X(s)\text{의 양(mol)}}{X(g)\text{의 양(mol)}}$을, 그림은 t_2일 때 용기 안의 상태를 나타낸 것이다. t_2일 때 $X(s)$와 $X(g)$는 동적 평형 상태에 도달하였고, $0<t_1<t_2<t_3$이다.

시간	t_1	t_2	t_3
$\frac{X(s)\text{의 양(mol)}}{X(g)\text{의 양(mol)}}$	a	b	c

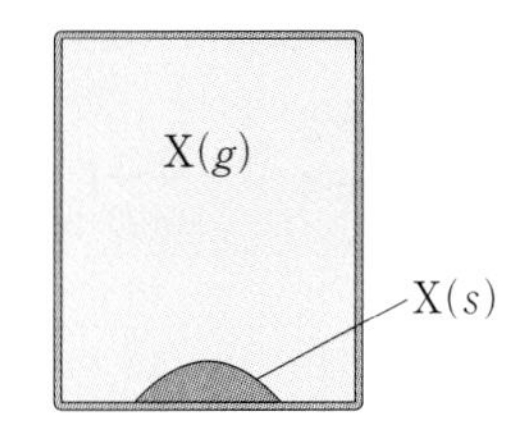

이에 대한 설명으로 옳은 것만을 〈보기〉에서 있는 대로 고른 것은? (단, 온도는 25°C로 일정하다.) [3점]

보기

ㄱ. $a>c$이다.

ㄴ. $X(g)$의 양(mol)은 t_1일 때가 t_2일 때보다 많다.

ㄷ. $\frac{X(s)\text{가 } X(g)\text{로 승화되는 속도}}{X(g)\text{가 } X(s)\text{로 승화되는 속도}}$는 t_1일 때가 t_3일 때보다 크다.

① ㄱ ② ㄴ ③ ㄱ, ㄷ
④ ㄴ, ㄷ ⑤ ㄱ, ㄴ, ㄷ

14

▸24067-0278

다음은 산화 환원 반응 (가)~(다)의 화학 반응식이다.

(가) $CuO+H_2 \longrightarrow Cu+H_2O$

(나) $Mg+2HCl \longrightarrow MgCl_2+H_2$

(다) $aCuS+bNO_3^-+8H^+ \longrightarrow cCu^{2+}+dSO_4^{2-}+eNO+4H_2O$

(a~e는 반응 계수)

이에 대한 설명으로 옳은 것만을 〈보기〉에서 있는 대로 고른 것은?

보기

ㄱ. (가)에서 H_2는 산화제로 작용한다.

ㄴ. (나)에서 Mg의 산화수는 증가한다.

ㄷ. $\frac{c+d+e}{a+b}=\frac{3}{2}$이다.

① ㄴ ② ㄷ ③ ㄱ, ㄴ
④ ㄱ, ㄷ ⑤ ㄴ, ㄷ

15

▸24067-0279

그림은 금속 이온 $X^+(aq)$이 들어 있는 비커에 순서대로 금속 $Y(s)$와 $Z(s)$를 넣어 반응을 완결시켰을 때, 비커에 존재하는 양이온의 종류와 양(mol)을 나타낸 것이다.

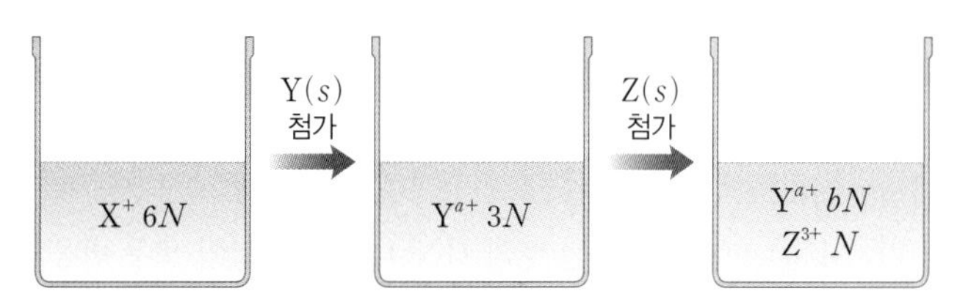

$a\times b$는? (단, X~Z는 임의의 원소 기호이고 물과 반응하지 않으며, 음이온은 반응에 참여하지 않는다.) [3점]

① 1 ② 2 ③ 3
④ 6 ⑤ 8

16

▸24067-0280

다음은 식초 A 1 g에 들어 있는 아세트산(CH_3COOH)의 질량을 알아보기 위한 중화 적정 실험이다.

[실험 과정]

(가) 25°C에서 밀도가 d g/mL인 식초 A를 준비한다.

(나) 식초 A a mL에 물을 넣어 100 mL 수용액을 만든다.

(다) (나)에서 만든 수용액 20 mL를 삼각 플라스크에 넣고 페놀프탈레인 용액을 2~3방울 떨어뜨린다.

(라) (다)의 삼각 플라스크 속 수용액을 0.25 M $KOH(aq)$으로 적정하였을 때, 수용액 전체가 붉은색으로 변하는 순간 적정을 멈추고 적정에 사용된 $KOH(aq)$의 부피(V)를 측정한다.

[실험 결과]

○ V : b mL

○ 식초 A 1 g에 들어 있는 CH_3COOH의 질량 : w g

w는? (단, CH_3COOH의 분자량은 60이고, 온도는 25°C로 일정하며, 중화 적정 과정에서 식초 A에 포함된 물질 중 CH_3COOH만 KOH과 반응한다.)

① $\frac{3b}{100ad}$ ② $\frac{b}{20ad}$ ③ $\frac{3b}{40ad}$
④ $\frac{3b}{20ad}$ ⑤ $\frac{b}{ad}$

17

▸24067-0281

다음은 금속 M의 원자량을 구하기 위한 실험이다.

[자료]
○ 화학 반응식 : $3M(s)+8HNO_3(aq)$
$\longrightarrow 3M(NO_3)_2(aq)+4H_2O(l)+2NO(g)$
○ t℃, 1 atm에서 기체 1 mol의 부피는 24 L이다.

[실험 과정]
(가) $M(s)$ w g을 충분한 양의 $HNO_3(aq)$에 넣어 모두 반응시킨다.
(나) 생성된 $NO(g)$의 부피를 측정한다.

[실험 결과]
○ t℃, 1 atm에서 $NO(g)$의 부피 : a L
○ M의 원자량 : x

x는? (단, M은 임의의 원소 기호이고, 온도와 압력은 각각 t℃, 1 atm으로 일정하다.) [3점]

① $\frac{8w}{a}$ ② $\frac{12w}{a}$ ③ $\frac{16w}{a}$ ④ $\frac{24w}{a}$ ⑤ $\frac{32w}{a}$

18

▸24067-0282

표는 같은 온도와 압력에서 용기 (가)와 (나)에 들어 있는 기체에 대한 자료이다.

용기	기체	X의 질량 (상댓값)	$\frac{\text{Z 원자 수}}{\text{Y 원자 수}}$	기체의 질량(g)
(가)	XY_4, XZ_2	3	1	$11w$
(나)	XZ_2, ZY_2	2	1	$19w$

이에 대한 설명으로 옳은 것만을 <보기>에서 있는 대로 고른 것은? (단, X~Z는 임의의 원소 기호이다.)

보기
ㄱ. $\frac{\text{(나)에서 } ZY_2\text{의 양(mol)}}{\text{(가)에서 } XY_4\text{의 양(mol)}}=2$이다.
ㄴ. 단위 부피당 Y 원자 수는 (가)와 (나)에서 같다.
ㄷ. $\frac{\text{X의 원자량}}{\text{Y의 원자량+Z의 원자량}}=\frac{12}{35}$이다.

① ㄱ ② ㄴ ③ ㄱ, ㄷ
④ ㄴ, ㄷ ⑤ ㄱ, ㄴ, ㄷ

19

▸24067-0283

다음은 a M $H_2X(aq)$, b M $YOH(aq)$, $\frac{2}{3}b$ M $Z(OH)_2(aq)$의 부피를 달리하여 혼합한 용액 (가)~(다)에 대한 자료이다.

○ 수용액에서 H_2X는 H^+과 X^{2-}으로, YOH는 Y^+과 OH^-으로, $Z(OH)_2$는 Z^{2+}과 OH^-으로 모두 이온화된다.

혼합 용액	혼합 전 용액의 부피(mL)			모든 음이온의 몰 농도(M) 합 (상댓값)
	$H_2X(aq)$	$YOH(aq)$	$Z(OH)_2(aq)$	
(가)	20	20	0	3
(나)	40	10	10	2
(다)	30	15	15	x

○ (가)의 액성은 염기성이다.
○ (나)에 존재하는 모든 이온의 이온 수 비는 2 : 2 : 3 : 3이다.

$\frac{a\times x}{b}$는? (단, 혼합 용액의 부피는 혼합 전 각 용액의 부피의 합과 같고, 물의 자동 이온화는 무시하며, X^{2-}, Y^+, Z^{2+}은 반응하지 않는다.) [3점]

① $\frac{1}{2}$ ② $\frac{3}{5}$ ③ $\frac{6}{5}$ ④ $\frac{3}{2}$ ⑤ $\frac{12}{5}$

20

▸24067-0284

다음은 $A(g)$와 $B(g)$가 반응하여 $C(g)$를 생성하는 반응의 화학 반응식이다.

$$A(g)+2B(g) \longrightarrow 2C(g)$$

표는 실린더에 $A(g)$와 $B(g)$를 넣고 반응시켰을 때, 반응이 진행되는 동안 시간에 따른 실린더 속 기체에 대한 자료이다. $0<t_1<t_2<t_3$이고, t_3일 때 반응이 완결되었다.

시간		t_1	t_2	t_3
기체의 양	$A(g)$	$12w$ g	$11w$ g	$\frac{9}{2}n$ mol
	$B(g)$		$8w$ g	
	$C(g)$	x g		$5n$ mol
전체 기체의 부피(L)		$22V$	$21V$	$19V$

$x\times\frac{\text{A의 분자량}}{\text{C의 분자량}}$은? (단, 실린더 속 기체의 온도와 압력은 일정하다.) [3점]

① $4w$ ② $\frac{17}{2}w$ ③ $10w$ ④ $\frac{25}{2}w$ ⑤ $25w$

실전 모의고사 4회

제한시간 30분 | 배점 50점 | 정답과 해설 52쪽

문항에 따라 배점이 다르니, 각 물음의 끝에 표시된 배점을 참고하시오. 3점 문항에만 점수가 표시되어 있습니다. 점수 표시가 없는 문항은 모두 2점입니다.

01

▸24067-0285

그림은 일상생활에서 사용하는 제품과 이와 관련된 물질 (가)와 (나)를 나타낸 것이다.

(가) 아세트산(CH_3COOH)

(나) 암모니아(NH_3)

이에 대한 설명으로 옳은 것만을 〈보기〉에서 있는 대로 고른 것은?

보기
ㄱ. (가)를 물에 녹이면 산성 수용액이 된다.
ㄴ. (나)는 인류 식량 문제를 개선하는 데 기여하였다.
ㄷ. (가)의 수용액과 (나)의 수용액을 혼합하면, 주위로부터 열을 흡수한다.

① ㄴ　② ㄷ　③ ㄱ, ㄴ　④ ㄱ, ㄷ　⑤ ㄱ, ㄴ, ㄷ

02

▸24067-0286

다음은 양자수에 대한 세 학생의 대화이다.

한 오비탈이 가질 수 있는 방위(부) 양자수(l)는 그 오비탈의 주 양자수(n)보다 클 수 없어.

한 오비탈이 가질 수 있는 |자기 양자수(m_l)|은 그 오비탈의 방위(부) 양자수(l)보다 클 수 없어.

1개의 오비탈에는 스핀 자기 양자수(m_s)의 가짓수만큼 전자가 최대로 들어갈 수 있어.

제시한 내용이 옳은 학생만을 있는 대로 고른 것은?

① A　② C　③ A, B　④ B, C　⑤ A, B, C

03

▸24067-0287

그림은 원소 A와 B로 이루어진 분자 (가)와 (나)를 나타낸 것이다.

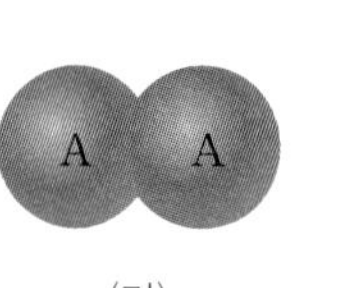

(가)

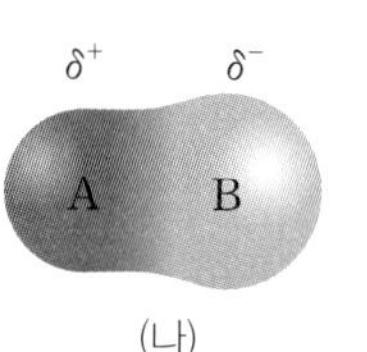

(나)

이에 대한 설명으로 옳은 것만을 〈보기〉에서 있는 대로 고른 것은? (단, A와 B는 임의의 원소 기호이다.)

보기
ㄱ. (가)에는 무극성 공유 결합이 있다.
ㄴ. 전기 음성도는 A가 B보다 크다.
ㄷ. (나)는 분자의 쌍극자 모멘트가 0이 아니다.

① ㄱ　② ㄴ　③ ㄱ, ㄷ　④ ㄴ, ㄷ　⑤ ㄱ, ㄴ, ㄷ

04

▸24067-0288

그림은 2주기 원소 X~Z로 구성된 분자 (가)와 (나)의 루이스 전자점식을 나타낸 것이다.

$:\ddot{\underset{..}{Y}}:\ddot{\underset{..}{X}}:\ddot{\underset{..}{Y}}:$　　$:\dot{\dot{X}}::Z::\dot{\dot{X}}:$

(가)　　(나)

이에 대한 설명으로 옳은 것만을 〈보기〉에서 있는 대로 고른 것은? (단, X~Z는 임의의 원소 기호이다.)

보기
ㄱ. (가)에서 $\dfrac{\text{공유 전자쌍 수}}{\text{비공유 전자쌍 수}}=\dfrac{1}{4}$이다.
ㄴ. (나)에서 X는 부분적인 음전하(δ^-)를 띤다.
ㄷ. ZXY_2의 분자 모양은 평면 삼각형이다.

① ㄴ　② ㄷ　③ ㄱ, ㄴ　④ ㄱ, ㄷ　⑤ ㄱ, ㄴ, ㄷ

정답과 해설 52쪽

05

▸24067-0289

그림은 주기율표의 일부를 나타낸 것이다.

주기＼족	1	2	13	14	15	16	17	18
1								
2	(가)				(나)			
3	(다)							

바닥상태 원자에 대한 설명으로 옳은 것만을 〈보기〉에서 있는 대로 고른 것은?

보기

ㄱ. (가) 영역의 원자들은 전자가 들어 있는 s 오비탈 수가 같다.

ㄴ. (나) 영역의 원자들은 전자가 들어 있는 오비탈 수가 같다.

ㄷ. (다)에 해당하는 원자는 s 오비탈에 들어 있는 전자 수와 p 오비탈에 들어 있는 전자 수의 합이 11이다.

① ㄱ ② ㄷ ③ ㄱ, ㄴ ④ ㄴ, ㄷ ⑤ ㄱ, ㄴ, ㄷ

06

▸24067-0290

그림은 2주기 원자 W～Z의 $\frac{\text{제3 이온화 에너지}(E_3)}{\text{제2 이온화 에너지}(E_2)}$에 대한 자료이다.

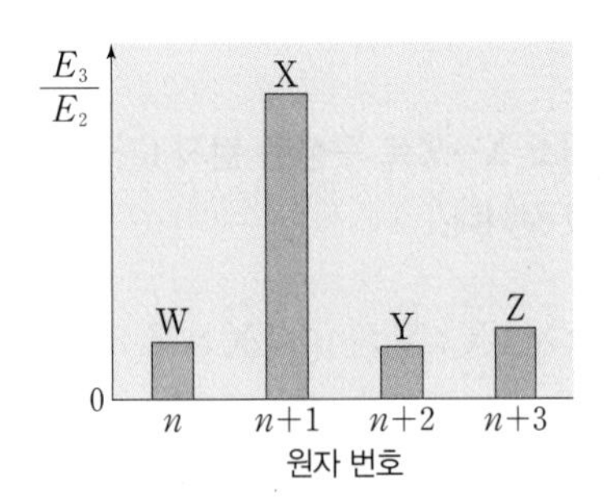

이에 대한 설명으로 옳은 것만을 〈보기〉에서 있는 대로 고른 것은? (단, W～Z는 임의의 원소 기호이다.)

보기

ㄱ. 제1 이온화 에너지(E_1)는 Z＞X이다.

ㄴ. 제2 이온화 에너지(E_2)는 Y＞Z이다.

ㄷ. 원자가 전자가 느끼는 유효 핵전하는 X＞W이다.

① ㄴ ② ㄷ ③ ㄱ, ㄴ ④ ㄱ, ㄷ ⑤ ㄱ, ㄴ, ㄷ

07

▸24067-0291

표는 원자 번호가 20 이하인 원자 W～Z를 기준에 따라 분류한 것이다. W～Z의 이온은 Ne 또는 Ar의 전자 배치를 갖는다.

분류 기준	예	아니요
이온의 전자 수가 10인가?	W, X	Y, Z
$\frac{\text{이온 반지름}}{\text{원자 반지름}}$＞1인가?	W, Y	X, Z
(가)	X, Y	W, Z

이에 대한 설명으로 옳은 것만을 〈보기〉에서 있는 대로 고른 것은? (단, W～Z는 임의의 원소 기호이다.)

보기

ㄱ. '3주기 원소인가?'는 (가)로 적절하다.

ㄴ. W～Z 중 원자 번호가 가장 큰 것은 Z이다.

ㄷ. 이온 반지름은 X가 W보다 크다.

① ㄴ ② ㄷ ③ ㄱ, ㄴ ④ ㄱ, ㄷ ⑤ ㄱ, ㄴ, ㄷ

08

▸24067-0292

그림은 3가지 분자를 기준에 따라 분류한 것을 나타낸 것이다. ㉠～㉢은 각각 CF_4, NF_3, FCN을 순서 없이 나타낸 것이다.

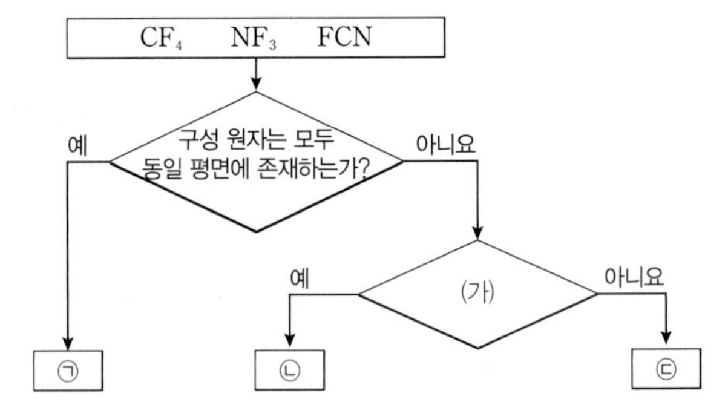

이에 대한 설명으로 옳은 것만을 〈보기〉에서 있는 대로 고른 것은?

보기

ㄱ. ㉡과 ㉢의 중심 원자는 같은 원소이다.

ㄴ. 분자당 구성 원자 수가 ㉡＞㉢일 때, '분자의 쌍극자 모멘트가 0인가?'는 (가)로 적절하다.

ㄷ. ㉠과 ㉢의 중심 원자의 산화수가 같을 때, '중심 원자에 비공유 전자쌍이 있는가?'는 (가)로 적절하다.

① ㄱ ② ㄴ ③ ㄷ ④ ㄴ, ㄷ ⑤ ㄱ, ㄴ, ㄷ

09

▸24067-0293

다음은 원자 번호가 18 이하인 바닥상태 원자 X~Z와 구성 원자 수가 각각 5 이하인 분자 (가)~(다)에 대한 자료이다. (가)~(다)에서 모든 원자는 옥텟 규칙을 만족하고, (나)의 화학식은 XZ_3이다.

○ X~Z는 전자가 들어 있는 s 오비탈 수가 모두 같다.

○ $\frac{p \text{ 오비탈에 들어 있는 전자 수}}{\text{전자가 들어 있는 } p \text{ 오비탈 수}}$는 X : Y : Z=3 : 3 : 5이다.

분자	(가)	(나)	(다)
구성 원소	X, Z	X, Z	Y, Z
구성 원자 수 비	㉠	1 : 3	㉡
$\frac{\text{비공유 전자쌍 수}}{\text{공유 전자쌍 수}}$	2	a	$\frac{6}{5}$

이에 대한 설명으로 옳은 것만을 〈보기〉에서 있는 대로 고른 것은? (단, X~Z는 임의의 원소 기호이다.)

보기

ㄱ. '1 : 1'은 ㉠과 ㉡으로 적절하다.

ㄴ. $a=\frac{6}{5}$이다.

ㄷ. (가)~(다)에서 다중 결합이 있는 분자는 1가지이다.

① ㄱ ② ㄴ ③ ㄱ, ㄷ ④ ㄴ, ㄷ ⑤ ㄱ, ㄴ, ㄷ

10

▸24067-0294

표는 원소 X와 Y의 동위 원소에 대한 자료이다. $a+b=c+d=100$이고, $n>m+1$이다.

원소	X		Y	
동위 원소	${}^{m}X$	${}^{m+1}X$	${}^{n}Y$	${}^{n+2}Y$
원자량	m	$m+1$	n	$n+2$
자연계에 존재하는 비율(%)	a	b	c	d
평균 원자량	$m+\frac{4}{5}$		$n+\frac{1}{2}$	

이에 대한 설명으로 옳은 것만을 〈보기〉에서 있는 대로 고른 것은? (단, X와 Y는 임의의 원소 기호이다.) [3점]

보기

ㄱ. $\frac{b}{a}>\frac{d}{c}$이다.

ㄴ. $b>c$이다.

ㄷ. $\frac{1\text{ g의 } {}^{m+1}X\text{에 들어 있는 원자 수}}{1\text{ g의 } {}^{n}Y\text{에 들어 있는 원자 수}}>1$이다.

① ㄴ ② ㄷ ③ ㄱ, ㄴ ④ ㄱ, ㄷ ⑤ ㄱ, ㄴ, ㄷ

11

▸24067-0295

다음은 $A(g)$와 $B(g)$가 반응하여 $C(g)$를 생성하는 반응의 화학 반응식이다.

$$aA(g) + bB(g) \longrightarrow cC(g) \quad (a\sim c\text{는 반응 계수})$$

표는 실린더에 $A(g)$와 $B(g)$를 넣고 반응을 완결시킨 실험 Ⅰ~Ⅲ에 대한 자료이다. Ⅰ~Ⅲ에서 반응 후 실린더에 존재하는 물질은 $B(g)$와 $C(g)$이다.

실험	반응 전	반응 후	
	전체 기체의 부피(L)	전체 기체의 부피(L)	생성물의 양(mol)
Ⅰ	$8V$	$5.5V$	m
Ⅱ	$7V$	$5.5V$	n
Ⅲ	$6V$	㉠	n

이에 대한 설명으로 옳은 것만을 〈보기〉에서 있는 대로 고른 것은? (단, 실린더 속 기체의 온도와 압력은 일정하다.) [3점]

보기

ㄱ. $n=\frac{7}{8}m$이다.

ㄴ. ㉠은 $4.5V$이다.

ㄷ. 반응 전 실린더에 넣어 준 $A(g)$의 양(mol)은 Ⅰ에서가 Ⅲ에서의 $\frac{4}{3}$배이다.

① ㄱ ② ㄴ ③ ㄷ ④ ㄴ, ㄷ ⑤ ㄱ, ㄴ, ㄷ

12

▸24067-0296

다음은 $NaOH(aq)$을 만드는 실험이다.

(가) 0.1 M $NaOH(aq)$ 300 mL에 물을 넣어 x M $NaOH(aq)$ 500 mL를 만든다.

(나) (가)에서 만든 수용액 250 mL에 NaOH y g과 물을 넣어 0.3 M $NaOH(aq)$ 500 mL를 만든다.

(다) (나)에서 만든 수용액의 일부와 물을 이용하여 t°C에서 밀도가 d g/mL인 z M $NaOH(aq)$ V mL를 만든다.

이에 대한 설명으로 옳은 것만을 〈보기〉에서 있는 대로 고른 것은? (단, NaOH의 화학식량은 40이고, 용액의 온도는 t°C로 일정하다.) [3점]

보기

ㄱ. $\frac{y}{x}=90$이다.

ㄴ. $z<\frac{150}{V}$이다.

ㄷ. $z=0.2$, $V=500$일 때 (다) 수용액 1 g에 들어 있는 NaOH의 질량은 $\frac{1}{500d}$ g이다.

① ㄱ ② ㄷ ③ ㄱ, ㄴ ④ ㄴ, ㄷ ⑤ ㄱ, ㄴ, ㄷ

13

▶24067-0297

표는 밑면적이 같고 높이가 다른 두 밀폐된 진공 용기 (가)와 (나)에 각각 같은 양(mol)의 $X(l)$를 넣은 후 시간에 따른 $\frac{\text{응축 속도}}{\text{증발 속도}}$를 나타낸 것이다. (가)에서는 $2t$일 때, (나)에서는 $2t$와 $3t$ 사이일 때 $X(l)$와 $X(g)$가 동적 평형 상태에 도달하였다.

시간		t	$2t$	$3t$
$\frac{\text{응축 속도}}{\text{증발 속도}}$	(가)	a		b
	(나)	c	d	

이에 대한 설명으로 옳은 것만을 〈보기〉에서 있는 대로 고른 것은? (단, 온도는 일정하다.) [3점]

보기

ㄱ. $d>b$이다.

ㄴ. $a>c$이다.

ㄷ. $3t$일 때 $\frac{X(g)\text{의 양(mol)}}{X(l)\text{의 양(mol)}}$은 (나)에서가 (가)에서보다 크다.

① ㄱ ② ㄴ ③ ㄷ ④ ㄴ, ㄷ ⑤ ㄱ, ㄴ, ㄷ

14

▶24067-0298

다음은 25°C에서 식초 속에 들어 있는 아세트산(CH_3COOH)의 질량을 알아보기 위한 중화 적정 실험이다.

[실험 과정]

(가) 25°C, 10 mL의 식초의 질량(w)을 측정한다.

(나) (가)의 식초 10 mL에 물을 넣어 50 mL 수용액을 만든다.

(다) 삼각 플라스크에 (나)에서 만든 수용액 30 mL를 넣고 페놀프탈레인 용액을 2~3방울 떨어뜨린다.

(라) (다)의 삼각 플라스크에 0.1 M $NaOH(aq)$을 한 방울씩 떨어뜨리면서 삼각 플라스크를 흔들어 준다.

(마) (라)의 삼각 플라스크 속 수용액의 전체가 붉은색으로 변하는 순간 적정을 멈추고 적정에 사용된 $NaOH(aq)$의 부피(V)를 측정한다.

[실험 결과]

○ w : a g

○ V : b mL

(가)에서 식초 1 g에 들어 있는 CH_3COOH의 질량(g)은? (단, CH_3COOH의 분자량은 60이고, 온도는 25°C로 일정하며, 중화 적정 과정에서 식초에 포함된 물질 중 CH_3COOH만 NaOH과 반응한다.) [3점]

① $\frac{b}{500a}$ ② $\frac{b}{250a}$ ③ $\frac{b}{100a}$ ④ $\frac{3b}{250a}$ ⑤ $\frac{3b}{125a}$

15

▶24067-0299

다음은 금속 M과 관련된 산화 환원 반응에 대한 자료이다. M의 산화물에서 산소(O)의 산화수는 −2이다.

○ 화학 반응식 : $2MO_4^- + aH_2O_2 + bH^+ \longrightarrow 2M^{m+} + cO_2 + dH_2O$ (a~d는 반응 계수)

○ $\frac{a+c}{b+d} = \frac{5}{7}$이다.

○ MO_4^- 1 mol이 반응할 때 생성된 H_2O은 4 mol이다.

이에 대한 설명으로 옳은 것만을 〈보기〉에서 있는 대로 고른 것은? (단, M은 임의의 원소 기호이다.)

보기

ㄱ. $m=1$이다.

ㄴ. MO_4^- 2 mol이 반응할 때 이동한 전자의 양은 10 mol이다.

ㄷ. 산화제와 환원제는 2 : 1의 몰비로 반응한다.

① ㄱ ② ㄴ ③ ㄷ ④ ㄴ, ㄷ ⑤ ㄱ, ㄴ, ㄷ

16

▶24067-0300

다음은 금속 X~Z의 산화 환원 반응 실험이다.

[실험 과정]

(가) $X^+(aq)$ $6N$ mol이 들어 있는 수용액을 비커에 담아 준비한다.

(나) (가)의 비커 속 수용액에 $Y(s)$를 넣어 반응을 완결시키고 수용액에 존재하는 금속 양이온의 종류와 양(mol)을 확인한다.

(다) (나)의 비커 속 수용액에 $Z(s)$를 넣어 반응을 완결시키고 수용액에 존재하는 금속 양이온의 종류와 양(mol)을 확인한다.

[실험 결과]

실험 과정	(나)	(다)
수용액에 존재하는 금속 양이온의 양(mol)	X^+ $2N$, Y^{m+} $2N$	Z^{n+} $2N$

이에 대한 설명으로 옳은 것만을 〈보기〉에서 있는 대로 고른 것은? (단, X~Z는 임의의 원소 기호이고 물과 반응하지 않으며, 음이온은 반응에 참여하지 않는다.) [3점]

보기

ㄱ. $n>m$이다.

ㄴ. (다)의 비커 속 수용액에 $X(s)$를 넣어 주면 $X(s)$가 환원제로 작용한다.

ㄷ. (가)의 비커 속 수용액에 $Y(s)$ $4N$ mol을 넣어 반응을 완결시키면, 반응 후 비커 속에 존재하는 $\frac{Y^{m+}(aq)\text{의 양(mol)}}{Y(s)\text{의 양(mol)}}=3$이다.

① ㄱ ② ㄴ ③ ㄱ, ㄷ ④ ㄴ, ㄷ ⑤ ㄱ, ㄴ, ㄷ

17

▸24067-0301

표는 25℃에서 수용액 (가)~(다)에 대한 자료이고, ㉠과 ㉡은 pH와 pOH를 순서 없이 나타낸 것이다.

수용액	(가)	(나)	(다)
$\frac{[OH^-]}{[H_3O^+]}$	1×10^{12}		1×10^{-10}
㉠			2.0
㉡		7.0	
부피		$9V$	V

이에 대한 설명으로 옳은 것만을 〈보기〉에서 있는 대로 고른 것은? (단, 혼합 수용액의 부피는 혼합 전 각 수용액의 부피의 합과 같고, 혼합 시 두 수용액은 반응하지 않는다. 온도는 25℃로 일정하며, 25℃에서 물의 이온화 상수(K_w)는 1×10^{-14}이다.) [3점]

보기

ㄱ. $[OH^-]$의 비는 (가) : (다)=12 : 1이다.

ㄴ. $\frac{\text{(나)에서 } H_3O^+ \text{의 양(mol)}}{\text{(다)에서 } OH^- \text{의 양(mol)}}=9\times10^5$이다.

ㄷ. (나)와 (다)를 모두 혼합한 수용액의 ㉡은 13.0이다.

① ㄱ ② ㄴ ③ ㄷ ④ ㄴ, ㄷ ⑤ ㄱ, ㄴ, ㄷ

18

▸24067-0302

다음은 HA(aq) 10 mL에 $B(OH)_2(aq)$의 부피를 달리하여 혼합한 수용액 (가)~(다)에 대한 자료이다. HA(aq)과 $B(OH)_2(aq)$의 단위 부피당 음이온 수는 같다.

○ 수용액에서 HA는 H^+과 A^-으로, $B(OH)_2$는 B^{2+}과 OH^-으로 모두 이온화된다.

혼합 용액	(가)	(나)	(다)
혼합 용액에 존재하는 양이온의 가짓수	1	1	2
모든 양이온의 양(mol)	N	$1.5N$	$1.5N$
모든 음이온의 몰 농도(M) 합(상댓값)		x	y

○ (가)~(다)의 액성은 모두 다르며, 각각 산성, 중성, 염기성 중 하나이다.

$\frac{y}{x}$는? (단, 혼합 용액의 부피는 혼합 전 각 수용액의 부피의 합과 같고, 물의 자동 이온화는 무시한다.) [3점]

① $\frac{2}{3}$ ② $\frac{5}{6}$ ③ $\frac{10}{9}$ ④ $\frac{5}{3}$ ⑤ $\frac{9}{5}$

19

▸24067-0303

표는 실린더 (가)와 (나)에 들어 있는 기체에 대한 자료이다.

실린더	기체	부피(L)	단위 부피당 전체 원자 수	질량(g)
(가)	$X_{2a}Y_b$	$0.5V$	$2m$	$2w$
(나)	X_aY_c	V	m	

이에 대한 설명으로 옳은 것만을 〈보기〉에서 있는 대로 고른 것은? (단, X와 Y는 임의의 원소 기호이고, 실린더 속 기체의 온도와 압력은 일정하며, $X_{2a}Y_b(g)$와 $X_aY_c(g)$는 반응하지 않는다.) [3점]

보기

ㄱ. $b=2c$이다.

ㄴ. $\frac{\text{(나)의 기체 } 2w \text{ g에 들어 있는 Y 원자 수}}{\text{(가)의 기체 } w \text{ g에 들어 있는 X 원자 수}}=\frac{b}{a}$이다.

ㄷ. w g의 $X_{2a}Y_b$와 $4w$ g의 X_aY_c를 혼합한 실린더 속 전체 기체의 밀도(g/L)는 $\frac{10w}{9V}$이다.

① ㄴ ② ㄷ ③ ㄱ, ㄴ ④ ㄱ, ㄷ ⑤ ㄱ, ㄴ, ㄷ

20

▸24067-0304

다음은 A(g)와 B(g)의 반응에 대한 실험이다. 실린더 속 기체의 온도와 압력은 각각 t℃, 1 atm으로 일정하다.

○ 화학 반응식 : $A(g)+3B(g) \longrightarrow 2C(g)$

[실험 과정]

(가) 실린더에 A(g)와 x g의 B(g)를 넣고, 반응 전 실린더 속 전체 기체의 부피를 측정한다.

(나) 반응 완결 후 생성된 C(g)의 질량과 실린더 속 전체 기체의 부피를 측정한다.

(다) (나)의 실린더에 w g의 B(g)를 추가하여 반응을 완결시킨 후 실린더에 존재하는 기체의 종류와 질량을 측정한다.

[실험 결과]

○ (가)에서 실린더 속 전체 기체의 부피 : $12V$ L

○ (나)에서 생성된 C(g)의 질량 : y g, 실린더 속 전체 기체의 부피 : $8V$ L

○ (다)에서 실린더에 존재하는 기체의 종류와 질량 : C(g), $3y$ g

이에 대한 설명으로 옳은 것만을 〈보기〉에서 있는 대로 고른 것은? [3점]

보기

ㄱ. $\frac{\text{C의 분자량}}{\text{B의 분자량}}\times w=3y$이다.

ㄴ. 실린더 속 $\frac{A(g)\text{의 양(mol)}}{\text{전체 기체의 양(mol)}}$은 (가)에서와 (나)에서가 같다.

ㄷ. t℃에서 실린더 속 전체 기체의 밀도(g/L)는 (가)에서가 (다)에서보다 크다.

① ㄱ ② ㄷ ③ ㄱ, ㄴ ④ ㄴ, ㄷ ⑤ ㄱ, ㄴ, ㄷ

실전 모의고사 5회

제한시간 30분 | 배점 50점 | 정답과 해설 56쪽

문항에 따라 배점이 다르니, 각 물음의 끝에 표시된 배점을 참고하시오. 3점 문항에만 점수가 표시되어 있습니다. 점수 표시가 없는 문항은 모두 2점입니다.

01

▸24067-0305

다음은 열의 출입과 관련된 반응에 대한 설명이다.

> 식물은 태양으로부터 흡수한 빛에너지로 광합성을 하여 포도당을 만든다. 이때 광합성은 빛에너지를 흡수하는 [(가)] 반응이다.

(가)로 가장 적절한 것은?

① 발열 ② 분해 ③ 연소
④ 중화 ⑤ 흡열

02

▸24067-0306

그림은 화합물 XY_2와 ZX를 화학 결합 모형으로 나타낸 것이다.

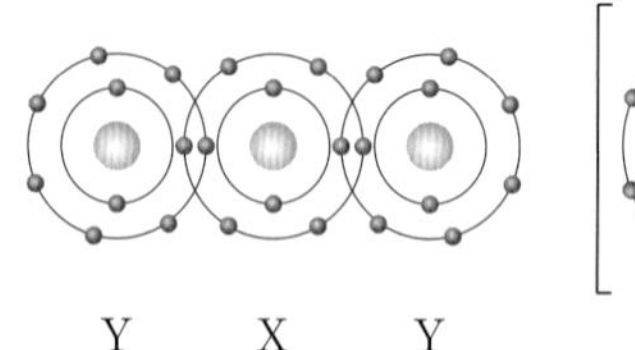

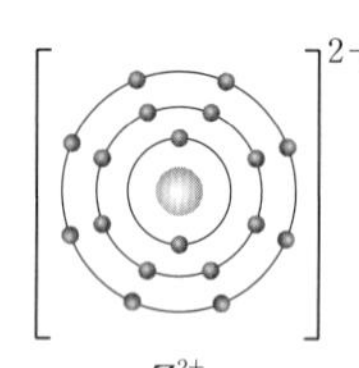

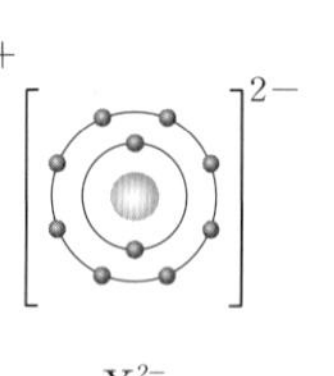

이에 대한 설명으로 옳은 것만을 <보기>에서 있는 대로 고른 것은? (단, X~Z는 임의의 원소 기호이다.)

보기
ㄱ. Y는 2주기 원소이다.
ㄴ. $Z(s)$는 전성(펴짐성)이 있다.
ㄷ. ZY_2는 이온 결합 물질이다.

① ㄴ ② ㄷ ③ ㄱ, ㄴ
④ ㄱ, ㄷ ⑤ ㄱ, ㄴ, ㄷ

03

▸24067-0307

다음은 학생 A가 수행한 탐구 활동이다.

> [가설]
> ○ 중심 원자에 4개의 전자쌍이 있는 CH_4, NH_3, H_2O 분자 중에서 [㉠] 수가 많을수록 결합각은 [㉡].
>
> [탐구 과정 및 결과]
> (가) 중심 원자에 4개의 전자쌍이 있는 CH_4, NH_3, H_2O 분자에서 [㉠] 수와 결합각을 조사한다.
> (나) (가)에서 조사한 내용을 표로 정리하였다.
>
> | 분자 | CH_4 | NH_3 | H_2O |
> |---|---|---|---|
> | [㉠] 수 | 0 | 1 | 2 |
> | 결합각 | 109.5° | 107° | 104.5° |
>
> [결론]
> ○ 가설은 옳다.

학생 A의 결론이 타당할 때, ㉠과 ㉡으로 가장 적절한 것은?

	㉠	㉡
①	공유 전자쌍	크다
②	공유 전자쌍	작다
③	공유 결합	크다
④	비공유 전자쌍	작다
⑤	비공유 전자쌍	크다

04

▸24067-0308

표는 밀폐된 진공 용기 안에 $H_2O(l)$을 넣은 후 시간에 따른 $H_2O(l)$과 $H_2O(g)$의 양(mol)을 나타낸 것이다. $0<t_1<t_2<t_3$이고, t_3일 때 $H_2O(l)$과 $H_2O(g)$는 동적 평형 상태에 도달하였다.

시간	t_1	t_2	t_3
$H_2O(l)$의 양(mol)		a	b
$H_2O(g)$의 양(mol)	c	d	e

이에 대한 설명으로 옳은 것만을 <보기>에서 있는 대로 고른 것은? (단, 온도는 일정하다.)

보기
ㄱ. $d>c$이다.
ㄴ. $\frac{b}{a}>\frac{e}{d}$이다.
ㄷ. $\frac{H_2O(l)\text{의 증발 속도}}{H_2O(g)\text{의 응축 속도}}$는 t_3일 때가 t_2일 때보다 크다.

① ㄱ ② ㄴ ③ ㄱ, ㄷ
④ ㄴ, ㄷ ⑤ ㄱ, ㄴ, ㄷ

05

▸24067-0309

다음은 $X_2Y_{2m}(g)$과 $Z_2(g)$가 반응하여 $XZ_m(g)$과 $Y_2Z(g)$를 생성하는 반응의 화학 반응식이다.

$$X_2Y_{2m}(g)+aZ_2(g) \longrightarrow 2XZ_m(g)+bY_2Z(g)$$

(a, b는 반응 계수)

그림은 실린더에 $X_2Y_{2m}(g)$과 $Z_2(g)$를 넣고 반응시켰을 때, 반응 전과 후 실린더에 존재하는 물질을 나타낸 것이다.

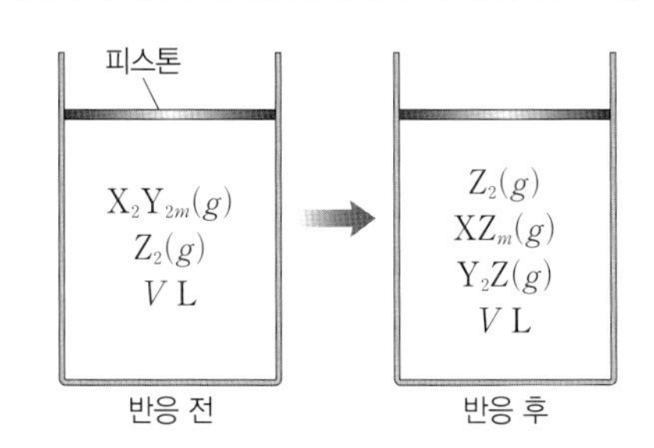

$m\times\frac{a}{b}$는? (단, X~Z는 임의의 원소 기호이고, 실린더 속 기체의 온도와 압력은 일정하며, 피스톤의 질량과 마찰은 무시한다.)

① $\frac{1}{2}$ ② $\frac{3}{4}$ ③ $\frac{3}{2}$ ④ 2 ⑤ 3

06

▸24067-0310

표는 원소 W~Z로 구성된 3가지 분자에 대한 자료이다. W~Z는 C, N, O, F을 순서 없이 나타낸 것이고, 분자에서 모든 원자는 옥텟 규칙을 만족한다.

분자	W_2Y_2	Z_2Y_2	XWY_2
중심 원자			X
전체 구성 원자의 바닥상태에서의 홀전자 수 합	6	8	

이에 대한 설명으로 옳은 것만을 <보기>에서 있는 대로 고른 것은?

보기
ㄱ. W는 탄소(C)이다.
ㄴ. 비공유 전자쌍 수는 Z_2Y_2 > XWY_2이다.
ㄷ. 원자가 전자가 느끼는 유효 핵전하는 Y > Z이다.

① ㄱ ② ㄷ ③ ㄱ, ㄴ ④ ㄴ, ㄷ ⑤ ㄱ, ㄴ, ㄷ

07

▸24067-0311

표는 금속 양이온 A^{2+} $4N$ mol이 들어 있는 수용액에 금속 B w g을 넣고 반응을 완결시킨 실험 Ⅰ과, Ⅰ의 수용액에 금속 B w g을 추가하여 반응을 완결시킨 실험 Ⅱ에 대한 자료이다.

실험	Ⅰ	Ⅱ
수용액에 존재하는 양이온의 종류	A^{2+}, B^{n+}	B^{n+}
수용액에 존재하는 모든 양이온의 양(mol)	$3N$	$\frac{8}{3}N$

이에 대한 설명으로 옳은 것만을 <보기>에서 있는 대로 고른 것은? (단, A와 B는 임의의 원소 기호이고 물과 반응하지 않으며, 음이온은 반응에 참여하지 않는다.) [3점]

보기
ㄱ. Ⅰ에서 A^{2+}은 환원제로 작용한다.
ㄴ. $n=3$이다.
ㄷ. Ⅱ에서 반응 후 남은 B의 질량은 $\frac{1}{3}w$ g이다.

① ㄱ ② ㄴ ③ ㄱ, ㄷ ④ ㄴ, ㄷ ⑤ ㄱ, ㄴ, ㄷ

08

▸24067-0312

표는 2, 3주기 바닥상태 원자 X~Z에 대한 자료이다. n은 주 양자수, l은 방위(부) 양자수이다.

원자	X	Y	Z
$l=1$인 오비탈에 들어 있는 전자 수(상댓값)	2	5	
$\frac{n+l=3\text{인 오비탈에 들어 있는 전자 수}}{n\text{가 가장 큰 오비탈에 들어 있는 전자 수}}$(상댓값)		1	2

X~Z에 대한 설명으로 옳은 것만을 <보기>에서 있는 대로 고른 것은? (단, X~Z는 임의의 원소 기호이다.) [3점]

보기
ㄱ. 2주기 원소는 1가지이다.
ㄴ. $l=1$인 오비탈에 들어 있는 전자 수는 X > Z이다.
ㄷ. 원자가 전자 수는 Z > Y이다.

① ㄱ ② ㄴ ③ ㄱ, ㄷ ④ ㄴ, ㄷ ⑤ ㄱ, ㄴ, ㄷ

09

▸24067-0313

그림은 2주기 원소 W~Z로 구성된 분자 (가)~(다)의 구조식을 나타낸 것이다. (가)~(다)에서 모든 원자는 옥텟 규칙을 만족한다.

Z－W－Z (가)　　W＝Y＝W (나)　　Z－Y≡X (다)

(가)~(다)에 대한 설명으로 옳은 것만을 〈보기〉에서 있는 대로 고른 것은? (단, W~Z는 임의의 원소 기호이다.)

보기
ㄱ. 극성 분자는 2가지이다.
ㄴ. 결합각은 (다)＞(가)이다.
ㄷ. (다)에서 Y는 부분적인 음전하(δ^-)를 띤다.

① ㄴ　② ㄷ　③ ㄱ, ㄴ
④ ㄱ, ㄷ　⑤ ㄱ, ㄴ, ㄷ

10

▸24067-0314

다음은 2, 3주기 바닥상태 원자 X~Z에 대한 자료이다.

○ X~Z에서 p 오비탈에 들어 있는 전자 수의 합은 17이다.

전기 음성도: $a+\frac{1}{2}$, a, $a-\frac{1}{2}$
X, Y, Z
원자가 전자 수: n, $n+1$

이에 대한 설명으로 옳은 것만을 〈보기〉에서 있는 대로 고른 것은? (단, X~Z는 임의의 원소 기호이다.)

보기
ㄱ. 원자 반지름은 Y＞X이다.
ㄴ. 홀전자 수는 Z＞Y이다.
ㄷ. 제2 이온화 에너지는 X＞Y이다.

① ㄱ　② ㄴ　③ ㄱ, ㄷ
④ ㄴ, ㄷ　⑤ ㄱ, ㄴ, ㄷ

11

▸24067-0315

표는 자연계에 존재하는 원소 X의 동위 원소에 대한 자료이다. X의 평균 원자량은 $\frac{54}{5}$이다.

동위 원소	원자량	존재 비율(%)	자연계에서 1 mol X에서의 질량 백분율(%)
^{2n}X	$2n$	20	a
^{2n+1}X	$2n+1$	80	b

이에 대한 설명으로 옳은 것만을 〈보기〉에서 있는 대로 고른 것은? (단, X는 임의의 원소 기호이다.) [3점]

보기
ㄱ. $n=10$이다.
ㄴ. $a=\frac{500}{27}$이다.
ㄷ. 자연계에서 $\frac{1\text{ mol의 }^{2n+1}X\text{에 들어 있는 전자 수}}{1\text{ mol의 }^{2n}X\text{에 들어 있는 전자 수}}>1$이다.

① ㄱ　② ㄴ　③ ㄱ, ㄷ
④ ㄴ, ㄷ　⑤ ㄱ, ㄴ, ㄷ

12

▸24067-0316

그림은 0.1 M A(aq) 100 g에 0.3 M A(aq) 100 mL를 혼합한 후, 물을 추가하여 x M A(aq) 300 mL를 만드는 과정을 나타낸 것이다. 0.1 M A(aq)의 밀도는 d g/mL이다.

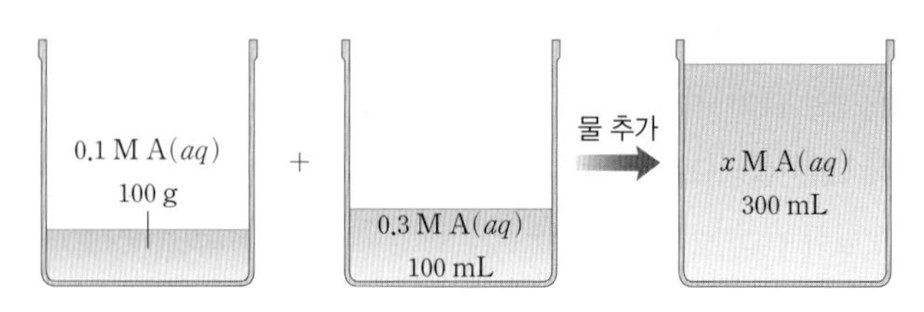

x는?

① $\frac{3d}{10+30d}$　② $\frac{1+3d}{30d}$　③ $\frac{1+3d}{3d}$
④ $\frac{30d}{1+3d}$　⑤ $\frac{10+30d}{3d}$

13

▸24067-0317

다음은 I^-과 관련된 산화 환원 반응의 화학 반응식과 이에 대한 자료이다.

○ 화학 반응식 :

$$aI^- + bClO^- + cH^+ \longrightarrow I_n^- + bCl^- + dH_2O$$

($a \sim d$는 반응 계수)

○ 1 mol의 H_2O이 생성될 때 반응한 I^-의 양은 3 mol이다.

$\dfrac{n+c+d}{a+b}$는? [3점]

① $\frac{1}{2}$ ② 1 ③ $\frac{5}{4}$ ④ $\frac{3}{2}$ ⑤ 3

14

▸24067-0318

다음은 2주기 바닥상태 원자 W~Z에 대한 자료이다. n은 주 양자수, m_l은 자기 양자수이다.

○ 전자가 2개 들어 있는 오비탈 수의 비는 W : X : Y=1 : 2 : 1이다.

○ $\dfrac{\text{전자가 들어 있는 오비탈 수}}{s\text{ 오비탈에 들어 있는 전자 수}}$의 비는 W : X : Z=9 : 15 : 8이다.

○ 원자 반지름은 Y > W이다.

이에 대한 설명으로 옳은 것만을 〈보기〉에서 있는 대로 고른 것은? (단, W~Z는 임의의 원소 기호이다.)

보기

ㄱ. W는 붕소(B)이다.

ㄴ. X에서 전자가 들어 있는 오비탈 중 $n+m_l=3$인 오비탈이 있다.

ㄷ. 전자가 들어 있는 $m_l=0$인 오비탈의 수는 Y > Z이다.

① ㄱ ② ㄷ ③ ㄱ, ㄴ ④ ㄴ, ㄷ ⑤ ㄱ, ㄴ, ㄷ

15

▸24067-0319

다음은 수소 원자의 오비탈 (가)~(라)에 대한 자료이다. n은 주 양자수, l은 방위(부) 양자수, m_l은 자기 양자수이다.

○ n는 (가)~(라)에서 각각 3 이하이고 (가)=(라)이다.

○ l는 (가)~(라)에서 각각 1 이하이다.

○ $n-l$의 비는 (가) : (다)=3 : 2이다.

○ $\dfrac{l+m_l}{n}$는 (라)가 (나)의 $\frac{4}{3}$배이고, l는 (가)=(다)이다.

이에 대한 설명으로 옳은 것만을 〈보기〉에서 있는 대로 고른 것은? [3점]

보기

ㄱ. (다)는 $2s$이다.

ㄴ. m_l는 (나) > (라)이다.

ㄷ. 에너지 준위는 (가) > (나)이다.

① ㄴ ② ㄷ ③ ㄱ, ㄴ ④ ㄱ, ㄷ ⑤ ㄱ, ㄴ, ㄷ

16

▸24067-0320

표는 25℃의 3가지 수용액에 대한 자료이다. (가)와 (나)는 $HCl(aq)$과 $NaOH(aq)$을 순서 없이 나타낸 것이다.

수용액	$HCl(aq)$	(가)	(나)
H_3O^+의 양(mol)(상댓값)	50	1	x
부피(mL)	100	200	1000
pH(상댓값)	3	7	23

이에 대한 설명으로 옳은 것만을 〈보기〉에서 있는 대로 고른 것은? (단, 25℃에서 물의 이온화 상수(K_w)는 1×10^{-14}이다.) [3점]

보기

ㄱ. (가)는 $HCl(aq)$이다.

ㄴ. $\dfrac{\text{(나)의 pOH}}{\text{(가)의 pH}}=\dfrac{5}{7}$이다.

ㄷ. $x=5\times10^{-8}$이다.

① ㄴ ② ㄷ ③ ㄱ, ㄴ ④ ㄱ, ㄷ ⑤ ㄱ, ㄴ, ㄷ

17

▸24067-0321

다음은 25 ℃에서 식초 A, B 각 1 g에 들어 있는 아세트산(CH_3COOH)의 질량을 알아보기 위한 중화 적정 실험이다.

[자료]

○ CH_3COOH의 분자량 : 60

○ 25 ℃에서 식초 A, B의 밀도(g/mL)는 각각 d_A, d_B이다.

[실험 과정]

(가) 식초 A, B를 준비한다.

(나) (가)의 A, B 각 50 mL에 물을 넣어 각각 100 mL 수용액 Ⅰ, Ⅱ를 만든다.

(다) 50 mL의 Ⅰ에 페놀프탈레인 용액을 2~3방울 넣고 0.5 M $NaOH(aq)$으로 적정하였을 때, 수용액 전체가 붉게 변하는 순간까지 넣어 준 $NaOH(aq)$의 부피(V)를 측정한다.

(라) 50 mL의 Ⅱ를 이용하여 (다)를 반복한다.

[실험 결과]

○ (다)에서 V : $25d_A$ mL

○ (라)에서 V : xd_B mL

○ (가)에서 식초 1 g에 들어 있는 CH_3COOH의 질량

식초	A	B
CH_3COOH의 질량(g)	w	0.04

$w \times x$는? (단, 온도는 25 ℃로 일정하고, 중화 적정 과정에서 식초 A, B에 포함된 물질 중 CH_3COOH만 NaOH과 반응한다.) [3점]

① $\frac{1}{2}$　② 1　③ $\frac{3}{2}$　④ 2　⑤ $\frac{5}{2}$

18

▸24067-0322

표는 t ℃, 1 atm에서 실린더 (가)와 (나)에 들어 있는 기체에 대한 자료이다. (나)에서 $\frac{\text{Z의 질량}}{\text{X의 질량}}=\frac{24}{7}$이다.

실린더	기체의 질량비	1 g당 전체 기체의 부피(상댓값)	단위 질량당 Z 원자 수	실린더 속 전체 기체의 부피(L)
(가)	$XY : ZY_m=1 : 2$	49	$7N$	$7V$
(나)	$XY : ZY_n=5 : 16$	50	$10N$	$10V$

$\frac{ZY_m\text{의 분자량}}{XY\text{의 분자량}} \times \frac{m}{n}$은? (단, X~Z는 임의의 원소 기호이고, 실린더 속 기체의 온도와 압력은 일정하며, 모든 기체는 반응하지 않는다.) [3점]

① 1　② 2　③ 4　④ 6　⑤ 8

19

▸24067-0323

다음은 중화 반응 실험이다.

[자료]

○ 수용액에서 H_2A는 H^+과 A^{2-}, $B(OH)_2$는 B^{2+}과 OH^-, HC는 H^+과 C^-으로 모두 이온화되고, 수용액 ㉠과 ㉡은 x M $H_2A(aq)$과 y M $HC(aq)$을 순서 없이 나타낸 것이다.

[실험 과정]

(가) ㉠, ㉡, 0.25 M $B(OH)_2(aq)$을 각각 준비한다.

(나) ㉠ 200 mL에 0.25 M $B(OH)_2(aq)$ 300 mL를 첨가하여 수용액 Ⅰ을 만든다.

(다) Ⅰ에 ㉡ 300 mL를 첨가하여 수용액 Ⅱ를 만든다.

[실험 결과]

○ Ⅰ에서 모든 이온의 몰 농도 합 : 0.35 M

○ Ⅱ에서 모든 음이온의 몰 농도 합 : 0.25 M

○ Ⅰ과 Ⅱ의 액성은 서로 다르며, 각각 산성, 중성, 염기성 중 하나이다.

$\frac{y}{x}$는? (단, 혼합 용액의 부피는 혼합 전 각 용액의 부피의 합과 같고, 물의 자동 이온화는 무시하며, A^{2-}, B^{2+}, C^-은 반응하지 않는다.) [3점]

① $\frac{1}{4}$　② $\frac{1}{2}$　③ 1　④ $\frac{3}{2}$　⑤ 2

20

▸24067-0324

다음은 A(g)와 B(g)가 반응하여 C(g)와 D(g)를 생성하는 반응의 화학 반응식이다.

$$A(g)+3B(g) \longrightarrow cC(g)+2D(g) \quad (c\text{는 반응 계수})$$

그림은 실린더 (가)와 (나)에 각각 A(g)와 B(g)가 들어 있는 것을 나타낸 것이고, 표는 (가)와 (나)에서 반응이 완결된 후 실린더에 들어 있는 기체에 대한 자료이다.

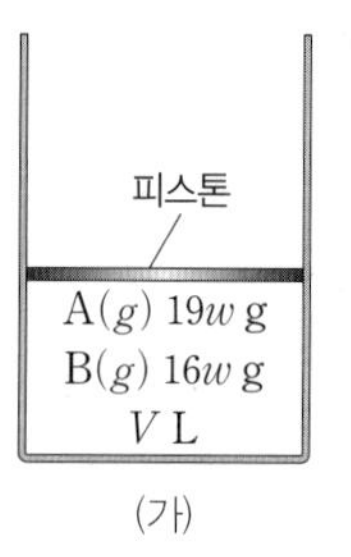

(가)　(나)

반응 후 $\frac{\text{(나)에서 생성된 D}(g)\text{의 질량}}{\text{(가)에서 생성된 C}(g)\text{의 질량}}=\frac{48}{11}$이다.

실린더	반응 후	
	전체 기체의 부피(상댓값)	생성된 D(g)의 질량(상댓값)
(가)	7	2
(나)	15	3

$\frac{x}{c} \times \frac{\text{B의 분자량}}{\text{D의 분자량}}$은? (단, 실린더 속 기체의 온도와 압력은 일정하고, 피스톤의 질량과 마찰은 무시한다.) [3점]

① $\frac{10}{3}$　② 5　③ $\frac{20}{3}$　④ 10　⑤ 20

학생·교원·학부모 온라인 소통 공간

함께학교

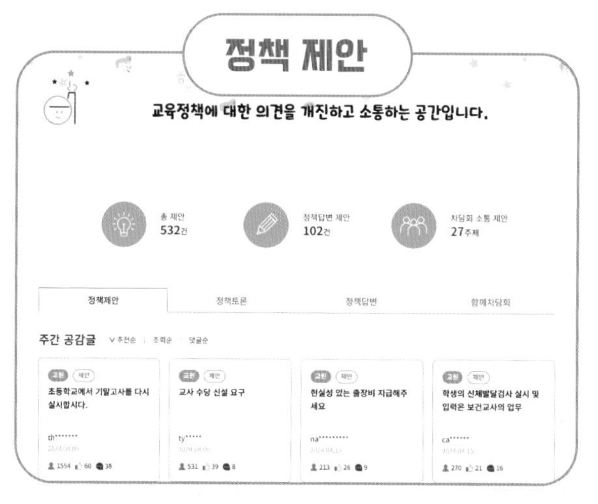

내가 생각한 교육 정책!
여러분의 생각이 정책이 됩니다

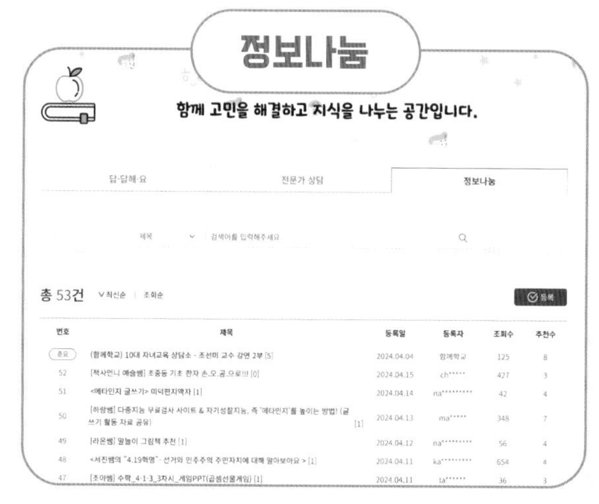

실시간으로 학생·교원·학부모 대상
최신 교육자료를 함께 나눠요

학교생활 답답할 때, 고민될 때
동료 선생님, 전문가에게 물어보세요

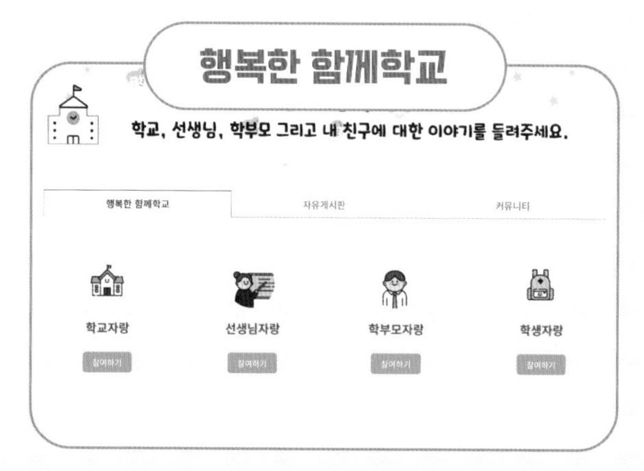

우리 학교, 선생님, 부모님, 친구들과의
소중한 순간을 공유해요

안드로이드 ios

인스타그램 @togetherschool_moe
유튜브 '함께학교_교육부'를 통해서도 함께학교에 방문할 수 있어요!

대구경북 빅3 전국 빅7

(2023년 대학알리미 정보공시기준, 사립대학 학생정원 순위)

2025 대구대학교 Check Check

1 모집인원 총 4,310명

수시 98.1% / 정시 1.9%

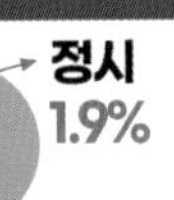

	전형명	모집인원	반영비율	수능최저	면접/실기
학생부 교과	일반전형	2,053명	학생부 100% (교과성적 70% + 출결 30%)	△ (일부 적용)	×
	지역인재전형	540명		×	×
	특성화교과전형	85명		×	×
	기회균형 I 전형	41명		×	×
	농어촌학생 특별전형(정원외)	154명		×	×
	기회균형 II 전형(정원외)	57명		×	×
학생부 종합	서류전형	622명	서류평가 100%	×	×
	지역기회균형전형	3명		×	×
	특수창의 융합인재전형	30명		×	×
	평생학습자전형	50명		×	×
	특성화고졸재직자특별전형(정원외)	121명		×	×
	장애인등대상자특별전형(정원외)	142명	서류평가 80% + 면접 20%	×	○
실기/실적	예체능실기전형	269명	실기 80% + 학생부 20%	×	○
	포트폴리오전형	10명		×	○
	경기실적우수자전형	32명	입상실적 70% + 학생부 30%	×	×
	체육특기자전형	18명		×	×

※ 수능최저학력기준 적용 모집단위 : 특수교육과, 초등특수교육과, 물리치료학과, 간호학과(2개 영역 등급 합이 8등급 이내/한국사 포함)

2 신입생 전원 장학혜택 연간 약 672억 장학금 지급

장학금 수혜율 99%
1인당 평균 442만원

(2022.10. 재학생 수 및 2022학년도 지급액 기준)

구분	등급	대상	선발기준	혜택
입학 성적 우수	A	수시/정시 최초 합격자	모집시기별, 모집단위별, 전형유형별 상위 10% 이내	첫학기 수업료 70% (최대 307만원)
	B		모집시기별, 모집단위별, 전형유형별 상위 30% 이내	첫학기 수업료 50% (최대 219만원)
	C		모집시기별, 모집단위별, 전형유형별 상위 50% 이내	첫학기 수업료 30% (최대 131만원)
	장려		모집시기별, 모집단위별, 전형유형별 상위 50% 초과	첫학기 수업료 20% (최대 88만원)
기숙사 지원장학		수시, 정시모집 충원합격자 전체		기숙사비(50만원) 지원 ※ 호실별 차액은 본인부담
DU-care 장학금		정시 충원합격자 * 일부 모집단위 및 기숙사 지원 장학금 수혜자 제외		50만원 지급
DU(두)손 잡고 장학금		신입학 지원자 상호간 추천하여 모두 등록시 장학금 지급(추첨) * 일부 모집단위 제외		1인당 30만원 지급

※ 2024학년도 신입생 장학제도 기준

3 수시 합격자 전원 기숙사 입사 가능

4 전 단과대학 라운지 설치

사회과학대학

5 캠퍼스 속 편의시설

6 DU만의 탄탄한 취업역량

대구 경북 졸업생 3,000명 이상
대형 4년제 대학 취업률 1위
(2022. 12. 공시)

7 통학이 더 여유로운 DU

2024년 대구도시철도 1호선
연장 개통 예정

본 교재 광고의 수익금은 콘텐츠 품질 개선과 공익사업에 사용됩니다. 모두의 요강(mdipsi.com)을 통해 대구대학교의 입시정보를 확인할 수 있습니다.

EBS

한국교육과정평가원
감수
본 교재는 2025학년도 수능 연계교재로서 한국교육과정평가원이 감수하였습니다.

2025학년도

수능 연계교재

수능완성

한 권에 수능 에너지 가득
YOU MADE IT!

5회분
실전 모의고사 수록

테마편 + 실전편

과학탐구영역 정답과 해설

화학 I

본 교재는 대학수학능력시험을 준비하는 데 도움을 드리고자 과학과 교육과정을 토대로 제작된 교재입니다.
학교에서 선생님과 함께 교과서의 기본 개념을 충분히 익힌 후 활용하시면 더 큰 학습 효과를 얻을 수 있습니다.

문제를 사진 찍고
해설 강의 보기
Google Play | App Store

EBS*i* 사이트
무료 강의 제공

MY BRIGHT FUTURE
수요일 3교시
빅벤
네가
원하는
곳에서
배우면 돼!
미래형대학 동서대학교 이런 대학 없습니다
• 전세계에 글로벌체험학습장(GELS)을 1000곳 이상 개발합니다
• '유목적 교과 시스템'으로 현장에서 전문가가 앞선 교육을 진행합니다
• 전국 도시와의 유기적 연계를 통해 다양한 도시에서 배움의 장이 열립니다
• 전세계와 지·산·학 협력체계를 구축, 학생들의 진출기반을 넓힙니다
• '문화콘텐츠'를 아시아 최고로 성장시키기 위한 과감한 투자를 하고 있습니다
DSU Dongseo University 동서대학교
본 교재 광고의 수익금은 콘텐츠 품질개선과 공익사업에 사용됩니다.
모두의 요강(mdipsi.com)을 통해 동서대학교의 입시정보를 확인할 수 있습니다.

과학탐구영역

화학 I

정답과 해설

생활 속의 화학

닮은 꼴 문제로 유형 익히기

본문 5쪽

정답 ④

ㄱ. CH_4과 CH_3COOH은 탄소 화합물이다.

ㄴ. CH_4의 연소 반응은 발열 반응이므로 CH_4을 연소시키면 열을 방출한다.

ㄷ. NH_3를 물에 녹이면 염기성 수용액이 되고, CH_3COOH을 물에 녹이면 산성 수용액이 된다.

수능 2점 테스트

본문 6쪽

01 ④ 02 ③ 03 ③ 04 ⑤

01 메테인과 암모니아

(가)는 메테인(CH_4)이고, (나)는 암모니아(NH_3)이다.

ㄱ. (가)는 액화 천연 가스(LNG)의 주성분이므로 메테인(CH_4)이다.

ㄴ. 탄소(C)는 (나)의 구성 원소가 아니므로 (나)는 탄소 화합물이 아니다.

ㄷ. (나)의 대량 합성법으로 질소 비료를 만들어 인류의 식량 문제를 해결하였다. 따라서 '식량 문제 해결'은 ㉠으로 적절하다.

02 에탄올과 아세트산의 성질

(가)는 에탄올(C_2H_5OH), (나)는 아세트산(CH_3COOH)이다.

ㄱ. (가)는 손 소독제의 원료로 사용된다.

ㄴ. (가)와 (나)는 모두 탄소(C) 원자에 수소(H)와 산소(O)가 공유 결합한 화합물이므로 탄소 화합물이다.

ㄷ. (가)의 수용액은 중성이고, (나)의 수용액은 산성이다.

03 아세트산의 성질

식초의 성분으로 에탄올(C_2H_5OH)을 발효시켜 얻을 수 있는 물질은 아세트산(CH_3COOH)이다. 따라서 X는 CH_3COOH이다.

ㄱ. 아세트산은 아스피린과 같은 의약품의 원료이므로 의약품의 제조에 이용된다.

ㄴ. CH_3COOH은 물에 녹아 수소 이온(H^+)을 내놓으므로 CH_3COOH을 물에 녹이면 산성 수용액이 된다.

ㄷ. CH_3COOH의 완전 연소 반응의 화학 반응식은 다음과 같다.

$$CH_3COOH + 2O_2 \longrightarrow 2CO_2 + 2H_2O$$

따라서 CH_3COOH 1 mol을 완전 연소시키면 2 mol의 CO_2가 생성된다.

04 화학과 인류 문제 해결

화학은 인류의 건강 문제, 의류 문제, 주거 문제 해결에 기여하였다.

ㄱ. 아스피린은 아세트산을 이용한 합성 의약품이다.

ㄴ. 나일론은 천연 섬유의 단점을 보완하고 개발된 최초의 합성 섬유이다.

ㄷ. 철근, 콘크리트, 유리 등의 다양한 건축 재료의 개발은 집을 튼튼하고 높고 다양하게 지을 수 있는 데 기여하였다. 따라서 '주거 문제 해결'은 ㉢으로 적절하다.

수능 3점 테스트

본문 7쪽

01 ⑤ 02 ④

01 일상생활에서 이용되고 있는 물질

암모니아(NH_3), 에탄올(C_2H_5OH), 아세트산(CH_3COOH) 중 탄소 화합물은 C_2H_5OH과 CH_3COOH이므로 ㉢은 NH_3이다. 또한 CH_3COOH을 물에 녹이면 수소 이온(H^+)을 내놓으므로 ㉠은 CH_3COOH이고, ㉡은 C_2H_5OH이다.

ㄱ. CH_3COOH은 탄소 화합물이고, $CH_3COOH(aq)$은 산성이므로 ㉠은 CH_3COOH이다.

ㄴ. ㉡은 C_2H_5OH로 의료용 소독제로 이용된다.

ㄷ. 하버와 보슈는 공기 중의 질소(N_2)를 수소(H_2)와 반응시켜 NH_3를 대량으로 합성하는 방법을 개발하였고, 이 합성법으로 합성된 NH_3를 원료로 하여 질소 비료를 생산함으로써 식량 문제를 해결하였다. 따라서 ㉢인 NH_3의 대량 합성법의 개발은 식량 문제 해결에 기여하였다.

02 일상생활에 이용되는 물질의 이용 사례

탄소 화합물은 탄소(C) 원자에 수소(H)와 산소(O) 등이 공유 결합한 화합물이다.

ㄱ. 아세트산(CH_3COOH)은 탄소 화합물이지만, 염화 칼슘($CaCl_2$)은 칼슘 이온(Ca^{2+})과 염화 이온(Cl^-)이 이온 결합한 이온 결합 물질이다.

ㄴ. 뷰테인(C_4H_{10})은 연소될 때 많은 열을 방출하므로 연료로 이용된다. 따라서 '연료로 이용된다'는 (가)로 적절하다.

ㄷ. C_4H_{10}이 연소될 때와 $CaCl_2$이 물에 용해될 때 열을 방출하므로 ㉠과 ㉡은 모두 발열 반응이다.

테마 02 몰

닮은 꼴 문제로 유형 익히기

본문 9쪽

정답 ④

실린더에 들어 있는 기체의 질량은 (다)에서가 (가)에서의 2배이다. $A(g)$가 $X_aZ_c(g)$라면 (다)에서의 원자 수 비를 통해 $24b=25a$이고, (가)에서와 (나)에서의 전체 원자 수 비를 통해 구한 $c<0$이므로 조건에 부합하지 않는다. 따라서 (나)에 넣어 준 $A(g)$는 $Y_bZ_c(g)$이다. 또한 실린더 속 기체의 부피비는 (가) : (다)$=4:9$이므로 (다)의 실린더에 들어 있는 기체의 몰비는 $X_aZ_c : Y_bZ_c=4:5$이다.

ㄱ. 실린더에 들어 있는 $Y_bZ_c(g)$의 양(mol)은 (나)에서가 (다)에서의 $\frac{4}{5}$배이므로 (나)의 실린더에 들어 있는 $Y_bZ_c(g)$의 질량(g)은 $w\times\frac{4}{5}=0.8w$이다.

ㄴ. (다)의 실린더에 들어 있는 원자 수 비는 X : Y$=6:5$이므로 $4a:5b=6:5$, $2a=3b$이고, 기체의 부피비는 (가) : (나)$=1:2$이므로 (나)에서 기체의 몰비는 $X_aZ_c : Y_bZ_c=1:1$이다. (가)와 (나)에서 전체 원자 수 비는 (가) : (나)$=7:13$이므로 $a+c : a+b+2c=7:13$, $9b=7b+c$이고 $2b=c$이다. 따라서 $a=\frac{3}{4}c$이다.

ㄷ. (다)의 실린더에 들어 있는 $X_aZ_c(g)$와 $Y_bZ_c(g)$의 질량은 같으므로 분자량의 비는 $X_aZ_c : Y_bZ_c=5:4$이다. X~Z의 원자량을 각각 x, y, z라고 할 때 $ax+cz : by+cz=5:4$이므로 $4ax=5by+cz$이다. 또한 (나)에서 $\frac{\text{X의 질량}}{\text{Z의 질량}}=\frac{9}{2}$이므로 $\frac{ax}{2cz}=\frac{9}{2}$, $ax=9cz$이고, $x=12z$이다. 또한 $by=7cz$이므로 $y=14z$이다. 따라서 원자량의 비는 X : Y$=6:7$이다.

수능 2점 테스트

본문 10~11쪽

01 ④ 02 ⑤ 03 ⑤ 04 ① 05 ③
06 ② 07 ① 08 ③

01 원자량과 원자의 양(mol)

1 g에 들어 있는 X 원자 수는 $\frac{N_A}{w}$이므로, w g에 들어 있는 X 원자 수는 N_A이다. 원자 1 mol에는 N_A개의 원자가 있고, 1 mol의 질량 값은 원자량과 같으므로 X의 원자량은 w이다.

ㄱ. 원자 1개의 질량비는 원자량비와 같다. Y의 원자량을 a라고 하면, 원자량비는 X : Y$=w:a=4:5$이므로 $a=\frac{5}{4}w$이다.

ㄴ. Z 원자 N_A개의 질량은 Z 원자 1 mol의 질량과 같다. 같은 질량에 들어 있는 원자의 몰비는 Y : Z$=6:5$이므로 1 mol의 질량비는 Y : Z$=5:6$이다. Z의 원자량을 b라고 할 때 원자량비는 Y : Z$=\frac{5}{4}w:b=5:6$이므로 $b=\frac{3}{2}w$이다. 따라서 Z 원자 N_A개의 질량은 $\frac{3}{2}w$ g이다.

ㄷ. X $2w$ g에 들어 있는 X 원자의 양은 2 mol이고, Z $3w$ g에 들어 있는 Z 원자의 양은 2 mol이다. 따라서 X $2w$ g에 들어 있는 원자 수와 Z $3w$ g에 들어 있는 원자 수는 같다.

02 기체의 양(mol)

온도와 압력이 같을 때 기체의 양(mol)은 기체의 부피에 비례한다.

ㄱ. 실린더 속 기체의 부피비는 (가) : (나)$=3:4$이므로 기체의 몰비는 (가) : (나)$=3:4$이다.

ㄴ. 온도와 압력이 같을 때 기체의 분자량은 기체의 밀도에 비례한다. 기체의 밀도비는 $X_2(g) : Y_2(g)=6w:\frac{7w}{\frac{4}{3}}=8:7$이므로 분자량비는 $X_2 : Y_2=8:7$이다. 따라서 원자량비는 X : Y$=8:7$이다.

ㄷ. X와 Y의 원자량을 각각 $8M$, $7M$이라고 하면 XY의 분자량은 $15M$이다. (다)에 들어 있는 XY의 질량을 x g이라고 할 때 분자량비는 $X_2 : XY=16M:15M=6w:\frac{x}{\frac{4}{3}}$이므로 $x=\frac{15}{2}w$이다. 따라서 (다)에서 $XY(g)$의 질량은 $\frac{15}{2}w$ g이다.

03 분자량과 기체의 양(mol)

온도와 압력이 일정할 때, 단위 부피당 질량은 기체의 분자량에 비례한다. 따라서 분자량비는 (가) : (나)$=2:5$이다.

ㄱ. 1 mol의 질량은 분자량에 비례하므로 (나)에서가 (가)에서의 $\frac{5}{2}$배이다.

ㄴ. 1 g의 부피는 1 g에 들어 있는 분자의 양(mol)에 비례하므로 (가) : (나)$=\frac{1}{2}:\frac{1}{5}=5:2$이다. 따라서 1 g의 부피는 (가)에서가 (나)에서의 $\frac{5}{2}$배이다.

ㄷ. 1 g에 들어 있는 원자 수는 (기체 1 g의 양(mol))×(분자당 원자 수)에 비례한다. 1 g에 들어 있는 원자 수 비는 (가) : (나)$=\frac{1}{2}\times5:\frac{1}{5}\times7=25:14$이다. 따라서 1 g에 들어 있는 원자 수는 (가)에서가 (나)에서의 2배보다 작다.

04 기체의 분자량과 밀도의 관계

일정한 온도와 압력에서 기체의 분자량비는 기체의 밀도비와 같다. (나)의 분자량을 x라고 할 때, 분자량비는 (가) : (나)$=4:x=\frac{2}{12}:\frac{5}{6}$이므로 $x=20$이다. 또한 (다)의 부피를 y L라고 할 때 분자량비는 (가) : (다)$=1:4=\frac{2}{12}:\frac{4}{y}$이므로 $y=6$이다.

ㄱ. t°C, 1 atm에서 (가) $\frac{1}{2}$ mol의 부피가 12 L이므로 t°C, 1 atm에서 기체 1 mol의 부피는 24 L이다.

ㄴ. (나)의 분자량은 20이므로 분자량은 (나)에서가 (가)에서의 5배이다.

ㄷ. 1 g의 부피는 $\frac{1}{\text{분자량}}$에 비례하므로 1 g의 부피비는 (나) : (다) =4 : 5이다. 따라서 1 g의 부피는 (다)에서가 (나)에서의 $\frac{5}{4}$배이다.

05 혼합 기체에서 기체의 양(mol)

AB_2와 B_2의 분자량을 각각 $2M$, M이라고 할 때 (가)에 들어 있는 AB_2의 양은 $\frac{w}{2M}$ mol이고 (가)와 (나)에 들어 있는 AB_2의 질량은 같으므로 (나)에 들어 있는 AB_2와 B_2의 양은 각각 $\frac{w}{2M}$ mol과 $\frac{10-w}{M}$ mol이다.

ㄱ. 온도와 압력이 일정할 때 기체의 부피는 기체의 양(mol)에 비례하므로 $\frac{w}{2M} : \frac{w}{2M}+\frac{10-w}{M}=1 : 9$이다. 따라서 $w=2$이다.

ㄴ. (가)와 (나)에 들어 있는 A 원자의 양은 모두 $\frac{1}{M}$ mol이고, (가)에 들어 있는 기체의 질량은 2 g, (나)에 들어 있는 기체의 질량은 10 g이므로 1 g당 A 원자 수 비는 (가) : (나)$=\frac{1}{2} : \frac{1}{10}=5 : 1$이다. 따라서 1 g당 A 원자 수는 (가)에서가 (나)에서의 5배이다.

ㄷ. (나)에서 B 원자의 양은 $\frac{2}{M}+\frac{16}{M}=\frac{18}{M}$ mol이고, 전체 기체의 양은 $\frac{1}{M}+\frac{8}{M}=\frac{9}{M}$ mol이다. 따라서 $\frac{\text{B 원자의 양(mol)}}{\text{전체 기체의 양(mol)}}=2$이다.

06 분자당 원자 수

기체 (가)~(다)에서 분자당 X 원자 수는 같으므로 분자를 구성하는 X의 질량은 모두 같다. (가)~(다)에서 X의 질량이 모두 a g일 때 Y의 질량은 각각 $2b$ g, $\frac{3}{2}b$ g, $\frac{1}{2}b$ g이므로 분자당 Y 원자 수 비는 (가) : (나) : (다)=4 : 3 : 1이다. 따라서 (가)~(다)의 분자식은 각각 X_mY_{4n}, X_mY_{3n}, X_mY_n이다.

ㄱ. 분자량은 (가)>(나)이다.

ㄴ. 분자당 Y 원자 수는 (가) : (다)=4 : 1이다.

ㄷ. 실린더에 들어 있는 X의 질량은 (다)에서가 (나)에서의 2배이므로 기체의 부피는 (다)에서가 (나)에서의 2배이다.

07 기체의 분자량과 밀도의 관계

온도와 압력이 일정할 때 기체의 분자량은 기체의 밀도에 비례한다. 기체의 밀도비는 $A(g) : B(g)=\frac{2w}{2} : \frac{3w}{4}=4 : 3$이므로 X와 Y의 원자량을 각각 x, y라고 할 때, A가 X_2Y_6, B가 X_3Y_4라면 분자량비는 $X_2Y_6 : X_3Y_4=2x+6y : 3x+4y=4 : 3$이고, $3x=y$이므로 원자량은 X>Y라는 조건을 만족하지 못한다. 따라서 A는 X_3Y_4, B는 X_2Y_6이다.

ㄱ. 분자량비는 $X_3Y_4 : X_2Y_6=3x+4y : 2x+6y=4 : 3$이므로 $x=12y$이다. 따라서 원자량은 X가 Y의 12배이다.

ㄴ. 용기에 들어 있는 X의 질량비는 (가) : (나)=6 : 8이므로 (나)에서가 (가)에서의 $\frac{4}{3}$배이다.

ㄷ. 실린더에 들어 있는 전체 원자 수 비는 (가) : (나)$=2\times7 : 4\times8=7 : 16$이다. 따라서 용기에 들어 있는 전체 원자 수는 (나)에서가 (가)에서의 2배보다 크다.

08 기체의 양(mol)

실린더 (가)와 (나)에 들어 있는 기체의 종류는 각각 1가지이므로 단위 질량당 Y 원자 수는 $\frac{\text{분자당 Y 원자 수}}{\text{분자량}}$에 비례한다. X와 Y의 원자량을 각각 x, y라고 할 때, X_aY_b의 분자량은 $ax+by$, $X_{2a}Y_c$의 분자량은 $2ax+cy$이고, 실린더 (가)와 (나)에 들어 있는 기체의 단위 질량당 Y 원자 수가 같으므로 $\frac{b}{ax+by}=\frac{c}{2ax+cy}$이다. 따라서 $c=2b$이다.

ㄱ. 일정한 온도와 압력에서 기체의 부피는 기체의 양(mol)에 비례하므로 기체의 양(mol)은 (가)와 (나)에서 같다.

ㄴ. 분자당 X 원자 수와 Y 원자 수가 $X_{2a}Y_c$가 X_aY_b의 2배이므로 기체의 질량은 (나)에서가 (가)에서의 2배이다.

ㄷ. 기체의 질량은 (나)에서가 (가)에서의 2배이고, X 원자 수도 (나)에서가 (가)에서의 2배이므로 단위 질량당 X 원자 수는 (가)에서와 (나)에서가 같다.

수능 3점 테스트

본문 12~13쪽

01 ② 02 ② 03 ③ 04 ①

01 기체의 양(mol)

기체의 온도와 압력이 같을 때 기체의 분자량은 기체의 밀도에 비례한다. (가)~(라)의 부피가 모두 V L로 같고, 기체의 질량은 (다)=(라)>(나)>(가)이므로 분자량은 (다)=(라)>(나)>(가)이다. 또한 같은 부피 속에 들어 있는 전체 원자 수는 분자당 원자 수에 비례하므로 (가)는 YZ_4, (다)는 W_2Z_4, (나)와 (라)는 W_2, X_2 중 하나이다. 그런데 분자량은 (다)와 (라)가 같으므로 (나)는 W_2, (라)는 X_2이다.

ㄱ. (나)는 W_2이다.

ㄴ. (가)와 (다)에서 분자당 Z 원자 수는 같은데, 분자량은 (다)>(가)이므로 W 2 mol의 질량은 Y 1 mol의 질량보다 크다. 따라서 $\frac{\text{W 원자 2 mol의 질량}}{\text{Y 원자 1 mol의 질량}}>1$이다.

ㄷ. 1 g당 전체 원자 수는 $\frac{\text{분자당 원자 수}}{\text{분자량}}$에 비례한다. (나)와 (라)는 분자당 원자 수가 같지만, 분자량은 (라)>(나)이므로 1 g당 전체 원자 수는 (나)>(라)이다.

02 기체의 양(mol)

C_3H_4, CH_2O, CH_4O의 분자량은 각각 40, 30, 32이다. (가)에서 용기에 들어 있는 3가지 기체의 양(mol)과 각 기체에 포함된 C 원자의 양(mol)을 구하면 다음과 같다.

기체	$C_3H_4(g)$	$CH_2O(g)$	$CH_4O(g)$
기체의 질량(g)	10	15	16
기체의 양(mol)	$\frac{1}{4}$	$\frac{1}{2}$	$\frac{1}{2}$
C 원자의 양 (mol)	$\frac{3}{4}$	$\frac{1}{2}$	$\frac{1}{2}$

따라서 (가)에서 용기에 들어 있는 혼합 기체의 양은 $\frac{5}{4}$ mol이고, C 원자의 양은 $\frac{7}{4}$ mol이다.

(나)에서 (가)의 용기에 추가한 $C_3H_4(g)$ $5x$ g의 양은 $\frac{x}{8}$ mol이고, 여기에 포함된 C 원자의 양은 $\frac{3}{8}x$ mol이다. 또한 (다)에서 (가)의 용기에 추가한 $CH_4O(g)$ $4x$ g의 양은 $\frac{x}{8}$ mol이고, 여기에 포함된 C 원자의 양은 $\frac{x}{8}$ mol이다.

따라서 (나)와 (다)에서 용기에 들어 있는 $\frac{\text{C 원자의 양(mol)}}{\text{전체 기체의 양(mol)}}$은 각각 $\frac{\frac{7}{4}+\frac{3}{8}x}{\frac{5}{4}+\frac{x}{8}}$, $\frac{\frac{7}{4}+\frac{x}{8}}{\frac{5}{4}+\frac{x}{8}}$이고, (나)에서가 (다)에서의 2배이므로 $x=14$이다.

03 분자의 구성 원자의 양(mol)

단위 부피당 B 원자 수는 분자당 B 원자 수에 비례한다. (가)를 구성하는 원자 수의 비가 A : B=1 : 3이므로 (가)의 분자식을 A_mB_{3m}이라고 하면, (가)와 (나)는 분자당 B 원자 수가 같으므로 (나)의 분자식은 $A_{3m}B_{3m}$이다.

A의 원자량을 a, B의 원자량을 b라고 할 때, 단위 질량당 원자 수는 $\frac{\text{분자당 원자 수}}{\text{분자량}}$에 비례하므로 (가)는 $\frac{4m}{am+3bm}=\frac{4}{a+3b}$, (나)는 $\frac{6m}{3am+3bm}=\frac{2}{a+b}$이다. 따라서 $\frac{4}{a+3b}:\frac{2}{a+b}=26:15$이므로 $a:b=12:1$이다.

(가) 1 mol에는 A 원자 m mol, B 원자 $3m$ mol이 있다. (다)의 분자식을 A_nB_n이라고 할 때, (다) 1 mol에는 A 원자가 n mol, B 원자가 n mol이 있으므로, (가) 1 mol과 (다) 1 mol을 혼합하면 A 원자 $(m+n)$ mol, B 원자 $(3m+n)$ mol이 있다. 이 혼합 기체에서 $\frac{\text{A의 질량}}{\text{B의 질량}}=\frac{12\times(m+n)}{1\times(3m+n)}=6$이므로 $m=n$이다. 따라서 (다)의 분자식은 A_mB_m이므로 $\frac{\text{(나)의 분자량}}{\text{(다)의 분자량}}=3$이다.

또한 단위 부피당 B 원자 수는 (나) : (다)=3 : 1이므로 $x=\frac{1}{3}$이다. 따라서 $x\times\frac{\text{(나)의 분자량}}{\text{(다)의 분자량}}=1$이다.

04 분자의 구성 원자의 양(mol)

X_aY_b와 X_aY_c는 분자당 X 원자 수가 같으므로 온도와 압력이 일정할 때 혼합 기체의 부피는 X의 질량에 비례한다. 따라서 혼합 기체의 부피비는 (가) : (나)=9 : 7이다. 또한 단위 질량당 부피비는 $\frac{1}{\text{기체의 밀도}}$에 비례하므로 혼합 기체의 밀도비는 (가) : (나)=28 : 27이다. 따라서 혼합 기체의 질량비는 (가) : (나)=$9\times28:7\times27=4:3$이다.

(가)에서 X_aY_b와 X_aY_c의 질량을 각각 $2w$ g이라고 한다면, (나)에서는 X_aY_b와 X_aY_c의 질량은 각각 w g과 $2w$ g이다. (가)에서 X_aY_b와 X_aY_c의 양을 각각 $2x$ mol, $2y$ mol이라 할 때, (나)에서 X_aY_b와 X_aY_c의 양은 각각 x mol, $2y$ mol이고 $2xa+2ya:xa+2ya=9:7$이므로 $x=\frac{4}{5}y$이다. 따라서 분자량비는 $X_aY_b:X_aY_c=\frac{w}{\frac{4}{5}y}:\frac{2w}{2y}=5:4$이다. 또한 (가)에서 $\frac{\text{Y 원자 수}}{\text{X 원자 수}}=\frac{2xb+2yc}{2xa+2ya}=\frac{22}{9}$이므로 $22a=4b+5c$이고, (나)에서 $\frac{\text{Y 원자 수}}{\text{X 원자 수}}=\frac{xb+2yc}{xa+2ya}=\frac{16}{7}$이므로 $16a=2b+5c$이다. 따라서 $3a=b$이므로 $2a=c$이다.

(가)에서 X_aY_b와 X_aY_c의 분자식은 각각 X_aY_{3a}, X_aY_{2a}이고 X와 Y의 원자량을 각각 m, n이라고 할 때 X_aY_b와 X_aY_c의 분자량비는 $am+3an:am+2an=5:4$이므로 $m=2n$이다.

따라서 $\frac{b}{c}\times\frac{\text{X 원자량}}{\text{Y 원자량}}=\frac{3}{2}\times2=3$이다.

테마 03 화학 반응식

닮은 꼴 문제로 유형 익히기 본문 15쪽

정답 ④

$Mg(s)$과 $HCl(g)$의 반응의 화학 반응식은 다음과 같다.

$$Mg(s)+2HCl(g) \longrightarrow MgCl_2(s)+H_2(g)$$

온도와 압력이 일정할 때 기체의 부피는 기체의 양(mol)에 비례하므로, V L에 해당하는 기체의 양(mol)을 n이라고 하면, 실린더 속 기체의 양(mol)은 반응 전이 $4n$, 반응 후가 $3n$이다. 반응 후 기체의 양은 반응 전보다 n mol이 감소했으므로 $HCl(g)$ $4n$ mol 중 $2n$ mol이 반응했으며, $H_2(g)$ n mol이 생성되었음을 알 수 있다. 따라서 반응의 양적 관계식은 다음과 같다.

	$Mg(s)$	+ $2HCl(g)$	$\longrightarrow$ $MgCl_2(s)$	+ $H_2(g)$
반응 전(mol)	n	$4n$		
반응(mol)	$-n$	$-2n$	$+n$	$+n$
반응 후(mol)	0	$2n$	n	n

반응한 $Mg(s)$과 생성된 $H_2(g)$의 몰비는 1 : 1이며, Mg과 H의 원자량은 각각 24, 1이므로 질량비는 $Mg : H_2=24 : 2=12 : 1$이다. 따라서 $\frac{x}{y}=12$이다.

수능 2점 테스트 본문 16~18쪽

01 ②	02 ③	03 ⑤	04 ④	05 ①
06 ⑤	07 ③	08 ②	09 ⑤	10 ③
11 ④	12 ⑤			

01 화학 반응식

화학 반응 전과 후 원자의 종류와 수는 변하지 않으므로 탄소(C)와 수소(H) 원자 수로부터 계수를 구하면 $a=3$, $b=2$이다. 산소(O) 원자 수는 $x+6=6+2$이므로 $x=2$이다. 따라서 $\frac{a+b}{x}=\frac{3+2}{2}=\frac{5}{2}$이다.

02 화학 반응과 기체의 부피

화학 반응식의 계수비는 기체의 분자 수의 비와 같고, 분자 수의 비는 온도와 압력이 일정할 때 부피비와 같다. 계수비는 1 : 5 : 3 : 4인데, 반응 후 부피가 반응 전에 비해 V L만큼 증가하므로 기체 V L에 n mol의 분자가 들어 있다고 가정하면 양적 관계는 다음과 같다.

	$C_3H_8(g)$	+ $5O_2(g)$	$\longrightarrow$ $3CO_2(g)$	+ $4H_2O(g)$
반응 전(mol)	n	$7n$		
반응(mol)	$-n$	$-5n$	$+3n$	$+4n$
반응 후(mol)	0	$2n$	$3n$	$4n$

㉠. (가)에서 기체의 몰비는 $C_3H_8 : O_2=1 : 7$이고, 분자량비는 $C_3H_8 : O_2=44 : 32$이므로 (가)에서 기체의 질량비는 $C_3H_8 : O_2=44 : 7\times32=11 : 56$이다.

㉡. (나)에서 분자 수의 비는 $O_2 : H_2O=1 : 2$이다.

✗. 밀도는 $\frac{질량}{부피}$이고, $O_2(g)$의 질량은 양(mol)에 비례하므로 $O_2(g)$의 밀도비는 (가) : (나)$=\frac{7}{8} : \frac{2}{9}=63 : 16$이다. 따라서 $O_2(g)$의 밀도는 (가)에서가 (나)에서의 4배보다 작다.

03 화학 반응의 양적 관계

화학 반응식의 계수를 구하면 다음과 같다.

$2Al(s)+6HCl(aq) \longrightarrow 2AlCl_3(aq)+3H_2(g)$

t℃, 1 atm에서 기체 1 mol의 부피는 24 L이므로 실험 Ⅰ~Ⅲ에서 생성된 $H_2(g)$의 양(mol)은 각각 1×10^{-3}, 1×10^{-3}, $\frac{3}{2}\times10^{-3}$이다. 실험 Ⅰ과 Ⅱ를 비교하면 $HCl(aq)$ V mL에 녹아 있는 HCl의 양(mol)은 2×10^{-3}임을 알 수 있고, 실험 Ⅰ과 Ⅲ을 비교하면 $Al(s)$ w g은 1×10^{-3} mol임을 알 수 있다.

㉠. $a=2$, $b=6$, $c=3$이므로 $\frac{c}{a+b}=\frac{3}{8}$이다.

㉡. 실험 Ⅳ에서는 Al 2×10^{-3} mol과 HCl 8×10^{-3} mol 중 HCl 6×10^{-3} mol이 반응하여 $H_2(g)$ 3×10^{-3} mol이 생성된다. 따라서 ㉠은 72이다.

㉢. $Al(s)$ w g은 10^{-3} mol이므로 Al의 원자량은 $1000w$이다.

04 탄소 화합물의 완전 연소 반응

CO_2 2분자를 생성하기 위해 ㉠ 1분자가 반응하고 ㉡ 2분자가 반응하므로 ㉠은 C_2H_5OH, ㉡은 CH_3OH이다.

㉠. 화학 반응식의 계수를 구하면 $a=3$, $b=4$이므로 $a\times b=12$이다.

✗. ㉠은 C_2H_5OH이다.

㉢. H_2O 1 mol을 생성하기 위해 필요한 양은 ㉠(C_2H_5OH)이 $\frac{1}{3}$ mol, ㉡(CH_3OH)이 $\frac{1}{2}$ mol이고, 분자량은 ㉠(C_2H_5OH)이 46, ㉡(CH_3OH)이 32이므로 같은 질량의 H_2O을 생성하기 위해 필요한 반응물의 질량비는 ㉠ : ㉡$=\frac{46}{3} : \frac{32}{2}=23 : 24$이다.

05 화학 반응의 양적 관계

실험 Ⅱ에서 반응 후 $A(g)$가 남았으므로 실험 Ⅱ에서보다 $A(g)$의 양(mol)이 더 많고, $B(g)$의 양(mol)이 적은 실험 Ⅰ에서도 반응 후 $A(g)$가 남았음을 알 수 있다. 실험 Ⅰ에서의 양적 관계는 다음과 같다.

[실험 Ⅰ]	$A(g)$	+ $bB(g)$	$\longrightarrow$ $2C(g)$
반응 전(mol)	$5n$	$3n$	
반응(mol)	$-\frac{3}{b}n$	$-3n$	$+\frac{6}{b}n$
반응 후(mol)	$\left(5-\frac{3}{b}\right)n$	0	$\frac{6}{b}n$

실험 Ⅱ에서는 반응 후 $A(g)$가 $\left(4-\frac{4}{b}\right)n$ mol 남고, $C(g)$는 $\frac{8}{b}n$ mol 생성된다.

$C(g)$의 밀도는 $\frac{\text{생성된 } C(g)\text{의 양(mol)}}{\text{전체 기체의 양(mol)}}$에 비례하므로 실험 Ⅰ : 실험 Ⅱ$=\dfrac{\frac{6}{b}}{5+\frac{3}{b}}:\dfrac{\frac{8}{b}}{4+\frac{4}{b}}=9:13$이고, 이를 풀면 $b=2$이다.

실험 Ⅲ에서는 반응 후 $B(g)$ $2n$ mol이 남고, $C(g)$ $2n$ mol이 생성되므로 반응 후 $C(g)$의 밀도비는 Ⅰ : Ⅲ$=9:x=\frac{3}{6.5}:\frac{2}{4}$이다. 따라서 $x=\frac{39}{4}$이고, $b\times x=2\times\frac{39}{4}=\frac{39}{2}$이다.

06 화학 반응의 양적 관계

단위 부피당 분자 수에 전체 기체의 부피를 곱하여 (가)~(다)에서 각 기체의 분자 수를 다음과 같이 구할 수 있다.

상태		(가)	(나)	(다)
분자 수	$A(g)$	$840V$	$700V$	
	$B(g)$	$210V$		
	$C(g)$	0		$420V$

전체 기체의 부피가 (가)에서 (나)가 될 때 V만큼 감소했고, (나)에서 (다)가 될 때 $2V$만큼 감소했으므로 반응한 양(mol)은 (가) → (나) : (나) → (다)$=1:2$이다. 따라서 (다)에서 $A(g)$ 분자 수는 $420V$, (나)에서 $B(g)$와 $C(g)$ 분자 수는 각각 $140V$, (다)에서 $B(g)$ 분자 수는 0이다.

㉠. 분자 수의 변화로부터 계수비는 $2:1:2$임을 알 수 있으므로 $\frac{c}{a+b}=\frac{2}{3}$이다.

㉡. (나)에서 $B(g)$ 분자 수는 $140V$이며, 전체 부피인 $14V$로 나누면 ㉠$=10$이다.

㉢. $C(g)$ 분자 수 비는 (나) : (다)$=1:3$이며, 부피비는 (나) : (다)$=7:6$이므로 $C(g)$의 밀도비는 (나) : (다)$=2:7$이다.

07 화학 반응의 양적 관계

CH_4과 C_2H_6의 완전 연소 반응의 화학 반응식은 각각 다음과 같다.

$CH_4(g)+2O_2(g) \longrightarrow CO_2(g)+2H_2O(l)$

$2C_2H_6(g)+7O_2(g) \longrightarrow 4CO_2(g)+6H_2O(l)$

$CH_4(g)$ x mol이 완전 연소하기 위해 필요한 $O_2(g)$의 최소 양은 $2x$ mol이며, $CO_2(g)$ x mol과 H_2O $2x$ mol이 생성된다. $C_2H_6(g)$ x mol이 완전 연소하기 위해 필요한 $O_2(g)$의 최소 양은 $\frac{7}{2}x$ mol이며, $CO_2(g)$ $2x$ mol과 H_2O $3x$ mol이 생성된다. 따라서 $a=\frac{3}{2}x$, $b=3x$, $c=5x$이므로 $\frac{b+c}{a}=\frac{16}{3}$이다.

08 화학 반응의 양적 관계

반응 후 전체 부피비가 Ⅰ : Ⅱ$=3:8$이며, $C(g)$의 밀도비는 Ⅰ : Ⅱ$=4:3$이므로 생성된 $C(g)$의 몰비는 Ⅰ : Ⅱ$=1:2$이다. 생성된 $C(g)$의 양(mol)은 Ⅱ에서가 Ⅰ에서의 2배인데, 반응 후 전체 부피는 Ⅱ에서가 Ⅰ에서의 2배보다 크므로 반응 후 남은 반응물의 양(mol)도 Ⅱ에서가 Ⅰ에서의 2배보다 크다. 반응 전 $A(g)$의 몰비는 Ⅰ : Ⅱ$=1:2$인데, $B(g)$의 몰비는 Ⅰ : Ⅱ$=1:3$이므로 Ⅱ에서는 $A(g)$가 모두 반응했음을 알 수 있다. 기체 1 mol의 부피가 24 L이므로 실험 Ⅱ에서 반응 전 $A(g)$의 양은 1 mol이며, $B(g)$ w g을 m mol이라고 하면 실험 Ⅱ의 양적 관계는 다음과 같다.

[실험 Ⅱ]	$aA(g)$	+	$B(g)$	⟶	$2aC(g)$
반응 전(mol)	1		$3m$		
반응(mol)	-1		$-\frac{1}{a}$		$+2$
반응 후(mol)	0		$3m-\frac{1}{a}$		2

이로부터 실험 Ⅰ에서 생성된 $C(g)$의 양은 1 mol임을 알 수 있고, 실험 Ⅰ의 양적 관계는 다음과 같다.

[실험 Ⅰ]	$aA(g)$	+	$B(g)$	⟶	$2aC(g)$
반응 전(mol)	$\frac{1}{2}$		m		
반응(mol)	$-\frac{1}{2}$		$-\frac{1}{2a}$		$+1$
반응 후(mol)	0		$m-\frac{1}{2a}$		1

반응 후 전체 기체의 양이 실험 Ⅰ에서 $\frac{3}{2}$ mol, 실험 Ⅱ에서 4 mol이므로 $m-\frac{1}{2a}=\frac{1}{2}$, $3m-\frac{1}{a}=2$이고, $m=a=1$이다. 실험 Ⅲ의 양적 관계는 다음과 같다.

[실험 Ⅲ]	$A(g)$	+	$B(g)$	⟶	$2C(g)$
반응 전(mol)	5		4		
반응(mol)	-4		-4		$+8$
반응 후(mol)	1		0		8

반응 후 $C(g)$의 밀도는 $\frac{\text{생성된 } C(g)\text{의 양(mol)}}{\text{전체 기체의 양(mol)}}$에 비례하므로 $C(g)$의 밀도비는 Ⅱ : Ⅲ$=\frac{1}{2}:\frac{8}{9}=3:x$이고, $x=\frac{16}{3}$이다. 따라서 $\frac{x}{a}=\frac{16}{3}$이다.

09 화학 반응의 양적 관계

실험 Ⅱ에서 남은 반응물의 양(mol)과 생성된 $C(g)$의 양(mol)이 모두 실험 Ⅰ에서의 3배이므로 실험 Ⅰ과 Ⅱ에서 A와 B의 질량비를 고려하면 Ⅰ에서는 $A(g)$ $3w_1$ g이 모두 반응하고 Ⅱ에서는 $B(g)$ $3w_2$ g이 모두 반응한다. 실험 Ⅰ과 Ⅱ의 양적 관계는 다음과 같다.

[실험 Ⅰ]	$aA(g)$	+	$B(g)$	⟶	$2C(g)$
반응 전(g)	$3w_1$		$2w_2$		
반응(mol)	$-\frac{1}{2}am$		$-\frac{1}{2}m$		$+m$
반응 후(mol)	0		n		m

[실험 Ⅱ]	$aA(g)$	+	$B(g)$	⟶	$2C(g)$
반응 전(g)	$12w_1$		$3w_2$		
반응(mol)	$-\frac{3}{2}am$		$-\frac{3}{2}m$		$+3m$
반응 후(mol)	$3n$		0		$3m$

실험 Ⅰ에서 $A(g)$ $3w_1$ g은 $\frac{1}{2}am$ mol이므로 실험 Ⅱ에서 $A(g)$ $12w_1$ g은 $2am$ mol이고, 반응 후 남은 $A(g)$의 양은 $\frac{1}{2}am=3n$ mol이다. 또 실험 Ⅱ에서 $B(g)$ $3w_2$ g은 $\frac{3}{2}m$ mol이고, 실험 Ⅰ에서 $B(g)$ $2w_2$ g은 m mol이므로 실험 Ⅰ에서 반응 후 남은 $B(g)$의 양은 $\frac{1}{2}m=n$ mol이다. 이로부터 $a=3$이고, 분자량비는 $A:B=w_1:w_2$이므로 $a\times\frac{\text{B의 분자량}}{\text{A의 분자량}}=\frac{3w_2}{w_1}$이다.

10 완전 연소 반응

$C_2H_4(g)$과 $C_3H_4O(g)$의 완전 연소 반응식은 각각 다음과 같다.

$C_2H_4(g)+3O_2(g) \longrightarrow 2CO_2(g)+2H_2O(g)$

$2C_3H_4O(g)+7O_2(g) \longrightarrow 6CO_2(g)+4H_2O(g)$

반응한 $C_2H_4(g)$과 $C_3H_4O(g)$의 양(mol)을 각각 n, m이라고 하면 생성된 $CO_2(g)$와 $H_2O(g)$의 양(mol)은 각각 $2n+3m$, $2n+2m$이다. 생성된 $CO_2(g)$가 $\frac{7}{4}$ mol, $H_2O(g)$가 $\frac{3}{2}$ mol이므로 $2n+3m=\frac{7}{4}$, $2n+2m=\frac{3}{2}$이고, $n=\frac{1}{2}$, $m=\frac{1}{4}$이다.

ㄱ. $C_2H_4(g)$ $\frac{1}{2}$ mol과 $C_3H_4O(g)$ $\frac{1}{4}$ mol의 질량은 각각 14 g이므로 $w=28$이다.

ㄴ. 반응 전 $\frac{C_2H_4\text{의 양(mol)}}{C_3H_4O\text{의 양(mol)}}=\frac{\frac{1}{2}}{\frac{1}{4}}=2$이다.

~~ㄷ~~. $C_2H_4(g)$ $\frac{1}{2}$ mol이 연소할 때 반응한 $O_2(g)$의 양은 $\frac{3}{2}$ mol이고, $C_3H_4O(g)$ $\frac{1}{4}$ mol이 연소할 때 반응한 $O_2(g)$의 양은 $\frac{7}{8}$ mol이므로 반응한 $O_2(g)$의 전체 양은 $\frac{19}{8}$ mol이다.

11 화학 반응의 양적 관계

CH_3COOH의 완전 연소 반응식은 다음과 같다.

$CH_3COOH+2O_2 \longrightarrow 2CO_2+2H_2O$

생성물인 CO_2와 H_2O의 계수비가 1 : 1이므로 반응 후 분자 수 비인 3 : 2 : 2에서 반응 후 남은 물질이 $3n$ mol이라고 하면 생성물인 CO_2와 H_2O가 각각 $2n$ mol이다. 반응 후 O_2가 $3n$ mol 남는 경우에는 반응 전 CH_3COOH과 O_2가 각각 n, $5n$ mol이 있어야 하고, CH_3COOH과 O_2의 분자량이 각각 60, 32이므로 질량비는 60 : 160=3 : 8이다. $x=3$, $y=8$이면 $x>y$라는 조건에 위배된다. 반응 후 CH_3COOH이 $3n$ mol 남았다면, 반응 전에는 CH_3COOH과 O_2가 각각 $4n$ mol, $2n$ mol 존재했던 것이므로 질량비는 15 : 4이고 $x>y$라는 조건에 부합한다. 따라서 $\frac{x}{y}=\frac{15}{4}$이다.

12 화학 반응의 계수와 분자 수 변화

화학 반응식의 계수를 구하면 다음과 같다.

$4NH_3(g)+5O_2(g) \longrightarrow 4NO(g)+6H_2O(g)$

반응 후 분자 수 비가 $O_2:NO:H_2O=1:2:3$이므로 반응 후 남은 $O_2(g)$의 양을 1 mol이라고 하면 양적 관계는 다음과 같다.

	$4NH_3(g)$ +	$5O_2(g)$ ⟶	$4NO(g)$ +	$6H_2O(g)$
반응 전(mol)	2	$\frac{7}{2}$		
반응(mol)	-2	$-\frac{5}{2}$	$+2$	$+3$
반응 후(mol)	0	1	2	3

ㄱ. $\frac{c+d}{a+b}=\frac{4+6}{4+5}=\frac{10}{9}>1$이다.

ㄴ. 반응 전과 후 전체 기체의 몰비는 11 : 12이므로 $x=\frac{11}{12}$이다.

ㄷ. NH_3와 O_2의 분자량은 각각 17, 32이고, 반응 전 몰비는 $NH_3:O_2=4:7$이므로 반응 전 질량비는 $NH_3:O_2=4\times17:7\times32=17:56$이다.

수능 3점 테스트

본문 19~21쪽

01 ④ 02 ① 03 ④ 04 ① 05 ① 06 ②

01 화학 반응과 물질의 밀도비

반응식의 계수를 구하면 다음과 같다.

$C_mH_4+(m+1)O_2 \longrightarrow mCO_2+2H_2O$

반응 전과 후 계수의 합이 $m+2$로 같으므로 전체 기체의 부피는 일정하다. 따라서 각 기체의 밀도비는 각 기체의 질량비와 같다.

반응 전과 후 질량이 일정하므로 반응 전 질량은 32 g, 30 g으로, 반응 후 질량은 33 g, 20 g, 9 g이라고 하면, 반응 후 33 g이 존재하는 물질은 C_mH_4 또는 O_2가 될 수 없으므로 CO_2 또는 H_2O이다. 생성물의 질량비인 $44m:36$은 33 : 9 또는 9 : 33 또는 33 : 20 또는 20 : 33 중 하나가 되어야 하고, m은 자연수이므로 $m=3$이다. 따라서 화학 반응식과 양적 관계는 다음과 같다.

	$C_3H_4(g)$ +	$4O_2(g)$ ⟶	$3CO_2(g)$ +	$2H_2O(g)$
반응 전(g)	30	32		
반응(g)	-10	-32	$+33$	$+9$
반응 후(g)	20	0	33	9

ㄱ. $m=3$, $a=4$, $b=3$, $c=2$이므로 $\frac{a+b+c}{m}=3$이다.

~~ㄴ~~. 반응 후 남은 반응물은 $C_3H_4(g)$이다.

ㄷ. 반응 후 밀도가 가장 작은 기체는 질량이 가장 작은 $H_2O(g)$이다.

02 기체의 반응과 분자 모형

화학 반응식의 계수를 구하면 다음과 같다.

$A_2(g)+3B_2(g) \longrightarrow 2AB_3(g)$

반응 후 분자 수 비는 $A_2(g):AB_3(g)=5:2$이므로 반응 전 $A_2(g)$와 $B_2(g)$의 양(mol)을 각각 n, m이라고 하고 생성된 $AB_3(g)$의 양(mol)을 $2k$라고 하면 양적 관계는 다음과 같다.

	$A_2(g)$	+	$3B_2(g)$	⟶	$2AB_3(g)$
반응 전(mol)	n		m		
반응(mol)	$-k$		$-3k$		$+2k$
반응 후(mol)	$5k$		0		$2k$

$n-k=5k$이므로 $n=6k$이고, $m-3k=0$이므로 $m=3k$이다. 따라서 반응 전과 후 전체 기체의 분자 수 비는 9 : 7이고, $\frac{c}{b}+\frac{y}{x}=\frac{2}{3}+\frac{7}{9}=\frac{13}{9}$이다.

03 화학 반응의 양적 관계

실험 Ⅱ에서 남은 반응물의 질량이 0이므로 A와 B가 모두 반응하였다. 따라서 반응 질량비는 A : B : C$=2w$: $w+1$: $3w+1$이고, Ⅰ에서는 $A(g)$ w g$(=\frac{1}{2}an$ mol)과 $B(g)$ $\frac{1}{2}(w+1)$ g $(=\frac{1}{2}n$ mol)이 반응하고, 남은 반응물은 $B(g)$ $\frac{1}{2}(w+1)$ g $(=\frac{1}{2}n$ mol)이다. Ⅲ에서는 $A(g)$ $4w$ g$(=2an$ mol)과 $B(g)$ $(2w+2)$ g$(=2n$ mol)이 반응하고, 남은 반응물은 $A(g)$ w g $(=\frac{1}{2}an$ mol)이다. 반응 후 남은 반응물의 몰비는 Ⅰ : Ⅲ$=$1 : 2이므로 $a=2$이다. $\frac{\text{남은 반응물의 질량}}{C(g)\text{의 질량}}$은 Ⅰ : Ⅲ$=\frac{\frac{1}{2}(w+1)}{n}$: $\frac{w}{4n}=16$: 7이므로 $w=7$이다. 반응 질량비가 A : B : C$=7$: 4 : 11이고, 반응 몰비가 A : B : C$=2$: 1 : 2이므로 분자량비는 A : B : C$=7$: 8 : 11이다. 따라서 $w\times\frac{\text{C의 분자량}}{\text{A의 분자량}}=11$이다.

04 화학 반응의 양적 관계

반응 계수비는 반응 몰비와 같고, A : B : C$=1$: b : c이다. 반응 전 실린더에 들어 있는 $A(g)$의 양(mol)을 n이라고 하면, $B(g)$를 2 mol 넣었을 때 반응이 완결되었으므로 1 : $b=n$: 2이고 $n=\frac{2}{b}$이다.

반응 후 $C(g)$의 밀도는 $\frac{\text{생성된 }C(g)\text{의 양(mol)}}{\text{전체 기체의 양(mol)}}$에 비례하며, $B(g)$를 1 mol 넣었을 때와 3 mol 넣었을 때의 양적 관계는 각각 다음과 같다.

	$A(g)$	+	$bB(g)$	⟶	$cC(g)$
반응 전(mol)	$\frac{2}{b}$		1		
반응(mol)	$-\frac{1}{b}$		-1		$+\frac{c}{b}$
반응 후(mol)	$\frac{1}{b}$		0		$\frac{c}{b}$

	$A(g)$	+	$bB(g)$	⟶	$cC(g)$
반응 전(mol)	$\frac{2}{b}$		3		
반응(mol)	$-\frac{2}{b}$		-2		$+\frac{2c}{b}$
반응 후(mol)	0		1		$\frac{2c}{b}$

$\frac{\text{생성된 }C(g)\text{의 양(mol)}}{\text{전체 기체의 양(mol)}}$비는 $\frac{c}{c+1}$: 1 : $\frac{2c}{b+2c}=10$: 15 : 12이므로 $b=1$, $c=2$이다.

$B(g)$를 x mol 넣었을 때의 양적 관계와 $C(g)$의 밀도로부터 $\frac{4}{(x-2)+4}=\frac{c}{c+1}$임을 알 수 있다. 따라서 $x=4$이고, $\frac{x}{b+c}=\frac{4}{3}$이다.

05 화학 반응의 양적 관계

반응 전 A, B의 질량을 Ⅰ에서 각각 $30w_1$, w_1, Ⅱ에서 $5w_2$, w_2라고 하고, A, B의 분자량을 각각 M_A, M_B라고 하면, 반응 전 전체 기체의 밀도비는 Ⅰ : Ⅱ$=\frac{31w_1}{\frac{30w_1}{M_A}+\frac{w_1}{M_B}}$: $\frac{6w_2}{\frac{5w_2}{M_A}+\frac{w_2}{M_B}}=5d_1$: $3d_2$이다. $\frac{d_2}{d_1}=\frac{45}{62}$이므로 M_A : $M_B=15$: 1이다.

ㄱ. Ⅰ에서 $A(g)$, $B(g)$의 양(mol)을 각각 $2n$, n이라고 하고, Ⅱ에서 $A(g)$, $B(g)$의 양(mol)을 각각 m, $3m$이라고 하면, 전체 기체의 부피는 밀도와 반비례하므로 이를 고려한 양적 관계는 다음과 같다.

[실험 Ⅰ]	$A(g)$	+	$bB(g)$	⟶	$cC(g)$
반응 전(mol)	$2n$		n		
반응(mol)	$-\frac{n}{b}$		$-n$		$+\frac{c}{b}n$
반응 후(mol)	$\left(2-\frac{1}{b}\right)n$		0		$\frac{c}{b}n$

[실험 Ⅱ]	$A(g)$	+	$bB(g)$	⟶	$cC(g)$
반응 전(mol)	m		$3m$		
반응(mol)	$-m$		$-bm$		$+cm$
반응 후(mol)	0		$(3-b)m$		cm

반응 후 전체 기체의 양(mol)은 실험 Ⅰ, Ⅱ에서 각각 $\frac{5}{2}n$, $3m$이므로 실험 Ⅰ에서 $2-\frac{1}{b}+\frac{c}{b}=\frac{5}{2}$이고, 실험 Ⅱ에서 $3-b+c=3$이다. 두 식을 연립하여 풀면 $b=c=2$이다.

ㄴ. 반응식의 계수비를 고려하면 분자량비는 A : B : C$=$30 : 2 : 17이므로 분자량은 A가 C보다 크다.

ㄷ. $C(g)$의 밀도는 $\frac{\text{생성된 }C(g)\text{의 양(mol)}}{\text{전체 기체의 양(mol)}}$에 비례하므로 Ⅰ : Ⅱ$=\frac{n}{\frac{5}{2}n}$: $\frac{2m}{3m}=3$: 5이다.

06 화학 반응의 양적 관계

반응 전 실린더에 들어 있는 $A(g)$의 양(mol)을 $4n$, 강철 용기 안에 들어 있는 $B(g)$의 양(mol)을 kn이라고 하면, 반응 후 실린더와 강철 용기 부피의 합이 10 L이므로 전체 기체의 양(mol)은 $10n$이다. $B(g)$가 모두 반응했다고 가정하면 양적 관계는 다음과 같다.

	$A(g)$	+	$bB(g)$	⟶	$2C(g)$
반응 전(mol)	$4n$		kn		
반응(mol)	$-\frac{k}{b}n$		$-kn$		$+\frac{2k}{b}n$
반응 후(mol)	$\left(4-\frac{k}{b}\right)n$		0		$\frac{2k}{b}n$

반응 후 전체 기체의 양(mol)은 $\left(4+\frac{k}{b}\right)n=10n$이므로 $\frac{k}{b}=6$이며, $\frac{k}{b}<4$이어야 하므로 이는 부적절하다. 따라서 $A(g)$가 모두 반응하며, 양적 관계는 다음과 같다.

	$A(g)$	+	$bB(g)$	⟶	$2C(g)$
반응 전(mol)	$4n$		kn		
반응(mol)	$-4n$		$-4bn$		$+8n$
반응 후(mol)	0		$(k-4b)n$		$8n$

$(k-4b)n+8n=10n$이므로 $k-4b=2$이다. 반응 전 전체 기체의 질량이 $6w$ g이므로 반응 후 $B(g)$의 질량(g) : $C(g)$의 질량(g) $=1:5$이면, $B(g)$의 질량은 w g, $C(g)$의 질량은 $5w$ g이 되고, $B(g)$는 반응 후 $2n$ mol이 존재하므로 반응 전 $5w$ g에 해당하는 양(mol)은 $10n$이다. 즉 $A(g)$ $4n$ mol과 $B(g)$ $8n$ mol이 반응했으므로 반응 몰비는 $A(g):B(g)=1:2$이고, $b=2$이다.
반응 전 강철 용기에는 $B(g)$ $10n$ mol이, 반응 후 강철 용기에는 $B(g)$와 $C(g)$의 혼합 기체 $2n$ mol이 존재하므로

$b\times\frac{\text{반응 전 강철 용기 속 기체 분자 수}}{\text{반응 후 강철 용기 속 기체 분자 수}}=2\times\frac{10}{2}=10$이다.

용액의 농도

닮은 꼴 문제로 유형 익히기

본문 23쪽

정답 ④

ㄱ. ㉠이 Y라면 용액의 부피(L)는 (나)와 (다)가 같고, 용질의 질량(g)이 (다)가 (나)의 3배이므로 용액의 몰 농도(M)는 (다)가 (나)의 3배가 되어야 한다. 하지만 용액의 몰 농도는 (다)가 (나)의 4배이므로 ㉠은 X이다.

ㄴ. 용액의 몰 농도는 (다)가 (가)의 6배이며, 용질의 양(mol)은 (다)가 (가)의 3배이다. X의 화학식량을 M_x라고 하면

(가)와 (다)의 몰 농도의 비는 (가) : (다)$=\dfrac{\frac{w}{M_X}}{V_1}:\dfrac{\frac{3w}{M_X}}{V_2}=1:6$이므로 $V_1=2V_2$이다.

ㄷ. Y의 화학식량을 M_Y라고 하면 (가)와 (나)의 몰 농도의 비는

(가) : (나)$=\dfrac{\frac{w}{M_X}}{V_1}:\dfrac{\frac{w}{M_Y}}{V_2}=2:3$이고, $V_1=2V_2$이므로

$M_X:M_Y=3:4$이다.

수능 2점 테스트

본문 24~25쪽

01 ①	02 ①	03 ④	04 ⑤	05 ③
06 ②	07 ②	08 ⑤		

01 용액의 농도

(가)에 녹아 있는 용질의 질량(x)은 $\dfrac{\frac{x}{40}}{0.1}=2.5$에서 $x=10$(g)이다.

(나)의 농도가 25%이므로 $\frac{10+w}{100+w}\times100=25(\%)$이고, $w=20$이다. (나) 용액의 질량은 120 g이고, 밀도가 1 g/mL이므로 부피는 120 mL이다. 따라서 (나)의 몰 농도(M)는 $\dfrac{\frac{30}{40}}{\frac{120}{1000}}=\frac{25}{4}$이고,

$\dfrac{\text{(나)의 몰 농도(M)}}{w}=\dfrac{\frac{25}{4}}{20}=\frac{5}{16}$이다.

02 표준 용액 만들기

부피 플라스크에는 표시선이 있다.

ㄱ. NaOH 4 g은 0.1 mol이고, 용액 250 mL에 0.1 mol이 녹아 있으므로 $a=\dfrac{0.1}{\frac{250}{1000}}=0.4$이다.

ㄴ. ㉠은 소량의 물에 NaOH(s)을 녹일 때 사용하는 용기이므로 정밀한 눈금이 있을 필요는 없다.

ㄷ. ㉡은 '부피 플라스크'이다.

03 용액의 혼합과 몰 농도

0.2 M A(aq) 50 mL에 녹아 있는 용질의 양은 0.01 mol이며, a M A(aq) 100 mL, 200 mL에 녹아 있는 용질의 양은 각각 0.1a mol, 0.2a mol이다. (가)와 (나)의 몰 농도(M)비는 $\dfrac{0.01+0.1a}{\frac{250}{1000}} : \dfrac{0.01+0.2a}{\frac{500}{1000}}=12:11$이고, 이를 풀면 $a=0.5$이다. (가)는 250 mL에 용질 0.06 mol이 녹아 있는 수용액이므로 0.24 M이다. 따라서 $k=0.02$이고, $\dfrac{a}{k}=\dfrac{0.5}{0.02}=25$이다.

04 용액의 농도

(가)의 퍼센트 농도(%)가 $\dfrac{100}{6}$이므로 용질과 용매의 질량비는 1 : 5이다. 포도당과 물의 질량을 각각 w_1, $5w_1$이라고 하면 $\dfrac{w_1}{180}+\dfrac{5w_1}{18}=5.1$이므로 $w_1=18$이다. 또 (나)의 퍼센트 농도(%)가 20이므로 용질과 용매의 질량비는 1 : 4이다. 포도당과 물의 질량을 각각 w_2, $4w_2$라고 하면 $\dfrac{w_2}{180}+\dfrac{4w_2}{18}=10.25$이므로 $w_2=45$이다.

ㄱ. 녹아 있는 포도당의 질량은 (가)에서 18 g, (나)에서 45 g이므로 용질의 양(mol)은 (나)가 (가)의 2배보다 크다.

ㄴ. 용매의 질량은 (가)에서 90 g, (나)에서 180 g이므로 (나)가 (가)의 2배이다.

ㄷ. (가)와 (나)를 혼합한 후 물을 추가하여 부피가 500 mL가 되게 한 수용액의 몰 농도는 $\dfrac{\frac{63}{180}}{\frac{500}{1000}}=\dfrac{7}{10}$ M이다.

05 용액의 농도

용액의 퍼센트 농도가 $2a$%이면 용질의 질량이 $2a$ g, 물의 질량이 $(100-2a)$ g이라고 가정할 수 있고, $5a$%라면 용질의 질량이 $5a$ g, 물의 질량이 $(100-5a)$ g이라고 가정할 수 있다. 용매와 용질의 화학식량이 각각 18, 60이므로

$\dfrac{\text{용매의 양(mol)}}{\text{용질의 양(mol)}}$은 $\dfrac{\frac{100-2a}{18}}{\frac{2a}{60}} : \dfrac{\frac{100-5a}{18}}{\frac{5a}{60}}=7:2$이며,

이를 풀면 $a=8$이다. (가)에 해당하는 수용액의 퍼센트 농도는 16%이며, 수용액의 밀도가 1 g/mL이므로 몰 농도는 $\dfrac{\frac{16}{60}}{\frac{100}{1000}}=\dfrac{8}{3}$ M이다.

06 용액의 농도

용질의 분자량비가 A : B : C = 2 : 3 : 9이므로, 수용액 Ⅰ~Ⅲ에 녹인 용질의 몰비는 Ⅰ : Ⅱ : Ⅲ $=\dfrac{4w}{2}:\dfrac{3w}{3}:\dfrac{6w}{9}=6:3:2$이다.

ㄱ. Ⅰ~Ⅲ의 농도가 a M로 모두 같으므로 용액의 부피비도 Ⅰ : Ⅱ : Ⅲ = 6 : 3 : 2가 되어야 한다. 따라서 $x:y:1=6:3:2$가 되어 $x=3$, $y=\dfrac{3}{2}$이고, $\dfrac{x}{y}=2$이다.

ㄴ. A(s) 10 g은 $\dfrac{1}{4}$ mol, B(s) 10 g은 $\dfrac{1}{6}$ mol, C(s) 10 g은 $\dfrac{1}{18}$ mol이고, 수용액 Ⅰ~Ⅲ에 녹아 있는 용질의 양(mol)을 각각 $6n$, $3n$, $2n$이라고 하면, 수용액 Ⅳ~Ⅵ의 몰 농도(M)는 각각 $\dfrac{6n+\frac{1}{4}}{6}$, $\dfrac{3n+\frac{1}{6}}{3}$, $\dfrac{2n+\frac{1}{18}}{2}$이다. $\dfrac{6n+\frac{1}{4}}{6} : \dfrac{3n+\frac{1}{6}}{3}=15:16$이므로 $n=\dfrac{1}{6}$이고 $w=10$이며, Ⅰ~Ⅲ의 몰 농도(M)는 $a=\dfrac{1}{3}$이다. 따라서 $\dfrac{w}{a}=30$이다.

ㄷ. 용액 Ⅳ는 6 L에 용질 $\dfrac{5}{4}$ mol이 녹아 있는 용액이며, 용액 Ⅵ는 2 L에 용질 70 g$(=\dfrac{7}{18}$ mol$)$이 녹아 있는 용액이다.

$\dfrac{\frac{5}{4}}{6} : \dfrac{\frac{7}{18}}{2}=15k$: ㉠이므로 ㉠$=14k$이다.

07 용액의 농도

물(H_2O) 5 mol은 90 g, 3 mol은 54 g이며, NaOH 20 g은 0.5 mol이고, A 6 g은 0.2 mol이다. 수용액 Ⅰ은 NaOH 20 g을 물 90 g에 녹인 용액이므로 수용액의 질량은 110 g이고 밀도가 1.1 g/mL이므로 수용액의 부피는 100 mL이다. 따라서 수용액 Ⅰ의 몰 농도(M)는 $\dfrac{0.5}{0.1}=5$이다. 수용액 Ⅱ는 A 6 g을 물 54 g에 녹인 용액이므로 수용액의 질량은 60 g이고 수용액의 밀도가 1 g/mL이므로 부피는 60 mL이다. 따라서 수용액 Ⅱ의 몰 농도(M)는 $\dfrac{0.2}{0.06}=\dfrac{10}{3}$이므로 $\dfrac{x}{y}=\dfrac{3}{2}$이다.

08 용질의 용해와 용액의 혼합

Ⅱ의 몰 농도(M)는 $\dfrac{3a\times\frac{3}{5}V+a\times\frac{1}{5}V}{\frac{4}{5}V}=3k$이므로 $a=\dfrac{6}{5}k$(식 ①)이다. Ⅲ에서 A(s) 4 g은 0.1 mol이므로 Ⅲ의 몰 농도(M)는 $\dfrac{100+4aV}{4V}=\dfrac{3}{5}$이고, $\dfrac{25}{V}+a=\dfrac{3}{5}$(식 ②)이다. Ⅰ에서 A($s$) 1 g은 0.025 mol이고, Ⅰ의 몰 농도(M)를 구하는 식은 $\dfrac{25+3aV+2aV}{3V}=4k$이므로 $\dfrac{25}{3V}+\dfrac{5}{3}a=4k$(식 ③)이다. 식 ③에 식 ①을 대입하고 식 ②와 연립하여 풀면 $k=\dfrac{1}{12}$, $V=50$, $a=\dfrac{1}{10}$이다. 따라서

$\dfrac{V\times a}{k}=\dfrac{50\times\frac{1}{10}}{\frac{1}{12}}=60$이다.

수능 3점 테스트

본문 26~27쪽

01 ② 02 ③ 03 ③ 04 ①

01 화학 반응과 용액의 농도

생성된 $O_2(g)$의 부피가 V mL이고, 기체 1 mol의 부피가 24 L이므로, 생성된 $O_2(g)$의 양(mol)은 $\frac{V}{24000}$이다. 따라서 반응한 H_2O_2의 양(mol)은 $\frac{V}{12000}$이다.

$H_2O_2(aq)$의 밀도가 d이므로 $H_2O_2(aq)$ $\frac{w}{d}$ mL에 H_2O_2가 $\frac{V}{12000}$ mol 녹아 있다. 따라서 $H_2O_2(aq)$의 몰 농도(M)는

$$x=\frac{\frac{V}{12000}}{\frac{w}{d}\times\frac{1}{1000}}=\frac{dV}{12w}$$이다.

02 용액의 희석과 혼합

용액의 몰 농도는 수용액 Ⅰ이 $\frac{1}{3}x$ M, 수용액 Ⅱ가 $\frac{1}{4}y$ M이며, 수용액 Ⅲ, Ⅳ의 몰 농도(M)는 각각 $\frac{\frac{2}{3}x+\frac{1}{4}y}{3}$, $\frac{\frac{1}{3}x+\frac{3}{4}y}{4}$이다.

㉠. $\frac{2}{9}x+\frac{1}{12}y : \frac{1}{12}x+\frac{3}{16}y=4:3$이고, $x+y=1$이므로 $x=0.6$, $y=0.4$이다.

㉡. Ⅰ에 녹아 있는 용질의 양은 $0.2\times0.3=0.06$ mol이며, A의 화학식량은 40이므로 용질의 질량은 2.4 g이다. Ⅱ에 녹아 있는 용질의 양은 $0.1\times0.2=0.02$ mol이며, 질량은 0.8 g이다. 따라서 Ⅰ과 Ⅱ에 녹아 있는 용질의 질량의 합은 3.2 g이다.

㉢. 수용액의 몰 농도(M)는 Ⅱ가 0.1, Ⅳ가 0.125이므로 Ⅳ가 Ⅱ보다 크다.

03 용액의 몰 농도

(가)의 질량은 $200\times0.95=190$ g이고, 녹아 있는 용질의 질량은 $190\times0.16=30.4$ g($=0.95$ mol)이다.

㉠. (가)의 몰 농도는 $\frac{0.95}{\frac{200}{1000}}=4.75$ M이다.

㉡. 용액에 녹아 있는 용질의 양은 (가) 0.95 mol, (나) 0.55 mol이므로 (가)가 (나)의 2배보다 작다.

㉢. (다)에 녹아 있는 용질의 양은 $0.95+0.55=1.5$ mol이므로 (다)의 몰 농도는 $x=\frac{1.5}{\frac{750}{1000}}=2$(M)이다.

04 용액의 희석과 혼합

학생 A의 (나) 과정 후 용액의 부피가 2배가 되었으므로 (나) 과정 후 용액의 농도는 $\frac{1}{2}a$ M이고, (다)에서 $\frac{1}{2}a\times200+1\times50=0.4\times250$이다. 따라서 $a=0.5$이다.

학생 B의 (2) 과정 후 용액의 농도를 x M라고 하면 $0.5\times100+1\times50=x\times150$이며, $x=\frac{2}{3}$이다. (3)에서 용액의 부피를 2배로 하였으므로 $b=\frac{1}{3}$이다. 따라서 $a\times b=0.5\times\frac{1}{3}=\frac{1}{6}$이다.

테마 05 원자의 구조

닮은 꼴 문제로 유형 익히기 본문 29쪽

정답 ④

원자 번호는 양성자수와 같다. A~D의 (중성자수−양성자수)는 각각 0, 1, 2, 3이고, 질량수(=중성자수+양성자수)는 각각 32, 35, 34, 37이다. 이로부터 A~D의 양성자수와 중성자수를 구하면 다음과 같다.

원자	A	B	C	D
양성자수	16	17	16	17
중성자수	16	18	18	20

ㄱ. (×) 중성자수는 A가 16, B가 18이다.

ㄴ. (○) $\frac{중성자수}{양성자수}$는 B가 $\frac{18}{17}$, C가 $\frac{18}{16}$이므로 C가 B보다 크다.

ㄷ. (○) 1 g의 A에 들어 있는 중성자수는 $\frac{16}{32}$ mol, 1 g의 D에 들어 있는 양성자수는 $\frac{17}{37}$ mol이므로 $\frac{1\text{ g의 A에 들어 있는 중성자수}}{1\text{ g의 D에 들어 있는 양성자수}}=\frac{\frac{16}{32}}{\frac{17}{37}}=\frac{592}{544}>1$이다.

수능 2점 테스트 본문 30~31쪽

01 ⑤ 02 ② 03 ① 04 ④ 05 ③
06 ⑤ 07 ② 08 ④

01 동위 원소

(가)~(다)에 들어 있는 기체의 분자량은 각각 16, 30, 24이며, 질량이 모두 같으므로 부피비는 $V_1 : V_2 : V_3=\frac{1}{16} : \frac{1}{30} : \frac{1}{24}$이다.

ㄱ. (○) $V_1 : V_2=\frac{1}{16} : \frac{1}{30}=15 : 8$이다.

ㄴ. (○) 분자당 중성자수의 비는 $^{12}C^{1}H_4 : {}^{12}C^{3}H_4=6 : 14$이며, 기체의 양(mol)은 부피에 비례하므로 실린더 속 중성자수의 비는 (가) : (다)$=\frac{6}{16} : \frac{14}{24}=9 : 14$이다.

ㄷ. (○) 분자당 양성자수의 비는 $^{13}C_2{}^{1}H_4 : {}^{12}C^{3}H_4=16 : 10$이며, 기체의 양(mol)은 부피에 비례하므로 실린더 속 양성자수의 비는 (나) : (다)$=\frac{16}{30} : \frac{10}{24}=32 : 25$이다.

02 동위 원소

$^{1}H_2{}^{16}O$ 1분자에는 양성자 10개, 중성자 8개가 있고, $^{3}H_2{}^{18}O$ 1분자에는 양성자 10개, 중성자 14개가 있다. 용기에 $^{1}H_2{}^{16}O$가 n mol, $^{3}H_2{}^{18}O$가 m mol이 들어 있다고 하면, 용기 속 전체 기체의 $\frac{양성자수}{중성자수}=\frac{10n+10m}{8n+14m}=\frac{4}{5}$이므로 $m=3n$이다. 전체 기체의 질량(g)은 $18n+24m=9$이므로 $n=0.1$, $m=0.3$이다.

용기 속 $\frac{^{1}H_2{}^{16}O\text{의 전체 중성자수}}{^{3}H_2{}^{18}O\text{의 전체 중성자수}}=\frac{0.1\times8}{0.3\times14}=\frac{4}{21}$이다.

03 원자의 구성 입자

^{2}H, ^{3}H, $^{4}He^{2+}$의 질량수는 각각 2, 3, 4이고, 중성자수는 각각 1, 2, 2이다.

ㄱ. (○) $\frac{중성자수}{질량수}$는 ^{2}H가 $\frac{1}{2}$, ^{3}H가 $\frac{2}{3}$, $^{4}He^{2+}$이 $\frac{1}{2}$이므로 (가)는 ^{3}H이다.

ㄴ. (×) (나)의 전자 수가 1이므로 (나)는 ^{2}H이고, (다)는 $^{4}He^{2+}$이다. $^{4}He^{2+}$의 $\frac{중성자수}{질량수}=\frac{1}{2}$이므로 $x=3$이다.

ㄷ. (×) (가)는 ^{3}H이므로 양성자수가 1이고, (다)는 $^{4}He^{2+}$이므로 전자 수가 0이다. 따라서 $a=1$, $b=0$이고, $a+b=1$이다.

04 동위 원소

$^{63}Cu^{16}O$ 1 mol에는 양성자 37 mol, 중성자 42 mol이 들어 있고, $^{65}Cu_2{}^{18}O$ 1 mol에는 양성자 66 mol, 중성자 82 mol이 들어 있다. 1 mol당 [전체 중성자의 양(mol)−전체 양성자의 양(mol)]의 비는 $^{63}Cu^{16}O : {}^{65}Cu_2{}^{18}O=5 : 16$인데, (가)와 (나)의 [전체 중성자의 양(mol)−전체 양성자의 양(mol)]이 k로 같고, (가)에 들어 있는 물질의 양이 16 mol이므로 (나)에 들어 있는 물질의 양은 5 mol이다. 따라서 $n=5$이고, $k=5\times16=80$이므로 $n+k=85$이다.

05 동위 원소

기체 1 mol에 들어 있는 양성자의 양(mol)과 중성자의 양(mol)은 다음과 같다.

기체	$^{35}Cl_2{}^{16}O$	$^{37}Cl_2$	$^{18}O_2$
1 mol당 양성자의 양(mol)	42	34	16
1 mol당 중성자의 양(mol)	44	40	20

기체의 부피비가 (가) : (나)=1 : 2이므로 (나)에 들어 있는 $^{18}O_2$의 양을 2 mol, (가)에 들어 있는 $^{35}Cl_2{}^{16}O$와 $^{37}Cl_2$의 양을 각각 x mol, $(1-x)$ mol이라고 하면 전체 양성자수의 비는 $42x+34(1-x) : 32=55 : 48$이므로 $x=\frac{1}{3}$이다.

ㄱ. (○) 실린더 속 원자 수의 비는 (가) : (나)$=\frac{1}{3}\times3+\frac{2}{3}\times2 : 4=7 : 12$이므로 (나)가 (가)의 2배보다 작다.

ㄴ. (○) 실린더 속 전체 중성자수의 비는 (가) : (나)$=\frac{44}{3}+40\times\frac{2}{3} : 40=31 : 30$이므로 (가)가 (나)보다 크다.

ㄷ. (×) (가)에서 원자 수의 비는 $^{35}Cl : {}^{37}Cl=1 : 2$이므로 $\frac{^{35}Cl\text{의 질량}}{^{37}Cl\text{의 질량}}=\frac{35}{74}<\frac{1}{2}$이다.

06 원자의 구성 입자

원자핵은 양성자와 중성자로 구성되어 있고, 원자핵의 전하량은 양성자수에 비례하며, 원자핵의 질량은 양성자수와 중성자수의 합에 비례한다. 따라서 원자 X의 양성자수는 3, 중성자수는 4이다.

ㄱ. 원자 번호는 양성자수와 같으므로 원자 X의 원자 번호는 3이다.
ㄴ. 질량수는 양성자수와 중성자수의 합이므로 X의 질량수는 7이다.
ㄷ. X^+은 중성자수가 4, 전자 수가 2이므로 X^+의 $\frac{\text{전자 수}}{\text{중성자수}}=\frac{1}{2}$이다.

07 평균 원자량

X의 평균 원자량은 $x\times\frac{a}{100}+(x+2)\times\frac{b}{100}=x+\frac{3}{5}$이고, $a+b=100$이므로 $a=70$, $b=30$이다. Y의 평균 원자량은 $y\times\frac{75}{100}+(y+2)\times\frac{25}{100}=y+\frac{1}{2}$이다. 따라서 $k=\frac{1}{2}$이므로 $\frac{a}{b}\times k=\frac{70}{30}\times\frac{1}{2}=\frac{7}{6}$이다.

08 동위 원소

ㄱ. Y의 평균 원자량이 $y+\frac{1}{2}$이므로 $y\times\frac{75}{100}+(y+k)\times\frac{25}{100}=y+\frac{1}{2}$이고, $k=2$이다.

ㄴ. X의 평균 원자량이 $x+1$이므로 $x\times\frac{a}{100}+(x+2)\times\frac{b}{100}=x+1$이고, $a=b=50$이다. 따라서 $\frac{b}{a}=1$이다.

ㄷ. $k=2$이므로 $x+y+\frac{k}{2}=x+y+1$이다. XY의 분자량은 X와 Y의 평균 원자량의 합이므로 $\left(x+y+\frac{3}{2}\right)$이고, $\left(x+y+\frac{k}{2}\right)$보다 크다.

수능 3점 테스트 (본문 32~33쪽)

01 ⑤ 02 ③ 03 ④ 04 ①

01 원자의 구성 입자

입자 X는 원자핵, 입자 Y는 전자이다.
ㄱ. 전자가 원자핵보다 시대적으로 먼저 발견되었다.
ㄴ. 원자핵은 양성자와 중성자로 이루어졌으므로 전자보다 질량이 크다.
ㄷ. ^{3}H와 ^{2}H는 입자 Y(전자)의 수가 1로 같다.

02 동위 원소로 이루어진 분자

XY_3의 분자량이 117.3이므로 $2x+\frac{4}{5}+3\times\left(7x+\frac{1}{2}\right)=23x+\frac{23}{10}=117.3$이고, $x=5$이다.

X의 평균 원자량이 $2x+\frac{4}{5}=10.8$이므로 $10\times\frac{20}{100}+(10+k)\times\frac{80}{100}=10.8$이고, $k=1$이다. Y의 평균 원자량이 $7x+\frac{1}{2}=35.5$이고, $k=1$이므로 $35\times\frac{a}{100}+37\times\frac{b}{100}=35.5$이며, $a+b=100$이므로 $a=75$, $b=25$이다. 따라서 $\frac{b}{a}\times(x+k)=\frac{25}{75}\times(5+1)=2$이다.

03 동위 원소

(가)와 (나)는 양성자수가 각각 32, 32이고, (다)는 양성자수가 40이므로 Y의 원자 번호는 8이고, X의 원자 번호는 16이다. (가)는 $\frac{\text{전자 수}}{\text{중성자수}}=1$인데 전자 수가 32이므로 중성자수도 32이고, (나)는 전자 수가 32인데 $\frac{\text{전자 수}}{\text{중성자수}}=\frac{8}{9}$이므로 중성자수는 36이며, (다)는 전자 수가 40인데 $\frac{\text{전자 수}}{\text{중성자수}}=\frac{10}{11}$이므로 중성자 수는 44이다. (다)는 (가)보다 중성자가 12개가 더 많으므로 $^{b+2}$Y에 들어 있는 중성자수는 10이다. 따라서 ^{b}Y에 들어 있는 중성자수는 8이며, ^{a}X에 들어 있는 중성자수는 16이다. X의 원자 번호가 16이므로 $a=32$이고, Y의 원자 번호가 8이므로 $b=16$이다. 따라서 $\frac{a}{b}\times\frac{^{b+2}\text{Y의 중성자수}}{^{a}\text{X의 양성자수}}=\frac{32}{16}\times\frac{10}{16}=\frac{5}{4}$이다.

04 동위 원소

^{1}H, ^{12}C, ^{13}C, ^{14}N, ^{15}N로 이루어진 HCN 분자는 다음과 같이 4가지가 존재한다.

분자	양성자수	중성자수
$^1H^{12}C^{14}N$	14	13
$^1H^{12}C^{15}N$	14	14
$^1H^{13}C^{14}N$	14	14
$^1H^{13}C^{15}N$	14	15

용기 속 전체 양성자수와 전체 중성자수가 같고, $^1H^{12}C^{15}N$와 $^1H^{13}C^{14}N$는 각각 양성자수와 중성자수가 같으므로 $^1H^{12}C^{14}N$와 $^1H^{13}C^{15}N$의 양(mol)은 같아야 한다. $^1H^{12}C^{14}N$와 $^1H^{13}C^{15}N$의 양을 각각 a mol이라고 하면, $^1H^{12}C^{15}N$는 1 mol이므로 $^1H^{13}C^{14}N$의 양은 $(1-2a)$ mol이다. ^{15}N를 포함한 분자에 들어 있는 전체 중성자수가 ^{14}N를 포함한 분자에 들어 있는 전체 중성자수보다 12 mol 많으므로 $14+15a=13a+14(1-2a)+12$이며, 이를 풀면 $a=0.4$이다. $^1H^{12}C^{14}N$는 분자량이 27이고 0.4 mol이며, $^1H^{13}C^{14}N$는 분자량이 28이고 0.2 mol이므로 $\frac{^1H^{12}C^{14}N\text{의 질량(g)}}{^1H^{13}C^{14}N\text{의 질량(g)}}=\frac{27}{14}$이다.

테마 06 현대적 원자 모형과 전자 배치

닮은 꼴 문제로 유형 익히기 본문 36쪽

정답 ③

바닥상태 나트륨(Na) 원자의 전자 배치는 $1s^2 2s^2 2p^6 3s^1$이므로 (가)~(다)는 각각 $1s$, $2s$, $2p$, $3s$ 중 하나이다. $1s$, $2s$, $2p$, $3s$의 주 양자수(n), 방위(부) 양자수(l), 자기 양자수(m_l), $n+l$, $l+m_l$는 다음과 같다.

오비탈	$1s$	$2s$	$2p$			$3s$
n	1	2	2			3
l	0	0	1			0
m_l	0	0	-1	0	$+1$	0
$n+l$	1	2	3	3	3	3
$l+m_l$	0	0	0	1	2	0

$n+l$는 (다)가 (나)의 3배이므로 $y=1$이다. 따라서 (나)는 $1s$, (다)는 $2p$, $3s$ 중 하나이다. (가)의 $l+m_l=2$이므로 (가)는 $m_l=+1$인 $2p$이고, $x=3$이다. 따라서 (다)는 $m_l=0$인 $2p$이다.

~~ㄱ~~. (가)는 $2p$이므로 (가)에 들어 있는 전자 수는 2이다.

~~ㄴ~~. $n-m_l$는 (가)와 (나)가 1로 같다.

㉢. (다)의 $l=1$, $m_l=0$이므로 $l-m_l=1$이다.

수능 2점 테스트 본문 37~38쪽

01 ① 02 ③ 03 ⑤ 04 ① 05 ⑤ 06 ③ 07 ⑤ 08 ①

01 수소 원자의 오비탈

주 양자수(n)가 1인 p 오비탈은 존재하지 않으므로 (가)는 $1s$, (나)는 $2p$이다.

㉠. s 오비탈은 핵으로부터 거리가 같으면 방향에 관계없이 전자가 발견될 확률이 같다.

~~ㄴ~~. (나)는 $2p$이므로 방위(부) 양자수(l)는 1이다.

~~ㄷ~~. 수소 원자에서 오비탈의 에너지 준위는 주 양자수(n)가 크면 높으므로 에너지 준위는 (나)>(가)이다.

02 전자 배치

s 오비탈에 들어 있는 전자 수가 4인 원자는 Be, B, C, N, O, F, Ne이고, 이 중 $\frac{\text{홀전자 수}}{p\text{ 오비탈에 들어 있는 전자 수}}=\frac{1}{2}$인 원자는 산소(O)이다. 따라서 X는 O이다.

03 전자 배치

2주기 바닥상태 원자의 $\frac{p\text{ 오비탈에 들어 있는 전자 수}}{\text{전자가 2개 들어 있는 오비탈 수}}$는 다음과 같다.

원자	Li	Be	B	C
$\frac{p\text{ 오비탈에 들어 있는 전자 수}}{\text{전자가 2개 들어 있는 오비탈 수}}$	0	0	$\frac{1}{2}$	1

원자	N	O	F	Ne
$\frac{p\text{ 오비탈에 들어 있는 전자 수}}{\text{전자가 2개 들어 있는 오비탈 수}}$	$\frac{3}{2}$	$\frac{4}{3}$	$\frac{5}{4}$	$\frac{6}{5}$

$\frac{p\text{ 오비탈에 들어 있는 전자 수}}{\text{전자가 2개 들어 있는 오비탈 수}}$의 비는 C : F : N=4 : 5 : 6이다. 따라서 X~Z는 각각 C, F, N이다.

㉠. X(C)와 Y(F)의 홀전자 수는 각각 2, 1이다. 따라서 홀전자 수는 X(C)가 Y(F)의 2배이다.

~~ㄴ~~. X(C)와 Z(N)의 원자가 전자 수는 각각 4, 5이다. 따라서 원자가 전자 수는 Z(N)>X(C)이다.

㉢. Y(F)와 Z(N)의 전자가 들어 있는 오비탈 수는 5로 같다.

04 전자 배치

X~Z는 2, 3주기 바닥상태 원자이므로 $n-l=1$인 오비탈은 $1s$, $2p$이고, $n+l=4$인 오비탈은 $3p$이다. $n-l=1$인 오비탈에 들어 있는 전자 수가 4인 원자(X)는 탄소(C)이다. $n+l=4$인 오비탈에 들어 있는 전자 수가 1인 원자(Y)는 알루미늄(Al)이고, Al의 $n-l=1$인 오비탈에 들어 있는 전자 수($2a$)는 8이므로 $a=4$이다. $n+l=4$인 오비탈에 들어 있는 전자 수(a)가 4인 원자(Z)는 황(S)이다. 따라서 X~Z는 각각 C, Al, S이다.

㉠. Z(S)는 3주기 원소이다.

~~ㄴ~~. X(C)와 Y(Al)의 홀전자 수는 각각 2, 1이다. 따라서 홀전자 수는 Y(Al)가 X(C)의 $\frac{1}{2}$배이다.

~~ㄷ~~. Y(Al)와 Z(S)의 p 오비탈에 들어 있는 전자 수는 각각 7, 10이다. 따라서 p 오비탈에 들어 있는 전자 수는 Z(S)>Y(Al)이다.

05 수소 원자의 오비탈

아령 모양이면서 $n+m_l=1$인 (나)는 $m_l=-1$인 $2p$이다.

㉠. 에너지 준위는 $2p$보다 낮고, $n+m_l=1$인 (가)는 $1s$이다.

㉡. (나)는 $2p$이므로 n는 2이고, m_l는 -1이다.

㉢. (가)는 $1s$, (나)는 $2p$이므로 방위(부) 양자수(l)는 (가)가 0, (나)가 1이다.

06 수소 원자의 오비탈

$n+l=2$인 오비탈은 $2s$이므로 (가)는 $2s$이고 (가)의 $n+m_l=2$이므로 $a=2$이다. (나)에서 $n+l=3$이고 $n+m_l=2$이므로 (나)는 $m_l=0$인 $2p$이다. (다)에서 $n+l=1$인 오비탈은 $1s$이므로 (다)는 $1s$이며 (다)에서 $n+m_l=1$이다. 따라서 (가)~(다)는 각각 $2s$, $2p$, $1s$이다.

㉠. (가)는 n와 l가 각각 2, 0인 $2s$이다.

~~ㄴ~~. (가)와 (나)의 l는 각각 0, 1이므로 l는 (가)와 (나)가 같지 않다.

㉢. (나)와 (다)의 m_l는 모두 0으로 같다.

07 수소 원자의 오비탈

(가)~(다)의 n는 모두 3 이하이고 에너지 준위는 (다)>(가)>(나)이므로 n는 (다)가 3, (가)가 2, (나)가 1이다. 그리고 $n+l$가 (가)=(다)인 오비탈은 (가)가 $2p$, (다)가 $3s$인 경우이다. 따라서 (가)~(다)는 각각 $2p$, $1s$, $3s$이다.

㉠. (가)는 $2p$이므로 $l=1$이다.

㉡. (나)는 $1s$이므로 (나)의 모양은 구형이다.

㉢. (가)는 $2p$, (다)는 $3s$이므로 (가)와 (다)의 $n-l$는 각각 1, 3이다. 따라서 $n-l$는 (다)>(가)이다.

08 전자 배치

바닥상태 전자 배치는 쌓음 원리, 파울리 배타 원리, 훈트 규칙을 모두 만족한다.

㉠. (가)는 바닥상태 전자 배치이다.

✗. (나)는 $2p$ 오비탈에 전자의 스핀 방향이 같은 오비탈이 있으므로 불가능한 전자 배치이고 파울리 배타 원리에 어긋난다.

✗. (다)는 $2s$ 오비탈에 2개의 전자가 모두 채워지지 않은 채 $2p$ 오비탈에 전자가 채워졌으므로 들뜬상태의 전자 배치이며 쌓음 원리를 만족하지 않는다.

수능 3점 테스트

본문 39~41쪽

01 ① 02 ① 03 ④ 04 ③ 05 ① 06 ⑤

01 수소 원자의 오비탈

A의 n는 1이므로 A는 $1s$이고, $n+l=1$이므로 $a=1$이다. A는 모양이 구형인 (나)와 (다) 중 오비탈의 크기가 작은 (나)에 해당한다. B와 C의 $n+l=3$이고, B와 C의 n는 2 또는 3이므로 $b=2$이다. 따라서 B는 n와 l가 각각 2, 1인 $2p$이고 (가)에 해당하며, C는 n와 l가 각각 3, 0인 $3s$이고 (다)에 해당한다. 따라서 A~C는 각각 $1s$, $2p$, $3s$이며 (나), (가), (다)에 해당한다.

㉠. $a=1$이고 $b=2$이므로 $a+b=3$이다.

✗. (다)는 $3s$이다.

✗. 수소 원자에서 오비탈의 에너지 준위는 주 양자수(n)가 크면 높으므로 에너지 준위는 (다)>(가)이다.

02 전자 배치

14~17족인 2, 3주기 바닥상태 원자의 s 오비탈에 들어 있는 전자 수, 홀전자 수, 전자가 들어 있는 p 오비탈 수는 다음과 같다.

원자	C	N	O	F	Si	P	S	Cl
s 오비탈에 들어 있는 전자 수	4	4	4	4	6	6	6	6
홀전자 수	2	3	2	1	2	3	2	1
전자가 들어 있는 p 오비탈 수	2	3	3	3	5	6	6	6

s 오비탈에 들어 있는 전자 수의 비가 W : X : Y=3 : 2 : 2이므로 W는 3주기 원소이고, X와 Y는 2주기 원소이다. 홀전자 수의 비가 W : X : Z=1 : 3 : 2이므로 3주기 원소인 W는 홀전자 수가 1인 Cl이고, 2주기 원소인 X는 홀전자 수가 3인 N이며 Z는 C, O, Si, S 중 하나이다. 전자가 들어 있는 p 오비탈 수의 비는 Y : Z=2 : 5이므로 이를 만족하는 Y와 Z는 각각 C, Si이다. 따라서 W~Z는 각각 Cl, N, C, Si이다.

㉠. W(Cl)는 3주기 원소이다.

✗. X(N)와 Y(C)의 전자가 2개 들어 있는 오비탈 수는 2로 같다.

✗. Y(C)와 Z(Si)는 14족 원소이므로 원자가 전자 수는 4로 같다.

03 전자 배치

2, 3주기 바닥상태 원자의 s 오비탈에 들어 있는 전자 수, p 오비탈에 들어 있는 전자 수, $\frac{p \text{ 오비탈에 들어 있는 전자 수}}{s \text{ 오비탈에 들어 있는 전자 수}}$, 전자가 들어 있는 오비탈 수는 다음과 같다.

원자	Li	Be	B	C	N	O	F	Ne
s 오비탈에 들어 있는 전자 수	3	4	4	4	4	4	4	4
p 오비탈에 들어 있는 전자 수	0	0	1	2	3	4	5	6
$\frac{p \text{ 오비탈에 들어 있는 전자 수}}{s \text{ 오비탈에 들어 있는 전자 수}}$	0	0	$\frac{1}{4}$	$\frac{1}{2}$	$\frac{3}{4}$	1	$\frac{5}{4}$	$\frac{3}{2}$
전자가 들어 있는 오비탈 수	2	2	3	4	5	5	5	5

원자	Na	Mg	Al	Si	P	S	Cl	Ar
s 오비탈에 들어 있는 전자 수	5	6	6	6	6	6	6	6
p 오비탈에 들어 있는 전자 수	6	6	7	8	9	10	11	12
$\frac{p \text{ 오비탈에 들어 있는 전자 수}}{s \text{ 오비탈에 들어 있는 전자 수}}$	$\frac{6}{5}$	1	$\frac{7}{6}$	$\frac{4}{3}$	$\frac{3}{2}$	$\frac{5}{3}$	$\frac{11}{6}$	2
전자가 들어 있는 오비탈 수	6	6	7	8	9	9	9	9

$\frac{p \text{ 오비탈에 들어 있는 전자 수}}{s \text{ 오비탈에 들어 있는 전자 수}}$의 비가 X : Y : Z=3 : 9 : 10이고, 전자가 들어 있는 오비탈 수는 Y=Z이므로 X~Z는 각각 C, P, S이다. 따라서 $a=4$, $b=9$이다.

✗. $a=4$이고 $b=9$이므로 $a+b=13$이다.

㉡. X(C)와 Y(P)의 홀전자 수는 각각 2, 3이므로 홀전자 수는 Y(P)>X(C)이다.

㉢. Y(P)와 Z(S)의 원자가 전자 수는 각각 5, 6이므로 원자가 전자 수는 Z(S)>Y(P)이다.

04 전자 배치

원자 번호가 18 이하이면서 홀전자 수가 a일 때 s 오비탈에 들어 있는 전자 수가 $2a$인 원자는 C, O, P이다. 이때 C, O, P의 홀전자 수는 각각 2, 2, 3이고 전자가 들어 있는 오비탈 수는 C, O, P이 각각 4, 5, 9이므로 전자가 들어 있는 오비탈 수가 $2a+1$을 만족하는 원자는 O이다. 따라서 X는 O이다.

✗ 바닥상태 원자 탄소(C)의 전자 배치이다.

✗ 들뜬상태 원자 탄소(C)의 전자 배치이다.

③ 바닥상태 원자 산소(O)의 전자 배치이다.

✗ 들뜬상태 원자 산소(O)의 전자 배치이다.

ㄷ. 바닥상태 원자 인(P)의 전자 배치이다.

05 수소 원자의 오비탈

$n+l+m_l=2$인 (가)는 $2s$, $2p$ 중 하나이고, $n+l+m_l=3$인 (나)와 (다)는 각각 $2p$, $3s$, $3p$, $3d$ 중 하나이다. $\frac{n+l}{n-l}$의 비는 (가) : (나)=1 : 2이므로 (가)는 $2s$이고 (나)는 $3p$이다. (가)가 $2s$이고, $x=1$이므로 (다)는 $3s$이다. 따라서 (가)~(다)는 각각 $2s$, $3p$, $3s$이다.

ㄱ. (가)는 $2s$이므로 (가)의 모양은 구형이다.

ㄴ. (가)와 (나)는 각각 $2s$, $3p$이고, (가)와 (나)의 m_l는 각각 0, −1이다.

ㄷ. 수소 원자에서 오비탈의 에너지 준위는 주 양자수(n)가 클수록 높은데 (나)와 (다)의 주 양자수가 같으므로 에너지 준위는 (나)와 (다)가 같다.

06 전자 배치

2, 3주기 바닥상태 원자의 $l=0$인 전자 수와 $l=1$인 전자 수는 다음과 같다.

원자	Li	Be	B	C	N	O	F	Ne
$l=0$인 전자 수	3	4	4	4	4	4	4	4
$l=1$인 전자 수	0	0	1	2	3	4	5	6

원자	Na	Mg	Al	Si	P	S	Cl	Ar
$l=0$인 전자 수	5	6	6	6	6	6	6	6
$l=1$인 전자 수	6	6	7	8	9	10	11	12

ㄱ. $l=0$인 전자 수와 $l=1$인 전자 수의 비가 2 : 3을 만족하는 원자는 Ne, P이고 3 : 2를 만족하는 원자는 없다. 따라서 ㉠은 $l=1$인 전자 수이다.

ㄴ. 원자 번호는 Y>X이므로 X와 Y는 각각 Ne, P이다. 따라서 X(Ne)의 홀전자 수는 0이다.

ㄷ. Z는 $l=1$인 전자 수와 $l=0$인 전자 수의 비가 1 : 2이므로 Z는 C이다. 따라서 전자가 2개 들어 있는 오비탈 수는 Y(P)와 Z(C)가 각각 6, 2이므로 전자가 2개 들어 있는 오비탈 수는 Y(P)가 Z(C)의 3배이다.

원소의 주기적 성질

닮은 꼴 문제로 유형 익히기

본문 44쪽

정답 ⑤

제2 이온화 에너지(E_2)는 Na>O>F>Al>Mg이고 전기 음성도는 F>O>Al>Mg>Na이며, 원자 반지름은 Na>Mg>Al>O>F이다.

(가)에서 E_2가 가장 작은 A는 Al과 Mg 중 하나이다. A가 Al인 경우 E_2 순서상 B가 F인데 전기 음성도 순서를 만족할 수 없으므로 A는 Mg이고, A보다 전기 음성도가 작은 D는 Na이다. F일 수 없는 B는 E_2 순서상 Al이다. 따라서 C와 E는 각각 O와 F 중 하나이고, (나)에서 원자 반지름은 C>E이므로 C와 E는 각각 O, F이다.

ㄱ. A는 마그네슘(Mg)이다.

ㄴ. 전자 수가 같은 이온(등전자 이온)의 반지름은 원자 번호가 클수록 작아지므로 이온 반지름은 D(Na)>B(Al)이다.

ㄷ. 같은 주기에서 원자 번호가 증가할수록 제1 이온화 에너지는 대체로 증가하므로 제1 이온화 에너지는 E(F)>C(O)이다.

수능 2점 테스트

본문 45~47쪽

01 ④ 02 ③ 03 ④ 04 ① 05 ②
06 ② 07 ② 08 ④ 09 ① 10 ④
11 ② 12 ②

01 주기율표

W~Z는 각각 Li, O, Mg, Cl이다.

ㄱ. W(Li)와 Y(Mg)는 금속 원소이고, X(O)와 Z(Cl)는 비금속 원소이므로 금속 원소는 2가지이다.

ㄴ. X(O)와 Y(Mg)의 원자가 전자 수는 각각 6, 2이므로 원자가 전자 수는 X(O)>Y(Mg)이다.

ㄷ. W(Li)와 Z(Cl)는 바닥상태에서 전자가 들어 있는 전자 껍질 수가 각각 2, 3이므로 바닥상태에서 전자가 들어 있는 전자 껍질 수는 Z(Cl)>W(Li)이다.

02 전자 배치와 주기율표

A와 B는 각각 C, Mg이다.

ㄱ. A는 C이고, 원자가 전자 수가 4인 14족 원소이다.

ㄴ. B는 Mg이고, 전자가 들어 있는 전자 껍질 수가 3인 3주기 원소이다.

ㄷ. A(C)는 비금속 원소이고, B(Mg)는 금속 원소이다.

03 전자 배치

A와 B는 각각 N, Si이다.

ㄱ. A(N)와 B(Si)의 양성자수는 각각 7, 14이므로 양성자수는

B(Si)가 A(N)의 2배이다.

ㄴ. A(N)와 B(Si)의 원자가 전자 수는 각각 5, 4이므로 원자가 전자 수는 A(N)>B(Si)이다.

ㄷ. A(N)와 B(Si)의 홀전자 수는 각각 3, 2이므로 홀전자 수는 A(N)>B(Si)이다.

04 주기율표

전자가 들어 있는 전자 껍질 수는 Y>X이므로 X는 2주기, Y는 3주기 원소이다. X는 (나) 영역에 속하는 F이고, Y는 Na, Mg, Al 중 하나이다. X(F)의 홀전자 수는 1이고, 홀전자 수는 X(F)>Y이므로 Y의 홀전자 수는 0이며 Y는 Mg이다.

ㄱ. Y(Mg)는 금속 원소이다.

ㄴ. X는 2주기, Y는 3주기 원소이므로 원자 번호는 Y>X이다.

ㄷ. X(F)와 Y(Mg)의 s 오비탈에 들어 있는 전자 수는 각각 4, 6이므로 s 오비탈에 들어 있는 전자 수의 비는 X(F) : Y(Mg)=2 : 3이다.

05 원소의 주기적 성질

ㄱ. 같은 주기에서 원자 번호가 증가할수록 원자가 전자가 느끼는 유효 핵전하는 증가하므로 원자가 전자가 느끼는 유효 핵전하는 O>Li이다.

ㄴ. 같은 주기에서 원자 번호가 증가할수록 원자 반지름이 작아지므로 원자 반지름은 Mg>Cl이다.

ㄷ. 전자 수가 같은 이온(등전자 이온)의 반지름은 원자 번호가 클수록 작아지므로 이온 반지름은 O^{2-}>Al^{3+}이다.

06 주기율표

X~Z는 각각 B, F, Mg이다.

ㄱ. X~Z 중 $\frac{\text{제3 이온화 에너지}}{\text{제2 이온화 에너지}}$가 가장 큰 것은 원자가 전자 수가 2인 Z(Mg)이다.

ㄴ. 같은 주기에서 원자 번호가 증가할수록 원자가 전자가 느끼는 유효 핵전하는 증가하므로 원자가 전자가 느끼는 유효 핵전하는 Y(F)>X(B)이다.

ㄷ. 전자 수가 같은 이온(등전자 이온)의 반지름은 원자 번호가 클수록 작아지므로 이온 반지름은 Y(F)>Z(Mg)이다.

07 순차 이온화 에너지

X는 $\frac{E_4}{E_3}$, Y는 $\frac{E_2}{E_1}$, Z는 $\frac{E_3}{E_2}$가 상대적으로 크므로 X~Z의 원자가 전자 수는 각각 3, 1, 2이다. 따라서 X~Z는 각각 Al, Na, Mg이다.

ㄱ. 제1 이온화 에너지는 Mg>Al>Na이므로 $b>a$이다.

ㄴ. 같은 주기에서 원자 번호가 증가할수록 원자 반지름이 작아지므로 원자 반지름은 Y(Na)>X(Al)이다.

ㄷ. 같은 주기에서 원자 번호가 증가할수록 원자가 전자가 느끼는 유효 핵전하는 증가하므로 원자가 전자가 느끼는 유효 핵전하는 X(Al)>Z(Mg)이다.

08 원소의 주기적 성질

금속 원소는 $\frac{\text{원자 반지름}}{\text{이온 반지름}}>1$이므로 X와 Y는 Na과 Mg 중 하나이고, Z는 N, O, F 중 하나이다. Y와 Z는 홀전자 수가 1이므로 Y는 Na, Z는 F, X는 Mg이다.

ㄱ. X(Mg)와 Y(Na)는 3주기 원소이고 Z(F)는 2주기 원소이므로 2주기 원소는 1가지이다.

ㄴ. X(Mg)는 2족 원소, Y(Na)는 1족 원소이므로 제2 이온화 에너지는 Y(Na)>X(Mg)이다.

ㄷ. 전자 수가 같은 이온(등전자 이온)의 반지름은 원자 번호가 클수록 작아지므로 이온 반지름은 Z(F)>Y(Na)이다.

09 홀전자 수와 원자가 전자 수

2주기 바닥상태 원자의 홀전자 수는 각각 0~3 중 하나이므로 $a=2$이고, X~Z의 홀전자 수는 각각 0, 2, 3이다. Z는 N이고, 원자가 전자 수가 5이므로 $b=2$이다. 따라서 X는 홀전자 수가 0이고 원자가 전자 수가 2인 Be이며 Y는 홀전자 수가 2이고 원자가 전자 수가 4인 C이다. 따라서 X~Z는 각각 Be, C, N이다.

ㄱ. $a=2$이고 $b=2$이므로 $a+b=4$이다.

ㄴ. 같은 주기에서 원자 번호가 증가할수록 원자가 전자가 느끼는 유효 핵전하는 증가하므로 원자가 전자가 느끼는 유효 핵전하는 Z(N)>X(Be)이다.

ㄷ. X~Z 중 $\frac{\text{제3 이온화 에너지}}{\text{제2 이온화 에너지}}$가 가장 큰 원자는 원자가 전자 수가 2인 X(Be)이다.

10 홀전자 수와 제1 이온화 에너지

2주기 바닥상태 원자의 제1 이온화 에너지는 Ne>F>N>O>C>Be>B>Li이다. 홀전자 수가 3인 Z는 N이고, 홀전자 수가 0이면서 제1 이온화 에너지가 Z보다 작은 X는 Be이다. 홀전자 수가 1이면서 제1 이온화 에너지가 Z보다 큰 Y는 F이다. 따라서 X~Z는 각각 Be, F, N이다.

ㄱ. X(Be)와 Y(F)의 원자 번호는 각각 4, 9이므로 원자 번호는 Y(F)>X(Be)이다.

ㄴ. 같은 주기에서 원자 번호가 증가할수록 원자 반지름이 작아지므로 원자 반지름은 X(Be)>Z(N)이다.

ㄷ. 같은 주기에서 원자 번호가 증가할수록 원자가 전자가 느끼는 유효 핵전하는 증가하므로 원자가 전자가 느끼는 유효 핵전하는 Y(F)>Z(N)이다.

11 제1 이온화 에너지와 원자가 전자 수

원자가 전자 수는 Y>Z이고, Li, N, P의 원자가 전자 수는 각각 1, 5, 5이므로 Z는 Li이다. 제1 이온화 에너지는 N>P이므로 X는 N이고, Y는 P이다.

ㄱ. Y는 P이다.

ㄴ. 같은 족에서 원자 번호가 증가할수록 원자 반지름이 커지므로 원자 반지름은 Y(P)>X(N)이다.

ㄷ. $\frac{\text{제2 이온화 에너지}}{\text{제1 이온화 에너지}}$가 가장 큰 것은 원자가 전자 수가 1인 Z(Li)이다. 따라서 Z(Li) > X(N)이다.

12 원자가 전자 수와 홀전자 수

18족 원소인 Ar을 제외한 3주기 바닥상태 원자의 원자가 전자 수와 홀전자 수는 다음과 같다.

원자	Na	Mg	Al	Si	P	S	Cl
원자가 전자 수	1	2	3	4	5	6	7
홀전자 수	1	0	1	2	3	2	1

X~Z의 원자가 전자 수는 각각 1~7 중 하나이므로 가능한 a는 1, 2, 3이다. a가 1인 경우 X~Z의 홀전자 수는 1, 3, 0이고 a가 2인 경우 X~Z의 홀전자 수는 0, 2, 2이며 a가 3인 경우 X~Z의 홀전자 수는 1, 1, 2이다. 이때 홀전자 수가 Y > Z를 만족하는 경우는 a가 1인 경우이다. 따라서 X~Z는 각각 Na, P, Mg이다.

ㄱ. X는 Na이다.

ㄴ. 같은 주기에서 원자 번호가 증가할수록 원자 반지름이 작아지므로 원자 반지름은 Y(P)가 가장 작다.

ㄷ. 같은 주기에서 원자 번호가 증가할수록 제1 이온화 에너지는 대체로 증가하므로 제1 이온화 에너지는 Y(P) > Z(Mg)이다.

수능 3점 테스트

본문 48~50쪽

01 ③ 02 ③ 03 ① 04 ⑤ 05 ③ 06 ③

01 원소의 주기적 성질

2, 3주기 바닥상태 원자의 $\frac{\text{원자가 전자 수}}{\text{홀전자 수}}$, 전자가 2개 들어 있는 오비탈 수는 다음과 같다.

원자	Li	Be	B	C	N	O	F	Ne
$\frac{\text{원자가 전자 수}}{\text{홀전자 수}}$	1	—	3	2	$\frac{5}{3}$	3	7	—
전자가 2개 들어 있는 오비탈 수	1	2	2	2	2	3	4	5

원자	Na	Mg	Al	Si	P	S	Cl	Ar
$\frac{\text{원자가 전자 수}}{\text{홀전자 수}}$	1	—	3	2	$\frac{5}{3}$	3	7	—
전자가 2개 들어 있는 오비탈 수	5	6	6	6	6	7	8	9

$\frac{\text{원자가 전자 수}}{\text{홀전자 수}}$의 비가 W : X : Y : Z = 3 : 5 : 6 : 6이므로 2, 3주기 원소 중 W는 1족(Li, Na), X는 15족(N, P), Y와 Z는 각각 14족(C, Si) 원소 중 하나이다. 전자가 2개 들어 있는 오비탈 수의 비는 W : X = 1 : 2이므로 W와 X는 각각 Li, N이다. 원자 반지름은 Y > Z이므로 Y와 Z는 각각 Si, C이다. 따라서 W~Z는 각각 Li, N, Si, C이다.

ㄱ. W는 Li이다.

ㄴ. W~Z의 원자가 전자 수는 각각 1, 5, 4, 4이므로 원자가 전자 수는 X(N)가 가장 크다.

ㄷ. 같은 족에서 원자 번호가 증가할수록 이온화 에너지는 작아지므로 제1 이온화 에너지는 Z(C) > Y(Si)이다.

02 원소의 주기적 성질

N, O, Mg, Al의 홀전자 수는 각각 3, 2, 0, 1이고 제1 이온화 에너지는 N > O > Mg > Al이며 원자 반지름은 Mg > Al > N > O이다. 홀전자 수가 Y > Z > X이면서 제1 이온화 에너지는 Y > W > X를 만족하는 경우는 W~Z가 (Mg, Al, N, O) 또는 (O, Mg, N, Al)이다. 이때 원자 반지름은 W > Y > Z이므로 이를 만족하는 경우의 W~Z는 각각 Mg, Al, N, O이다.

ㄱ. W는 Mg이다.

ㄴ. X(Al)는 3주기 원소, Y(N)는 2주기 원소이다.

ㄷ. 전자 수가 같은 이온(등전자 이온)의 반지름은 원자 번호가 클수록 작아지므로 이온 반지름은 Z(O) > X(Al)이다.

03 원소의 주기적 성질

빗금 친 부분에 위치하는 원소는 Be, C, F, Na이다. 원자 반지름이 가장 큰 Y는 Na이다. 제1 이온화 에너지가 X > W를 만족하는 경우는 X와 W가 (F, C), (C, Be), (F, Be) 중 하나이다. 홀전자 수는 Z > X이므로 이를 만족하는 경우의 W~Z는 각각 Be, F, Na, C이다.

ㄱ. W(Be)는 2주기 원소, Y(Na)는 3주기 원소이므로 전자가 들어 있는 전자 껍질 수는 Y(Na) > W(Be)이다.

ㄴ. X(F)와 Y(Na)의 원자가 전자 수는 각각 7, 1이므로 원자가 전자 수는 X(F) > Y(Na)이다.

ㄷ. 같은 주기에서 원자 번호가 증가할수록 원자가 전자가 느끼는 유효 핵전하는 증가하므로 원자가 전자가 느끼는 유효 핵전하는 X(F) > Z(C)이다.

04 이온 반지름과 원자 반지름

O, Na, Mg의 원자 반지름은 Na > Mg > O이고, 이온 반지름은 $O^{2-} > Na^+ > Mg^{2+}$이다.

ㄱ. O는 원자 반지름이 가장 작고, 이온 반지름이 가장 크므로 Z가 O이고, ㉠과 ㉡은 각각 이온 반지름, 원자 반지름이다.

ㄴ. 이온 반지름은 $O^{2-} > Na^+ > Mg^{2+}$이므로 X~Z는 각각 Na, Mg, O이다. X(Na)와 Y(Mg)의 홀전자 수는 각각 1, 0이므로 홀전자 수는 X(Na) > Y(Mg)이다.

ㄷ. X(Na)와 Z(O)의 원자가 전자 수는 각각 1, 6이므로 원자가 전자 수는 Z(O) > X(Na)이다.

05 원소의 주기적 성질

W~Z는 각각 O, F, Na, Mg, Al 중 하나이다. 홀전자 수가 0인 W는 Mg이고, 홀전자 수가 2인 Z는 O이다. $\frac{\text{이온 반지름}}{|\text{이온의 전하}|}$은 F>Na>Mg>Al이므로 X와 Y는 각각 F, Na이다. 따라서 W~Z는 각각 Mg, F, Na, O이다.

ㄱ. X는 F이다.

ㄴ. 제1 이온화 에너지는 W(Mg)>Y(Na)이다.

ㄷ. 원자 반지름은 같은 족에서 원자 번호가 클수록, 같은 주기에서 원자 번호가 작을수록 크다. 원자 반지름은 Y(Na)>Z(O)이다.

06 원소의 주기적 성질

제1 이온화 에너지는 F>O>Mg>Na이고, 원자 반지름은 Na>Mg>O>F이다. 제1 이온화 에너지가 X>Y>W이면서 원자 반지름이 W>Y>Z인 경우를 만족하는 경우는 W~Z가 (Na, O, Mg, F) 또는 (Na, F, Mg, O)이다. 이때 원자가 전자가 느끼는 유효 핵전하가 Z>X이므로 이를 만족하는 경우의 W~Z는 각각 Na, O, Mg, F이다.

ㄱ. W(Na)는 1족 원소, Y(Mg)는 2족 원소이므로 제2 이온화 에너지는 W(Na)>Y(Mg)이다.

ㄴ. W(Na)와 X(O)의 원자가 전자 수는 각각 1, 6이므로 원자가 전자 수는 X(O)>W(Na)이다.

ㄷ. 전자 수가 같은 이온(등전자 이온)의 반지름은 원자 번호가 클수록 작아지므로 이온 반지름은 X(O)>Z(F)이다.

테마 08 이온 결합

닮은 꼴 문제로 유형 익히기

본문 53쪽

정답 ③

a~c는 3 이하의 자연수이고, C_2B에서 C^{c+}과 B^{b-}이 2 : 1로 결합하므로 $c : b=1 : 2$이며 $b=2$, $c=1$이다. AB에서 A^{a+}과 B^{b-}이 1 : 1로 결합하므로 $a : b=1 : 1$이고 $a=2$이다.

ㄱ. $a=2$이다.

ㄴ. A~C는 각각 Mg, O, Na이다. 따라서 A~C 중 3주기 원소는 2가지이다.

ㄷ. AB는 MgO이고, 이온 결합 물질이다. 따라서 $AB(l)$는 전기 전도성이 있다.

수능 2점 테스트

본문 54~55쪽

01 ②	02 ①	03 ⑤	04 ⑤	05 ①
06 ④	07 ③	08 ⑤		

01 이온 결합

A. NaCl은 이온 결합 물질이다.

B. Na^+은 양전하를, Cl^-은 음전하를 띠고 있어 두 이온 사이에는 정전기적 인력이 작용한다.

C. Na^+과 Cl^-의 전자 수는 각각 10, 18이므로 양이온의 총 전자 수와 음이온의 총 전자 수는 같지 않다.

02 이온 결합

X~Z는 각각 Li, F, Na이다.

ㄱ. X(Li)와 Z(Na)는 금속 원소이고, Y(F)는 비금속 원소이므로 금속 원소는 2가지이다.

ㄴ. $ZY(s)$는 $NaF(s)$이고, 이온 결합 물질은 고체 상태에서 양이온과 음이온이 자유롭게 이동할 수 없으므로 전기 전도성이 없다.

ㄷ. X와 Y는 각각 Li, F이므로 Li과 F은 1 : 1로 결합하여 안정한 화합물인 LiF을 형성한다.

03 이온 결합

A^+과 B^{2-}은 Ne의 전자 배치를 가지므로 A는 3주기 1족 원소, B는 2주기 16족 원소이다. 따라서 A와 B는 각각 Na, O이다.

ㄱ. A(Na)는 금속 원소이다.

ㄴ. A(Na)는 3주기 원소, B(O)는 2주기 원소이다.

ㄷ. A_2B는 Na_2O이고, 금속 원소와 비금속 원소가 결합한 이온 결합 물질이다.

04 이온 결합 물질의 성질

이온 결합 물질은 금속 원소와 비금속 원소가 결합한 물질이다. 따라서 XY는 NaCl, ZY_2는 $MgCl_2$이다.

ㄱ. Y는 Cl이다.

ㄴ. 이온 결합 물질은 수용액 상태에서 양이온과 음이온이 자유롭게 이동하므로 전기 전도성이 있다. 따라서 '있음'은 ㉠으로 적절하다.

ㄷ. 같은 주기에서 원자 번호가 증가할수록 원자가 전자가 느끼는 유효 핵전하는 증가하므로 원자가 전자가 느끼는 유효 핵전하는 Z(Mg) > X(Na)이다.

05 이온 결합

W~Z는 각각 O, Mg, Cl, K이다.

ㄱ. Z(K)는 금속 원소이다.

ㄴ. 이온 결합 물질은 금속 원소와 비금속 원소가 결합한 물질이다. W(O)와 Y(Cl)는 모두 비금속 원소이므로 $WY_2(OCl_2)$는 이온 결합 물질이 아니다.

ㄷ. X와 Y는 각각 Mg, Cl이다. Mg과 Cl는 1 : 2로 결합하여 안정한 화합물인 $MgCl_2$을 형성한다.

06 이온 결합 물질의 성질

NaCl의 분해 반응에 대한 화학 반응식을 완성하면 다음과 같다.

$2NaCl \longrightarrow 2Na + Cl_2$

ㄱ. a, b는 각각 2, 1이므로 $\frac{a}{b}=2$이다.

ㄴ. NaCl은 Na^+과 Cl^-이 1 : 1로 결합하고 있으므로 NaCl 1 mol에 들어 있는 양이온의 양(mol)과 음이온의 양(mol)은 같다.

ㄷ. 이온 결합 물질은 액체 상태에서 양이온과 음이온이 자유롭게 이동하므로 전기 전도성이 있다.

07 이온 결합 물질의 성질

W~Z는 각각 Li, O, Al, Cl이다.

ㄱ. W는 Li이고, 금속 원소이므로 고체 상태에서 전성(펴짐성)이 있다.

ㄴ. WZ는 LiCl이고, 이온 결합 물질이다. 이온 결합 물질은 액체 상태에서 양이온과 음이온이 자유롭게 이동하므로 전기 전도성이 있다.

ㄷ. X와 Y는 각각 O, Al이다. Al과 O는 2 : 3으로 결합하여 Al_2O_3의 안정한 화합물을 형성한다.

08 이온 결합 물질의 성질

W~Z는 각각 Li, O, Mg, Cl이다.

ㄱ. 이온 결합 물질은 금속 원소와 비금속 원소가 결합한 물질이다. WZ는 LiCl이고, W(Li)는 금속 원소, Z(Cl)는 비금속 원소이므로 WZ는 이온 결합 물질이다.

ㄴ. YX는 MgO이고, 이온 결합 물질이다. 이온 결합 물질은 액체 상태에서 양이온과 음이온이 자유롭게 이동하므로 전기 전도성이 있다.

ㄷ. W(Li)와 X(O)는 2주기 원소, Y(Mg)와 Z(Cl)는 3주기 원소이다. 따라서 2주기 원소는 2가지이다.

수능 3점 테스트

본문 56~57쪽

01 ④ 02 ② 03 ① 04 ②

01 이온 결합 물질의 성질

A~D는 각각 Li, F, Mg, O이다.

ㄱ. 이온 결합 물질은 금속 원소와 비금속 원소가 결합한 물질이다. AB는 LiF이고, A(Li)는 금속 원소, B(F)는 비금속 원소이므로 AB는 이온 결합 물질이다.

ㄴ. CD는 MgO이고, 이온 결합 물질이다. 이온 결합 물질은 액체 상태에서 양이온과 음이온이 자유롭게 이동하므로 전기 전도성이 있다.

ㄷ. B와 C는 각각 F, Mg이다. Mg과 F은 1 : 2로 결합하여 안정한 화합물인 MgF_2을 형성한다.

02 이온 결합

이온 결합 물질을 구성하는 원소는 금속 원소와 비금속 원소이다. 원자 번호가 8, 9, 11, 12, 13인 원소 중 비금속 원소는 O, F이고, 금속 원소는 Na, Mg, Al이다. (가)의 $A^{a+} : C^{c-}=1 : 1$이므로 (가)는 NaF, MgO 중 하나이고, (나)의 $B^{b+} : C^{c-}=2 : 3$이므로 (나)는 Al_2O_3이다. (가)와 (나)에 공통적으로 포함된 C는 O이므로 (가)는 MgO이고, A와 B는 각각 Mg, Al이다.

ㄱ. A(Mg), B(Al)는 금속 원소이고, C(O)는 비금속 원소이다. 따라서 금속 원소는 2가지이다.

ㄴ. A(Mg)와 B(Al)의 원자가 전자 수는 각각 2, 3이므로 원자가 전자 수는 B(Al) > A(Mg)이다.

ㄷ. 전자 수가 같은 이온(등전자 이온)의 반지름은 원자 번호가 커질수록 작아지므로 이온 반지름은 C(O) > A(Mg)이다.

03 이온 결합 물질의 성질

A와 B는 각각 Na, Cl이다. A 이온은 Na^+이고, B 이온은 Cl^-이다.

ㄱ. B는 Cl이고, 비금속 원소이다.

ㄴ. A 이온(Na^+)의 전자 배치는 Ne과 같고, B 이온(Cl^-)의 전자 배치는 Ar과 같다. A 이온(Na^+)과 B 이온(Cl^-)의 전자 수는 각각 10, 18이므로 $AB(s)$ 1 mol에 들어 있는 이온의 전자 수는 A 이온(Na^+) < B 이온(Cl^-)이다.

ㄷ. AB는 NaCl이고, 이온 결합 물질이다. 이온 결합 물질은 고체 상태에서 양이온과 음이온이 자유롭게 이동할 수 없으므로 전기 전도성이 없다.

04 이온 결합

이온 결합 물질을 구성하는 원소는 금속 원소와 비금속 원소이다. 원자 번호가 8, 9, 11, 12, 13인 원소 중 비금속 원소는 O, F이고, 금속 원소는 Na, Mg, Al이다. (다)에서 1 mol에 들어 있는 구성 원소의 몰비가 2 : 3이므로 (다)는 Al_2O_3이고, B와 D는 각각 Al, O 중 하나이다. (나)는 Al과 O를 제외한 원소로 구성되어 있고 1 mol에 들어 있는 구성 원소의 몰비가 1 : 2이므로 MgF_2이다. 따라서 A와 C는 각각 Mg, F 중 하나이다. (가)와 (다)에 공통으로 포함된 B는 Al이 될 수 없으므로 B는 O이고, (가)와 (나)에 공통으로 포함된 A는 Mg이다. 따라서 A~D는 각각 Mg, O, F, Al이다.

ㄱ. (나)는 A(Mg)와 C(F)가 1 : 2로 결합한 $AC_2(MgF_2)$이다.

ㄴ. (나)는 $AC_2(MgF_2)$이고, (다)는 $D_2B_3(Al_2O_3)$이므로 (나)와 (다)의 $\frac{\text{양이온 수}}{\text{음이온 수}}$는 각각 $\frac{1}{2}$, $\frac{2}{3}$이다. 따라서 $\frac{\text{양이온 수}}{\text{음이온 수}}$의 비는 (나) : (다)=3 : 4이다.

ⓒ. 전자 수가 같은 이온(등전자 이온)의 반지름은 원자 번호가 클수록 작아지므로 이온 반지름은 B(O) > D(Al)이다.

공유 결합과 금속 결합

닮은 꼴 문제로 유형 익히기

본문 59쪽

정답 ⑤

A는 Na, B는 O, C는 Cl이다.

ⓐ. A(s)는 금속 결합 물질로 고체 상태에서 전기 전도성이 있다.

ⓑ. BC^-은 OCl^-으로 OCl^-을 구성하는 O 원자와 Cl 원자는 공유 결합을 하고 있다.

ⓒ. B_2는 O_2로 2중 결합(O=O)이 있다.

수능 2점 테스트

본문 60~61쪽

01 ⑤	02 ⑤	03 ④	04 ④	05 ③
06 ③	07 ⑤	08 ①		

01 화학 결합

화학 결합 모형의 전자 개수를 통해 A는 Na, B는 O, C는 H임을 알 수 있다.

ⓐ. A(s)는 Na(s)으로 금속 양이온과 자유 전자 사이의 전기적 인력에 의해 형성된 금속 결합 물질이다.

ⓑ. BC^-에서 B와 C는 1개의 전자쌍을 공유한다.

ⓒ. ABC에서 A^+과 B는 가장 바깥 전자 껍질에 존재하는 전자가 8개이므로 A^+과 B는 모두 옥텟 규칙을 만족한다.

02 화학 결합

A는 금속 결합 물질인 Na, ABC는 이온 결합 물질인 NaOH, C_2B는 공유 결합 물질인 H_2O이다.

ⓐ. A(s)는 금속 결합 물질로, 연성(뽑힘성)이 있다.

ⓑ. ABC는 이온 결합 물질로 수용액 상태에서 전기 전도성이 있다.

ⓒ. C_2B는 비금속 원자들이 전자쌍을 공유하고 있는 공유 결합 물질이다.

03 금속 결합 물질의 특성

금속 결합 물질의 특성에는 전기 전도성, 열 전도성, 연성, 전성 등이 있다.

금속은 자유 전자가 자유롭게 움직일 수 있으므로 고체 상태에서 전기 전도성이 있다. 또한 외부의 힘에 의해 결합이 깨지지 않고 연성, 전성을 유지하는 등 금속 결합 물질이 갖는 특성은 대부분 자유 전자와 관련이 깊다.

04 공유 결합 물질의 성질

흑연은 층상 구조로, 탄소의 원자가 전자 4개 중 3개의 전자가 공유 결합에 참여하고 남은 1개의 전자가 비교적 자유롭게 움직일 수 있어 고체 상태에서 전기 전도성이 있다.

ㄱ. (가)는 C 원자들이 전자쌍을 서로 공유하며 공유 결합을 형성한다.

ㄴ. (나)를 구성하는 C 원자는 공유 결합을 하고 있다.

ㄷ. (나)는 4개의 원자가 전자가 모두 결합에 참여하고 있으므로 전기 전도성이 없다.

05 분자의 구조식

(가)~(다)에서 He의 전자 배치를 갖는 X는 수소(H)이다. (다)에서 Z가 옥텟 규칙을 만족하기 위해서는 비공유 전자쌍 수가 1이 되어야 하므로 Z는 15족 원소인 질소(N)이고, (가)와 (나)에서 15족이 아니면서 옥텟 규칙을 만족하는 Y는 14족 원소인 탄소(C)이다. 따라서 (가)~(다)의 구조식은 다음과 같다.

(가) X₂Y=YX₂ 구조: $X_2Y=YX_2$ (각 Y에 X 두 개)　(나) $X-Y\equiv Y-X$　(다) $X-\ddot{Z}-X$ (Z 아래에 X)

ㄱ. Y 사이의 공유 전자쌍 수는 (가)에서 2, (나)에서 3이다.

ㄴ. 비공유 전자쌍 수는 (나)에서 0이고, (다)에서 1이다.

ㄷ. $Z_2(N_2)$ 분자에는 3중 결합이 있다.

06 금속 결합 모형

제시된 그림은 금속 결합의 전자 바다 모형으로, (−)전하를 띠는 ㉠은 자유 전자이고, (+)전하를 띠는 ㉡은 금속 양이온이다.

ㄱ. 금속 결합 물질은 고체 상태에서 전기 전도성이 있다.

ㄴ. 고체 상태의 금속에 전압을 걸어 주면, 자유 전자(㉠)는 (+)극 쪽으로 이동한다.

ㄷ. 자유 전자(㉠)는 금속 양이온(㉡) 사이를 자유롭게 움직이며 금속의 연성과 전성을 나타나게 한다.

07 화학 결합 물질의 성질

얼음(H_2O)과 드라이아이스(CO_2)는 분자로 이루어진 공유 결합 물질이고, 구리(Cu)는 금속 결합 물질, 염화 나트륨(NaCl)은 이온 결합 물질이다.

ㄱ. 분류 기준 (가)는 4가지 물질 중 분자로 이루어진 얼음과 드라이아이스를 다시 분류할 수 있는 기준으로, H_2O에는 단일 결합이, CO_2에는 2중 결합이 있으므로 '물질을 구성하는 분자에 다중 결합이 있는가?'는 (가)로 적절하다.

ㄴ. ㉡은 금속 결합 물질인 구리이고, ㉢은 이온 결합 물질인 염화 나트륨이다. 구리(㉡)는 액체 상태에서 전기 전도성이 있다.

ㄷ. 이온 결합 물질인 염화 나트륨(㉢)은 수용액 상태에서 전기 전도성이 있다.

08 화학 결합 물질의 녹는점과 끓는점

물질 (가)~(라)를 이루는 분자 중 (나)의 N_2와 (다)의 O_2에는 각각 3중 결합과 2중 결합이 있다.

ㄱ. 분자당 비공유 전자쌍 수는 (가)에서 0, (나)에서 2, (다)에서 4, (라)에서 6이다.

ㄴ. 2중 결합이 있는 (다)의 녹는점이 단일 결합이 있는 (라)의 녹는점보다 낮다.

ㄷ. 분자에 다중 결합이 있는 (나)와 (다)에서 녹는점은 (나)가 더 높지만 끓는점은 (다)가 더 높다.

수능 3점 테스트

본문 62~63쪽

01 ③　02 ④　03 ③　04 ⑤

01 화학 결합 모형

(가)에서 X는 H(수소), Y는 O(산소)이고, (나)에서 Z는 C(탄소)이다.

ㄱ. 같은 주기에서 원자 반지름은 원자 번호가 증가할수록 작아지므로 원자 반지름은 Z(C)가 Y(O)보다 크다.

ㄴ. (가)의 공유 전자쌍 수는 2이고, (나)의 공유 전자쌍 수는 4이다.

ㄷ. ZX_2Y는 CH_2O(H−C−H, C=O)로 Z(C)와 Y(O) 사이에 2중 결합이 있다.

02 화학 결합 물질의 성질

H_2는 공유 결합 물질, KF은 이온 결합 물질, Na과 Fe은 금속 결합 물질이다. 이 중 고체 상태에서 전기 전도성이 없는 (가)는 금속 결합 물질이 아니므로 H_2 또는 KF이다. (가)는 녹는점이 858℃이므로 25℃에서 고체 상태인 KF이다. (다)와 (라) 또한 녹는점이 25℃ 이상으로 25℃에서 모두 기체 상태일 수 없으므로 (나)는 H_2이고, (다)와 (라)는 각각 Na과 Fe 중 하나이다.

ㄱ. (가)는 이온 결합 물질이다.

ㄴ. (다)와 (라)는 모두 금속 결합 물질로 화학 결합의 종류가 같다.

ㄷ. (가)(KF)는 이온 결합 물질로 액체 상태에서 전기 전도성이 있다. (다)와 (라)는 금속 결합 물질로 고체와 액체 상태에서 모두 전기 전도성이 있다.

03 화학 결합 형성 반응

2가지 화학 반응식은 다음과 같다.

○ $2Na$ (가) + ㉠ Cl_2 ⟶ $2NaCl$ (나)

○ H_2 + ㉠ Cl_2 ⟶ 2 ㉡ HCl

ㄱ. 고체 상태에서 전기 전도성은 금속 결합 물질인 (가)가 이온 결합 물질인 (나)보다 크다.

ⓛ. $NaCl(l)$을 전기 분해하면 (−)극에서 Na이, (+)극에서 Cl_2가 생성된다.

ⓧ. ㉠은 Cl_2로, 한 분자에 들어 있는 공유 전자쌍 수가 1이다. ㉡은 HCl로, 한 분자에 들어 있는 비공유 전자쌍 수가 3이다. 따라서 $\frac{1\text{ mol의 ㉡에 들어 있는 비공유 전자쌍 수}}{1.5\text{ mol의 ㉠에 들어 있는 공유 전자쌍 수}}=\frac{1\times3}{1.5\times1}=2$이다.

04 화학 결합

금속 결합과 이온 결합은 모두 전기적 인력에 의해 형성된다. (다)의 화학식은 MgY이고 (나)~(라)에서 모든 원자는 옥텟 규칙을 만족하고, 이온은 Ne의 전자 배치를 가지므로 X는 F이며, Y는 O이다. (라)는 X와 Y 모두 옥텟 규칙을 만족하는 삼원자 분자로 $YX_2(OF_2)$이다.

ⓖ. 금속 결합은 금속 양이온과 자유 전자 사이의 전기적 인력에 의해 형성되고, 이온 결합은 양이온과 음이온 사이의 전기적 인력에 의해 형성된다.

ⓛ. (나)는 MgX_2이고, (라)는 YX_2이므로 화학식을 구성하는 X 입자 수는 (나)에서와 (라)에서가 같다.

ⓒ. (라)는 $YX_2(OF_2)$이고, 전기 음성도는 F>O이므로 (라)에서 Y(O)는 부분적인 양전하(δ^+)를 띤다.

테마 10 결합의 극성

닮은 꼴 문제로 유형 익히기 본문 65쪽

정답 ⑤

수소(H)와 2주기 원소 X, Y로 구성된 사원자 이하의 분자 중 분자 내에서 X, Y가 옥텟 규칙을 만족하는 분자에는 HF, H_2O, OF_2, HOF, NH_3 등이 있다. 이 중 $\frac{\text{비공유 전자쌍 수}}{\text{공유 전자쌍 수}}=1$을 만족하는 분자 (나)의 분자식 H_mY는 H_2O이다. 따라서 Y는 산소(O)이고 $m=2$이다. 분자당 구성 원자 수가 4 이하이면서 수소(H)와 1 : 1로 결합하고 있는 분자 (가) HX의 X는 플루오린(F)이므로 (다)의 분자식 YX_m은 OF_2이다.

ⓖ. 전기 음성도가 F>H이므로 (가) HX(HF)에서 X(F)는 부분적인 음전하(δ^-)를 띤다.

ⓛ. (나)는 $H_2Y(H_2O)$, (다)는 $YX_2(OF_2)$로 (나)와 (다) 모두 중심 원자 Y(O)의 비공유 전자쌍 수가 2로 같다.

ⓒ. Y_2X_2는 O_2F_2(F−O−O−F)로, 산소(O) 원자 사이에 무극성 공유 결합이 있다.

수능 2점 테스트 본문 66~67쪽

01 ③	02 ③	03 ③	04 ②	05 ④
06 ⑤	07 ⑤	08 ⑤		

01 전기 음성도

전기 음성도는 결합을 형성한 원자가 공유 전자쌍을 끌어당기는 능력을 상대적인 수치로 나타낸 값이다.

Ⓧ. 폴링이 정한 전기 음성도에서는 플루오린(F)의 값이 4.0으로 가장 크다.

Ⓨ. 전기 음성도가 큰 원자일수록 공유 결합에서 공유 전자쌍을 더 세게 끌어당긴다.

Ⓩ. 폴링이 정한 전기 음성도에서 플루오린(F)의 전기 음성도는 어떤 화학 결합을 하고 있더라도 4.0으로 일정하다.

02 전기 음성도의 주기성

전기 음성도는 같은 족에서는 원자 번호가 증가할수록 감소하는 경향이 있고, 같은 주기에서는 원자 번호가 증가할수록 증가하는 경향이 있다.

ⓖ. X는 2주기에서 전기 음성도가 가장 큰 F이고, Y는 3주기에서 전기 음성도가 가장 작은 Na이다. 전기 음성도는 Li>Na이고, F>Li이므로 F>Na이다.

ⓛ. 같은 주기에서는 원자 번호가 증가할수록 전기 음성도가 증가한다.
✗. X는 F, Y는 Na이다. 화합물 YX는 이온 결합 물질 NaF이며 NaF에서 $F^-(X^-)$은 $(-)$전하를 띤다.

03 공유 결합의 종류

극성 공유 결합은 전기 음성도가 다른 두 원자 사이의 공유 결합이며, 무극성 공유 결합은 같은 원소의 원자 사이의 공유 결합이다.
ⓖ. 무극성 공유 결합을 하는 이원자 분자는 모두 무극성 분자이다.
✗. 극성 공유 결합을 하는 이원자 분자는 전기 음성도가 큰 원자가 부분적인 음전하(δ^-)를 띠고, 작은 원자가 부분적인 양전하(δ^+)를 띠는 극성 분자이다. 따라서 ㉡에 속한 분자는 모두 ㉣에 속한다.
ⓒ. 이원자 분자가 극성 분자이기 위해서는 전기 음성도가 서로 다른 두 원자가 극성 공유 결합한 분자여야 한다.

04 전기 음성도와 쌍극자 모멘트

쌍극자는 전기 음성도가 서로 다른 두 원자가 공유 결합할 때 서로 다른 부분적인 전하(δ^-, δ^+)를 띠는 것이다.
✗. 4가지 분자 중 학생 D의 Y_2 분자는 같은 원자 사이의 공유 결합으로 이루어진 무극성 분자이다.
ⓛ. 학생 A와 C가 그린 쌍극자 모멘트로부터 전기 음성도는 Z>W>X임을 알 수 있다. 따라서 분자 XZ에서는 전기 음성도가 큰 Z 원자가 부분적인 음전하(δ^-)를 띠게 된다.
✗. Y와 Z는 같은 족 원소이고 원자 반지름은 Y>Z이므로 원자 번호는 Y>Z이다. 따라서 전기 음성도는 Z>Y이고, 학생 B가 그린 쌍극자 모멘트는 맞다. 학생 D의 Y_2 분자는 결합한 두 원자의 전기 음성도가 서로 같아 부분적인 전하가 생기지 않으므로 쌍극자 모멘트를 표시할 수 없다. 따라서 학생 A~D 중 쌍극자 모멘트를 맞게 표시한 학생은 A와 B 2명이다.

05 이온과 분자의 루이스 전자점식

YZ의 루이스 전자점식에서 Y는 1족 원소인 H, Z는 17족 원소인 F임을 알 수 있고, XY^-의 루이스 전자점식에서 X는 16족 원소인 O임을 알 수 있다.
✗. X는 16족, Z는 17족 원소이다.
ⓛ. X는 O, Z는 F이고, 제2 이온화 에너지는 O>F이다.
ⓒ. Z는 F으로 전기 음성도가 가장 큰 원소이다. 따라서 YZ에서 Z는 부분적인 음전하(δ^-)를 띠고, Y는 부분적인 양전하(δ^+)를 띤다.

06 루이스 구조식과 화학 반응식

화학 반응식을 완성하면 (가)는 Y_2이다. X는 1족, Y는 17족 원소로 원자 번호가 X>Y이므로 X는 Na, Y는 F이다.
ⓖ. Y는 F이고 (가)의 분자식은 Y_2이다. 루이스 구조식은 Y−Y로 각각의 Y 원자에는 결합에 참여하지 않는 비공유 전자쌍이 있다.
ⓛ. X는 Na, Y는 F으로 Na^+과 F^- 모두 전자 수가 10이다.
ⓒ. 반응물인 X는 금속 결합 물질이고, 생성물인 XY는 이온 결합 물질이다. 고체 상태의 전기 전도성은 X>XY이다.

07 루이스 전자점식

루이스 전자점식은 원소 기호 주위에 원자가 전자를 점으로 표시하여 나타낸 식이다.
ⓖ. 원자가 전자 수는 (다)에 속한 원자들이 5~7, (나)에 속한 원자들이 4, (가)에 속한 원자가 1이므로 한 원자의 원소 기호 주위에 표시되는 점의 수는 (다)에 속한 원자>(나)에 속한 원자>(가)에 속한 원자이다.
ⓛ. (나)에 속한 원자들은 14족 원소로 원자가 전자 수가 모두 4로 같으므로 루이스 전자점식에서 원소 기호 주위에 표시되는 점의 수가 모두 같다.
ⓒ. (나)에 속한 탄소(C)와 규소(Si) 원자 1개는 각각 (가)의 수소(H) 원자 4개와 공유 결합하여 CH_4과 SiH_4의 안정한 화합물을 형성할 수 있다.

08 루이스 구조식

(가)에서 W가 중심 원자에 위치하고, 양쪽 X와 각각 단일 결합을 한 경우라면 옥텟 규칙을 만족하기 위해 W에서 비공유 전자쌍 2개를 고려해야 하므로 W는 16족 원소(O)가 되어야 한다. W가 양쪽 X와 각각 2중 결합을 한 경우라면 W는 14족 원소(C)가 되어야 한다. (나)에서 중심 원자 Y가 양쪽 W와 각각 단일 결합을 한 경우라면 옥텟 규칙을 만족하기 위해 Y에서 비공유 전자쌍 2개를 고려해야 하므로 Y는 16족 원소(O)가 되고 W는 1족 또는 17족 원소가 되어야 한다. 1족과 17족 원소는 중심 원자가 될 수 없는데, (가)에서 W가 중심 원자에 위치하므로 (나)에서 중심 원자 Y는 양쪽 W와 단일 결합이 아닌 2중 결합을 하고 있다. 이때 Y는 14족 원소(C)이며, Y가 C이므로 (가)의 W는 16족 원소(O)가 된다.
(다)에서 중심 원자 Y에 C를 놓았을 때 (다)의 비공유 전자쌍 수가 1이고 원자가 전자 수가 Z>X이며, (다)에서 Y, Z가 옥텟 규칙을 만족해야 하므로 Z는 15족 원소(N), X는 1족 원소(H)가 된다.
따라서 (가)는 H−O−H, (나)는 O=C=O, (다)는 H−C≡N이다.
ⓖ. (가) H−O−H에서 비공유 전자쌍 수 $a=2$이고, 비공유 전자쌍은 모두 중심 원자 W에 있다.
ⓛ. (나) O=C=O에서 비공유 전자쌍 수 $b=4$이다. (나)에서 공유 전자쌍 수는 4이다.
ⓒ. (다) H−C≡N에는 C와 N 사이에 3중 결합이 있다.

수능 3점 테스트

본문 68~69쪽

01 ① 02 ① 03 ③ 04 ⑤

01 루이스 구조식

(가)~(다) 모두 단일 결합으로 구성된 분자로 X, Y, Z는 각각 H, F, Cl 중 하나이다. (다)에서 산소(O)와 결합한 Z가 부분적인 음전하(δ^-)를 띠므로 Z는 F이다. X와 Y는 각각 H와 Cl 중 하나인데 원자 번호는 Y>X이므로 Y는 Cl, X는 H이다. (가)에서 전기 음성

도는 Y>X이고, (나)에서 전기 음성도는 O>Y이므로 전기 음성도는 Z>O>Y>X이다.
ㄱ. (가)~(다)는 모두 전기 음성도가 다른 원자 사이의 극성 공유 결합으로 이루어져 있다.
ㄴ. 전기 음성도는 Z>X이므로 분자 XZ에서 Z는 부분적인 음전하(δ^-)를 띤다.
ㄷ. Y는 Cl, Z는 F이므로 (나)와 (다)의 분자량은 (나)>(다)이고, 물질 1 g에 들어 있는 분자 수는 (다)>(나)이다. 분자당 비공유 전자쌍 수는 (나)와 (다)가 같으므로 물질 1 g에 들어 있는 비공유 전자쌍 수는 (다)>(나)이다.

02 루이스 구조식과 공유 결합

2주기 바닥상태 원자의 전자 배치에서 '홀전자 수+원자가 전자 수'가 같은 3가지 원소는 N, O, F이다. 바닥상태 N, O, F의 전자 배치에서 전자쌍이 들어 있는 오비탈 수는 각각 2, 3, 4이다. 전자쌍이 들어 있는 오비탈 수는 Y>X>Z이므로 Y는 F, X는 O, Z는 N이다.
ㄱ. N, O, F의 홀전자 수는 각각 3, 2, 1이며, 원자가 전자 수는 각각 5, 6, 7이다. 따라서 a=8이다.
ㄴ. XY_2는 OF_2로, 전기 음성도는 Y>X이므로 X는 부분적인 양전하(δ^+)를 띤다.
ㄷ. ZY_3는 NF_3로, $\frac{\text{비공유 전자쌍 수}}{\text{공유 전자쌍 수}}=\frac{10}{3}$이다.

03 루이스 구조식

(가)와 (나)에서 단일 결합으로 이루어진 YX, Y_2에서 X와 Y는 각각 17족 원소 F, Cl 중 하나이며, (다)의 루이스 전자점식에서 Z는 1족 원소임을 알 수 있다. X와 Y는 같은 족 원소인데 (가)에서 산화수는 Y(산화수=+1)>X(산화수=−1)이므로 전기 음성도는 X>Y이다. 따라서 X는 F, Y는 Cl이고, Y와 Z가 같은 주기 원소이므로 Z는 3주기 1족 원소인 Na이다. (가)는 ClF, (나)는 Cl_2, (다)는 NaCl이다.
ㄱ. 원자 반지름은 Z(Na)>Y(Cl)>X(F)이다.
ㄴ. (가)에서 X와 Y는 극성 공유 결합을 하지만, (나)에서 Y와 Y는 무극성 공유 결합을 한다.
ㄷ. (다) ZY(NaCl)에서 $Z^+(Na^+)$은 전자를 잃고 $1s^22s^22p^6$의 전자 배치를 하므로 Ne의 전자 배치를 갖는다.

04 전자 배치와 공유 결합

a는 방위(부) 양자수(l)가 0인 s 오비탈에 들어 있는 전자 수를, b는 방위(부) 양자수(l)가 1인 p 오비탈에 들어 있는 전자 수를 의미한다. X는 $\frac{s\text{ 오비탈에 들어 있는 전자 수}}{\text{전자가 들어 있는 }p\text{ 오비탈 수}}=2$인 원소이므로 C와 Mg 중 하나이다.

Y는 $\frac{s\text{ 오비탈에 들어 있는 전자 수}}{p\text{ 오비탈에 들어 있는 전자 수}}=1$인 원소이므로 O와 Mg 중 하나이다. $a+b$는 s 오비탈에 들어 있는 전자 수와 p 오비탈에 들어 있는 전자 수의 합으로 원자 번호(총 전자 수)를 의미한다. Z는 $a+b=6$이므로 C이다. 따라서 X는 Mg이고, Y는 O이다.
ㄱ. X는 Mg이다.
ㄴ. X(Mg), Y(O), Z(C)에서 전기 음성도가 가장 큰 원소는 Y(O)이다.
ㄷ. ZY_2는 CO_2(O=C=O)이고, Y_2는 O_2(O=O)이므로 공유 전자쌍 수는 ZY_2가 Y_2의 2배이다.

분자의 구조와 성질

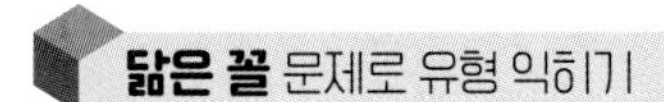

닮은 꼴 문제로 유형 익히기

본문 72쪽

정답 ⑤

옥텟 규칙을 만족하는 사원자 이하의 C, O, F으로 구성된 분자 중 분자 1 mol에 존재하는 원자 수 비가 1 : 1 : 2인 분자에는 COF_2가, 1 : 2인 분자에는 CO_2, OF_2가 있다. (가)의 분자식은 ZYX_2이고, 중심 원자 Z가 탄소(C)이므로 Y는 산소(O), X는 플루오린(F)이다. 따라서 (나)는 OF_2, (다)는 CO_2이다.

ㄱ. (가)는 COF_2로 분자 모양은 평면 삼각형이다.

ㄴ. (나) OF_2는 굽은 형, (다) CO_2는 직선형 분자이므로 결합각은 (다)>(나)이다.

ㄷ. (가)~(다) 중 극성 분자는 (가)와 (나) 2가지이다.

수능 2점 테스트

본문 73~75쪽

01 ⑤	02 ③	03 ④	04 ④	05 ③
06 ⑤	07 ③	08 ③	09 ⑤	10 ⑤
11 ②	12 ④			

01 분자 구조

H_2O, HCN, NH_3, BF_3 중 중심 원자에 비공유 전자쌍이 있는 분자는 H_2O과 NH_3이다.

NH_3의 분자 모양은 삼각뿔형으로 결합각은 107°이고, H_2O의 분자 모양은 굽은 형으로 결합각은 104.5°이다. 따라서 X에는 NH_3, Y에는 H_2O이 가장 적절하다.

02 루이스 전자점식과 분자 구조

W는 C, X는 N, Y는 O, Z는 F이다.

ㄱ. WY_2(O=C=O)와 W_2Z_2(F−C≡C−F)에는 모두 다중 결합이 있다.

ㄴ. XZ_3(NF_3)의 분자 모양은 삼각뿔형으로 구성 원자가 모두 동일 평면에 있지 않은 입체 구조이다.

ㄷ. HWX(HCN)의 분자 모양은 직선형으로 결합각은 180°이고, YZ_2(OF_2)의 분자 모양은 굽은 형으로 결합각이 180°보다 작다.

03 구조식과 분자 구조

2주기 원소 중 옥텟 규칙을 만족하면서 (가)~(다)와 같은 분자 구조를 가질 수 있는 X~Z는 각각 C, N, O 중 하나이다. 전기 음성도는 O>N>C이므로 X는 C, Y는 N, Z는 O이다. (가)~(다)의 구조식을 완성하면 다음과 같다.

H−C≡C−H	H−N=N−H	H−O−O−H
(가)	(나)	(다)

ㄱ. (나)의 비공유 전자쌍 수는 2이고, (다)의 비공유 전자쌍 수는 4이다.

ㄴ. 다중 결합이 있는 분자는 (가)와 (나) 2가지이다.

ㄷ. XZ_2(CO_2)와 (가)는 모두 분자 모양이 직선형인 무극성 분자이므로 분자의 쌍극자 모멘트는 0이다.

04 수소 화합물과 분자 구조

중심 원자가 1개인 ZH_n과 YH_{2m}이 입체 구조를 갖기 위해서는 전체 구성 원자 수가 4 이상이어야 한다. $n \geq 3$, $m \geq 2$이어야 하고, H_mX는 평면 구조이므로 $n=3$, $m=2$이다. 따라서 ZH_n은 NH_3, YH_{2m}은 CH_4, H_mX는 H_2O이다.

ㄱ. $m=2$이다.

ㄴ. ZH_n(NH_3)의 분자 모양은 삼각뿔형이다.

ㄷ. YH_{2m}(CH_4)은 정사면체형으로 결합각은 109.5°이다. H_mX(H_2O)는 비공유 전자쌍의 반발력으로 인해 결합각이 109.5°보다 작다.

05 구조식과 분자 구조

평면 삼각형 구조의 중심 원자에는 비공유 전자쌍이 없고, 삼각뿔형 구조의 중심 원자에는 비공유 전자쌍이 있다.

ㄱ. (가)에서 비공유 전자쌍 수는 총 9이고 (나)에서 비공유 전자쌍 수는 1이며, (다)에는 비공유 전자쌍이 없다.

ㄴ. 전기 음성도가 N>H이므로 (나)에서 N는 부분적인 음전하(δ^-)를 띤다.

ㄷ. 결합각은 $\alpha=120°$, $\beta=107°$, $\gamma=109.5°$이므로 $\alpha>\gamma>\beta$이다.

06 분자의 성질

극성 분자는 COF_2, 무극성 분자는 CO_2와 CF_4이고, 모든 원자가 동일 평면에 있는 분자는 CO_2, COF_2이다. 따라서 (가)는 CF_4, (나)는 COF_2, (다)는 CO_2이다.

ㄱ. (가)는 CF_4이다.

ㄴ. (나)(COF_2)의 분자 모양은 평면 삼각형이다.

ㄷ. 결합각은 분자 모양이 직선형인 (다)(CO_2)가 가장 크다.

07 구조식과 분자의 성질

구조식의 중심 원자 X~Z가 모두 옥텟 규칙을 만족하기 위해서 X는 15족 N, Y는 16족 O, Z는 14족 C이어야 한다.

ㄱ. HZX(HCN)의 구조식은 H−C≡N이므로 HZX(HCN)에는 3중 결합이 있다.

ㄴ. (가)(NH_3)의 결합각은 107°, (나)(H_2O)의 결합각은 104.5°이다.

ㄷ. (다)는 무극성 분자이므로 분자의 쌍극자 모멘트가 0이다.

08 분자의 구조와 성질

분자 모양이 직선형이면 결합각은 180°이지만 구조상 대칭형이 아닌 분자는 극성 분자이다.

ㄷ(X). HCN와 같이 직선형이지만 분자의 쌍극자 모멘트가 0이 아닌 극성 분자도 있다.
ㄹ(X). H_2O 분자는 삼원자 분자로 평면 구조이다.
ㅁ(O). OF_2는 분자 모양이 굽은 형이므로 극성 분자이다.

09 화학 반응식과 분자 구조

화학 반응식을 완성하면 다음과 같다.

- ㉠$HClO$ + HCl ⟶ H_2O + Cl_2
- NH_3 + ㉠$HClO$ ⟶ ㉡NH_2Cl + H_2O
- 2㉠$HClO$ ⟶ ㉢Cl_2O + H_2O

ㄱ(O). ㉠ HClO은 굽은 형 구조로 결합각은 180°보다 작다.
ㄴ(O). ㉡ NH_2Cl의 분자 모양은 중심 원자에 비공유 전자쌍이 있는 삼각뿔형이다.
ㄷ(O). ㉢ Cl_2O는 굽은 형 구조로 구성 원자는 모두 동일 평면에 있다.

10 질소 화합물의 분자 구조

H, N로 구성되고, N가 옥텟 규칙을 만족하며 분자당 구성 원자 수가 4인 분자에는 NH_3, N_2H_2이 있다.
같은 양의 H와 결합한 N의 몰비는 $NH_3 : N_2H_2 = 1 : 3$이므로 (가)는 N_2H_2(H−N=N−H), (나)는 NH_3이다.
ㄱ(O). 분자량은 (가)가 30, (나)가 17이고, 분자당 H 원자 수는 (가)가 2, (나)가 3이다. 따라서 1 g에 들어 있는 H 원자 수 비는 (가) : (나) $= \frac{2}{30} : \frac{3}{17} = 17 : 45$이므로 (나)가 (가)의 2배보다 크다.
ㄴ(O). 비공유 전자쌍 수는 (가)가 2, (나)가 1이다.
ㄷ(O). (나)(NH_3)의 분자 모양은 삼각뿔형이다.

11 분자의 극성

산소(O)가 중심 원자인 삼원자 분자는 O 원자에 비공유 전자쌍이 2인 굽은 형 구조이다. (가)와 (나)에서 Y와 Z가 옥텟 규칙을 만족하므로 Y와 Z는 각각 17족 원소인 F 또는 Cl이다. (가)에서 Y가 부분적인 음전하(δ^-)를 띠므로 전기 음성도는 Y>O이고, (나)에서는 Z가 부분적인 양전하(δ^+)를 띠므로 전기 음성도는 Y>O>Z이다. 따라서 Y는 F이고, Z는 Cl, X는 H이다.
ㄱ(X). (가)와 (나)의 비공유 전자쌍 수는 5로 같다.
ㄴ(O). 전기 음성도는 Y>Z이므로 ZY에서 Y는 부분적인 음전하(δ^-)를 띤다.
ㄷ(X). CY_2Z_2(CF_2Cl_2)는 극성 분자로, 분자의 쌍극자 모멘트가 0이 아니다.

12 분자의 구조와 성질

(가)에서 중심 원자 X가 O와 옥텟 규칙을 만족하면서 삼원자 분자를 이루려면 O=X=O 구조이므로 X는 14족 C(탄소)이다. (나)에서 중심 원자 X가 O, Y와 옥텟 규칙을 만족하면서 사원자 분자를 이루려면 Y−X(=O)−Y 구조이므로 Y는 17족 F(플루오린)이다. (다)에서 중심 원자 X가 Y, Z와 오원자 분자를 이루는 것은 사면체형 구조로 Z는 1족 H(수소)이다.
ㄱ(X). 전기 음성도는 Y(F)>X(C)이다.
ㄴ(O). Z_2O(H_2O)의 결합각은 104.5°이다.
ㄷ(O). (가)는 CO_2, (나)는 COF_2, (다)는 CH_mF_n($m+n=4$)으로 극성 분자는 (나)와 (다) 2가지이다.

수능 3점 테스트

본문 76~78쪽

01 ④ 02 ① 03 ④ 04 ③ 05 ④ 06 ④

01 전자 배치와 분자 구조

바닥상태 2주기 원자들은 전자가 들어 있는 *s* 오비탈 수가 모두 2이고, 3주기 원자들은 *s* 오비탈 수가 모두 3이다. 따라서 X는 2주기, Y는 3주기 원소이다. 루이스 전자점식으로부터 Y의 원자가 전자 수가 7, X의 원자가 전자 수가 4임을 알 수 있으므로 X는 C(탄소), Y는 Cl(염소)이다.
$m+n=4$인 분자 XH_mY_n은 중심 원자를 X(C)로 하는 오원자 분자이다.
ㄱ(X). X(C)를 중심 원자로 하는 오원자 분자의 구조는 입체 구조이다.
ㄴ(O). $m=4$인 분자는 CH_4, $n=4$인 분자는 CCl_4이므로 분자 모양이 정사면체형이고, 결합각이 같다.
ㄷ(O). $m=3$인 분자는 CH_3Cl로, 분자의 쌍극자 모멘트가 0이 아니다.

02 전자 배치와 분자 구조

2주기에서 전자쌍이 들어 있는 오비탈 수가 각각 a, a, $2a$인 3가지 원자는 Be, B, C, N($a=2$) 중 2가지와 F($2a=4$)이다. 따라서 Z는 F이고, $a=2$이다. Z(F)의 전자가 들어 있는 *p* 오비탈 수는 3이므로 $b=3$이고, 전자가 들어 있는 *p* 오비탈 수가 $b-1=2$인 Y는 C이다. 전자가 들어 있는 *p* 오비탈 수가 $b-2=1$인 X는 B이다. 따라서 XZ_3은 BF_3이고, YZ_4는 CF_4이다.
ㄱ(X). BF_3와 CF_4는 모두 극성 공유 결합만 있다.
ㄴ(O). BF_3와 CF_4는 모두 무극성 분자로, 분자의 쌍극자 모멘트가 0이다.
ㄷ(X). BF_3는 평면 구조, CF_4는 입체 구조이다.

03 구조식과 분자의 성질

H와 2주기 원소 X, Y로 구성된 분자가 옥텟 규칙을 만족하면서 그림과 같은 구조식을 갖는 경우는 (가)가 H−X−X−H, (나)가 H−Y≡Y−H, (다)가 H−Y(=X)−H인 경우이다. 따라서 X는 16족, Y는 14족 원소이다.

ㄱ(✗). (가)는 단일 결합으로만 이루어져 있다.
ㄴ(○). YX_2의 구조식은 X=Y=X로, 분자 모양은 직선형이다.
ㄷ(○). (다)는 극성 분자이므로 분자의 쌍극자 모멘트가 0이 아니다.

04 분자의 구조와 성질

플루오린(F)과 2주기 원소가 옥텟 규칙을 만족하는 사원자 분자를 형성할 때, $\frac{\text{F을 제외한 원자 수}}{\text{F 원자 수}}$의 비가 (가) : (나) : (다)=3 : 1 : 3이므로 (가)~(다)의 $\frac{\text{F을 제외한 원자 수}}{\text{F 원자 수}}$가 각각 $\frac{3}{1}(=3)$, $\frac{2}{2}(=1)$, $\frac{3}{1}(=3)$이면, 옥텟 규칙을 만족하지 못한다. 따라서 (가)~(다)의 $\frac{\text{F을 제외한 원자 수}}{\text{F 원자 수}}$는 각각 $\frac{2}{2}(=1)$, $\frac{1}{3}$, $\frac{2}{2}(=1)$이어야 한다. (나)는 NF_3, (가)와 (다)는 각각 O_2F_2 또는 C_2F_2이므로 Y는 N이고, 원자 번호는 X>Z이므로 X는 O, Z는 C이다.
ㄱ(○). 분자당 F 원자 수는 (가)가 2, (나)가 3이다.
ㄴ(✗). (나)(NF_3)는 삼각뿔형으로 입체 구조이다.
ㄷ(○). (다)(C_2F_2)의 구조식은 F−C≡C−F이고, HZY(HCN)의 구조식은 H−C≡N으로 (다)와 HZY에는 모두 다중 결합이 있다.

05 분자식과 분자의 구조

CF_{2m}에서 모든 원자가 옥텟 규칙을 만족하기 위해서는 분자식이 CF_4이고, $m=2$이다. CYF_m은 CYF_2이므로 모든 원자가 옥텟 규칙을 만족한다면 Y는 O이다. CH_nF에서 2주기 원소가 옥텟 규칙을 만족하기 위해서는 CH_3F이므로 $n=3$이다. FCX에서 모든 원자가 옥텟 규칙을 만족하기 위해서는 F−C≡X 구조이므로 X는 N이다.
ㄱ(✗). $n>m$이다.
ㄴ(○). 분자당 F 수가 2 이상인 ㉠과 ㉡은 $CF_{2m}(CF_4)$, $CYF_m(COF_2)$ 중 하나이고, (가)가 '구성 원자가 모두 동일 평면에 있는가?'일 때 FCX(FCN)와 $CYF_m(COF_2)$이 ㉡과 ㉣ 중 하나이므로 ㉠은 $CF_{2m}(CF_4)$, ㉡은 $CYF_m(COF_2)$, ㉢은 $CH_nF(CH_3F)$, ㉣은 FCX(FCN)이다.
ㄷ(○). $XH_n(NH_3)$의 분자 모양은 삼각뿔형이다.

06 전자 배치와 분자의 성질

2, 3주기 바닥상태 원자 중 $\frac{\text{전자쌍이 들어 있는 오비탈 수}}{\text{원자가 전자가 들어 있는 } p \text{ 오비탈 수}}$가 1인 원자(W, X)는 각각 $C\left(\frac{2}{2}\right)$와 $O\left(\frac{3}{3}\right)$ 중 하나이고, 2인 원자(Y)는 $B\left(\frac{2}{1}\right)$와 $P\left(\frac{6}{3}\right)$ 중 하나이며, $\frac{4}{3}$인 원자(Z)는 F이다. XW_2에서 X와 W는 모두 옥텟 규칙을 만족하므로 W는 O, X는 C이고, YZ_3에서 구성 원자는 모두 동일 평면에 있으므로 Y는 B이다.
ㄱ(○). 결합각은 YZ_3가 120°, XZ_4가 109.5°이다.
ㄴ(○). $XW_2(CO_2)$의 분자 모양은 직선형이다.
ㄷ(✗). $X_2H_2(C_2H_2)$는 직선형 구조로, 분자의 쌍극자 모멘트는 0이다.

테마 12 가역 반응과 동적 평형

닮은 꼴 문제로 유형 익히기

본문 80쪽

정답 ④

ㄱ(○). 밀폐된 진공 용기에서 $CO_2(s)$와 $CO_2(g)$는 t_2일 때 동적 평형 상태에 도달하였고, $t_3>t_2$이므로 t_3일 때 $\frac{CO_2(g)\text{의 질량}}{CO_2(s)\text{의 질량}}$은 b이다. 따라서 $b=c$이다.
ㄴ(○). 동적 평형 상태에 도달할 때까지 $CO_2(s)$의 질량은 감소하고, $CO_2(g)$의 질량은 증가하므로 $\frac{CO_2(g)\text{의 질량}}{CO_2(s)\text{의 질량}}$은 t_2일 때가 t_1일 때보다 크다. 따라서 $b>a$이다.
ㄷ(✗). $\frac{CO_2(g)\text{가 } CO_2(s)\text{로 승화되는 속도}}{CO_2(s)\text{가 } CO_2(g)\text{로 승화되는 속도}}$는 동적 평형 상태에 도달할 때까지 증가하다가 동적 평형 상태에 도달한 후 일정하게 유지된다. 따라서 $\frac{CO_2(g)\text{가 } CO_2(s)\text{로 승화되는 속도}}{CO_2(s)\text{가 } CO_2(g)\text{로 승화되는 속도}}$는 t_3일 때가 t_1일 때보다 크다.

수능 2점 테스트

본문 81~82쪽

01 ③ 02 ⑤ 03 ⑤ 04 ③ 05 ④
06 ① 07 ③ 08 ①

01 비가역 반응과 가역 반응

A(○). CH_4의 연소 반응은 비가역 반응이다. 따라서 (가)는 비가역 반응이다.
B(✗). (나)의 반응은 가역 반응이므로 정반응과 역반응이 모두 일어난다.
C(○). (나)에서 동적 평형 상태에 도달하면 정반응의 속도와 역반응의 속도는 같아진다.

02 동적 평형 상태

ㄱ(○). H_2O의 상변화는 가역 반응이다.
ㄴ(○). 온도가 일정할 때 $H_2O(l)$의 증발 속도는 일정하므로 $a=b$이다.
ㄷ(○). $3t$일 때 동적 평형 상태이고 $H_2O(l)$의 증발 속도와 $H_2O(g)$의 응축 속도는 같으므로 $b=d$이며, 동적 평형 상태에 도달하기 전 $H_2O(l)$의 증발 속도>$H_2O(g)$의 응축 속도이므로 $b>c$이다. 따라서 $b=d>c$이다.

03 동적 평형 상태

밀폐된 진공 용기에 $N_2O_4(g)$를 넣으면 처음에는 $N_2O_4(g)$가

$NO_2(g)$로 되는 정반응이 우세하게 진행되지만 시간이 지남에 따라 $NO_2(g)$가 $N_2O_4(g)$로 되는 역반응도 진행되어 동적 평형 상태에 도달한다.

ㄱ. $N_2O_4(g) \rightleftarrows 2NO_2(g)$의 반응은 가역 반응이다.

ㄴ. (나)는 동적 평형 상태이므로 $N_2O_4(g)$와 $NO_2(g)$의 양(mol)은 모두 0이 아니다. 따라서 (나)에서 $\frac{N_2O_4(g)\text{의 양(mol)}}{NO_2(g)\text{의 양(mol)}} \neq 0$이다.

ㄷ. (가)에서 (나)로 반응이 진행될 때 $\frac{\text{역반응의 속도}}{\text{정반응의 속도}}$는 증가한다.

04 동적 평형 상태

시간이 지남에 따라 $\frac{B}{A}$는 증가하므로 A는 $H_2O(l)$의 증발 속도, B는 $H_2O(g)$의 응축 속도이다. t_2일 때 $\frac{B}{A}=1$이므로 동적 평형 상태에 도달하였다.

ㄱ. A는 $H_2O(l)$의 증발 속도이다.

ㄴ. t_2일 때 동적 평형 상태에 도달하였으므로 t_3일 때도 동적 평형 상태이다. 따라서 $x=1$이다.

ㄷ. t_2일 때 동적 평형 상태이므로 $H_2O(g)$의 질량은 t_2일 때와 t_3일 때가 같다.

05 용해 평형 상태

ㄱ. t_2일 때 용해 평형 상태에 도달하였으므로 설탕 수용액의 몰 농도(M)는 t_2일 때가 t_1일 때보다 크다. 따라서 $b>a$이다.

ㄴ. t_2일 때 용해 평형 상태에 도달하였으므로 $x=b$이다.

ㄷ. 동적 평형 상태에 도달할 때까지 설탕의 $\frac{\text{용해 속도}}{\text{석출 속도}}$는 감소하므로 t_1일 때가 t_3일 때보다 크다.

06 동적 평형 상태

ㄱ. I_2의 상변화는 가역 반응이다.

ㄴ. 동적 평형 상태에 도달할 때까지 $I_2(s) \longrightarrow I_2(g)$로의 승화 속도는 $I_2(g) \longrightarrow I_2(s)$로의 승화 속도보다 크다. t_2일 때 동적 평형 상태에 도달하였으므로 t_1일 때 $\frac{I_2(g)\text{이 } I_2(s)\text{으로 승화되는 속도}}{I_2(s)\text{이 } I_2(g)\text{으로 승화되는 속도}}<1$이다.

ㄷ. $I_2(g)$의 양(mol)은 동적 평형 상태에 도달할 때까지 증가하므로 $I_2(g)$의 양(mol)은 t_2일 때가 t_1일 때보다 많다.

07 동적 평형 상태

동적 평형 상태에 도달할 때까지 $H_2O(l)$의 양(mol)은 감소하고, $H_2O(g)$의 양(mol)은 증가한다.

ㄱ. t_1일 때 동적 평형 상태에 도달하였고, A의 양(mol)은 t_1일 때가 t_2일 때보다 크므로 A는 $H_2O(g)$이다.

ㄴ. $H_2O(g)$의 양(mol)은 t_2일 때가 t_3일 때보다 크므로 $t_2>t_3$이다.

ㄷ. $t_2>t_3$이므로 $H_2O(l)$의 양(mol)은 t_3일 때가 t_2일 때보다 많다.

08 동적 평형 상태

동적 평형 상태에 도달할 때까지 $H_2O(l)$의 증발 속도는 $H_2O(g)$의 응축 속도보다 크다.

ㄱ. $2t$일 때 B>A이므로 A는 $H_2O(g)$의 응축 속도, B는 $H_2O(l)$의 증발 속도이다.

ㄴ. $2t$일 때 $H_2O(l)$의 증발 속도>$H_2O(g)$의 응축 속도이므로 $2t$일 때 동적 평형 상태가 아니다. $2t$일 때 동적 평형 상태가 아니므로 t일 때도 동적 평형 상태가 아니다.

ㄷ. $t \rightarrow 2t$일 때까지 $\frac{H_2O(l)\text{의 증발 속도}}{H_2O(g)\text{의 응축 속도}}$는 감소한다.

수능 3점 테스트

본문 83~84쪽

01 ③ 02 ⑤ 03 ⑤ 04 ⑤

01 동적 평형 상태

ㄱ. A−B>0이고, 동적 평형 상태에 도달할 때까지 $H_2O(l)$의 증발 속도>$H_2O(g)$의 응축 속도이므로 A는 $H_2O(l)$의 증발 속도이고, B는 $H_2O(g)$의 응축 속도이다.

ㄴ. $y>x$이므로 $t_2>t_3$이다.

ㄷ. $H_2O(g)$의 응축 속도는 동적 평형 상태에 도달할 때까지 증가한다. 따라서 $H_2O(g)$의 응축 속도는 t_2일 때가 t_3일 때보다 크다.

02 동적 평형 상태

ㄱ. t_2일 때 동적 평형 상태에 도달하였고, $b>a$이므로 A는 $H_2O(g)$의 응축 속도이다.

ㄴ. $b>a$이므로 $t_2>t_1$이다.

ㄷ. $\frac{H_2O(l)\text{의 질량(g)}}{H_2O(g)\text{의 질량(g)}}$은 동적 평형 상태에 도달할 때까지 감소하므로 t_1일 때가 t_3일 때보다 크다.

03 동적 평형 상태

t_2와 t_3일 때 $\frac{B}{A}=y$로 같으므로 동적 평형 상태이다. 동적 평형 상태에 도달할 때까지 시간이 지날수록 $H_2O(l)$의 질량은 감소하고, $H_2O(g)$의 질량은 증가한다.

ㄱ. $0<x<y$이고, t_2일 때가 t_1일 때보다 $\frac{B}{A}$는 크므로 A는 $H_2O(l)$의 질량이고, B는 $H_2O(g)$의 질량이다.

ㄴ. t_2와 t_3일 때 동적 평형 상태이고 t_1은 동적 평형 상태에 도달하지 않았으므로 $t_3>t_1$이다.

ㄷ. $H_2O(l)$의 질량은 동적 평형 상태에 도달했을 때 가장 작으므로 $H_2O(l)$의 질량은 t_1일 때가 t_2일 때보다 크다.

04 동적 평형 상태

(가)와 (나)에 들어 있는 $NO_2(g)$와 $N_2O_4(g)$의 질량이 같으므로 (가)와 (나)에서 각각 동적 평형 상태에 도달하였을 때 용기 속 $NO_2(g)$와 $N_2O_4(g)$의 양(mol)은 (가)와 (나)에서 각각 같다.

ㄱ. 동적 평형 상태에 도달할 때까지 (가)에서는 $NO_2(g)$의 양(mol)은 감소하고, $N_2O_4(g)$의 양(mol)은 증가하므로 평형에 도달할 때까지 (가)의 색은 옅어진다.

ㄴ. $a=c$이고, $b=d$이므로 $\frac{d}{a}=\frac{b}{c}$이다.

ㄷ. t일 때 용기 속 $NO_2(g)$와 $N_2O_4(g)$의 양(mol)은 (가)와 (나)에서 각각 같으므로 용기 속 혼합 기체의 색은 (가)와 (나)가 같다.

물의 자동 이온화

닮은 꼴 문제로 유형 익히기

본문 86쪽

정답 ①

$\frac{[OH^-]}{[H_3O^+]}$가 클수록 수용액의 액성은 염기성에 가깝다. (가)~(다)의 액성은 모두 다르고, 각각 산성, 중성, 염기성 중 하나이므로 (가)~(다)의 액성은 각각 중성, 염기성, 산성이다.

(가)는 중성이므로 $\frac{[OH^-]}{[H_3O^+]}=1$이고, (가)의 $\frac{[OH^-]}{[H_3O^+]}=\frac{1\times10^{-11}}{1\times10^{-11}}=1$이므로 (나)와 (다)의 $\frac{[OH^-]}{[H_3O^+]}$는 각각 $\frac{1}{1\times10^{-11}}=1\times10^{11}$, $\frac{1\times10^{-20}}{1\times10^{-11}}=1\times10^{-9}$이다.

(가)~(다)에 대한 자료는 다음과 같다.

수용액	(가)	(나)	(다)
pH	7.0	12.5	2.5
pOH	7.0	1.5	11.5
$\lvert pH-pOH \rvert$	0	11.0	9.0

ㄱ. (나)의 액성은 염기성이다.

ㄴ. $a-b=11.0-9.0=2.0$이다.

ㄷ. (가)~(다)에 들어 있는 H^+의 양(mol)은 다음과 같다.

수용액	(가)	(나)	(다)
$[H_3O^+]$(M)	1×10^{-7}	$1\times10^{-12.5}$	$1\times10^{-2.5}$
부피(L)	0.1	1	0.01
H^+의 양(mol)	1×10^{-8}	$1\times10^{-12.5}$	$1\times10^{-4.5}$

따라서 $x+\frac{y}{z}=1\times10^{-8}+\frac{1\times10^{-12.5}}{1\times10^{-4.5}}=2\times10^{-8}$이다.

수능 2점 테스트

본문 87~88쪽

01 ① 02 ③ 03 ③ 04 ⑤ 05 ②
06 ⑤ 07 ⑤ 08 ⑤

01 물의 자동 이온화

Ⓐ. 물의 자동 이온화 반응은 정반응과 역반응이 모두 일어날 수 있는 가역 반응이다.

Ⓑ. 물에 $HCl(aq)$을 첨가하여도 물의 자동 이온화에 의해 생성되는 OH^-이 존재한다.

Ⓒ. 물에 $NaOH(aq)$을 첨가하여도 온도가 일정하면 물의 이온화 상수(K_w)는 일정하다.

02 수소 이온 농도와 pH

ㄱ. (가)에서 $[OH^-]>[H_3O^+]$이므로 (가)는 $NaOH(aq)$이고, (나)에서 $[H_3O^+]>[OH^-]$이므로 (나)는 $HCl(aq)$이다.

ㄴ. (가)에서 $\frac{[OH^-]}{[H_3O^+]}=\frac{[OH^-]^2}{[H_3O^+][OH^-]}=\frac{[OH^-]^2}{1\times10^{-14}}=1\times10^4$이고 $[OH^-]=1\times10^{-5}$ M이므로 $y=1\times10^{-5}$이다. (나)에서 $\frac{[OH^-]}{[H_3O^+]}=\frac{1\times10^{-14}}{[H_3O^+]^2}=1\times10^{-8}$이고 $[H_3O^+]=1\times10^{-3}$ M이므로 $x=1\times10^{-3}$이다. 따라서 $\frac{y}{x}=\frac{1\times10^{-5}}{1\times10^{-3}}=1\times10^{-2}$이다.

ㄷ. $\frac{(나)에서\ OH^-의\ 양(mol)}{(가)에서\ H_3O^+의\ 양(mol)}=\frac{1\times10^{-11}\times10V}{1\times10^{-9}\times\frac{1}{10}V}=1$이다.

03 수소 이온 농도와 pH

(나)에서 $[OH^-]=1\times10^{-2}$ M이고, $[H_3O^+]=1\times10^{-12}$ M이므로 H_3O^+의 양(mol)은 $1\times10^{-12}\times V_1\times10^{-3}=1\times10^{-13}$에서 $V_1=100$이다.

(다)에서 $[OH^-]=1\times10^{-4}$ M이고, $[H_3O^+]=1\times10^{-10}$ M이므로 H_3O^+의 양(mol)은 $1\times10^{-10}\times V_2\times10^{-3}=1\times10^{-12}$에서 $V_2=10$이다.

ㄱ. (가)에서 $[OH^-]=1\times10^{-13}$ M이고, $[H_3O^+]=1\times10^{-1}$ M이므로 (가)의 pH는 1.0이다.

ㄴ. $V_1=10V_2$이다.

ㄷ. (가)에서 H_3O^+의 양(mol)은 $1\times10^{-1}\times V_1\times10^{-3}=1\times10^{-1}\times100\times10^{-3}=1\times10^{-2}$이다.

04 수소 이온 농도와 pH

ㄱ. (가)에서 H_3O^+의 양(mol)은 $1\times10\times10^{-3}=1\times10^{-2}$이므로 Cl^-의 양은 0.01 mol이다.

ㄴ. (나)의 pH=1.0이므로 $[H_3O^+]=1\times10^{-1}$ M이고, (가)의 몰 농도(M)는 1이므로 수용액의 부피는 (나)가 (가)의 10배이다. 따라서 $V=100$이다.

ㄷ. $\frac{[H_3O^+]}{[OH^-]}$의 비는 (가) : (나)$=\frac{1\times10^0}{1\times10^{-14}}:\frac{1\times10^{-1}}{1\times10^{-13}}=100:1$이다.

05 수소 이온 농도와 pH

25℃에서 물의 이온화 상수(K_w)는 1×10^{-14}이고, $HCl(aq)$과 $NaOH(aq)$에서 $[H^+]=[Cl^-]$이고, $[Na^+]=[OH^-]$이다.

(나)에서 $\frac{[Na^+]}{[H_3O^+]}=\frac{[OH^-]}{[H_3O^+]}=\frac{[OH^-]^2}{1\times10^{-14}}=1\times10^{10}$에서 $[OH^-]=1\times10^{-2}$ M이므로 (나)의 pH=12.0, pOH=2.0이다.

$\frac{pOH}{pH}$의 비는 (가) : (나)=(가) : $\frac{2}{12}=15:1$에서

(가)의 $\frac{pOH}{pH}=\frac{5}{2}=\frac{10}{4}$이다.

ㄱ. (가)의 pH=4.0이고, (나)의 pOH=2.0이므로 $a=1\times10^{-4}$, $b=1\times10^{-2}$이다. 따라서 $\frac{b}{a}=\frac{1\times10^{-2}}{1\times10^{-4}}=1\times10^2$이다.

ㄴ. $\frac{[Cl^-]}{[OH^-]}=\frac{[H_3O^+]}{[OH^-]}=\frac{1\times10^{-4}}{1\times10^{-10}}=1\times10^6$이므로 $x=1\times10^6$이다.

ㄷ. $\frac{(나)에서\ [H_3O^+]}{(가)에서\ [OH^-]}=\frac{1\times10^{-12}}{1\times10^{-10}}=1\times10^{-2}$이다.

06 수소 이온 농도와 pH

ㄱ. (가)의 pH=13이므로 (가)는 $NaOH(aq)$이고, (다)의 pOH=9이므로 (다)는 $HCl(aq)$이다. 따라서 (나)는 $H_2O(l)$이다.

ㄴ. (다)에서 $a+9=14$이므로 $a=5$이다.

ㄷ. $[OH^-]$(M)는 (가)와 (다)가 각각 1×10^{-1}, 1×10^{-9}이고 수용액의 부피는 같으므로 OH^-의 양(mol)은 (다)가 (가)의 1×10^{-8}배이다.

07 수소 이온 농도와 pH

(나)에서 $\frac{[H_3O^+]}{[OH^-]}=\frac{[H_3O^+]^2}{1\times10^{-14}}=1\times10^8$에서 $[H_3O^+]=1\times10^{-3}$ M이다.

(나)는 (가)를 100배 희석한 수용액이므로 $x=0.1$이다.

ㄱ. $x=0.1$이다.

ㄴ. (나)에서 수용액의 부피는 1 L이고, $[OH^-]=1\times10^{-11}$ M이므로 OH^-의 양은 1×10^{-11} mol이다.

ㄷ. $\frac{(나)에서\ [H_3O^+]}{(가)에서\ [OH^-]}=\frac{1\times10^{-3}}{1\times10^{-13}}=1\times10^{10}$이다.

08 수소 이온의 농도와 H_3O^+의 양

(가)의 pH를 a라고 두면, pOH는 $14.0-a$이므로 $a\times(14.0-a)=40.0$에서 $a=4.0$ 또는 10.0이다.

(나)의 pH를 b라고 두면, pOH는 $14.0-b$이므로 $b\times(14.0-b)=24.0$에서 $b=2.0$ 또는 12.0이다.

$\frac{[OH^-]}{[H_3O^+]}$는 (나)>(가)이므로 (가)의 pH=4.0, (나)의 pOH=2.0이다.

ㄱ. (가)는 $HCl(aq)$이다.

ㄴ. (나)의 pOH=2.0이다.

ㄷ. (가)에서 $[H_3O^+]=1\times10^{-4}$ M이고, (나)에서 $[OH^-]=1\times10^{-2}$ M이다. 수용액의 부피는 (가)가 (나)의 100배이므로 (가)와 (나)를 모두 혼합한 수용액에서 $\frac{OH^-의\ 양(mol)}{H_3O^+의\ 양(mol)}=1$이다.

01 수소 이온 농도와 pH

(가)와 (다)의 |pH−pOH|는 각각 9.0, 7.0이므로 (나)는 $H_2O(l)$이다. (나)에서 $\frac{[OH^-]}{[H_3O^+]}=1$이고, $\frac{[OH^-]}{[H_3O^+]}$(상댓값)이 1×10^7이므로 (다)의 $\frac{[OH^-]}{[H_3O^+]}=1\times10^{-7}$이고, $[H_3O^+]\times[OH^-]=1\times10^{-14}$이므로 $\frac{1\times10^{-14}}{[H_3O^+]^2}=1\times10^{-7}$에서 $[H_3O^+]=1\times10^{-3.5}$ M이다. (다)의 pH=3.5, pOH=10.5이므로 (다)는 HCl(aq)이고, (가)는 NaOH(aq)이다. (가)에서 pOH를 a라고 두면 $14.0-a-a=9.0$에서 $a=2.5$이므로 (가)의 pH=11.5이다.

ㄱ. (가)는 NaOH(aq)이다.

ㄴ. (가)에서 $\frac{[OH^-]}{[H_3O^+]}=\frac{1\times10^{-2.5}}{1\times10^{-11.5}}=1\times10^9$이므로 $x=\frac{1\times10^9}{1\times10^{-7}}=1\times10^{16}$이다.

ㄷ. $\frac{\text{(다)의 pOH}}{\text{(가)의 pH}}=\frac{10.5}{11.5}=\frac{21}{23}$이다.

02 수소 이온 농도와 pH

(가)~(다)의 pH를 각각 a, b, c라고 두면

$\frac{\text{(가)의 pOH}}{\text{(나)의 pH}}=\frac{14.0-a}{b}=\frac{6}{5}$에서 $5a+6b=70.0$ (식 ①),

$\frac{\text{(다)의 pOH}}{\text{(가)의 pH}}=\frac{14.0-c}{a}=1$에서 $a+c=14.0$ (식 ②),

$\frac{\text{(나)의 pOH}}{\text{(다)의 pH}}=\frac{14.0-b}{c}=\frac{1}{3}$에서 $c+3b=42.0$ (식 ③)이다.

식 ②와 ③에서 $a-3b=-28.0$(식 ④)이고, 식 ①과 ④에서 $a=2.0$, $b=10.0$이므로 식 ②에서 $c=12.0$이다.

(가)~(다)의 pH와 pOH는 다음과 같다.

수용액	(가)	(나)	(다)
pH	2.0	10.0	12.0
pOH	12.0	4.0	2.0

ㄱ. (나)의 pOH=4.0이므로 (나)는 NaOH(aq)이다.

ㄴ. (다)의 pH=12.0이다.

ㄷ. (가)(=HCl(aq))와 (다)(=NaOH(aq))의 몰 농도(M)는 1×10^{-2}로 같으므로 같은 부피의 (가)와 (다)를 혼합한 수용액의 액성은 중성이다.

03 수소 이온 농도와 pH

(가)~(다)의 pH를 각각 $3a$, $8a$, $24a$, pOH를 xb, $5b$, b라고 두면, (나)에서 $8a+5b=14$, (다)에서 $24a+b=14$이므로 $b=4a$이다.

$24a+b=24a+4a=14$에서 $a=\frac{1}{2}$이므로 $b=2$이다.

ㄱ. (나)의 pH=$8a$=4.0이므로 (나)는 HCl(aq)이다.

ㄴ. (가)에서 $3a+xb=\frac{3}{2}+2x=14$이므로 $x=\frac{25}{4}$이다.

ㄷ. (나)의 pH=4.0이므로 $[H_3O^+]=1\times10^{-4}$ M이고, (다)의 pOH=2.0이므로 $[OH^-]=1\times10^{-2}$ M이다. 따라서 수용액의 몰 농도(M)는 (다)>(나)이다.

04 수소 이온 농도와 pH

㉠이 pH, ㉡이 pOH이면 (가)에서 pH와 pOH는 각각 $3a$, $25a$이고, $3a+25a=14$에서 $a=\frac{1}{2}$이므로 (가)의 pH=1.5, pOH=12.5이다. $\frac{\text{(나)의 }[OH^-]}{\text{(가)의 }[H_3O^+]}=\frac{\text{(나)의 }[OH^-]}{1\times10^{-1.5}\text{ M}}=10$에서 (나)의 $[OH^-]=1\times10^{-0.5}$ M이므로 (나)의 pH=13.5, pOH=0.5이다. (나)에서 pOH는 $\frac{5}{2}(=5a)$이므로 자료에 부합하지 않는다.

따라서 ㉠이 pOH, ㉡이 pH이다. $a=\frac{1}{2}$이므로 (가)의 pH=12.5, pOH=1.5이고, $\frac{\text{(나)의 }[OH^-]}{\text{(가)의 }[H_3O^+]}=\frac{\text{(나)의 }[OH^-]}{1\times10^{-12.5}\text{ M}}=10$에서 (나)의 $[OH^-]=1\times10^{-11.5}$ M이므로 (나)의 pH=2.5, pOH=11.5이다.

ㄱ. (가)의 pOH=1.5이므로 (가)는 NaOH(aq)이다.

ㄴ. ㉠은 pOH이다.

ㄷ. (나)에서 pOH=11.5이므로 pH=2.5이고, $x : 5a=11.5 : 2.5$에서 $x=23a$이다.

14 산 염기 중화 반응

닮은 꼴 문제로 유형 익히기

본문 93쪽

정답 ③

Ⅰ~Ⅲ의 액성은 모두 다르며, 각각 산성, 중성, 염기성 중 하나이므로 Ⅰ의 액성이 중성이면 Ⅰ과 Ⅱ에서 $HCl(aq)$의 부피는 같고, $X(OH)_2(aq)$의 부피는 Ⅱ에서가 Ⅰ에서의 2배이므로 Ⅱ의 액성이 염기성이고, 수용액에 존재하는 모든 이온의 양(mol)은 혼합 전 $X(OH)_2(aq)$에 존재하는 모든 이온의 양(mol)과 같지만 수용액에 존재하는 모든 이온의 몰 농도(M)의 비는 Ⅰ : Ⅱ$=2:3$에서 주어진 자료에 부합하지 않으므로 Ⅰ의 액성은 산성, Ⅱ의 액성은 중성 또는 염기성이다.

Ⅱ의 액성이 중성일 때, 혼합 용액에 존재하는 H^+의 양(mol)$=OH^-$의 양(mol)이므로 $a\times20=2\times b\times20$에서 $a=2b$이고, 혼합 용액에 존재하는 모든 이온의 몰 농도 합(M)의 비는 Ⅰ : Ⅱ$=\frac{2\times a\times20-b\times10}{20+10}:\frac{3\times b\times20}{20+20}=8:9$에서 $4a=5b$이므로 Ⅱ의 액성은 염기성, Ⅲ의 액성은 중성이다.

Ⅱ의 액성은 염기성이므로 혼합 용액에 존재하는 모든 이온의 몰 농도 합(M)$=\frac{3\times b\times20}{20+20}=9n$에서 $b=6n$이고, $4a=5b$이므로 $a=\frac{15}{2}n$이다. Ⅲ의 액성은 중성이므로 $a\times V=2\times b\times25=\frac{4}{5}a\times50$에서 $V=40$이고 혼합 용액에 존재하는 모든 이온의 몰 농도 합(M)의 비는 Ⅱ : Ⅲ$=\frac{3\times b\times20}{20+20}:\frac{3\times b\times25}{40+25}=9n$: ㉠에서 ㉠$=\frac{90}{13}n$이다. 따라서 $\frac{a+b}{㉠}=\frac{\frac{15}{2}n+6n}{\frac{90}{13}n}=\frac{39}{20}$이다.

수능 2점 테스트

본문 94~96쪽

01 ⑤	02 ③	03 ④	04 ④	05 ③
06 ③	07 ⑤	08 ④	09 ②	10 ③
11 ⑤	12 ③			

01 산 염기의 정의

ㄱ. (가)에서 $HCl(g)$는 $H_2O(l)$에 녹아서 $H^+(aq)$을 내놓으므로 아레니우스 산이다.

ㄴ. (나)에서 H_3O^+은 $NH_3(aq)$에 $H^+(aq)$를 주므로 브뢴스테드·로리 산이다.

ㄷ. (다)에서 CO_3^{2-}은 $HCl(aq)$으로부터 $H^+(aq)$를 받으므로 브뢴스테드·로리 염기이다.

02 중화 반응에서 이온 수의 변화

ㄱ. $A(aq)$과 $B(aq)$은 각각 0.1 M $HCl(aq)$과 0.2 M $NaOH(aq)$ 중 하나이고, $A(aq)$ 20 mL에 $B(aq)$10 mL를 넣었을 때 중화점이므로 몰 농도비는 $A(aq):B(aq)=1:2$이다. 따라서 B는 NaOH이다.

ㄴ. 넣어 준 $NaOH(aq)$의 부피가 증가할수록 ㉠ 이온 수가 증가하므로 ㉠은 구경꾼 이온이다. 따라서 ㉠은 Na^+이다.

ㄷ. $A(aq)$ 20 mL에 $B(aq)$ 15 mL를 넣었을 때 혼합 용액의 액성은 염기성이고, 혼합 용액 속 모든 이온의 양(mol)은 과량인 $NaOH(aq)$에 들어 있는 모든 이온의 양(mol)과 같으므로 혼합 용액 속 모든 이온의 양(mol)은 $2\times0.2\times15\times10^{-3}=0.006$이다.

03 중화 반응

0.4 M $HCl(aq)$ 100 mL에 들어 있는 음이온은 Cl^-이고, Cl^-의 양(mol)은 $0.4\times0.1=0.04$이다. (가)에서 ● 모형은 Cl^- 0.01 mol에 해당한다.

ㄱ. (다)에서 □ 모형은 $OH^-(aq)$이므로 x M $NaOH(aq)$ 200 mL에 들어 있는 OH^-의 양(mol)은 0.05이다. 따라서 $x\times0.2=0.05$에서 $x=0.25$이다.

ㄴ. (나)는 중화점에 도달하기 전이므로 (나)의 액성은 산성이다.

ㄷ. 혼합 용액 속 모든 이온의 몰 농도(M) 합의 비는 (나) : (다)$=\frac{2\times0.4\times0.1}{0.2}:\frac{2\times0.25\times0.2}{0.3}=6:5$이다.

04 중화 적정

0.25 M $NaOH(aq)$ 30 mL에 들어 있는 OH^-의 양(mol)은 $0.25\times30\times10^{-3}=7.5\times10^{-3}$이므로 반응한 CH_3COOH의 양(mol)은 7.5×10^{-3}이다.

(나)에서 (가)의 $CH_3COOH(aq)$ 100 mL 중 25 mL를 취하여 중화 적정을 하였으므로 (가)에서 만든 $CH_3COOH(aq)$ 100 mL에 들어 있는 CH_3COOH의 양(mol)은 $4\times7.5\times10^{-3}=0.03$이다.

따라서 $x=\frac{0.03}{30\times10^{-3}}=1$이다.

05 중화 반응

ㄱ. $X(aq)$이 $HA(aq)$, $Y(aq)$이 $B(OH)_2(aq)$이면 수용액 속 음이온의 양(mol)은 $X(aq)$이 $0.1\times0.2=0.02$이고, $Y(aq)$이 $2\times0.2\times0.1=0.04$이므로 주어진 자료에 부합하지 않는다.

$X(aq)$이 $B(OH)_2(aq)$, $Y(aq)$이 $HA(aq)$이면 수용액 속 음이온의 양(mol)은 $X(aq)$이 $2\times0.1\times0.2=0.04$이고, $Y(aq)$이 $0.2\times0.1=0.02$이므로 X는 $B(OH)_2$이다.

ㄴ. $X(aq)$에 들어 있는 OH^-의 양(mol)은 0.04이고, $Y(aq)$에 들어 있는 H_3O^+의 양(mol)은 0.02이므로 혼합 용액의 액성은 염기성이다.

ㄷ. 수용액 속 모든 이온의 몰 농도(M) 합의 비는 $X(aq):Y(aq)=\frac{3\times0.1\times0.2}{0.2}:\frac{2\times0.2\times0.1}{0.1}=3:4$이므로 $Y(aq)>X(aq)$이다.

06 중화 반응

ㄱ. $b \geq a$이면 혼합 용액 속 양이온의 몰비는 (가) : (나)$=10b : 45b \neq 1 : 3$이다. 주어진 자료에 부합하지 않으므로 $a>b$이고, (가)의 액성은 산성이다.

ㄴ. (나)의 액성은 산성 또는 중성이면 혼합 용액 속 양이온의 몰비는 (가) : (나)$=10a : 20a \neq 1 : 3$이므로 (나)의 액성은 염기성이다. 혼합 용액 속 양이온의 몰비는 (가) : (나)$=10a : 45b=1 : 3$에서 $\frac{b}{a}=\frac{2}{3}$이다.

ㄷ. (가)와 (나)를 모두 혼합한 용액에 들어 있는 H_3O^+의 양(mol)은 $(10a+20a)\times10^{-3}=30a\times10^{-3}$이고, OH^-의 양(mol)은 $(10b+45b)\times10^{-3}=\frac{110}{3}a\times10^{-3}$이므로 (가)와 (나)를 모두 혼합한 용액의 액성은 염기성이다.

07 중화 적정

0.2 M NaOH(aq) 25 mL에 들어 있는 OH^-의 양(mol)은 $0.2\times25\times10^{-3}=5\times10^{-3}$이므로 반응한 CH_3COOH의 질량(g)은 $5\times10^{-3}\times60=0.3$이다.

(나)에서 (가)의 식초 100 mL 중 25 mL를, (다)에서 식초 A 100 mL 중 25 mL를 취하여 중화 적정을 하였으므로 (가)의 식초 100 mL에 들어 있는 CH_3COOH의 질량(g)은 $0.3\times4\times4=4.8$이다. (가)의 식초의 밀도는 d g/mL이므로 식초 100 mL의 질량(g)은 $100d$이다. 따라서 $x=\frac{4.8}{100d}=\frac{6}{125d}$이다.

08 중화 반응

Ⅰ에 존재하는 이온의 종류와 양(mol)은 다음과 같다.

이온	양(mol)
H^+	0.01
Cl^-	0.04
X^{2+}	0.015

$a=\frac{0.01+0.015}{0.5}=0.05$이다. Ⅰ의 액성은 산성이고, Ⅰ과 Ⅱ의 액성은 서로 다르므로 Ⅱ의 액성은 중성 또는 염기성이다. Ⅱ의 액성이 중성 또는 염기성일 때 Ⅱ에 존재하는 양이온은 X^{2+}이므로 $\frac{0.15\times V\times10^{-3}}{(400+V)\times10^{-3}}=0.05$에서 $V=200$이다. 따라서 $\frac{V}{a}=\frac{200}{0.05}=4000$이다.

09 산 염기 중화 반응

(가)에서 $\frac{\text{음이온의 양(mol)}}{\text{양이온의 양(mol)}}=\frac{0.2\text{ M}\times0.1\text{ L}}{2\times0.2\text{ M}\times0.1\text{ L}}=\frac{1}{2}$이고, NaOH($aq$)을 첨가할 때 중화점까지 $\frac{\text{음이온의 양(mol)}}{\text{양이온의 양(mol)}}=\frac{1}{2}$이므로 (다)의 액성은 염기성이다. (다)에 들어 있는 양이온은 Na^+, 음이온은 A^{2-}, OH^-이므로

$$\frac{\text{음이온의 양(mol)}}{\text{양이온의 양(mol)}}=\frac{0.2\text{ M}\times0.1\text{ L}+x\text{ M}\times0.2\text{ L}-2\times0.2\text{ M}\times0.1\text{ L}}{x\text{ M}\times0.2\text{ L}}=\frac{3}{4}$$에서

$x=0.4$이다.

ㄱ. (다)의 액성은 염기성이다.

ㄴ. $x=0.4$이다.

ㄷ. (나)의 액성은 중성이고, 혼합 용액에 존재하는 음이온은 A^{2-}이므로 (나)에서 모든 음이온의 몰 농도의 합은 $\frac{0.02\text{ mol}}{0.2\text{ L}}=0.1$ M이다.

10 중화 반응

ㄱ. (가)의 액성은 산성이다. (나)의 액성이 산성 또는 중성일 때, 혼합 용액에 존재하는 모든 양이온은 과량인 HA(aq)과 HB(aq)에 들어 있는 양이온의 양(mol)과 같다. 모든 양이온의 몰 농도(M) 합의 비는 (가) : (나)$=\frac{(10a+10b)\times10^{-3}}{30\times10^{-3}} : \frac{(10a+10b)\times10^{-3}}{40\times10^{-3}} \neq 1 : 1$에서 자료에 부합하지 않으므로 (나)의 액성은 염기성이다.

ㄴ. (나)에 존재하는 모든 양이온은 NaOH(aq)에 들어 있는 양이온의 양(mol)과 같다. 모든 양이온의 몰 농도(M) 합의 비는 (가) : (나)$=\frac{(10a+10b)\times10^{-3}}{30\times10^{-3}} : \frac{40a\times10^{-3}}{40\times10^{-3}}=1 : 1$에서 $b=2a$이다.

ㄷ. (가)와 (나)를 모두 혼합한 용액에 들어 있는 H^+의 양(mol)은 $(20a+20b)\times10^{-3}=60a\times10^{-3}$이고, OH^-의 양(mol)은 $(20a+40a)\times10^{-3}=60a\times10^{-3}$이다. 따라서 (가)와 (나)를 모두 혼합한 용액의 액성은 중성이다.

11 중화 반응에서의 몰 농도(M)의 비

(가)에서 혼합 용액에 존재하는 이온의 가짓수는 3이므로 (가)의 액성은 중성이다.

ㄱ. (가)의 액성은 중성이므로 H^+의 양(mol)$=OH^-$의 양(mol)이므로 $5a=0.5+5b$이므로 $a>b$이고, (나)에서 HCl(aq)과 KOH(aq)의 부피는 각각 10 mL로 같고, NaOH(aq)의 부피는 (가)에서와 (나)에서가 같으므로 (나)의 액성은 산성이다.

ㄴ. (나)의 액성은 산성이므로 혼합 용액에 가장 많이 존재하는 이온은 Cl^-이고, Cl^-의 양(mol)을 $4n$이라고 하면, (가)와 (나)에서 Na^+의 양은 같으므로 n mol, K^+의 양은 2배이므로 $2n$ mol이고, H^+의 양은 n mol이다. 따라서 $a=0.2$, $b=0.1$이므로 $\frac{b}{a}=\frac{0.1}{0.2}=\frac{1}{2}$이다.

ㄷ. (다)에 존재하는 이온의 종류와 양은 다음과 같다.

이온	양(mol)	이온	양(mol)
Cl^-	3×10^{-3}	K^+	2×10^{-3}
Na^+	2×10^{-3}	OH^-	1×10^{-3}

따라서 (다)에 존재하는 모든 이온의 양(mol)은 8×10^{-3}이고, 부피는 55 mL이므로 모든 이온의 몰 농도(M)의 합은 $\frac{8\times10^{-3}}{55\times10^{-3}}=\frac{8}{55}$이다.

12 중화 반응에서의 양적 관계

0.4 M $H_2A(aq)$ 100 mL에 들어 있는 H^+과 A^{2-}의 양(mol)은 각각 0.08, 0.04이므로 수용액에 존재하는 모든 이온의 양(mol)은 0.12이다.

Ⅰ에 존재하는 모든 이온의 양(mol)은 $0.4 \times 0.3 = 0.12$이므로 X는 NaOH이고, Y는 $B(OH)_2$이다.

㉠. X는 NaOH이다.

㉡. Ⅱ에 존재하는 이온의 종류와 양은 다음과 같다.

이온	양(mol)	이온	양(mol)
A^{2-}	0.04	B^{2+}	$0.2x$
Na^+	$0.2x$	OH^-	$0.6x-0.08$

Ⅱ에 존재하는 모든 이온의 양(mol)은 $0.4 \times 0.5 = 0.2$이므로 $0.04+0.2x+0.2x+0.6x-0.08=0.2$에서 $x=0.24$이다.

X. Ⅱ에서 혼합 용액 속 모든 음이온의 양(mol)은 $0.04+0.064=0.104$이고, 혼합 용액 속 모든 양이온의 양(mol)은 $0.048+0.048=0.096$이므로 $\dfrac{\text{혼합 용액 속 모든 음이온의 양(mol)}}{\text{혼합 용액 속 모든 양이온의 양(mol)}} = \dfrac{0.104}{0.096} = \dfrac{13}{12}$이다.

수능 3점 테스트 (본문 97~99쪽)

01 ④ 02 ② 03 ④ 04 ④ 05 ① 06 ④

01 중화 적정

식초 A를 적정하는 데 넣어 준 0.5 M $NaOH(aq)$의 부피는 a mL이므로 반응한 CH_3COOH의 양(mol)은 $0.5 \times a \times 10^{-3} = 5a \times 10^{-4}$이고, 질량(g)은 $5a \times 10^{-4} \times 60 = 3a \times 10^{-2}$이다.

식초 B를 적정하는 데 넣어 준 0.5 M $NaOH(aq)$의 부피는 b mL이므로 넣어 준 NaOH의 양(mol)은 $0.5 \times b \times 10^{-3} = 5b \times 10^{-4}$이고, 반응한 CH_3COOH의 질량(g)은 $5b \times 10^{-4} \times 60 = 3b \times 10^{-2}$이다.

식초 A의 밀도는 d_A이므로 식초 A 1 g에 들어 있는 CH_3COOH의 질량(g)은 $\dfrac{3a \times 10^{-2}}{25d_A} = \dfrac{1}{50}$에서 $d_A = 6a \times 10^{-2}$이고, 식초 B의 밀도는 d_B이므로 식초 B 1 g에 들어 있는 CH_3COOH의 질량(g)은 $\dfrac{3b \times 10^{-2}}{25d_B} = \dfrac{9}{200}$에서 $d_B = \dfrac{8}{3}b \times 10^{-2}$이다.

따라서 $\dfrac{d_B}{d_A} = \dfrac{\frac{8}{3}b \times 10^{-2}}{6a \times 10^{-2}} = \dfrac{4b}{9a}$이다.

02 중화 반응에서 이온 수의 변화

반응이 진행될 때 ㉢은 감소하므로 $A(aq)$에 들어 있는 알짜 이온이고, ㉠은 증가하므로 $B(aq)$에 들어 있는 구경꾼 이온이다. 따라서 $B(aq)$ 150 mL를 첨가하였을 때가 중화점이다.

A가 H_2X이면 B는 NaOH이고, 수용액의 몰 농도(M)의 비는 $A(aq) : B(aq) = \dfrac{\frac{45}{2} \times 10^{-3}}{0.1} : \dfrac{45 \times 10^{-3}}{0.15} = 3 : 4$이다. 몰 농도(M)의 비는 $A(aq) : B(aq) = 3x : x = 3 : 1$이므로 자료에 부합하지 않는다. A가 NaOH이면 B는 H_2X이고, 수용액의 몰 농도(M)의 비는 $A(aq) : B(aq) = \dfrac{45 \times 10^{-3}}{0.1} : \dfrac{\frac{45}{2} \times 10^{-3}}{0.15} = 3 : 1$이므로 A는 NaOH, B는 H_2X이다.

X. A는 NaOH이다.

X. ㉢은 $NaOH(aq)$의 알짜 이온이므로 OH^-이다.

㉢. x M $B(aq)$에서 $x = \dfrac{\frac{45}{2} \times 10^{-3}}{0.15} = 0.15$이다.

03 중화 반응에서의 양적 관계

(가)~(다)에서 혼합 용액에 존재하는 모든 이온의 가짓수는 3이므로 (가)의 액성은 산성 또는 염기성이고, (나)와 (다)의 액성은 중성이다.

(가)의 액성이 산성이면, (가)에서 가장 많이 존재하는 이온은 Cl^-이고, Cl^-의 양(mol)을 $5n$이라고 두면 B^{2+}의 양(mol)은 $3n$ 또는 $4n$이다. B^{2+}의 양(mol)이 $3n$ 또는 $4n$일 때 (가)의 액성은 염기성이므로 (가)의 액성이 산성이라는 가정에 부합하지 않는다.

따라서 (가)의 액성은 염기성이고, 혼합 용액에서 양이온의 총 전하량의 합과 음이온의 총 전하량의 합은 같아야 하므로 B^{2+}의 양(mol)이 $4n$이면 Cl^-과 OH^-의 양(mol)은 각각 $3n$, $5n$ 중 하나이다.

(다)의 액성은 중성이고, (가)와 비교할 때 $B(OH)_2(aq)$의 부피는 같으며 $HCl(aq)$의 부피는 2배이므로 (가)와 (다)에서 Cl^-의 양(mol)은 각각 $3n$, $6n$이고, (다)에서 A^{2-}의 양(mol)은 n이다.

(나)의 액성은 중성이므로 (나)에 존재하는 모든 이온의 양(mol)은 다음과 같다.

이온	양(mol)
Cl^-	$3n$
A^{2-}	$4.5n$
B^{2+}	$6n$

X. (가)의 액성은 염기성이다.

㉡. (다)에서 $H_2A(aq)$ $2V$ mL에 들어 있는 A^{2-}의 양(mol)이 n이므로 (나)에서 A^{2-}의 양(mol)이 $4.5n$이 들어 있는 $H_2A(aq)$의 부피는 $9V$ mL이다. 따라서 $a=9$이다.

㉢. (나)에서 혼합 용액에 존재하는 모든 이온의 몰 농도(M)의 비는 $3n : 4.5n : 6n = 2 : 3 :$ ㉠에서 ㉠$=4$이다.

04 중화 반응에서의 양적 관계

반응 전 x M $H_2A(aq)$의 pH=1.0이므로 $x=0.05$이고, 0.05 M $H_2A(aq)$ 300 mL에 존재하는 H^+과 A^{2-}의 양(mol)은 각각 0.03, 0.015이다.

Ⅰ에서 혼합 용액에 존재하는 모든 양이온의 몰 농도(M) 합이 0.03이고, 부피는 600 mL이므로 양이온의 양(mol)은 0.018이다.

㉠이 300 mL 첨가될 때 양이온의 양(mol)은 감소하므로 1가 염기

인 $COH(aq)$은 ㉠이 될 수 없다.(∵ ㉠이 $COH(aq)$이면 ㉠이 300 mL 첨가될 때 양이온의 양(mol)은 일정하거나 증가한다.)
㉠은 $B(OH)_2(aq)$이고, Ⅰ의 액성이 중성이면 B^{2+}의 양(mol)은 0.015이므로 자료에 부합하지 않으며, 염기성이면 Ⅰ에 존재하는 양이온은 B^{2+}이고, B^{2+}의 양(mol)은 0.018이므로 Ⅰ에 존재하는 모든 이온의 양(mol)은 0.039이다.
Ⅱ에 존재하는 모든 이온의 양(mol)은 0.036에서 ㉡은 $COH(aq)$이므로 자료에 부합하지 않는다.
Ⅰ의 액성은 산성이고, Ⅰ에 존재하는 모든 이온의 양(mol)은 다음과 같다.

이온	양(mol)
H^+	0.006
A^{2-}	0.015
B^{2+}	0.012

$0.3y=0.012$에서 $y=0.04$이다.
Ⅰ → Ⅱ에서 혼합 용액에 존재하는 모든 이온의 양은 증가하므로 Ⅱ의 액성은 염기성이고, Ⅱ에 존재하는 모든 이온의 양(mol)은 $0.015+0.012+0.3z+0.3z-0.006=0.036$에서 $z=0.025$이다.
따라서 $\frac{x+z}{y}=\frac{0.05+0.025}{0.04}=\frac{15}{8}$이다.

05 중화 반응에서의 양적 관계

0.05 M $H_2A(aq)$ 400 mL에 $X(aq)$을 넣을 때, 생성된 물의 전체 질량(g)이 증가하므로 $X(aq)$은 $NaOH(aq)$이고, $Y(aq)$은 $HCl(aq)$이다. 생성된 물의 전체 질량(g)은 혼합 용액의 부피가 600 mL일 때까지 증가하다가 일정해지고 800~900 mL일 때 다시 증가하므로 첨가한 $NaOH(aq)$의 부피는 400 mL이다.
혼합 용액의 부피가 600 mL일 때 H^+의 양(mol)$=OH^-$의 양(mol)이므로 $2\times0.05\ M\times0.4\ L=y\ M\times0.2\ L$에서 $y=0.2$이다.
혼합 용액의 부피가 800 mL일 때 혼합 용액에 들어 있는 OH^-의 양은 $0.2\ M\times0.2\ L=0.04$ mol이고, 혼합 용액의 부피가 900 mL일 때 H^+의 양(mol)$=OH^-$의 양(mol)이므로 $0.04\ mol=x\ M\times0.1\ L$에서 $x=0.4$이다.
㉠. X는 NaOH이다.
~~ㄴ~~. $\frac{y}{x}=\frac{0.2}{0.4}=\frac{1}{2}$이다.
~~ㄷ~~. 혼합 용액의 부피가 700 mL일 때 혼합 용액의 액성은 염기성이므로 혼합 용액에 존재하는 모든 이온의 양은 $2\times0.2\ M\times0.3\ L-0.05\ M\times0.4\ L=0.1$ mol이므로 혼합 용액에 존재하는 모든 이온의 몰 농도는 $\frac{0.1\ mol}{0.7\ L}=\frac{1}{7}$ M이다.

06 중화 반응에서의 양적 관계

혼합 용액에서 양이온의 양(mol)은 양이온의 몰 농도(M)×용액의 부피(L)이므로 0.4 M $H_2A(aq)$ 300 mL에서 양이온의 양(mol)은 $2\times0.4\times0.3=0.24$이고, 혼합 용액 Ⅰ에 존재하는 모든 양이온의 양(mol)은 $0.38\times0.5=0.19$이다. (가)에서 혼합 용액 Ⅰ 속 양이온의 양(mol)은 감소하므로 $X(aq)$은 $C(OH)_2(aq)$이고, $Y(aq)$은 $BOH(aq)$이다.
Ⅰ의 액성은 산성이고, Ⅰ에 들어 있는 양이온의 양(mol)은 $0.24-0.2y=0.19$에서 $y=0.25$이다. Ⅱ에 존재하는 모든 이온의 양(mol)을 k라고 하면, $\frac{\text{Ⅱ에 존재하는 모든 이온의 몰 농도(M) 합}}{\text{Ⅰ에 존재하는 모든 이온의 몰 농도(M) 합}}=\frac{\frac{k}{0.7}}{\frac{0.19+0.12}{0.5}}=\frac{25}{31}$에서 $k=0.35$이다.
Ⅱ에서 모든 이온의 양(mol)은 증가하므로 Ⅱ의 액성은 염기성이고, Ⅱ에 존재하는 모든 이온의 양(mol)은 다음과 같다.

이온	양(mol)	이온	양(mol)
A^{2-}	0.12	B^+	$0.2x$
C^{2+}	0.05	OH^-	$0.2x-0.14$

$0.12+0.05+0.2x+0.2x-0.14=0.35$에서
$x=0.8$이다. 따라서 $\frac{y}{x}=\frac{0.25}{0.8}=\frac{5}{16}$이다.

테마 15 산화 환원 반응

닮은 꼴 문제로 유형 익히기

본문 102쪽

정답 ⑤

반응 전후 양이온의 총 전하량은 일정하다. (나) 과정 후 수용액에 들어 있는 A^+의 양을 aN mol이라고 하면, $A^+(aq)$ V mL에는 A^+ $6N$ mol이 들어 있으므로 $6N=aN+3(4-a)N$에서 $a=3$이다. (나) 과정 후 혼합 용액에는 A^+ $3N$ mol과 B^{3+} N mol이 들어 있다. 또한 (라) 과정에서 $A^+(aq)$ V mL에는 A^+ $6N$ mol이, $B^{3+}(aq)$ V mL에는 B^{3+} $4N$ mol이 들어 있으므로 $6N+12N=9mN$이고 $m=2$이다. 따라서 (다) 과정 후 수용액에 들어 있는 B^{3+}의 양을 bN mol이라고 하면, $12N=3bN+2(5-b)N$이므로 $b=2$이다.

㉠. (다)와 (라)에서 C는 산화되므로 C는 환원제로 작용한다.

㉡. (다) 과정 후 수용액 속에 들어 있는 B^{3+} 수는 $2N$ mol, C^{m+} 수는 $3N$ mol이다. 따라서 수용액 속에 들어 있는 양이온 수 비는 $B^{3+}:C^{m+}=2:3$이다.

㉢. (나)와 (다) 과정 후 수용액 속에 들어 있는 B^{3+} 수는 각각 N mol, $2N$ mol이므로 반응 후 수용액에 들어 있는 B^{3+} 수는 (다)에서가 (나)에서의 2배이다.

수능 2점 테스트

본문 103~104쪽

01 ⑤	02 ③	03 ②	04 ③	05 ①
06 ④	07 ①	08 ③		

01 금속의 산화 환원 반응

Mg을 묽은 염산에 넣으면 H^+과 반응하여 Mg은 산화되고, Na을 물에 넣으면 Na은 물과 반응하여 산화된다.

✗. (가)에서 Cl의 산화수는 -1로 변하지 않으므로 Cl의 산화수는 증가하거나 감소하지 않는다.

㉡. Na은 전자를 잃고 산화된다.

㉢. 환원제는 (가)에서 Mg, (나)에서 Na이다. (가)에서 Mg 1 mol이 반응할 때 생성되는 H_2의 양은 1 mol이고, (나)에서 Na 1 mol이 반응할 때 생성되는 H_2의 양은 $\frac{1}{2}$ mol이다. 따라서 환원제 1 mol이 반응할 때 생성되는 H_2의 양(mol)은 (가)에서가 (나)에서의 2배이다.

02 산화수와 산화 환원 반응

반응 (가)와 (나)의 화학 반응식은 다음과 같다.

(가) $CH_4+2O_2 \longrightarrow CO_2+2H_2O$

(나) $2MgO+C \longrightarrow 2Mg+CO_2$

㉠. CH_4을 연소시키면 이산화 탄소(CO_2)와 물(H_2O)이 생성되므로 ㉠은 CO_2이다.

✗. ㉡은 MgO이다. (나)에서 Mg의 산화수는 감소하고, C의 산화수는 증가한다. 산화 환원 반응에서 자신은 환원되고 다른 물질을 산화시키는 물질이 산화제이므로 MgO은 산화제이다.

㉢. (가)에서 C의 산화수는 -4에서 $+4$로 증가하고, (나)에서 C의 산화수는 0에서 $+4$로 증가한다.

03 산화 환원 반응식 완성하기

산화 환원 반응이 일어나면 증가한 산화수의 합과 감소한 산화수의 합은 같다.

✗. SO_3^{2-}에서 S의 산화수는 $+4$이고, SO_4^{2-}에서 S의 산화수는 $+6$이다. 따라서 S의 산화수는 증가하므로 (가)와 (나)에서 SO_3^{2-}은 환원제이다.

㉡. MnO_4^-에서 Mn의 산화수는 $+7$이고, MnO_2에서 Mn의 산화수는 $+4$이므로 (가)에서 반응이 일어날 때 Mn의 산화수는 3만큼 감소하고, S의 산화수는 2만큼 증가한다. 증가한 산화수의 합과 감소한 산화수의 합은 같으므로 $a=2$, $b=3$이다. (가)의 화학 반응식을 완성하면 다음과 같다.

$2MnO_4^-+3SO_3^{2-}+H_2O \longrightarrow 2MnO_2+3SO_4^{2-}+2OH^-$

(나)에서 S의 증가한 산화수의 합은 6이므로 Cr의 감소한 산화수의 합은 6이다. CrO_4^{2-}에서 Cr의 산화수는 $+6$이고 계수는 2이므로 Cr^{n+}의 산화수는 $+3$이다. 따라서 $n=3$이다.

✗. (나)에서 반응 전후 H와 O 원자의 수를 맞추어 화학 반응식을 완성하면 다음과 같다.

$2CrO_4^{2-}+3SO_3^{2-}+10H^+ \longrightarrow 2Cr^{3+}+3SO_4^{2-}+5H_2O$

따라서 $a=2$, $b=3$, $c=10$, $d=5$이므로 $\frac{c+d}{a+b}=3$이다.

04 산화수와 산화 환원 반응

같은 원자라도 화합물에서 결합되어 있는 원자의 종류가 다르면 산화수가 다를 수 있다.

㉠. (가)의 NO_2에서 N의 산화수는 $+4$이고, NH_3에서 N의 산화수는 -3이다. 따라서 (가)에서 N의 산화수는 감소한다.

✗. (나)의 HNO_3에서 N의 산화수는 $+5$, NO에서 N의 산화수는 $+2$이다. (나)에서 N의 산화수는 $+4$에서 $+5$로 증가하고, $+4$에서 $+2$로 감소한다. 그러나 H와 O의 산화수는 변하지 않으므로 (나)에서 H_2O은 환원제가 아니다.

㉢. 산화 환원 반응에서 증가한 산화수의 합과 감소한 산화수의 합은 같다. (나)에서 N의 증가한 산화수는 1이고 N의 감소한 산화수는 2이므로 $c\times1=1\times2$이다. 따라서 $c=2$이므로 $a=3$이고 반응 전후 원자의 수를 맞추면 $b=1$이다. 따라서 $\frac{a+b}{c}=2$이다.

05 공유 결합과 산화수

두 원자가 공유 결합을 이루고 있을 때 전기 음성도가 큰 원자가 공유 전자쌍을 모두 가져간다고 가정하여 원자의 산화수를 구한다.

ㄱ. X_2Y_2에서 X와 Y는 단일 결합을 이루고 있고, 전기 음성도는 Y>X이므로 X의 산화수는 +1이다.
ㄴ. X_2Y_2에서 Y와 Y는 무극성 공유 결합을 형성하므로 Y의 산화수는 −1이고, X_2Y에서 Y의 산화수는 −2이다.
ㄷ. $2X_2Y_2 \longrightarrow 2X_2Y+Y_2$ 반응에서 X의 산화수는 변하지 않으며, Y의 산화수는 일부는 −1에서 −2로 감소하고, 일부는 −1에서 0으로 증가한다.

06 산화수와 산화 환원 반응

반응이 일어날 때 산화수가 증가하는 반응은 산화 반응이고, 산화수가 감소하는 반응은 환원 반응이다. 또한 산화 환원 반응은 동시에 일어나므로 증가한 산화수의 합과 감소한 산화수의 합은 같다.
ㄱ. (나)에서 반응 전후 A 원자의 수는 같으므로 ㉠은 B로 구성된 분자이다. 따라서 (가)에서 반응 전후 A 원자 수는 같으므로 $x=2$이고, B 원자 수는 2이므로 ㉠은 B_2이다.
ㄴ. (가)에서 A의 산화수는 0에서 +1로 증가하므로 A_2는 산화된다. 따라서 A_2는 환원제이다.
ㄷ. (나)에서 반응 전후 원자 수를 맞추면 $y=2$이다. A_2B_2에서 B의 산화수는 −1이고, A_2B에서 B의 산화수는 −2이므로 감소한 산화수는 1이다.

07 나트륨과 물의 반응

물에 나트륨을 넣었을 때 일어나는 반응의 화학 반응식은 다음과 같다.
$2Na(s)+2H_2O(l) \longrightarrow 2NaOH(aq)+H_2(g)$
ㄱ. 반응이 일어날 때 Na의 산화수는 0에서 +1로 증가하므로 Na은 산화된다.
ㄴ. 계수비는 반응 몰비와 같으므로 1 mol의 Na이 반응하면 0.5 mol의 $H_2(g)$가 발생한다.
ㄷ. 화학 반응식에서 (가)는 $NaOH(aq)$이므로 반응이 완결된 후 수용액에 존재하는 양이온은 Na^+이고 음이온은 OH^-이다. 따라서 수용액에 존재하는 $\frac{\text{양이온 수}}{\text{음이온 수}}=1$이다.

08 금속과 금속 이온의 반응

금속과 금속 이온의 반응에서 반응 전후 양이온의 전하량은 일정하다.
ㄱ. (나)에서 이온 수 비는 NO_3^- : $Y^{m+}=3:1$이므로 Y^{m+}의 산화수는 +3이다. 따라서 $m=3$이다.
ㄴ. (나)에 $Z(s)$를 넣었을 때 Y^{m+}은 환원되고 Z는 산화되므로 $Z(s)$는 환원제로 작용한다.
ㄷ. (가)에서 수용액에 들어 있는 X^+의 양을 $3x$ mol이라고 하면, NO_3^-의 양도 $3x$ mol이다. (다)에서 이온 수 비가 NO_3^- : $Z^{n+}=2:1$이므로 (다)에 들어 있는 Z^{n+}의 양은 $\frac{3}{2}x$ mol이다. 따라서 양이온의 양(mol)은 (가)에서가 (다)에서의 2배이다.

수능 3점 테스트

본문 105~107쪽

01 ① 02 ② 03 ⑤ 04 ③ 05 ③ 06 ②

01 산화수와 산화 환원 반응

두 원자가 공유 결합을 이루고 있을 때 전기 음성도가 큰 원자가 공유 전자쌍을 모두 가져간다고 가정하여 원자의 산화수를 구한다.
ㄱ. XY_2에서 X와 Y는 단일 결합을 이루고 있고, 전기 음성도는 Y>X이므로 X의 산화수는 +2, Y의 산화수는 −1이다.
ㄴ. Z_2X에서 X와 Z는 단일 결합을 이루고 있고, 전기 음성도는 X>Z이므로 X의 산화수는 −2, Z의 산화수는 +1이다. 따라서 반응이 일어나면 X의 산화수가 −2에서 0으로 증가하므로 Z_2X는 환원제이다.
ㄷ. ZY에서 Y와 Z는 단일 결합을 이루고 있고, 전기 음성도는 Y>Z이므로 Z의 산화수는 +1이다. 따라서 반응이 일어나면 Z의 산화수는 변하지 않는다.

02 산화 환원 반응식의 완성

산화 환원 반응이 일어나면 증가한 산화수의 합과 감소한 산화수의 합은 같다. 반응이 일어나면 Fe의 산화수는 1만큼 증가하고, $Cr_2O_7^{n-}$에서 Cr의 산화수는 $7-\frac{n}{2}$이므로 Cr의 산화수는 $6-\frac{3}{2}n$만큼 감소한다. 따라서 $2a\left(6-\frac{3}{2}n\right)=b$이다.
또한 산화제는 $Cr_2O_7^{n-}$이고, $Cr_2O_7^{n-}$ 1 mol이 반응하면 Fe^{3+} 6 mol이 생성되므로 $a=1$, $b=6$이다. 따라서 $n=2$이다. 산화수가 변하지 않는 H와 O 원자 수를 맞추어 화학 반응식을 완성하면 다음과 같다.
$Cr_2O_7^{2-}+6Fe^{2+}+14H^+ \longrightarrow 2Cr^{3+}+6Fe^{3+}+7H_2O$
ㄱ. $n=2$이다.
ㄴ. Cr의 산화수는 +6에서 +3으로 3만큼 감소한다.
ㄷ. $b=6$, $c=14$, $d=2$, $e=7$이므로 $\frac{c}{b+d+e}<1$이다.

03 산화 환원 반응의 동시성

금속과 금속 이온의 반응에서 금속이 산화되어 전자를 잃으면 금속 이온이 전자를 얻어 환원되므로 산화 반응과 환원 반응은 동시에 일어난다.
ㄱ. 금속과 금속 이온의 반응에서 전자를 잃은 양만큼 전자를 얻으므로 반응 전후 금속 양이온의 총 전하량은 변하지 않는다. 따라서 '총 전하량은 일정하다'는 ㉠으로 적절하다.
ㄴ. (나)에서 금속 Y는 산화되므로 반응이 일어날 때 산화수가 증가한다.
ㄷ. X^+과 Y의 반응에서 반응 전후 양이온의 총 전하량은 변하지 않으므로 생성된 Y^{2+}의 양은 $\frac{N}{2}$ mol이다. 따라서 (나) 과정 후 수용액에 존재하는 Y^{2+}의 양은 N mol보다 작다.

04 금속과 금속 이온의 반응

Ⅰ과 Ⅱ에서 일어나는 반응의 화학 반응식은 각각 다음과 같다.

$2HCl(aq)+X(s) \longrightarrow XCl_2(aq)+H_2(g)$

$YSO_4(aq)+X(s) \longrightarrow XSO_4(aq)+Y(s)$

ㄱ. Ⅰ에서 X는 산화되므로 환원제이다.

ㄴ. Ⅱ에서 Y 1개는 전자 2개를 얻어 환원되므로 Y의 산화수는 2만큼 감소한다.

ㄷ. Ⅰ에서 H_2 n mol이 생성되었으므로 반응한 X $\frac{3}{4}w$ g의 양은 n mol이다. Ⅱ에서 반응 후 Y^{2+}이 존재하므로 X w g은 모두 반응하였다. 따라서 생성된 Y(s)의 양은 $\frac{4}{3}n$ mol이므로 $x=\frac{4}{3}n$이다.

05 금속과 금속 이온의 반응

(나)에서 반응 후 양이온의 양(mol)은 반응 전보다 감소하였고, (다)에서 반응 후 양이온의 양(mol)은 반응 전보다 증가하였으므로 $m=3$, $n=2$이다.

(나)에서 생성된 C^{n+}의 양을 yN mol이라고 하면 A^+ xN mol이 모두 반응하였으므로 $x=2y$(식①)이다. 또한 반응 후 수용액에 존재하는 양이온의 양(mol)은 $xN+yN=4.5N$(식②)이므로 $x+y=4.5$이고, 식①과 식②를 연립으로 풀면 $x=3$, $y=1.5$이다.

(다)에서 반응한 B^{m+}의 양을 zN mol이라고 할 때 생성된 C^{n+}의 양은 $1.5N$ mol이므로 $3N-zN+3N=5N$, $z=1$이다.

ㄱ. (나)에서 반응이 일어날 때 C는 산화되고, A^+은 환원되므로 C(s)는 환원제이다.

ㄴ. (다) 과정 후 수용액에 존재하는 B^{m+}의 양은 $2N$ mol이고, C^{n+}의 양은 $3N$ mol이므로 $B^{m+} : C^{n+}=2 : 3$이다.

ㄷ. (라)에서 넣어 준 C(s)의 양은 $3N$ mol이므로 반응한 B^{m+}의 양은 $2N$ mol이다. 따라서 반응 후 수용액에는 C^{n+} $6N$ mol이 존재하므로 $a=6$이다.

06 금속과 금속 이온의 반응

금속과 금속 이온의 반응에서 양이온의 총 전하량은 변하지 않는다.

ㄱ. B 이온을 B^{m+}, C 이온을 C^{n+}이라고 하면, 반응 후 수용액에 들어 있는 양이온의 몰비는 $B^{m+} : C^{n+}=2 : 3$이고, 반응 전과 후 수용액의 전하량의 총합은 같으므로 $2m=3n$이다. m과 n은 3 이하의 자연수이므로 $m=3$, $n=2$이고, (가)에서 반응 후 B^{m+}의 양이 x mol일 때, $8N=3x$이고, $x=\frac{8}{3}N$이므로 B^{m+}의 양은 $4N$ mol보다 작다.

ㄴ. 금속 이온의 산화수는 B 이온(B^{3+})이 C 이온(C^{2+})보다 크다.

ㄷ. 산화 환원 반응은 동시에 일어나므로 반응 전후 양이온의 총 전하량은 변하지 않는다. 따라서 반응 전 수용액에 들어 있는 양이온의 총 전하량이 (가)와 (나)에서 같으므로 반응 후에도 양이온의 총 전하량은 (가)와 (나)에서 같다.

테마 16 화학 반응에서 열의 출입

닮은 꼴 문제로 유형 익히기 본문 109쪽

정답 ①

ㄱ. 메테인을 연소시키면 열을 방출하므로 메테인은 가정용 연료로 사용할 수 있다.

ㄴ. 염화 칼슘(㉠)의 구성 원소는 Ca과 Cl이므로 ㉠은 탄소 화합물이 아니다.

ㄷ. 염화 칼슘(㉠)을 물에 녹이면 열을 방출하므로 이 반응은 발열 반응이다. 그러나 질산 암모늄(㉡)을 물에 녹이면 수용액의 온도는 낮아지므로 이 반응은 흡열 반응이다.

수능 2점 테스트 본문 110쪽

01 ③ 02 ⑤ 03 ② 04 ④

01 열의 출입을 이용한 사례

음료수에 얼음을 넣으면 얼음이 물로 융해될 때 열을 흡수하여 음료수가 차가워진다. 또한 뷰테인이 연소될 때 방출하는 열을 냄비 속 물이 흡수하여 물이 데워진다.

ㄱ. 얼음이 물이 될 때 열을 흡수하므로 얼음의 융해 반응은 흡열 반응이다.

ㄴ. 뷰테인의 연소 반응은 발열 반응이므로 뷰테인이 연소될 때 열을 방출한다.

ㄷ. 얼음의 융해 반응은 상태 변화이므로 산화 환원 반응이 아니고, 뷰테인의 연소 반응은 뷰테인이 산화되고 산소가 환원되므로 산화 환원 반응이다.

02 드라이아이스의 승화

$CO_2(s)$가 $CO_2(g)$로 상태가 변화되는 반응을 승화라고 하며, 이때 주위의 열을 흡수한다.

ㄱ. $CO_2(s)$가 $CO_2(g)$로 상태가 변할 때 주위의 열을 흡수하므로 흡열 반응이다.

ㄴ. 공기 중 수증기가 얼음이 되었으므로 수증기가 얼음이 될 때 열을 방출한다.

ㄷ. $CO_2(s)$가 $CO_2(g)$로 상태가 변할 때 주위로부터 많은 열을 흡수하므로, 이 반응을 이용하여 상온에서 아이스크림을 차갑게 보관할 수 있다.

03 물질의 용해와 반응열

물질이 물에 용해되는 반응이 발열 반응이면 수용액의 온도는 높아지고, 물질이 물에 용해되는 반응이 흡열 반응이면 수용액의 온도는 낮아진다.

ㄱ(✗). $X(s)$와 $Y(s)$를 물에 용해시켰을 때 최고 온도는 25℃보다 높으므로 $X(s)$와 $Y(s)$가 물에 용해되는 반응은 발열 반응이다. $Z(s)$를 물에 용해시켰을 때 최저 온도는 25℃보다 낮으므로 $Z(s)$가 물에 용해되는 반응은 흡열 반응이다. 따라서 물질이 물에 용해되는 반응이 흡열 반응인 것은 1가지이다.

ㄴ(○). 물질이 물에 용해될 때 온도 변화가 클수록 출입하는 열이 많다. $X(s)$~$Z(s)$ w g을 각각 물에 모두 녹였을 때 온도 변화가 가장 큰 것은 $Z(s)$이므로 Ⅲ에서 출입하는 열이 가장 크다.

ㄷ(✗). 모든 수용액의 비열은 같고, $X(s)$ $2w$ g이 물에 용해될 때가 $X(s)$ w g이 물에 용해될 때보다 방출하는 열량이 크므로 $X(s)$ $2w$ g이 물에 용해될 때 수용액의 온도는 26℃보다 높다.

04 연소와 기화

물질의 연소는 발열 반응이고, 기화는 흡열 반응이다.

ㄱ(✗). $H_2O(l)$이 나무가 연소될 때 방출하는 열을 흡수하여 $H_2O(g)$가 된다. 따라서 ㉠은 흡열 반응이다.

ㄴ(○). 나무가 연소될 때 주위로 열을 방출하므로 주위의 온도는 높아진다.

ㄷ(○). 연소는 물질이 산소와 결합하는 반응으로 산화 환원 반응이다.

수능 3점 테스트

본문 111쪽

01 ⑤ 02 ③

01 중화 반응과 발열 반응

수용액에서 일어나는 반응이 발열 반응이면 반응이 일어날 때 열을 방출하므로 수용액의 온도는 높아진다.

ㄱ(○). (가)와 (나)에서 산 수용액과 염기 수용액이 반응할 때 수용액의 온도가 모두 높아졌으므로 수용액에서 산과 염기의 반응은 발열 반응임을 알 수 있다. 따라서 '발열 반응'은 ㉠으로 적절하다.

ㄴ(○). (가)에서 반응이 일어날 때 수용액의 온도가 높아졌으므로 열을 방출한다.

ㄷ(○). (나)에서 $KOH(aq)$ 대신 $NaOH(aq)$을 사용하여 실험을 해도 중화 반응이 일어나므로 수용액의 온도는 25℃보다 높아진다.

02 나트륨과 물의 반응

나트륨(Na)을 물에 넣으면 다음과 같은 반응이 일어난다.

$$2Na(s)+2H_2O(l) \longrightarrow 2NaOH(aq)+H_2(g)$$

ㄱ(○). (나)에서 $Na(s)$을 물에 넣었을 때 불꽃이 일어났으므로 $Na(s)$과 물의 반응은 발열 반응임을 알 수 있다.

ㄴ(✗). (나)에서 반응이 일어날 때 $Na(s)$은 산화되므로 환원제로 작용한다.

ㄷ(○). 페놀프탈레인 용액은 염기성 용액에서 붉은색을 띤다. 따라서 수용액의 액성은 염기성이다.

실전 모의고사 1회

본문 112~116쪽

01 ⑤	02 ⑤	03 ④	04 ④	05 ③
06 ②	07 ①	08 ①	09 ①	10 ③
11 ⑤	12 ③	13 ②	14 ③	15 ③
16 ①	17 ④	18 ②	19 ②	20 ③

01 탄소 화합물과 발열 반응

발열 반응은 화학 반응이 일어날 때 열을 방출하는 반응이다.

ㄱ(○). CH_4은 탄소와 수소로 구성된 탄소 화합물이다.

ㄴ(○). CH_4은 연소 시 많은 열을 방출하므로 '연료'는 (가)로 적절하다.

ㄷ(○). ㉠과 ㉡이 일어날 때 모두 열을 방출하므로 ㉠과 ㉡은 모두 발열 반응이다.

02 화학 결합의 종류에 따른 물질의 성질

B의 원자가 전자 수는 6이므로 A로부터 전자 2개를 받아 Ne과 같은 전자 배치를 갖는다. 따라서 $n=2$이다.

ㄱ(○). A는 전자를 잃고 양이온이 되었으므로 A는 금속 원소이다. 따라서 $A(s)$는 전성(펴짐성)이 있다.

ㄴ(○). AB를 구성하는 이온과 C_2B에서 B의 전자 배치는 모두 Ne과 같다. 따라서 1 mol에 들어 있는 전자의 양(mol)은 AB가 C_2B의 2배이다.

ㄷ(○). A 이온은 +2가의 양이온, C 이온은 −1가의 음이온이므로 A와 C는 1 : 2로 결합하여 안정한 화합물을 형성한다.

03 분자의 구조식과 모양

삼원자 분자의 모양은 중심 원자에 비공유 전자쌍이 있으면 굽은 형, 없으면 직선형이다.

ㄱ(✗). (가)의 중심 원자에는 비공유 전자쌍이 있으므로 (가)의 분자 모양은 굽은 형이다.

ㄴ(○). (나)의 중심 원자에는 비공유 전자쌍이 있으므로 (나)의 분자 모양은 굽은 형이고, (다)의 중심 원자에는 비공유 전자쌍이 없으므로 (다)의 분자 모양은 직선형이다. 따라서 결합각은 (다)>(나)이다.

ㄷ(○). (가)에 있는 공유 전자쌍 수는 2, 비공유 전자쌍 수는 8이고, (나)에 있는 공유 전자쌍 수는 3, 비공유 전자쌍 수는 6이다. 따라서 $\frac{\text{비공유 전자쌍 수}}{\text{공유 전자쌍 수}}$는 (가)가 4, (나)가 2이므로 (가)가 (나)의 2배이다.

04 바닥상태 원자의 전자 배치

표는 2, 3주기 15~17족 원자에 대한 자료이다.

원자	N	O	F	P	S	Cl
$\frac{\text{전자가 들어 있는 } p \text{ 오비탈 수}}{\text{홀전자 수}}$	1	$\frac{3}{2}$	3	2	3	6
$\frac{\text{전자가 2개 들어 있는 오비탈 수}}{s \text{ 오비탈에 들어 있는 전자 수}}$	$\frac{1}{2}$	$\frac{3}{4}$	1	1	$\frac{7}{6}$	$\frac{4}{3}$

N의 $\frac{\text{전자가 들어 있는 } p \text{ 오비탈 수}}{\text{홀전자 수}}$와 F, P의

$\frac{\text{전자가 2개 들어 있는 오비탈 수}}{s\text{ 오비탈에 들어 있는 전자 수}}$는 같으므로 W는 N이고, Y와 Z는 각각 F, P 중 하나이며 $a=1$이다. X의 $\frac{\text{전자가 들어 있는 }p\text{ 오비탈 수}}{\text{홀전자 수}}$는 $\frac{\text{전자가 2개 들어 있는 오비탈 수}}{s\text{ 오비탈에 들어 있는 전자 수}}$의 2배이므로 X는 O이고 $b=\frac{3}{4}$이다. 따라서 Z의 $\frac{\text{전자가 들어 있는 }p\text{ 오비탈 수}}{\text{홀전자 수}}(=4b)=3$이므로 Z는 F이고, Y는 P이다.

ㄱ. W, X, Z는 2주기 원소이고, Y는 3주기 원소이므로 W~Z 중 3주기 원소는 1가지이다.

ㄴ. $a=1$이고 Y(P)의 $\frac{\text{전자가 들어 있는 }p\text{ 오비탈 수}}{\text{홀전자 수}}(=x)=2$이다. 따라서 $x=2a$이다.

ㄷ. X의 원자가 전자 수는 6, Z의 원자가 전자 수는 7이다. 따라서 원자가 전자 수는 Z>X이다.

05 무극성 공유 결합과 분자의 극성

극성 분자는 분자의 쌍극자 모멘트가 0이 아니고, 무극성 분자는 분자의 쌍극자 모멘트가 0이다.

ㄱ. C_2H_2에서 C와 H 사이의 공유 결합은 극성 공유 결합이다.

ㄴ. N_2H_4에서 N 원자 1개는 다른 N 원자 1개, H 원자 2개와 공유 결합을 하고 있으므로 N에는 비공유 전자쌍이 있다.

ㄷ. CO_2는 분자의 쌍극자 모멘트가 0이지만 무극성 공유 결합이 없으므로 ㉠으로 적절하지 않다.

06 산화 환원 반응

산화 환원 반응이 일어날 때 증가한 산화수의 합은 감소한 산화수의 합과 같다.

ㄱ. 반응이 일어날 때 Mn의 산화수는 +2에서 0으로 2만큼 감소하고, O의 산화수는 −2에서 0으로 2만큼 증가하므로 H_2O은 환원제이다.

ㄴ. 반응이 일어날 때 증가한 산화수의 합은 감소한 산화수의 합과 같아야 하므로 $2a=2b$이다. 또한 반응 전후 H와 O의 원자 수는 같으므로 $2b=d$, $b=2c$이다. $a=2$라면 $b=2$, $c=1$, $d=4$이다. 따라서 $\frac{b}{c+d}=\frac{2}{5}$이다.

ㄷ. $a:b:c:d=2:2:1:4$이므로 반응식을 완성하면 다음과 같다.

$2Mn^{2+}+2H_2O \longrightarrow 2Mn+O_2+4H^+$

따라서 Mn^{2+} 1 mol이 반응하면 O_2 $\frac{1}{2}$ mol이 생성된다.

07 동적 평형

용해 평형 상태에 도달하면 용해 속도와 석출 속도가 같으므로 시간이 지나도 수용액의 몰 농도는 변하지 않는다.

ㄱ. (가)에서 시간이 t일 때 증발 속도>응축 속도이므로 t일 때 $H_2O(l)$의 양은 n mol보다 적다.

ㄴ. (나)에서 초기 X의 용해 속도>석출 속도이므로 용해 평형 상태까지 $X(aq)$의 몰 농도는 증가한다. 따라서 $4t$일 때도 용해 평형 상태이므로 $X(aq)$의 몰 농도는 a M보다 크다.

ㄷ. (가)에서 $2t$일 때는 동적 평형 상태이므로 H_2O의 $\frac{\text{증발 속도}}{\text{응축 속도}}=1$이고, (나)에서 $2t$일 때는 용해 평형 상태에 도달하기 전이므로 X의 $\frac{\text{용해 속도}}{\text{석출 속도}}>1$이다. 따라서 $2t$일 때 (가)에서 H_2O의 $\frac{\text{증발 속도}}{\text{응축 속도}}$는 (나)에서 X의 $\frac{\text{용해 속도}}{\text{석출 속도}}$보다 작다.

08 오비탈의 양자수

(가)~(다)의 l의 합은 1이므로 (가)~(다)는 s 또는 p 오비탈이다. 또한 (가)~(다)의 n의 합은 6이므로 (가)~(다)는 $1s$, $2s$, $2p$, $3s$, $3p$ 오비탈 중 하나이다. 표는 $1s$, $2s$, $2p$, $3s$, $3p$ 오비탈의 $\frac{n+l+m_l}{n}$를 나타낸 것이다.

오비탈	$1s$	$2s$	$2p$	$3s$	$3p$
$\frac{n+l+m_l}{n}$	1	1	$1, \frac{3}{2}, 2$	1	$1, \frac{4}{3}, \frac{5}{3}$

(가)의 $\frac{n+l+m_l}{n}$와 (나)의 n는 같으므로 $b=1$ 또는 2이다. $b=2$라면 (가)는 $m_l=1$인 $2p$이고, (나)의 $n=2$이다. (가)~(다)의 l의 합이 1이므로 (나)와 (다)는 모두 $2s$만 가능하다. 이때 $\frac{n+l+m_l}{n}$이 $2c$, $3c$로 같지 않으므로 모순이다. 따라서 $b=1$이고, (나)는 $1s$이다. 또한 (나)와 (다)의 $\frac{n+l+m_l}{n}$는 각각 $2c$, $3c$이므로 (다)는 $m_l=0$인 $2p$이고, $c=\frac{1}{2}$이다. 따라서 (가)~(다)의 n의 합은 6이고, l의 합은 1이므로 (가)는 $n=3$인 $3s$이다.

ㄱ. $a=3$, $b=1$, $c=\frac{1}{2}$이므로 $\frac{a+b}{c}=8$이다.

ㄴ. (나) $1s$, (다)는 $2p$이므로 에너지 준위는 (다)>(나)이다.

ㄷ. (가)~(다)는 모두 $m_l=0$이므로 (가)~(다)의 m_l의 합은 0이다.

09 원소의 주기적 성질

$l=1$인 오비탈은 p 오비탈이다. W~Z의 원자 번호는 각각 7~13 중 하나이고, Y와 Z는 p 오비탈에 들어 있는 전자 수가 같으므로 Y와 Z는 각각 Ne, Na, Mg 중 하나이다. 제2 이온화 에너지는 Na>Ne>Mg이고 Mg의 제2 이온화 에너지는 N, O, F보다 작으므로 Y는 Ne, Z는 Na이다. 또한 p 오비탈에 들어 있는 전자 수는 F>O>N이고 제2 이온화 에너지는 O>F>N이므로 W는 O, X는 F이다.

ㄱ. W는 O이므로 p 오비탈에 들어 있는 전자 수는 4이다. 따라서 $a=4$이다.

ㄴ. Y는 2주기 원소이고, Z는 3주기 원소이다.

ㄷ. 같은 주기에서 원자가 전자가 느끼는 유효 핵전하는 원자 번호가 클수록 크다. 따라서 원자 번호는 X>W이므로 원자가 전자가 느끼는 유효 핵전하는 X>W이다.

10 기체의 반응

반응물은 AB와 B_2이고 생성물은 AB_2이므로 이 반응의 화학 반응식은 다음과 같다.

$2AB(g)+B_2(g) \longrightarrow 2AB_2(g)$

반응 후 남은 B_2의 질량은 $2w$ g이므로 반응 질량비는 $AB : B_2 = 15w : 8w = 15 : 8$이고, 반응 몰비는 $AB : B_2 = 2 : 1$이므로 분자량비는 $AB : B_2 = 15 : 16$이다. 따라서 $\frac{\text{B의 원자량}}{\text{A의 원자량}} = \frac{8}{7}$이다.

AB와 B_2의 분자량을 각각 $15M$, $16M$이라고 할 때, AB_2의 분자량은 $23M$이다. 반응 전 AB와 B_2의 양은 각각 $\frac{w}{M}$ mol, $\frac{5w}{8M}$ mol이고 반응 후 AB_2의 양은 $\frac{w}{M}$ mol, B_2의 양은 $\frac{w}{8M}$ mol이다. 온도와 압력이 일정할 때 기체의 부피는 기체의 양(mol)에 비례하므로 $\frac{V_1}{V_2} = \frac{\frac{w}{M}+\frac{5w}{8M}}{\frac{w}{M}+\frac{w}{8M}} = \frac{13}{9}$이다. 따라서 $\frac{\text{B의 원자량}}{\text{A의 원자량}} \times \frac{V_1}{V_2} = \frac{8}{7} \times \frac{13}{9} = \frac{104}{63}$이다.

11 원소의 주기적 성질

바닥상태 전자 배치에서 X의 홀전자 수는 0이므로 X는 2족 원소이고, 전기 음성도는 Z>Y이므로 Z는 13족 원소, Y는 1족 원소이다. 같은 주기에서 제1 이온화 에너지는 2족 원소가 13족 원소보다 큰데, 제시된 자료에서는 13족 원소가 2족 원소보다 크므로 X는 3주기 원소이고 Z는 2주기 원소이다. 또한 같은 주기에서 원자 반지름은 1족 원소가 2족 원소보다 큰데, 제시된 자료에서는 2족 원소가 1족 원소보다 크므로 Y는 2주기 원소이다. 따라서 X는 3주기 2족, Y는 2주기 1족, Z는 2주기 13족 원소이다.

㉠. Z는 13족 원소이다.

㉡. 2주기 원소는 Y와 Z이므로 2가지이다.

㉢. 전기 음성도는 같은 주기에서 원자 번호가 클수록, 같은 족에서 원자 번호가 작을수록 크다. 따라서 X는 3주기 2족 원소이고, Z는 2주기 13족 원소이므로 전기 음성도는 Z>X이다.

12 분자의 모양과 성질

C, N, O, F으로 이루어진 분자 중 중심 원자가 1개이고 구성 원소 수가 2인 분자는 CO_2, CF_4, NF_3, OF_2이다. 표는 4가지 분자에 대한 자료이다.

분자	CO_2	CF_4	NF_3	OF_2
구성 원소 수	2	2	2	2
중심 원자	C	C	N	O
비공유 전자쌍 수	4	12	10	8

비공유 전자쌍 수 비는 (가) : (나) : (다)=5 : 6 : 4이므로 (가)는 NF_3, (나)는 CF_4, (다)는 OF_2이며, W는 N, X는 C, Y는 O이다.

㉠. NF_3의 비공유 전자쌍 수는 10이므로 $a=10$이다.

㉡. (라)의 구성 원소 수는 3이고 비공유 전자쌍 수는 8이므로 (라)는 COF_2이다. 따라서 (라)의 분자 모양은 평면 삼각형이다.

✕ㄷ. (나)의 분자 모양은 정사면체형이므로 분자의 쌍극자 모멘트는 0이다. (다)의 분자 모양은 굽은 형이므로 분자의 쌍극자 모멘트는 0이 아니다.

13 금속과 금속 이온의 반응

(나)에서 반응 후 양이온의 양(mol)은 반응 전보다 감소하였으므로 Z^{m+}의 전하는 +2 또는 +3이다. $m=2$이고 (나)에서 X^{2+} $5N$ mol이 모두 반응한다면 Z^{2+} $5N$ mol이 생성되고 Y^+ $2N$ mol과 Z N mol이 반응하면 Z^{2+} N mol이 생성된다. 이 경우 반응 후 수용액에는 Y^+ $2N$ mol과 Z^{2+} $6N$ mol이 들어 있으므로, 양이온의 총 양이 $8N$ mol이라는 조건을 만족한다.

$m=2$이고 (나)에서 Y^+ $4N$ mol이 모두 반응한다면 Z^{2+} $2N$ mol이 생성되지만, X^{2+} $5N$ mol이 모두 반응하여 Z^{2+} $5N$ mol이 생성되면 양이온의 총 양은 $7N$ mol이므로 조건을 만족하지 않는다.

$m=3$일 때에는 X^{2+}과 Y^+ 중 어느 것이 먼저 반응을 해도 반응 후 양이온의 총 양은 $8N$ mol보다 작으므로 조건을 만족하지 않는다. 따라서 $m=2$이고, $x=6$이다.

✕ㄱ. $\frac{x}{m}=3$이다.

㉡. (나)에서 $Z(s)$는 산화되므로 Z의 산화수는 증가한다.

✕ㄷ. (나) 과정 후 수용액에 존재하는 Y^+의 양은 $2N$ mol이다. Y^+과 Z는 2 : 1의 비로 반응하므로 (나) 과정 후 수용액에 충분한 양의 $Z(s)$를 넣어 주면 Z^{m+} N mol이 생성된다.

14 용액의 몰 농도

$A(s)$ 4 g의 양은 0.1 mol이고, 수용액 Ⅰ 100 g의 부피(L)는 $\frac{\frac{100}{d}}{1000} = \frac{1}{10d}$이므로 $x = \frac{0.1}{\frac{1}{10d}} = d$이다. 수용액 Ⅱ에 들어 있는 A의 양은 0.02 mol이므로 수용액 Ⅰ w g에 들어 있는 A의 질량은 0.8 g이다. 따라서 $w = \frac{0.8}{4} \times 100 = 20$이므로 $w \times x = 20d$이다.

15 물의 자동 이온화 반응

$[H_3O^+]$는 (다)가 (나)의 10^4배이므로 pH는 (나)가 (다)보다 4.0만큼 크다. (나)의 pH는 x, pOH는 $14.0-x$라고 하면 (다)의 pH는 $x-4.0$이고 pOH는 $18.0-x$이다. (나)와 (다)는 $|\text{pH}-\text{pOH}|$이 같으므로 (다)의 pH는 $14.0-x$, pOH는 x이므로 $x-4.0=14.0-x$, $x=9.0$이다.

㉠. (나)의 pH는 9.0, pOH는 5.0이므로 $|\text{pH}-\text{pOH}|=4.0$이다. 따라서 $3a=4$이므로 $a=\frac{4}{3}$이다.

㉡. (가)의 $\frac{\text{pOH}}{\text{pH}}=\frac{4}{3}$이므로 (가)의 pH는 6.0이다. pH는 (나)가 (가)보다 3만큼 크므로 $[H_3O^+]$는 (가)가 (나)의 10^3배이다. 따라서 (가)의 부피는 V mL이다.

✕ㄷ. (가)에서 $[H_3O^+]=1\times10^{-6}$ M, $[OH^-]=1\times10^{-8}$ M이고 (다)에서 $[H_3O^+]=1\times10^{-5}$ M, $[OH^-]=1\times10^{-9}$ M이다. 따라서 $\frac{[H_3O^+]}{[OH^-]}$는 (가)에서가 10^2이고 (다)에서가 10^4이므로 $\frac{[H_3O^+]}{[OH^-]}$는 (다)에서가 (가)에서의 100배이다.

16 중화 적정 실험

중화점까지 넣어 준 a M $NaOH(aq)$의 부피를 이용하여 (가)에서 만든 수용액의 몰 농도를 구한 후, 식초 A 10 g에 들어 있는 CH_3COOH의 양(mol)을 구할 수 있다. 따라서 식초 A 1 g에 들어 있는 CH_3COOH의 질량을 구하기 위해 반드시 필요한 자료는 CH_3COOH의 분자량이다.

17 동위 원소

(가)에서 양성자수는 $0.1a+0.1a+\frac{1}{16}a$이고, 중성자수는 $0.1a+0.1a+0.4+\frac{1}{16}a+0.2$이다. 따라서 $\frac{\text{중성자수}}{\text{양성자수}}=\frac{8}{7}$이므로 $a=16$이다. 질량수는 중성자수와 양성자수의 합과 같으므로 $b=\frac{5}{4}a$, $c=\frac{5}{4}a+2$이고, ${}^{b}Y$와 ${}^{c}Y$의 원자량은 각각 20, 22이다. ${}^{a}X_2$, ${}^{a}X^{a+2}X$, ${}^{a+2}X_2$의 분자량은 각각 32, 34, 36이므로 (가)에 들어 있는 기체의 질량은 $3.2+3.6+2.2=9$ g이고, (나)에 들어 있는 기체의 질량은 $(17+20x)$ g이다. 질량비는 (가) : (나) $=9:17+20x=3:7$이므로 $x=0.2$이다.

ㄱ. $a=16$, $x=0.2$이므로 $a\times x=3.2$이다.

ㄴ. (나)에서 ${}^{a+2}X$의 질량은 9 g이고 ${}^{b}Y$의 질량은 4 g이므로 $\frac{{}^{a+2}X\text{의 질량}}{{}^{b}Y\text{의 질량}}=\frac{9}{4}$이다.

ㄷ. ${}^{a}X_2$, ${}^{a+2}X_2$, ${}^{c}Y$에 존재하는 중성자수는 각각 16, 20, 12이므로 (가)에 들어 있는 중성자의 양은 4.8 mol이다. ${}^{a}X^{a+2}X$, ${}^{b}Y$에 존재하는 중성자수는 각각 18, 10이므로 (나)에 들어 있는 중성자의 양은 $18\times0.5+10\times0.2=11$ mol이다. 따라서 중성자의 양은 (나)에서가 (가)에서보다 6.2 mol만큼 크다.

18 기체의 양(mol)과 구성 원자 수

분자량은 $X_{2a}Y_{2b}$가 X_aY_b의 2배이므로 X_aY_b와 $X_{2a}Y_{2b}$의 분자량을 각각 M, $2M$이라고 할 때, (나)에 들어 있는 기체의 평균 분자량은 $\frac{xM+2yM}{x+y}$이고, 온도와 압력이 일정할 때 단위 부피당 질량은 분자량에 비례하므로 $M:\frac{xM+2yM}{x+y}=5:8$, $3x=2y$이다. (가)에서 단위 질량당 X 원자 수는 $\frac{a}{M}$이고, (나)에서 단위 질량당 Y 원자 수는 $\frac{xb+2yb}{xM+2yM}=\frac{4xb}{4xM}=\frac{b}{M}$이므로 $\frac{a}{M}:\frac{b}{M}=1:2$, $a:b=1:2$이다. 따라서 $\frac{b}{a}\times\frac{y}{x}=3$이다.

19 중화 반응과 양적 관계

(가)에서 $XOH(aq)$에 $H_2Y(aq)$을 넣었을 때 X^+의 양(mol)은 변하지 않고, OH^-의 양(mol)은 감소한다. 만일 실험 결과에 제시된 이온이 X^+이라면 $15V=9(V+5)=5(V+10)$인데, 이를 만족하는 V는 없으므로 제시된 이온은 OH^-이다. $2a$ M $XOH(aq)$ V mL에 들어 있는 X^+과 OH^-의 양은 각각 $2aV$ mmol이고, a M $H_2Y(aq)$ 5 mL에 들어 있는 H^+과 Y^{2-}의 양은 각각 $10a$ mmol, $5a$ mmol이다. a M $H_2Y(aq)$ 5 mL를 넣었을 때 OH^-의 양은 $(2aV-10a)$ mmol이고 여기에 추가로 a M $H_2Y(aq)$ 5 mL를 넣었을 때 OH^-의 양은 $(2aV-20a)$ mmol이다. 따라서 OH^-의 몰 농도비는 $\frac{2aV}{V}:\frac{2aV-10a}{V+5}=15:9$이므로 $V=20$이고, (가)의 최종 혼합 용액에 들어 있는 이온의 양은 X^+ $40a$ mmol, OH^- $20a$ mmol, Y^{2-} $10a$ mmol이다.

(나)에서 (가)의 최종 혼합 용액의 15 mL를 취하였으므로 이 용액에는 X^+ $20a$ mmol, OH^- $10a$ mmol, Y^{2-} $5a$ mmol이 들어 있다. b M $HZ(aq)$ 20 mL에 들어 있는 H^+과 Z^-의 양은 각각 $20b$ mmol이다. (다)의 최종 혼합 용액은 산성이므로 (다)의 최종 혼합 용액에 들어 있는 이온의 양을 구하면 다음과 같다.

이온	X^+	Y^{2-}	Z^-	H^+
이온의 양(mmol)	$20a$	$5a$	$20b$	$20b-10a$

$\frac{\text{음이온의 양(mol)}}{\text{양이온의 양(mol)}}=\frac{5a+20b}{10a+20b}=\frac{7}{8}$이므로 $a=\frac{2}{3}b$이고, 음이온의 몰 농도(M) 합은 $\frac{5a+20b}{35}=\frac{1}{5}$이므로 $a=0.2$, $b=0.3$이다.

따라서 $\frac{a+b}{V}=\frac{0.5}{20}=\frac{1}{40}$이다.

20 기체 반응과 양적 관계

Ⅰ과 Ⅱ에서 B의 질량이 달라졌으므로 Ⅰ에서 B, Ⅱ에서 A가 모두 반응하였다. Ⅰ에서 반응 전 A, B의 양을 각각 x mol, y mol이라고 할 때 양적 관계는 다음과 같다.

[실험 Ⅰ]	$aA(g)$	+	$2B(g)$	⟶	$2C(g)$
반응 전(mol)	x		y		0
반응(mol)	$-\frac{ay}{2}$		$-y$		$+y$
반응 후(mol)	$x-\frac{ay}{2}$		0		y

$\frac{y}{x+y-\frac{ay}{2}}=\frac{2}{3}$이므로 $2x-y=ay$(식 ①)이며, $B(g)$ w_2 g의 양은 y mol이므로 B의 분자량은 $\frac{w_2}{y}$이다.

[실험 Ⅱ]	$aA(g)$	+	$2B(g)$	⟶	$2C(g)$
반응 전(mol)	x		$2y$		0
반응(mol)	$-x$		$-\frac{2x}{a}$		$+\frac{2x}{a}$
반응 후(mol)	0		$2y-\frac{2x}{a}$		$\frac{2x}{a}$

$\frac{\frac{2x}{a}}{2y}=\frac{3}{5}$이므로 $5x=3ay$(식 ②)이다. 식 ①과 ②에서 $\frac{5}{3}x=2x-y$이고 $x=3y$이며, $2x-y=ay$에서 $a=5$이다. 또한 $A(g)$ w_1 g의 양은 x mol이므로 A의 분자량은 $\frac{w_1}{x}=\frac{w_1}{3y}$이다.

Ⅲ에서 반응 전 A의 양은 $2x$ mol이고, B의 양을 z mol이라고 할 때, A가 모두 반응했으므로 양적 관계는 다음과 같다.

	$5A(g)$	+	$2B(g)$	⟶	$2C(g)$
반응 전(mol)	$2x$		z		0
반응(mol)	$-2x$		$-\frac{4}{5}x$		$+\frac{4}{5}x$
반응 후(mol)	0		$z-\frac{4}{5}x$		$\frac{4}{5}x$

온도와 압력이 일정할 때 기체의 몰비는 부피비와 같으므로 실린더 속 기체의 부피비는 Ⅰ : Ⅲ$=\frac{1}{2}x : z=1 : 2$이므로 $z=x$이고, 반응 전 B의 양은 $3y$ mol이므로 질량은 $3w_2$ g이며, $k=3w_2$이다. 따라서 $\frac{\text{A의 분자량}}{\text{B의 분자량}}\times k=\frac{\frac{w_1}{3y}}{\frac{w_2}{y}}\times 3w_2=w_1$이다.

실전 모의고사 2회 본문 117~121쪽

01 ⑤	02 ①	03 ③	04 ④	05 ②
06 ②	07 ⑤	08 ③	09 ①	10 ④
11 ②	12 ⑤	13 ④	14 ①	15 ③
16 ④	17 ①	18 ④	19 ②	20 ⑤

01 우리 생활 속의 화학

(가)는 에탄올(C_2H_5OH), (나)는 메테인(CH_4), (다)는 아세트산(CH_3COOH), (라)는 암모니아(NH_3)이다.

ㄱ. (가)(에탄올)와 (다)(아세트산)는 구성 원소의 종류가 C, H, O로 같다.

ㄴ. (나)(메테인)는 연료로 사용되므로 (나)의 연소 반응은 발열 반응이다.

ㄷ. (라)(암모니아)는 물에 녹아 수산화 이온(OH^-)을 생성하므로 (라)를 물에 녹이면 염기성 수용액이 된다.

02 순차 이온화 에너지

$\frac{E_2}{E_1}$는 Z가 매우 크므로 Z는 2주기 1족 원소인 리튬(Li)이고, $\frac{E_3}{E_2}$는 X가 매우 크므로 X는 2주기 2족 원소인 베릴륨(Be)이다. X~Z는 원자 번호가 연속이므로 Y는 13족 원소인 붕소(B)이다.

ㄱ. 원자가 전자 수는 Y(B)>Z(Li)이다.

ㄴ. E_1는 X(Be)>Y(B)이고, E_2는 Y(B)>X(Be)이므로 $\frac{E_2}{E_1}$는 Y>X이다. 따라서 $a>1.89$이다.

ㄷ. E_1는 X(Be)>Z(Li)이다.

03 용액의 농도

용액 20 mL를 취한 후 물을 가해 V mL가 되게 하면 용액의 농도는 $\frac{20}{V}$배가 된다. 따라서 (나), (다), (라) 과정 후 용액의 농도(M)는 각각 $a\times\frac{20}{V}$, $a\times\left(\frac{20}{V}\right)^2$, $a\times\left(\frac{20}{V}\right)^3$이다. 몰 농도(M)의 비가 (나) 과정 후 : (라) 과정 후$=25 : 1$이므로 $\left(\frac{20}{V}\right)^2=\frac{1}{25}$이고, $V=100$이다. (다) 과정 후 용액의 몰 농도(M)가 $a\times\left(\frac{20}{V}\right)^2=0.02$이므로 $a=0.5$이다. 따라서 $V\times a=100\times 0.5=50$이다.

04 화학 반응

반응 후 질량비는 $44b : 18c=55 : 27$이므로 $b : c=5 : 6$이고, $m : n=5 : 12$이다.

$m=5$, $n=12$일 때 완결된 화학 반응식은

$C_5H_{12}+8O_2 \longrightarrow 5CO_2+6H_2O$이므로 반응 전 질량비는

$C_5H_{12} : O_2=72 : 8\times 32=9 : 32$이다. 따라서 $\frac{m}{n}\times x=\frac{5}{12}\times 32=\frac{40}{3}$이다.

05 동위 원소

(가)에서 $\frac{^{16}\text{O의 양(mol)}}{^{18}\text{O의 양(mol)}}=2$이므로 기체의 몰비는 $^{16}O_2$: $^{16}O^{18}O$ $=1:2$이다. (가)에서 $^{16}O_2$의 양을 n mol이라고 하면, $^{16}O^{18}O$의 양은 $2n$ mol이다. (가)에 들어 있는 기체의 질량(g)은 $32\times n+34\times 2n=100n$이고, (나)에 들어 있는 기체의 질량(g)은 $100n$이어야 하므로 (나)에 들어 있는 기체의 양(mol)은 $\frac{100n}{36}=\frac{25}{9}n$이다. (가)에서 $3n$ mol의 부피(L)가 V이므로 (나)의 부피(L)는 $\frac{25}{27}V$이다. 따라서 $k=\frac{25}{27}$이다. (가)의 전체 중성자의 양(mol)은 $16n+18\times 2n=52n$이고, (나)의 전체 양성자의 양(mol)은 $16\times\frac{25}{9}n=\frac{400}{9}n$이므로

$$k\times\frac{\text{(가)에 들어 있는 전체 중성자의 양(mol)}}{\text{(나)에 들어 있는 전체 양성자의 양(mol)}}=\frac{25}{27}\times\frac{52n}{\frac{400}{9}n}=\frac{13}{12}$$

이다.

06 화학 반응에서의 열 출입

A(s)가 물에 용해되면 온도가 올라가고, B(s)가 물에 용해되면 온도가 내려가며, 용매의 질량이 증가하면 온도 변화가 작아진다.

ㄱ. B(s)가 물에 용해되는 과정은 흡열 반응이므로 용해 후 최저 온도인 t_2는 25보다 작다.

ㄴ. 용매인 물의 질량이 Ⅲ에서가 Ⅰ에서보다 크므로 $t_1>t_3$이다.

ㄷ. 용매인 물의 질량이 Ⅳ에서가 Ⅱ에서보다 크므로 $t_4>t_2$이다.

07 화학 결합

NaCl, HCl, Fe 중 고체 상태에서 전기 전도성이 있는 물질은 Fe이고, 액체 상태에서 전기 전도성이 있는 물질은 NaCl과 Fe이다.

ㄱ. 기준 Ⅰ을 만족하는 물질이 1가지뿐이므로 기준 Ⅰ은 ㉠이고, (가)는 Fe이다.

ㄴ. 기준 Ⅱ는 ㉡이고, (나)는 이온 결합 물질인 NaCl이다.

ㄷ. (다)는 공유 결합 물질인 HCl이다.

08 원소의 주기적 성질

원자가 전자 수는 Cl>O>N=P이므로 Y는 질소(N)나 인(P)이 될 수 없고, Z는 염소(Cl)일 수 없다. 또 원자 반지름은 P>N>O 또는 P>Cl이므로 X는 인(P)이 될 수 없으며, 홀전자 수는 P=N>O>Cl이므로 Z는 인(P)이나 질소(N)가 될 수 없고, W는 염소(Cl)가 될 수 없다. 따라서 Z는 산소(O), Y는 염소(Cl), W는 인(P), X는 질소(N)이다.

ㄱ. 전기 음성도는 X(N)>W(P)이다.

ㄴ. 18족 원소의 전자 배치를 갖는 이온의 반지름은 W(P)>Y(Cl)이다.

ㄷ. 제1 이온화 에너지는 X(N)가 Z(O)보다 크다.

09 오비탈과 양자수

각 오비탈에 대한 자료는 다음과 같다.

오비탈	1s	2s	2p	3s
n	1	2	2	3
l	0	0	1	0
$n-l$	1	2	1	3
$n+l$	1	2	3	3

따라서 (가)는 1s 오비탈, (나)는 2p 오비탈, (다)는 3s 오비탈이다.

ㄱ. 주 양자수(n)는 (나)가 (가)보다 크므로 에너지 준위는 (나)가 (가)보다 크다.

ㄴ. (다)는 구형이다.

ㄷ. 바닥상태 수소 원자는 1s 오비탈에 전자가 존재한다.

10 동적 평형과 증발 속도

t_3에서 동적 평형에 도달했으므로 t_3에서 $H_2O(g)$의 양도 $6b$ mol이다. $H_2O(l)$과 $H_2O(g)$의 양(mol)의 합은 항상 일정하므로 $5a+2b=3a+6b$이며 $b=\frac{1}{2}a$이고, $x=6a$, $y=2a$이다.

ㄱ. $\frac{x}{b}=\frac{6a}{\frac{1}{2}a}=12$이다.

ㄴ. t_2에서 $4a+y=6a$이므로 $y=2a$이다. 따라서 $\frac{y}{a}=2$이다.

ㄷ. $H_2O(g)$의 양(mol)은 t_1에서 $2b$, t_3에서 $6b$이므로 $H_2O(g)$의 양(mol)은 t_3에서가 t_1에서의 3배이다.

11 화학식량과 몰

(가), (나)에 들어 있는 기체의 양(mol)을 각각 $5n$, $8n$이라고 하고, (나)에서 ZY_2의 양(mol)을 m이라고 하면, Z_2의 양은 $(8n-m)$ mol이다. 또 (가)에 들어 있는 XY의 양을 k mol이라고 하면, XY_2의 양은 $(5n-k)$ mol이다. Y 원자 수는 (가)에서 $10n-2k+k=10n-k$, (나)에서 $2m$이며, (나)에서가 (가)에서의 2배이므로 $10n-k=m$이고, 따라서 $k=10n-m$이다.

전체 원자 수 비는 (가) : (나)$=15n-k:16n+m=12:23$이다. $k=10n-m$이므로 $5n+m:16n+m=12:23$이므로 $m=7n$, $k=3n$이다.

이에 따라 (가), (나)에 들어 있는 기체의 종류와 양(mol)은 (가)에서 XY_2 $2n$, XY $3n$, (나)에서 Z_2 n, ZY_2 $7n$이며, X~Z의 원자량을 각각 x~z라고 하면, 기체의 질량비 $XY_2:XY:Z_2=2x+4y:3x+3y:2z=22:21:7$이므로 $x:y:z=6:8:7$이고, ㉠은 $80.5w$이다.

따라서 ㉠$\times\frac{\text{X의 원자량}}{\text{Z의 원자량}}=80.5w\times\frac{6}{7}=69w$이다.

12 공유 결합과 분자 구조

4가지 분자의 공유 전자쌍 수(n)와 비공유 전자쌍 수(m)는 다음과 같다.

분자	NH_3	NF_3	COF_2	CF_4
n	3	3	4	4
m	1	10	8	12
$n\times m$	3	30	32	48

따라서 (가)는 NF_3, (나)는 NH_3, (다)는 CF_4, (라)는 COF_2이고, $a=3$, $b=16$이다.

ㄱ. (나)는 삼각뿔형, (다)는 정사면체형이므로 결합각은 (다)가 (나)보다 크다.

ㄴ. (가)와 (나)는 모두 극성 분자이므로 분자의 쌍극자 모멘트가 0이 아니다.

ㄷ. $a=3$, $b=16$이므로 $a+b=19$이다.

13 루이스 전자점식

X. X는 수소(H), Y는 탄소(C), Z는 산소(O)이다. 따라서 ㉠은 Z(O)이다.

ㄴ. 원자 번호는 Z(O)가 8, Y(C)가 6이다.

ㄷ. 공유 전자쌍 수는 $YZ_2(CO_2)$가 4, $X_2Z(H_2O)$가 2이다.

14 오비탈과 전자 배치

전자 2개가 들어 있는 s 오비탈 수를 a, 전자 2개가 들어 있는 p 오비탈 수를 b라고 할 때 2, 3주기 원소의 $\frac{b}{a}$는 다음과 같다.

원소	Li	Be	B	C	N	O	F	Ne
$\frac{b}{a}$	0	0	0	0	0	$\frac{1}{2}$	1	$\frac{3}{2}$
원소	Na	Mg	Al	Si	P	S	Cl	Ar
$\frac{b}{a}$	$\frac{3}{2}$	1	1	1	1	$\frac{4}{3}$	$\frac{5}{3}$	2

$\frac{b}{a}$의 비는 X : Y : Z$=6:8:9=1:\frac{4}{3}:\frac{3}{2}$이므로 Y는 황(S)이다. X는 F, Mg, Al, Si, P 중 하나이고, Z는 Ne과 Na 중 하나이다. 원자가 전자 수가 X=Y+Z이므로 X는 플루오린(F), Z는 나트륨(Na)이다.

X. 홀전자 수는 X(F)와 Z(Na)가 1, Y(S)가 2이므로 Y가 가장 크다.

ㄴ. 2주기 원소는 X(F) 1가지이다.

X. $\frac{p\text{ 오비탈에 들어 있는 전자 수}}{s\text{ 오비탈에 들어 있는 전자 수}}$는 X(F)가 $\frac{5}{4}$, Y(S)가 $\frac{5}{3}$이므로 X가 Y의 $\frac{3}{4}$배이다.

15 수용액의 액성과 pH

수용액의 부피와 (가)의 H_3O^+, (나)의 OH^-의 양(mol)을 고려하면 (가)의 $[H_3O^+]$: (나)의 $[OH^-]=1:10$이므로 (가)의 pH가 x이면, (나)의 pOH는 $x-1$이고, 이에 따라 (가)의 pOH는 $14-x$, (나)의 pH는 $15-x$이다. |pH−pOH|의 비는 (가) : (나)$=|2x-14|:|2x-16|=4:5$이므로 $x=3$ 또는 $\frac{67}{9}$이다. $x=\frac{67}{9}$인 경우, (가)와 (나)가 모두 염기성 용액이 되므로 부적절하다. 따라서 $x=3$이다.

X. (가)는 HCl(aq)이다.

X. (가)에서 $[H_3O^+]=1\times10^{-3}$ M이므로 $a=1\times10^{-3}\times0.1=1\times10^{-4}$이다.

ㄷ. (가)의 OH^-의 양(mol)은 $1\times10^{-11}\times0.1=1\times10^{-12}$이며, (나)의 H_3O^+의 양(mol)은 $1\times10^{-12}\times0.01=1\times10^{-14}$이므로 $\frac{\text{(가)의 }OH^-\text{의 양(mol)}}{\text{(나)의 }H_3O^+\text{의 양(mol)}}=100$이다.

16 중화 적정

(라)에서는 (가)에서 만든 수용액 80 mL 중 V mL를, (마)에서는 남은 수용액 $(80-V)$ mL를 적정하였다. 적정에 사용된 NaOH(aq)의 부피비가 (라) : (마)$=1:4$이므로 $V:80-V=1:4$이고, $V=16$이다.

(가)에서 만든 수용액 80 mL를 적정하는 데 사용된 0.4 M NaOH(aq)의 총 부피는 20 mL이므로 (가)에서 만든 수용액의 몰 농도는 0.1 M이다. a M CH_3COOH(aq) 16 mL와 $2a$ M CH_3COOH(aq) 32 mL를 혼합한 후 물을 가하여 0.1 M CH_3COOH(aq) 80 mL를 만들었으므로 $16a+64a=0.1\times80$이다. 따라서 $a=0.1$이고, $V\times a=16\times0.1=\frac{8}{5}$이다.

17 산화 환원 반응

(가)와 (다)에서 수용액의 전체 전하량 합은 일정하므로 $a\times kN=2kN$이다. 따라서 $a=2$이다.

(가)에서 (나)가 될 때 전체 양이온의 양이 N mol 감소했으므로 X^{2+} $3N$ mol이 감소하고 Y^{3+} $2N$ mol이 생성되었음을 알 수 있다. 따라서 $y=2$이므로 $\frac{a}{y}=1$이다.

18 전기 음성도와 부분 전하

X. α가 부분적인 양전하(δ^+)라면 전기 음성도는 (가)에서 W>X이며, (나)에서 Y>X, (다)에서 Y>Z이다. X는 W, Y보다 전기 음성도가 작으므로 Cl 또는 S이고, Y는 X, Z보다 전기 음성도가 크므로 F 또는 O이다. (나)가 X_2Y이므로 Cl_2O가 가능하고 X는 Cl, Y는 O인데, 이 경우 (다)는 OF_2만 가능하지만 전기 음성도는 F>O이므로 Z가 부분적인 양전하(δ^+)를 가질 수 없다. 따라서 α는 부분적인 음전하(δ^-)이고, 전기 음성도는 (가)에서 X>W, (나)에서 X>Y, (다)에서 Z>Y이다.

ㄴ. Y는 X, Z보다 전기 음성도가 작으므로 Cl 또는 S인데, Y가 Cl이면 (다)에 해당하는 분자가 없으므로 Y는 S이다. X는 W, Y보다 전기 음성도가 크므로 F 또는 O인데, X가 O이면 (가)에 해당하는 분자가 없으므로 X는 F이다. W는 Cl 또는 O인데, W가 Cl인 경우 (가)에 해당하는 분자가 없으므로 W는 O이며, Z는 Cl이다. 따라서 (가)~(라)는 각각 OF_2, SF_2, SCl_2, Cl_2O이다.

ㄷ. (라)는 Cl_2O이며, 부분적인 음전하(δ^-)를 띠는 원자는 O이므로 ㉠은 W이다.

19 중화 반응의 양적 관계

0.4 M H_2Y(aq)과 0.2 M ZOH(aq)을 같은 부피로 혼합하여 만든

혼합 용액 Ⅰ에는 $H^+ : Y^{2-} : Z^+ = 3 : 2 : 1$로 존재한다. 혼합 용액 Ⅱ의 이온 수 비 2 : 2 : 1 : 1에서 $Y^{2-} : Z^+ = 2 : 1$이며, OH^-의 수는 X^{2+} 수의 2배보다 작아야 하므로, $X^{2+} : Y^{2-} : Z^+ : OH^- = 2 : 2 : 1 : 1$이다. 이온 수 비로부터 몰 농도(M)의 비는 $X(OH)_2(aq) : H_2Y(aq) = 1 : 4$임을 알 수 있다. 따라서 $a = 0.1$이다.

혼합 용액 Ⅲ에서 $Y^{2-} : X^{2+} : Z^+ : H^+ = 2 : 1 : 1 : 1$이며, $\frac{\text{음이온 수}}{\text{양이온 수}}$는 Ⅱ에서 1, Ⅲ에서 $\frac{2}{3}$이므로 $x = \frac{2}{3}$이고, 모든 이온의 몰 농도(M) 합의 비는 Ⅱ : Ⅲ $= \frac{6}{3V} : \frac{10}{4V}$이므로 $y = \frac{5}{4}$이다. 따라서 $a \times x \times y = \frac{1}{10} \times \frac{2}{3} \times \frac{5}{4} = \frac{1}{12}$이다.

20 화학 반응의 양적 관계

Ⅰ에서 A w g의 양을 m mol, B $\frac{3}{2}w$ g의 양을 $\frac{3}{2}n$ mol이라고 하면, Ⅱ에서 A $\frac{3}{2}w$ g의 양은 $\frac{3}{2}m$ mol, B $3w$ g의 양은 $3n$ mol이다. 온도와 압력이 일정할 때 기체의 부피는 기체의 양(mol)에 비례하므로 $m + \frac{3}{2}n : \frac{3}{2}m + 3n = 7 : 12$이고, $m = 2n$이다.

A의 계수는 1인데 Ⅰ에서 기체의 양은 A가 B보다 크므로 B가 모두 반응하고, Ⅰ과 Ⅱ에서 반응 후 남은 반응물의 종류는 같으므로 Ⅱ에서도 B가 모두 반응한다.

Ⅰ과 Ⅱ에서 양적 관계를 나타내면 다음과 같다.

[실험 Ⅰ]	$A(g)$	+	$bB(g)$	⟶	$2C(g)$
반응 전(mol)	$2n$		$\frac{3}{2}n$		
반응(mol)	$-\frac{3}{2b}n$		$-\frac{3}{2}n$		$+\frac{3}{b}n$
반응 후(mol)	$2n-\frac{3}{2b}n$		0		$\frac{3}{b}n$

[실험 Ⅱ]	$A(g)$	+	$bB(g)$	⟶	$2C(g)$
반응 전(mol)	$3n$		$3n$		
반응(mol)	$-\frac{3}{b}n$		$-3n$		$+\frac{6}{b}n$
반응 후(mol)	$3n-\frac{3}{b}n$		0		$\frac{6}{b}n$

생성된 $C(g)$의 양(mol)의 비가 Ⅰ : Ⅱ = 1 : 2이고, $\frac{\text{생성된 } C(g) \text{의 양(mol)}}{\text{남은 반응물의 양(mol)}}$의 비가 Ⅰ : Ⅱ = 3 : 5이므로 남은 $A(g)$의 양(mol)의 비는 Ⅰ : Ⅱ = 5 : 6이 되어야 한다. 따라서 $2n - \frac{3}{2b}n : 3n - \frac{3}{b}n = 5 : 6$이므로 $b = 2$이다. 반응 후 실린더에 들어 있는 기체의 양은 Ⅰ에서 A $\frac{5}{4}n$ mol, C $\frac{3}{2}n$ mol이고, Ⅱ에서 A $\frac{3}{2}n$ mol, C $3n$ mol이므로

$$\frac{\text{반응 후 Ⅰ에서 전체 기체의 부피(L)}}{\text{반응 후 Ⅱ에서 전체 기체의 부피(L)}} = \frac{\frac{11}{4}n}{\frac{9}{2}n} = \frac{11}{18}\text{이고,}$$

$$b \times \frac{\text{반응 후 Ⅰ에서 전체 기체의 부피(L)}}{\text{반응 후 Ⅱ에서 전체 기체의 부피(L)}} = \frac{11}{9}\text{이다.}$$

실전 모의고사 3회 본문 122~126쪽

01 ⑤	02 ④	03 ②	04 ①	05 ③
06 ⑤	07 ①	08 ③	09 ⑤	10 ③
11 ①	12 ②	13 ③	14 ①	15 ③
16 ③	17 ③	18 ④	19 ②	20 ①

01 화학과 우리 생활

㉠. NH_3를 이용하여 질소 비료를 만들 수 있고, 이는 식량 문제 해결에 크게 기여하였다.

㉡. CH_4을 연소시키면 열이 발생하여 주위의 온도가 높아진다. 따라서 메테인의 연소 반응은 발열 반응이다.

㉢. C_2H_5OH은 탄소, 수소, 산소로 구성된 탄소 화합물이다.

02 화학 결합 모형

AB는 HF, CB_2는 MgF_2이고, A~C는 각각 H, F, Mg이다.

✗. A(H)는 비금속 원소이다.

㉡. $B_2(F_2)$는 B(F)와 B(F)가 전자쌍을 공유하며 형성된 물질이므로 공유 결합 물질이다.

㉢. $C(s)(Mg(s))$는 금속 결합 물질이므로 전기 전도성이 있다.

03 루이스 전자점식

W~Z는 각각 N, F, C, O이다.

✗. 원자가 전자 수는 W(N)가 5이고, Z(O)가 6이다. 따라서 원자가 전자 수는 Z(O) > W(N)이다.

✗. 전기 음성도는 X(F) > Y(C)이다.

㉢. XYW(FCN)의 공유 전자쌍 수는 4이고, 비공유 전자쌍 수는 4이므로 $\frac{\text{비공유 전자쌍 수}}{\text{공유 전자쌍 수}} = 1$이다.

04 분자의 극성

㉠~㉢은 각각 H_2O, O_2, CF_4이다.

✗. 전기 음성도는 O > H이므로 ㉠(H_2O)에서 중심 원자(O)는 부분적인 음전하(δ^-)를 띤다.

㉡. 비공유 전자쌍 수는 ㉠(H_2O)이 2, ㉡(O_2)이 4이므로 비공유 전자쌍 수는 ㉡이 ㉠의 2배이다.

✗. ㉢(CF_4)에는 단일 결합만 있다.

05 분자의 구조

(가)~(라)는 각각 HCN, N_2, CH_3Cl, NH_3이고, 주어진 분자의 공유 전자쌍 수와 비공유 전자쌍 수는 다음과 같다.

분자	(가)	(나)	(다)	(라)
공유 전자쌍 수	4	3	4	3
비공유 전자쌍 수	1	2	3	1

㉠. $x = 3$이고, $y = 1$이다. 따라서 $\frac{x}{y} = 3$이다.

㉡. (가)와 (라)의 분자 모양은 각각 직선형, 삼각뿔형이므로 결합각은 (가) > (라)이다.

ㄷ. (다)의 분자 모양은 사면체형이므로 (다)에서 모든 원자가 동일 평면에 있는 것은 아니다.

06 동위 원소

$a+25+a-25=100$이므로 $a=50$이고, $b+b=100$이므로 $b=50$이다.

ㄱ. X의 평균 원자량은 $\frac{3}{4}\times35+\frac{1}{4}\times37=35.5$이므로 $x=0.5$이고, Y의 평균 원자량은 $\frac{1}{2}\times m+\frac{1}{2}\times(m+2)=m+1$이므로 $y=1$이다. 따라서 $\frac{x}{y}=\frac{1}{2}$이다.

ㄴ. $\frac{1\text{ g의 }^{35}\text{X에 들어 있는 양성자수}}{1\text{ g의 }^{37}\text{X에 들어 있는 양성자수}}=\frac{\frac{1}{35}\times17}{\frac{1}{37}\times17}=\frac{37}{35}$이다.

ㄷ. 자연계에서 $\frac{1\text{ mol의 }X_2\text{ 중 }^{37}X_2\text{의 전체 중성자수}}{1\text{ mol의 YX 중 }^{m+2}Y^{37}X\text{의 전체 양성자수}}$

$=\frac{\frac{1}{4}\times\frac{1}{4}\times(20+20)}{\frac{1}{2}\times\frac{1}{4}\times(35+17)}=\frac{5}{13}$이다.

07 전자 배치

2, 3주기 바닥상태 원자의 $\frac{p\text{ 오비탈에 들어 있는 전자 수}}{s\text{ 오비탈에 들어 있는 전자 수}}(=x)$와 전자가 2개 들어 있는 오비탈 수$(=y)$는 다음과 같다.

원자	Li	Be	B	C	N	O	F	Ne
x	$\frac{0}{3}$	$\frac{0}{4}$	$\frac{1}{4}$	$\frac{2}{4}$	$\frac{3}{4}$	$\frac{4}{4}$	$\frac{5}{4}$	$\frac{6}{4}$
y	1	2	2	2	2	3	4	5
원자	Na	Mg	Al	Si	P	S	Cl	Ar
x	$\frac{6}{5}$	$\frac{6}{6}$	$\frac{7}{6}$	$\frac{8}{6}$	$\frac{9}{6}$	$\frac{10}{6}$	$\frac{11}{6}$	$\frac{12}{6}$
y	5	6	6	6	6	7	8	9

따라서 X~Z는 각각 C, P, Cl이다.

ㄱ. $a=\frac{1}{2}$이고, $b=2$이므로 $b=4a$이다.

ㄴ. X, Y의 홀전자 수는 각각 2, 3이므로 홀전자 수는 Y>X이다.

ㄷ. Y, Z의 원자가 전자 수는 각각 5, 7이므로 원자가 전자 수는 Z>Y이다.

08 양자수

$1s$, $2s$, $2p$, $3s$, $3p$ 오비탈의 $n-l$와 $\frac{n+m_l}{l+1}$는 다음과 같다.

오비탈	$n-l$	$\frac{n+m_l}{l+1}$
$1s$	1	1
$2s$	2	2
$2p$	1	$\frac{1}{2}$, 1, $\frac{3}{2}$
$3s$	3	3
$3p$	2	1, $\frac{3}{2}$, 2

ㄱ. $n-l$는 (나)가 (가)의 3배이므로 (나)는 $3s$ 오비탈이고, (가)와 (다)는 각각 $1s$, $2p$ 중 하나이다. $\frac{n+m_l}{l+1}$는 (나)가 (가)의 6배이므로 (가)는 $2p$이고, 에너지 준위는 (가)>(다)이므로 (다)는 $1s$이다.

ㄴ. (가)~(다)는 각각 $2p$, $3s$, $1s$이고, $x=1$, $y=\frac{1}{2}$, $z=1$이다. 따라서 $\frac{x+z}{y}=4$이다.

ㄷ. 수소 원자의 경우 오비탈의 에너지 준위는 오비탈의 종류에 관계없이 주 양자수에 의해서만 결정된다. 따라서 에너지 준위는 (나)>(다)이다.

09 전자 배치

X~Z의 원자 번호는 각각 7~13 중 하나이므로 N, O, F, Ne, Na, Mg, Al 중 하나이다. 바닥상태 원자 N, O, F, Ne, Na, Mg, Al의 $n+l=3$인 전자 수, $\frac{\text{홀전자 수}}{\text{전자가 들어 있는 오비탈 수}}$, p 오비탈에 들어 있는 전자 수는 다음과 같다.

원자	N	O	F	Ne	Na	Mg	Al
$n+l=3$인 전자 수	3	4	5	6	7	8	8
$\frac{\text{홀전자 수}}{\text{전자가 들어 있는 오비탈 수}}$	$\frac{3}{5}$	$\frac{2}{5}$	$\frac{1}{5}$	0	$\frac{1}{6}$	0	$\frac{1}{7}$
p 오비탈에 들어 있는 전자 수	3	4	5	6	6	6	7

$n+l=3$인 전자 수의 비는 X : Y=2 : 1이므로 X, Y는 Ne, N 또는 Mg, O 또는 Al, O이다. $\frac{\text{홀전자 수}}{\text{전자가 들어 있는 오비탈 수}}$의 비는 Y : Z=2 : 1이므로 Y는 O, Z는 F이고, X는 Mg, Al 중 하나이다. p 오비탈에 들어 있는 전자 수의 비는 X : Y=3 : 2이므로 X는 Mg이다. 따라서 X~Z는 각각 Mg, O, F이다.

ㄱ. X~Z는 각각 Mg, O, F이므로 X~Z 중 2주기 원소는 2가지이다.

ㄴ. 제1 이온화 에너지는 Z(F)>Y(O)이고, 제2 이온화 에너지는 Y(O)>Z(F)이므로 $\frac{\text{제2 이온화 에너지}}{\text{제1 이온화 에너지}}$는 Y(O)>Z(F)이다.

ㄷ. 전자 수가 같은 이온(등전자 이온)의 반지름은 원자 번호가 작을수록 크다. 원자 번호는 X(Mg)>Z(F)이므로 Ne의 전자 배치를 갖는 이온의 반지름은 Z(F)>X(Mg)이다.

10 원소의 주기적 성질

원자가 전자 수가 홀전자 수의 3배인 X는 O 또는 Al이고, $\frac{\text{제2 이온화 에너지}}{\text{제1 이온화 에너지}}$는 Na이 가장 크므로 Y는 Na이다. Ne의 전자 배치를 갖는 이온의 반지름은 $O^{2-}>Na^{+}>Mg^{2+}>Al^{3+}$이고, Y가 Na이므로 Z는 O, X는 Al이다. 따라서 W~Z는 각각 Mg, Al, Na, O이다.

ㄱ. 원자 반지름은 Y(Na)>Z(O)이다.

ㄴ. 제1 이온화 에너지는 W(Mg)>X(Al)이다.

ㄷ. X(Al)와 Y(Na)는 전자 껍질 수가 같고 양성자수는 X(Al)가 크므로 원자가 전자가 느끼는 유효 핵전하는 X(Al)>Y(Na)이다.

11 용액의 몰 농도

A의 분자량은 x, A(l)의 밀도는 d g/mL이므로 A(l) 60 mL의 양은 $\frac{60d}{x}$ mol이고, $6a$ M A(aq) 250 mL에 녹아 있는 A의 양은 $6a$ M×0.25 L$=\frac{3}{2}a$ mol이며, $5a$ M A(aq) 500 mL에 녹아 있는 A의 양은 $5a$ M×0.5 L$=\frac{5}{2}a$ mol이다. 따라서 $\frac{60d}{x}$ mol $+\frac{3}{2}a$ mol$=\frac{5}{2}a$ mol이고 $\frac{d}{a}=\frac{x}{60}$이다.

12 물의 자동 이온화

25℃ 수용액에서 pH+pOH=14.0이다.

ㄱ. (가)에서 pH$=14.0-7b$이고 $[H_3O^+]=1\times10^{7b-14}$ M $=10^8a$ M이다. (나)에서 pH$=14.0-b$이고 $[H_3O^+]=1\times10^{b-14}$ M $=\frac{a}{10}$ M이므로 $a=1\times10^{b-13}$이다. 따라서 $1\times10^{7b-14}=1\times10^8\times1\times10^{b-13}$이고 $b=1.5$이다.

ⓛ. $b=1.5$이므로 $a=10^{-11.5}$이다. 수용액 (가)~(다)에 대한 자료는 다음과 같다.

수용액	(가)	(나)	(다)
H_3O^+의 양(mol)	$1\times10^{-3.5}$	$1\times10^{-11.5}$	
pOH	10.5	1.5	7.0
부피(L)	1	10	

$\frac{\text{(나)에서 } OH^- \text{의 양(mol)}}{\text{(가)에서 } H_3O^+ \text{의 양(mol)}}=\frac{1\times10^{-1.5}\times10\text{ mol}}{1\times10^{-3.5}\text{ mol}}=1\times10^3$이다.

ㄷ. (다)에서 $\frac{[OH^-]}{[H_3O^+]}=\frac{1\times10^{-7}}{1\times10^{-7}}=1$이다.

13 동적 평형 상태

동적 평형 상태에서는 X(s)가 X(g)로 승화되는 속도와 X(g)가 X(s)로 승화되는 속도가 같으므로 $\frac{X(s)\text{의 양(mol)}}{X(g)\text{의 양(mol)}}$이 일정하게 유지된다.

ⓖ. t_2일 때 동적 평형 상태에 도달하였으므로 t_1일 때는 동적 평형 상태에 도달하기 전이다. 동적 평형 상태에 도달할 때까지 X(s)의 양(mol)은 감소하고, X(g)의 양(mol)은 증가하므로 $\frac{X(s)\text{의 양(mol)}}{X(g)\text{의 양(mol)}}$은 t_1일 때가 t_2일 때보다 크고, t_2일 때와 t_3일 때가 같다. 따라서 $a>c$이다.

ㄴ. 동적 평형 상태에 도달할 때까지 X(g)의 양(mol)은 증가하므로 t_2일 때가 t_1일 때보다 많다.

ⓒ. t_2와 t_3일 때는 동적 평형 상태이므로 X(s)가 X(g)로 승화되는 속도와 X(g)가 X(s)로 승화되는 속도는 같다. t_1일 때는 동적 평형 상태에 도달하지 않았으므로 X(s)가 X(g)로 승화되는 속도가 X(g)가 X(s)로 승화되는 속도보다 크다.

따라서 $\frac{X(s)\text{가 } X(g)\text{로 승화되는 속도}}{X(g)\text{가 } X(s)\text{로 승화되는 속도}}$는 t_1일 때가 t_3일 때보다 크다.

14 산화 환원 반응

산화 환원 반응에서 증가한 산화수의 합과 감소한 산화수의 합은 같으므로 (가)~(다)에서 각 원소의 산화수는 다음과 같다.

(가) $\underset{+2}{Cu}\underset{-2}{O}+\underset{0}{H_2} \longrightarrow \underset{0}{Cu}+\underset{+1}{H_2}\underset{-2}{O}$

(나) $\underset{0}{Mg}+2\underset{+1}{H}\underset{-1}{Cl} \longrightarrow \underset{+2}{Mg}\underset{-1}{Cl_2}+\underset{0}{H_2}$

(다) $3\underset{+2}{Cu}\underset{-2}{S}+8\underset{+5}{N}\underset{-2}{O_3^-}+8\underset{+1}{H^+} \longrightarrow 3\underset{+2}{Cu^{2+}}+3\underset{+6}{S}\underset{-2}{O_4^{2-}}+8\underset{+2}{N}\underset{-2}{O}+4\underset{+1}{H_2}\underset{-2}{O}$

ㄱ. (가)에서 H의 산화수는 0에서 +1로 증가하고 Cu의 산화수는 +2에서 0으로 감소하므로 H_2는 산화되고 CuO는 환원된다. 따라서 H_2는 자신은 산화되면서 다른 물질을 환원시키는 환원제이다.

ⓛ. (나)에서 Mg의 산화수는 0에서 +2로 증가한다.

ㄷ. $a=3$, $b=8$, $c=3$, $d=3$, $e=8$이므로 $\frac{c+d+e}{a+b}=\frac{14}{11}$이다.

15 산화 환원 반응

X^+ $6N$ mol이 모두 반응하여 Y^{a+} $3N$ mol이 생성되었으므로 반응한 Y(s)의 양은 $3N$ mol이다. 따라서 X^+ $6N$ mol이 얻은 전자 수와 Y(s) $3N$ mol이 잃은 전자 수는 같으므로 $a=2$이다.

Y^{2+}이 일부 반응하여 Z^{3+} N mol이 생성되었으므로 반응한 Y^{2+}이 얻은 전자 수와 Z(s) N mol이 잃은 전자 수가 같다. 따라서 반응한 Y^{2+}의 양은 $\frac{3}{2}N$ mol이고, 반응 후 남은 Y^{2+}의 양도 $\frac{3}{2}N$ mol이므로 $b=\frac{3}{2}$이며 $a\times b=2\times\frac{3}{2}=3$이다.

16 중화 적정

식초 A에서 CH_3COOH의 몰 농도를 x M라고 할 때, (다)에서 (가)의 수용액 100 mL 중 20 mL만 사용했고 중화 적정에서 반응한 H^+의 양(mol)과 반응한 OH^-의 양(mol)이 같으므로 $x\times a\times\frac{20}{100}=0.25\times b$이다. 따라서 $x=\frac{5b}{4a}$이다. 식초 A 1 L (=$1000d$ g)에 들어 있는 CH_3COOH의 질량(g)은 $\frac{5b}{4a}\times60=\frac{75b}{a}$이고, 식초 A 1 g에 들어 있는 CH_3COOH의 질량(w)은 $\frac{75b}{a}\times\frac{1}{1000d}=\frac{3b}{40ad}$이다.

17 화학 반응의 양적 관계

M의 원자량은 x이므로 M w g의 양은 $\frac{w}{x}$ mol이다. 생성된 NO의 양은 $\frac{a}{24}$ mol이고, M과 NO의 반응 몰비는 3 : 2이므로 $\frac{w}{x}\times\frac{2}{3}=\frac{a}{24}$이므로 $x=\frac{16w}{a}$이다.

18 화학식량과 몰

용기 (가)에 들어 있는 XY_4, XZ_2의 양을 각각 a mol, b mol, 용기 (나)에 들어 있는 XZ_2, ZY_2의 양을 각각 c mol, d mol이라고 하

면 (가)에서 $\frac{\text{Z 원자 수}}{\text{Y 원자 수}}=\frac{2b}{4a}=1$에서 $2a=b$이고, (나)에서 $\frac{\text{Z 원자 수}}{\text{Y 원자 수}}=\frac{2c+d}{2d}=1$에서 $2c=d$이다. X의 질량(g)은 X의 양(mol)에 비례하므로 (가) : (나)$=3a$ mol : c mol$=3:2$이므로 $a:c=1:2$이다.

✗ ㄱ. $\frac{\text{(나)에서 } ZY_2 \text{의 양(mol)}}{\text{(가)에서 } XY_4 \text{의 양(mol)}}=\frac{2c}{a}=4$이다.

(ㄴ). 기체의 부피는 기체의 양(mol)에 비례하므로 단위 부피당 Y 원자 수는 (가) : (나)$=\frac{4a}{3a}:\frac{4c}{3c}=1:1$이다. 따라서 단위 부피당 Y 원자 수는 (가)와 (나)에서 같다.

(ㄷ). X~Z의 원자량을 각각 x~z라고 하면, 용기에 들어 있는 기체의 질량비는 (가) : (나)$=2x+4z+x+4y:2x+4z+4z+8y$ $=11:19$이고, $x:y+z=12:35$이다.

따라서 $\frac{\text{X의 원자량}}{\text{Y의 원자량}+\text{Z의 원자량}}=\frac{12}{35}$이다.

19 중화 반응의 양적 관계

(가)에서 혼합 전 H^+과 X^{2-}의 양은 각각 $40a$ mmol, $20a$ mmol이고 OH^-의 양은 $20b$ mmol이다. (가)는 염기성이므로 혼합 후 OH^-의 양은 $(20b-40a)$ mmol이다. 따라서 모든 음이온의 몰 농도(M) 합은 $\frac{20b-20a}{40}=3k$이고 $b-a=6k$이다.

(나)에 존재하는 이온의 종류가 4가지이므로 (나)는 산성 또는 염기성이다. 만일 (나)가 산성이라면 혼합 후 음이온의 양은 $40a$ mmol이고 모든 음이온의 몰 농도(M) 합은 $\frac{40}{60}a=2k$이므로 $a=3k$, $b=9k$이다. 따라서 $a:b=1:3$이고 (나)에 존재하는 모든 이온의 몰 농도(M)의 비는 $H^+:Z^{2+}:Y^+:X^{2-}=1:2:3:4$이므로 자료와 맞지 않는다.

만일 (나)가 염기성이라면 혼합 후 음이온의 양(mmol)은 $10b+\frac{40}{3}b-80a+40a$이고 모든 음이온의 몰 농도(M) 합은 $\frac{\frac{70}{3}b-40a}{60}=2k$이므로 $a=\frac{6}{5}k$, $b=\frac{36}{5}k$이다.

따라서 $a:b=1:6$이고 (나)에 존재하는 모든 이온의 몰 농도(M)의 비는 $X^{2-}:Z^{2+}:Y^+:OH^-=2:2:3:3$이다. 따라서 (나)는 염기성이다.

(다)에서 혼합 전 H^+의 양은 $60a$ mmol이고 OH^-의 양(mmol)은 $15b+20b=35b=210a$이므로 (다)는 염기성이다. (다)에서 모든 음이온의 몰 농도(M) 합은 $\frac{210a-60a+30a}{60}=\frac{180\times\frac{6}{5}k}{60}$ $=\frac{18}{5}k$이고 $x=\frac{18}{5}$이다. 따라서 $\frac{a\times x}{b}=\frac{3}{5}$이다.

20 화학 반응의 양적 관계

실린더 속 기체의 부피 변화량(ΔV)은 반응하거나 생성된 물질의 양에 비례한다. t_1에서 t_2가 될 때 전체 기체의 부피가 V L 감소하면서 A(g)의 질량은 w g 감소하므로 t_2에서 t_3이 될 때 전체 기체의 부피가 $2V$ L 감소하면서 A(g)의 질량은 $2w$ g 감소한다. t_3에서 A(g)의 질량은 $9w$ g$\left(=\frac{9n}{2}\text{ mol}\right)$이다. A($g$)의 질량과 양(mol)을 비교하면 A($g$) n mol의 질량은 $2w$ g이다.

t_2에서 t_3이 될 때 A(g) $2w$ g($=n$ mol)은 B(g) $8w$ g과 반응했는데, A와 B는 $1:2$의 몰비로 반응하므로 B(g) n mol은 $4w$ g이다. 반응식에서 C(g) $2n$ mol은 A(g) n mol과 B(g) $2n$ mol이 반응하여 얻어지는데, 반응한 A(g)와 B(g)의 질량은 $10w$ g이므로 C(g) n mol은 $5w$ g이다. t_3에서 A(g)는 $9w$ g, C(g)는 $25w$ g이므로 전체 질량은 $34w$ g인데 질량은 보존되므로 모든 시간에서 전체 질량은 $34w$ g으로 동일하다.

t_1에서 t_2가 될 때 A(g) w g이 반응하므로 B(g) $4w$ g이 반응하고 C(g) $5w$ g이 생성된다. 따라서 t_1일 때 C(g)의 질량은 $10w$ g이고 $x=10w$이다. t_2에서 t_3이 될 때 반응한 A(g)의 질량과 생성된 C(g)의 질량은 각각 $2w$ g, $10w$ g이므로

$\frac{\text{A의 분자량}}{\text{C의 분자량}}=\frac{\frac{2w}{1}}{\frac{10w}{2}}=\frac{2}{5}$이다. 따라서 $x\times\frac{\text{A의 분자량}}{\text{C의 분자량}}=4w$이다.

실전 모의고사 4회 본문 127~131쪽

01 ③	02 ⑤	03 ③	04 ⑤	05 ⑤
06 ⑤	07 ③	08 ④	09 ①	10 ⑤
11 ②	12 ③	13 ④	14 ③	15 ②
16 ③	17 ②	18 ③	19 ③	20 ③

01 생활 속의 화학

아세트산은 식초의 성분으로 수용액에서 산성을 띠고, 암모니아를 원료로 하는 질소 비료는 식량 문제 해결에 크게 기여하였다.

㉠. (가)를 물에 녹이면 산성 수용액이 된다.

㉡. (나)는 인류 식량 문제를 개선하는 데 기여하였다.

~~ㄷ~~. (가)의 수용액과 (나)의 수용액을 혼합하면 중화 반응이 일어난다. 중화 반응은 주위로 열을 방출하는 발열 반응이다.

02 양자수

Ⓐ. 주 양자수(n)는 $n=1, 2, 3, 4 \cdots$, 방위(부) 양자수(l)는 $l=0, 1, 2 \cdots n-1$의 값을 가지므로 한 오비탈이 가질 수 있는 방위(부) 양자수(l)는 그 오비탈의 주 양자수(n)보다 클 수 없다.

Ⓑ. 자기 양자수(m_l)는 $m_l=-l$부터 $+l$까지의 정수의 값을 가지므로 한 오비탈이 가질 수 있는 |자기 양자수(m_l)|은 그 오비탈의 방위(부) 양자수(l)보다 클 수 없다.

Ⓒ. 스핀 자기 양자수(m_s)는 $m_s=+\frac{1}{2}, -\frac{1}{2}$의 2가지 값을 가지므로 1개의 오비탈에는 스핀 자기 양자수(m_s)가 다른 2개의 전자가 최대로 들어갈 수 있다.

03 공유 결합의 종류

(가)(A_2)와 (나)(BA) 모두 분자이므로 공유 결합 물질이다.

㉠. (가)는 전기 음성도가 같은 두 원자 사이의 공유 결합으로 무극성 공유 결합이 있다.

~~ㄴ~~. (나)에서 B가 부분적인 음전하(δ^-)를 띠므로 전기 음성도는 B가 A보다 크다.

㉢. (나)는 전기 음성도가 다른 두 원자 사이의 공유 결합으로 이루어진 극성 분자이므로 분자의 쌍극자 모멘트가 0이 아니다.

04 루이스 전자점식

X는 산소(O), Y는 플루오린(F), Z는 탄소(C)이다.

㉠. (가)(OF_2)에서 $\frac{\text{공유 전자쌍 수}}{\text{비공유 전자쌍 수}}=\frac{2}{8}=\frac{1}{4}$이다.

㉡. 전기 음성도가 O>C이므로 (나) ZX_2(CO_2)에서 X(O)는 부분적인 음전하(δ^-)를 띤다.

㉢. ZXY_2는 COF_2로 구조식은 다음과 같고, 분자 모양은 평면 삼각형이다.

```
    O
    ‖
F—C—F
```

05 오비탈과 전자 배치

㉠. 바닥상태 전자 배치일 때, 같은 주기 원자들은 전자가 들어 있는 s 오비탈 수가 같다.

㉡. 바닥상태 전자 배치일 때, 같은 주기 15~18족 원자들은 전자가 들어 있는 오비탈 수가 같다.

㉢. (다)에 해당하는 원자의 전체 전자 수는 s 오비탈에 들어 있는 전자 수와 p 오비탈에 들어 있는 전자 수의 합인 11이다.

06 순차 이온화 에너지

$\frac{E_3}{E_2}$는 X가 매우 크므로 X는 2족 원소이며, W~Z는 원자 번호가 연속인 2주기 원자이므로 W는 Li, X는 Be, Y는 B, Z는 C이다.

㉠. 제1 이온화 에너지(E_1)는 Z(C)>X(Be)이다.

㉡. 제2 이온화 에너지(E_2)는 Y(B)>Z(C)이다.

㉢. 원자가 전자가 느끼는 유효 핵전하는 같은 주기에서 원자 번호가 증가할수록 커지므로 X(Be)>W(Li)이다.

07 원자 반지름과 이온 반지름

W 이온과 X 이온은 Ne의 전자 배치를 갖는 이온이고, Y 이온과 Z 이온은 Ar의 전자 배치를 갖는 이온이다. W와 Y는 비금속 원소, X와 Z는 금속 원소이므로 W는 2주기 비금속 원소, X는 3주기 금속 원소, Y는 3주기 비금속 원소, Z는 4주기 금속 원소임을 알 수 있다.

㉠. X와 Y는 모두 3주기 원소이다.

㉡. W~Z 중 4주기 금속 원소인 Z의 원자 번호가 가장 크다.

~~ㄷ~~. 전자 수가 같은 이온의 반지름은 원자 번호가 클수록 작아지므로 이온 반지름은 W가 X보다 크다.

08 분자의 구조와 성질

3가지 분자 CF_4, NF_3, FCN 중 구성 원자가 모두 동일 평면에 존재하는 분자는 FCN이다.

~~ㄱ~~. ㉠에 FCN이 분류되므로 ㉡과 ㉢은 각각 CF_4와 NF_3 중 하나이다. CF_4와 NF_3는 중심 원자가 C와 N로 서로 다르다.

㉡. CF_4는 무극성 분자이고, NF_3는 극성 분자이므로 분자당 구성 원자 수가 ㉡(CF_4)>㉢(NF_3)일 때, '분자의 쌍극자 모멘트가 0인가?'는 (가)로 적절하다.

㉢. 전기 음성도는 F>N>C이므로 FCN에서 중심 원자 C의 산화수는 +4, NF_3에서 중심 원자 N의 산화수는 +3, CF_4에서 중심 원자 C의 산화수는 +4이다. 따라서 ㉢의 중심 원자의 산화수가 ㉠(FCN)의 +4와 같다면 ㉢은 CF_4이고, (가)에 '중심 원자에 비공유 전자쌍이 있는가?'가 들어가면 ㉡에는 NF_3가, ㉢에는 CF_4가 분류될 수 있다.

09 전자 배치와 화학 결합

바닥상태 전자 배치에서 같은 주기의 원자들은 전자가 들어 있는 s 오비탈 수가 모두 같다(2주기 원자의 전자가 들어 있는 s 오비탈 수=2이고, 3주기 원자의 전자가 들어 있는 s 오비탈 수=3). 따라서

X~Z는 모두 같은 주기 원소이고, $\frac{p \text{ 오비탈에 들어 있는 전자 수}}{\text{전자가 들어 있는 } p \text{ 오비탈 수}}$는 X : Y : Z=3 : 3 : 5에서 X(또는 Y) : Z=3 : 5의 비를 만족하는 원자 Z는 F$\left(\frac{5}{3}\right)$뿐이다. X~Z는 모두 2주기 원자로 X와 Y는 각각 B, C, N 중 하나이고, 분자 (가)~(다)에서 모든 원자는 옥텟 규칙을 만족하므로 X와 Y는 각각 C, N 중 하나이다. 구성 원소가 X와 Z이고, 옥텟 규칙을 만족하면서 $\frac{\text{비공유 전자쌍 수}}{\text{공유 전자쌍 수}}=2$를 만족하는 (가)는 N_2F_2(F−N=N−F)이므로 X는 N이고, Y는 C이다. (나)는 구성 원소가 X(N)와 Z(F)이고 화학식이 XZ_3이므로 NF_3(F−N−F, N 아래 F)이다. 구성 원소가 Y(C)와 Z(F)이고, 옥텟 규칙을 만족하면서 $\frac{\text{비공유 전자쌍 수}}{\text{공유 전자쌍 수}}=\frac{6}{5}$을 만족하는 (다)는 C_2F_2 (F−C≡C−F)이다.

㉠. (가)는 N_2F_2로 구성 원자 수 비 ㉠이 1 : 1이고, (다)는 C_2F_2로 구성 원자 수 비 ㉡이 1 : 1이다.

✕. (나)는 NF_3로 $\frac{\text{비공유 전자쌍 수}}{\text{공유 전자쌍 수}}(=a)=\frac{10}{3}$이다.

✕. (가)~(다)에서 다중 결합이 있는 분자는 (가)와 (다) 2가지이다.

10 동위 원소 존재비와 평균 원자량

X의 평균 원자량이 $m+\frac{4}{5}$이므로 $b>a$이다. Y의 평균 원자량이 $n+\frac{1}{2}$이므로 $c>d$이다.

㉠. $b>a$, $c>d$이므로 $\frac{b}{a}>1$, $\frac{d}{c}<1$이다. 따라서 $\frac{b}{a}>\frac{d}{c}$이다.

㉡. X의 평균 원자량$\left(m+\frac{4}{5}\right)$은 두 동위 원소의 원자량 m과 $m+1$을 4 : 1로 내분하는 값이므로 $a=20$, $b=80$이다. Y의 평균 원자량$\left(n+\frac{1}{2}\right)$은 두 동위 원소의 원자량 n과 $n+2$를 1 : 3으로 내분하는 값이므로 $c=75$, $d=25$이다. 따라서 $b>c$이다.

㉢. $n>m+1$이므로 원자량은 ${}^{n}Y$가 ${}^{m+1}X$보다 크다. 1 g의 ${}^{m+1}X$에 들어 있는 원자 수>1 g의 ${}^{n}Y$에 들어 있는 원자 수이므로, $\frac{1\text{ g의 } {}^{m+1}X\text{에 들어 있는 원자 수}}{1\text{ g의 } {}^{n}Y\text{에 들어 있는 원자 수}}>1$이다.

11 화학 반응식과 양적 관계

화학 반응 전후 전체 기체의 부피 변화를 통해 생성물의 양을 유추할 수 있다.

✕. 실험 Ⅰ에서 전체 기체의 부피 변화가 $2.5V$일 때 생성물의 양(mol)이 m이므로 실험 Ⅱ에서 전체 기체의 부피 변화가 $1.5V$일 때 생성물의 양(mol)은 $\frac{3}{5}m$이다. 따라서 $n=\frac{3}{5}m$이다.

㉡. 실험 Ⅱ에서와 실험 Ⅲ에서의 생성물의 양(mol)이 n으로 같으므로 실험 Ⅲ에서 전체 기체의 부피 변화도 $1.5V$이다. 따라서 ㉠은 $4.5V$이다.

✕. 실험 Ⅰ~Ⅲ에서 반응 후 실린더에 존재하는 물질은 B(g)와 C(g)이므로 Ⅰ~Ⅲ에서 A(g)는 모두 반응한다. 생성물의 양(mol)은 반응한 A(g)의 양(mol)에 따라 결정된다. 실험 Ⅱ와 Ⅲ에서 생성물의 양(mol)은 n으로 같으므로 반응한 A(g)의 양(mol)도 같다. 실험 Ⅰ에서 생성물의 양(mol) $m=\frac{5}{3}n$이므로 반응 전 실린더에 넣어 준 A(g)의 양(mol)은 Ⅰ에서가 Ⅲ에서의 $\frac{5}{3}$배이다.

12 용액의 농도

용액의 몰 농도(M)$=\frac{\text{용질의 양(mol)}}{\text{용액의 부피(L)}}$이므로 용질의 양(mol)은 용액의 몰 농도(M)×용액의 부피(L)이다.

㉠. (가)에서 용질의 양은 0.1 M×300 mL=30 mmol=$500x$ mmol이므로 $x=\frac{3}{50}$이다. (나)에서 용질의 양은 $\frac{3}{50}$ M×250 mL+$\frac{y}{40}$×1000 mmol=0.3 M×500 mL이므로 $y=\frac{27}{5}$이다. 따라서 $\frac{y}{x}=90$이다.

㉡. 0.3 M NaOH(aq) 500 mL 속 용질의 양(mmol)은 150이다. (나)에서 만든 수용액 일부와 물을 이용하여, (다)에서 z M NaOH(aq) V mL를 만들 때 수용액 속 용질의 양(mmol)은 150을 넘을 수 없으므로 $z\times V<150$, $z<\frac{150}{V}$이다.

✕. (다)에서 $z=0.2$, $V=500$일 때 용질의 양(mmol)은 100이고, NaOH의 화학식량이 40이므로 용질의 질량은 4 g이다. t°C에서 z M NaOH(aq)의 밀도가 d g/mL이므로 500 mL인 용액의 질량은 $500d$ g이다. 따라서 (다) 수용액 1 g에 들어 있는 NaOH의 질량은 $\frac{4}{500d}$ g이다.

13 가역 반응과 동적 평형

같은 양(mol)의 X(l)를 밑면적이 같고 높이가 다른 두 밀폐 진공 용기에 넣으면 동적 평형 상태에 도달하는 시간이 달라질 수 있다.

✕. (가)에서는 $2t$일 때 동적 평형 상태에 도달하였고 (나)에서는 $2t$와 $3t$ 사이에 동적 평형 상태에 도달하였으므로, X의 $\frac{\text{응축 속도}}{\text{증발 속도}}$는 (가)의 $3t$에서는 1이고, (나)의 $2t$에서는 1보다 작다. 따라서 $b=1$이고, $d<1$이므로 $b>d$이다.

㉡. (가)는 $2t$일 때 $\frac{\text{응축 속도}}{\text{증발 속도}}=1$이 되고, (나)는 $2t$와 $3t$ 사이에서 $\frac{\text{응축 속도}}{\text{증발 속도}}=1$이 된다. (가)에서가 (나)에서보다 먼저 동적 평형 상태에 도달하였으므로 t일 때 (가)에서의 $\frac{\text{응축 속도}}{\text{증발 속도}}(=a)$가 (나)에서의 $\frac{\text{응축 속도}}{\text{증발 속도}}(=c)$보다 크다.

㉢. 동적 평형 상태에 도달하였을 때 증발된 X의 양(mol)은 (나)에서가 (가)에서보다 많으므로 $3t$일 때 $\frac{X(g)\text{의 양(mol)}}{X(l)\text{의 양(mol)}}$은 (나)에서가 (가)에서보다 크다.

14 중화 적정 실험

식초 10 mL에 물을 넣어 50 mL 수용액으로 희석한 용액 중 30 mL를 취한 용액이 0.1 M NaOH(aq) b mL에 의해 중화 적정되었으므로 $nMV=n'M'V'$에 의해 적정에 사용된 아세트산의 양(mmol)은 $0.1\times b$이고 이를 질량(g)으로 환산하면 $\frac{0.1\times b\times 60}{1000}=\frac{6b}{1000}$임을 알 수 있다(아세트산의 분자량=60). (가)의 식초에 들어 있는 아세트산의 질량(g)은 $\frac{6b}{1000}$의 $\frac{5}{3}$배이므로 $\frac{b}{100}$이다. (가)에서 측정한 10 mL 식초의 질량(w)이 a g이므로 식초 1 g에 들어 있는 아세트산의 질량(g)은 $\frac{\frac{b}{100}}{a}=\frac{b}{100a}$이다.

15 산화 환원 반응식의 완결

$2MO_4^- + aH_2O_2 + bH^+ \longrightarrow 2M^{m+} + cO_2 + dH_2O$ 반응식의 M의 산화물(MO_4^-)에서 산소(O)의 산화수는 -2이고 과산화물에서 산소(O)의 산화수는 -1이다. MO_4^- 1 mol이 반응할 때 생성되는 H_2O은 4 mol이므로 $d=8$이다.

반응 전후 산소(O)의 원자 수는 일정하므로 $8+2a=2c+8$, $a=c$(식 ①)임을 알 수 있다. 반응 전후 수소(H)의 원자 수가 일정하므로 $2a+b=16$(식 ②)이다. $\frac{a+c}{b+d}=\frac{5}{7}=\frac{10}{14}$에서 $d=8$이므로 $\frac{2a}{b+8}=\frac{10}{14}$(식 ③)이다. 따라서 $a=c=5$, $b=6$이다.

ㄱ. 화학 반응식을 완성하면 다음과 같다.

$2MO_4^- + 5H_2O_2 + 6H^+ \longrightarrow 2M^{m+} + 5O_2 + 8H_2O$

증가한 산화수의 합과 감소한 산화수의 합은 같으므로

$10(0-(-1))=2(7-m)$에서 $m=2$이다.

ㄴ. MO_4^-에서 M의 산화수는 $+7$이고, M의 산화수가 $+7$에서 $+2$로 감소하므로 1 mol의 MO_4^-이 반응할 때 이동한 전자의 양은 5 mol이고, 2 mol의 MO_4^-이 반응할 때 이동한 전자의 양은 10 mol이다.

ㄷ. 산화제는 MO_4^-이고, 환원제는 H_2O_2이므로 산화제와 환원제는 2 : 5의 몰비로 반응한다.

16 산화 환원 반응

(나)에서 X^+ $4N$ mol이 반응하여 Y^{m+} $2N$ mol이 생성되었으므로 $m=2$이다. (가)에서의 X^+ $6N$ mol이 모두 반응하여 (다)에서 Z^{n+} $2N$ mol이 생성되었으므로 $n=3$이다.

ㄱ. $m=2$, $n=3$이다.

ㄴ. (다)에서 X^+이 $Z(s)$에 의해 환원되었으므로 Z^{n+}이 존재하는 (다)의 수용액에 $X(s)$를 넣어 주어도 산화 환원 반응이 일어나지 않는다.

ㄷ. X^+ $6N$ mol이 존재하는 (가)의 비커 속 수용액에 $Y(s)$ $4N$ mol을 넣어 반응을 완결시키면 Y^{2+} $3N$ mol이 생성되고 $Y(s)$ N mol이 반응하지 않고 남게 된다. 따라서 반응 후 비커 속에 존재하는 $\frac{Y^{m+}(aq)\text{의 양(mol)}}{Y(s)\text{의 양(mol)}}=3$이다.

17 물의 이온화 상수와 pH

수용액 (다)에서 $\frac{[OH^-]}{[H_3O^+]}=1\times10^{-10}$이므로 (다)는 $[H_3O^+]>[OH^-]$인 산성 용액이고, $|pH-pOH|=10.0$이며 $pH+pOH=14.0$를 만족해야 하므로 $pH=2.0$, $pOH=12.0$이다. 따라서 ㉠은 pH이고, ㉡은 pOH이다. (가)에서 $\frac{[OH^-]}{[H_3O^+]}=1\times10^{12}$이므로 (가)는 $pH=13.0$, $pOH=1.0$인 염기성 용액이다. 수용액 (나)는 $pOH=7.0$인 중성 용액이다.

ㄱ. $[OH^-]$의 비는 (가) : (다)$=10^{-1} : 10^{-12}=10^{11} : 1$이다.

ㄴ. $\frac{\text{(나)에서 } H_3O^+\text{의 양(mol)}}{\text{(다)에서 } OH^-\text{의 양(mol)}}=\frac{10^{-7}\times 9V}{10^{-12}\times V}=9\times10^5$이다.

ㄷ. (다)의 산성 수용액에 (나)의 중성 수용액을 혼합하면 $[H_3O^+]$가 감소하고 pH가 증가한다. (나)와 (다)를 모두 혼합하면 산성 수용액의 전체 부피가 V에서 $10V$로 10배 증가하므로 $[H_3O^+]$는 10^{-2} M에서 10^{-3} M으로 10배 작아진다. 이때 pH=2.0에서 pH=3.0으로 1만큼 증가하므로 pOH=11.0이다. 따라서 ㉡은 11.0이다.

18 중화 반응의 양적 관계

HA(aq) 10 mL와 $B(OH)_2(aq)$의 혼합 용액에 존재하는 양이온의 가짓수가 2이면 H^+과 B^{2+}이므로 (다)의 액성은 산성이다. HA(aq) 10 mL와 $B(OH)_2(aq)$의 혼합 수용액에 존재하는 양이온의 가짓수가 1인 (가)와 (나)의 액성은 중성 또는 염기성인데, (가)~(다)의 액성은 모두 다르며, 각각 산성, 중성, 염기성 중 하나이므로 (가)와 (나) 중 양이온 B^{2+}의 양(mol)이 더 많은 (나)가 염기성이고, (가)가 중성이다. (가)에 존재하는 양이온 B^{2+}의 양(mol)이 N이고, 이때 수용액의 전체 전하량은 0이므로 (가)에 존재하는 음이온 A^-의 양(mol)은 $2N$이다. 혼합 전 HA(aq)의 부피는 모두 10 mL로 같으므로 (가)~(다)에 존재하는 A^-의 양(mol)은 각각 $2N$으로 같고, 염기성인 (나)에 존재하는 양이온 B^{2+}의 양(mol)이 $1.5N$이므로 (나)에 존재하는 음이온의 종류와 양(mol)은 A^- $2N$과 OH^- N이다. 혼합 용액 (가)~(다)의 액성 및 혼합 용액에 존재하는 이온의 종류와 양(mol)을 정리하면 다음과 같다.

혼합 용액	(가)	(나)	(다)
액성	중성	염기성	산성
혼합 용액에 존재하는 양이온의 종류와 양(mol)	B^{2+} N	B^{2+} $1.5N$	B^{2+} $aN(=0.5N)$, H^+ $bN(=N)$
혼합 용액에 존재하는 음이온의 종류와 양(mol)	A^- $2N$	A^- $2N$, OH^- N	A^- $2N$
모든 음이온의 몰 농도(M) 합 (상댓값)		x	y

(다)에 존재하는 양이온의 양(mol)이 $1.5N$이고, 양이온과 음이온의 전하량 합이 0임을 활용하면(식 ① : $a+b=1.5$, 식 ② : $2a+b=2$) B^{2+}의 양(mol)은 $0.5N(a=0.5)$, H^+의 양(mol)은 N($b=1$)임을 알 수 있다.

HA(aq)과 $B(OH)_2(aq)$의 단위 부피당 음이온 수가 같으므로 HA(aq)과 $B(OH)_2(aq)$의 몰 농도비는 2 : 1이다. 따라서 (가)의 액성이 중성이므로 (가)는 HA(aq) 10 mL에 $B(OH)_2(aq)$ 10 mL를 혼합하였음을 알 수 있다. 혼합 용액에 존재하는 구경꾼 이온 B^{2+}의 양(mol)을 통해 넣어 준 $B(OH)_2(aq)$의 부피는 (가)에서가 10 mL, (나)에서가 15 mL, (다)에서가 5 mL임을 알 수 있고, 혼합 용액의 전체 부피비는 (가) : (나) : (다)=20 mL : 25 mL : 15 mL=4 : 5 : 3임을 알 수 있다. 따라서 $x=\frac{3N}{25}$, $y=\frac{2N}{15}$이고, $\frac{y}{x}=\frac{10}{9}$이다.

19 화학식량과 몰

기체의 온도와 압력이 일정할 때 분자당 구성 원자 수는 단위 부피당 전체 원자 수에 비례한다. 분자당 구성 원자 수 비는 $X_{2a}Y_b : X_aY_c$ =2 : 1이므로 $b=2c$이다. 따라서 실린더 (가)와 (나)에 들어 있는 기체는 각각 $X_{2a}Y_{2c}$, X_aY_c이다.

ㄱ. $b=2c$이다.

ㄴ. 실린더 속 기체 분자 수 비는 (가) : (나)=1 : 2이므로 (가)와 (나)에 들어 있는 X 원자 수가 같고, Y 원자 수도 같다. 따라서 (가)와 (나)에 들어 있는 기체의 전체 질량은 같다.

(가)에서 $\frac{\text{Y 원자 수}}{\text{X 원자 수}}=\frac{2c}{2a}$, (나)에서 $\frac{\text{Y 원자 수}}{\text{X 원자 수}}=\frac{c}{a}$로 서로 같다.

따라서 $\frac{\text{(나)의 기체 } w\text{ g에 들어 있는 Y 원자 수}}{\text{(가)의 기체 } w\text{ g에 들어 있는 X 원자 수}}=\frac{c}{a}$이므로

$\frac{\text{(나)의 기체 } 2w\text{ g에 들어 있는 Y 원자 수}}{\text{(가)의 기체 } w\text{ g에 들어 있는 X 원자 수}}=\frac{2c}{a}$이고, $b=2c$이므로

$\frac{\text{(나)의 기체 } 2w\text{ g에 들어 있는 Y 원자 수}}{\text{(가)의 기체 } w\text{ g에 들어 있는 X 원자 수}}=\frac{b}{a}$이다.

ㄷ. (가)에서 $X_{2a}Y_b$ $2w$ g의 부피가 $0.5V$이므로 w g의 부피는 $0.25V$이다. (나)에서 X_aY_c $2w$ g의 부피가 V이므로 $4w$ g의 부피는 $2V$이다. 따라서 두 기체를 혼합한 실린더 속 전체 기체의 밀도(g/L)는 $\frac{5w}{2.25V}=\frac{20w}{9V}$이다.

20 화학 반응식과 양적 관계

온도와 압력이 같을 때 실린더 속 전체 기체의 양(mol)은 실린더 속 전체 기체의 부피(L)에 비례한다. 반응 전과 후 실린더 속 전체 기체의 부피 변화량을 알면 반응한 반응물의 양(mol)과 생성된 생성물의 양(mol)을 알 수 있다. t℃, 1 atm에서 기체 1 mol의 부피를 V L라고 했을 때, $A(g)+3B(g) \longrightarrow 2C(g)$에서 실린더 속 전체 기체의 부피가 반응 전 $4V$ L에서 반응 후 $2V$ L로 $2V$ L만큼 감소했다면, 반응한 $A(g)$와 $B(g)$는 각각 1 mol과 3 mol이며, 이때 생성된 $C(g)$는 2 mol이다. 따라서 (가)와 (나)에서 실린더 속 전체 기체의 부피가 반응 전 $12V$ L에서 반응 후 $8V$ L로 $4V$ L만큼 감소했으므로 반응한 $A(g)$와 $B(g)$는 각각 2 mol과 6 mol이며, 이때 생성된 $C(g)$는 4 mol이다.

(나)의 실린더에 w g의 $B(g)$를 추가하여 $C(g)$ $2y$ g이 더 생성되었으므로 (나) 과정 후 실린더에 존재하는 기체는 $A(g)$와 $C(g)$이고, 그 양은 각각 4 mol로 같다. (가)와 (나)에서 x g의 $B(g)$가 모두 반응하여 y g의 $C(g)$를 생성하였고, (다)에서 w g의 $B(g)$가 모두 반응하여 $2y$ g의 $C(g)$를 생성하였으므로 $w=2x$이다. (가)~(다)에서 화학 반응의 양적 관계는 다음과 같다.

	$A(g)$	+	$3B(g)$	⟶	$2C(g)$
(가)(mol)	6		6(=x g)		
반응(mol)	−2		−6		+4
(나)(mol)	4		0		4(=y g)

	$A(g)$	+	$3B(g)$	⟶	$2C(g)$
(다)(mol)	4		12(=w g=$2x$ g)		4(=y g)
반응(mol)	−4		−12		+8(=$2y$ g)
반응 후(mol)	0		0		12(=$3y$ g)

ㄱ. B 6 mol의 질량이 x g이고, C 4 mol의 질량이 y g이므로 $\frac{\text{C의 분자량}}{\text{B의 분자량}}=\frac{3y}{2x}$이다. $w=2x$이므로 $\frac{\text{C의 분자량}}{\text{B의 분자량}}\times w=3y$이다.

ㄴ. 실린더 속 $\frac{A(g)\text{의 양(mol)}}{\text{전체 기체의 양(mol)}}$은 (가)에서 $\frac{6}{12}$, (나)에서 $\frac{4}{8}$로 같다.

ㄷ. (가)에서 실린더 속 전체 기체의 부피(L)는 $12V$, (다)에서 반응 후 실린더 속 전체 기체의 부피(L)는 $12V$로 같다. 실린더 속 전체 기체의 질량은 (다)에서가 (가)에서보다 크므로 t℃에서 실린더 속 전체 기체의 밀도(g/L)는 (다)에서가 (가)에서보다 크다.

실전 모의고사 5회

본문 132~136쪽

01 ⑤	02 ⑤	03 ④	04 ①	05 ⑤
06 ②	07 ②	08 ①	09 ③	10 ③
11 ②	12 ②	13 ④	14 ③	15 ④
16 ⑤	17 ②	18 ③	19 ⑤	20 ⑤

01 화학 반응에서 열의 출입

식물이 태양으로부터 빛에너지를 흡수하는 과정은 흡열 과정이므로 광합성은 빛에너지를 흡수하는 흡열 반응이다.

02 화학 결합 모형

XY_2에서 X, Y의 원자가 전자 수는 각각 6, 7이고, 모두 2주기 원소이므로 X는 산소(O), Y는 플루오린(F)이다.

ZX에서 Z는 4주기 2족 원소이므로 칼슘(Ca)이다.

ㄱ. Y(F)는 2주기 원소이다.

ㄴ. Z는 칼슘(Ca)이므로 $Z(s)$는 전성(펴짐성)이 있다.

ㄷ. ZY_2는 CaF_2이므로 이온 결합 물질이다.

03 전자쌍 반발 이론

전자쌍 사이의 반발력의 크기는 비공유 전자쌍－비공유 전자쌍＞비공유 전자쌍－공유 전자쌍＞공유 전자쌍－공유 전자쌍이다. 중심 원자에 4개의 전자쌍이 있는 CH_4, NH_3, H_2O 분자에서 비공유 전자쌍 수가 많을수록 전자쌍 사이의 반발력은 증가하므로 결합각은 작다.

04 동적 평형

ㄱ. t_3일 때 동적 평형 상태에 도달하였으므로 t_3이 될 때까지 $H_2O(g)$의 응축 속도는 증가한다. 따라서 $H_2O(g)$의 양(mol)은 증가하므로 $d>c$이다.

ㄴ. 동적 평형 상태에 도달할 때까지 $H_2O(l)$의 양(mol)은 감소하고, $H_2O(g)$의 양(mol)은 증가하므로 $a>b$이고, $e>d$이다. 따라서 $\frac{e}{d}>\frac{b}{a}$이다.

ㄷ. 온도가 일정할 때 동적 평형 상태에 도달할 때까지 $\frac{H_2O(l)\text{의 증발 속도}}{H_2O(g)\text{의 응축 속도}}>1$이고, 동적 평형 상태에서 $\frac{H_2O(l)\text{의 증발 속도}}{H_2O(g)\text{의 응축 속도}}=1$이므로 $\frac{H_2O(l)\text{의 증발 속도}}{H_2O(g)\text{의 응축 속도}}$는 t_2일 때가 t_3일 때보다 크다.

05 화학 반응식

반응 전 $X_2Y_{2m}(g)$과 $Z_2(g)$가 각각 x mol, y mol이 들어 있다고 하면, 화학 반응의 양적 관계는 다음과 같다.

	X_2Y_{2m}	+ aZ_2	⟶ $2XZ_m$	+ bY_2Z
반응 전(mol)	x	y		
반응(mol)	$-x$	$-ax$	$+2x$	$+bx$
반응 후(mol)	0	$y-ax$	$2x$	bx

반응 전과 후 실린더 속 전체 기체의 부피는 V L로 같으므로 $x+y=y-ax+2x+bx$에서 $a-1=b$(식 ①)이다.

반응 전과 후 원자 수는 같아야 하므로 Y 원자 수에서 $2m=2b$(식 ②)이고, Z 원자 수에서 $2a=2m+b$(식 ③)이다.

식 ②와 식 ③에서 $2a=3b$이고, 식 ①에서 $a=3$, $b=2$이므로 식 ③에서 $m=2$이다. 따라서 $m\times\frac{a}{b}=2\times\frac{3}{2}=3$이다.

06 분자의 구조와 원소의 주기성

홀전자 수는 C가 2, N가 3, O가 2, F이 1이다. XWY_2에서 중심 원자는 X이므로 X는 C이다. W~Z의 홀전자 수를 각각 w~z라고 하면, W_2Y_2에서 $w+y=3$이고, Z_2Y_2에서 $z+y=4$이므로 $z-w=1$이다.

w가 1이면, y와 z는 2이지만 $x=2$이므로 자료에 부합하지 않는다. 따라서 w는 2, y는 1, z는 3이므로 W~Z는 각각 O, C, F, N이다.

ㄱ. W는 산소(O)이다.

ㄴ. Z_2Y_2는 N_2F_2이므로 비공유 전자쌍 수는 8, XWY_2는 COF_2이므로 비공유 전자쌍 수는 8이다. 따라서 비공유 전자쌍 수는 Z_2Y_2와 XWY_2가 같다.

ㄷ. 원자가 전자가 느끼는 유효 핵전하는 같은 주기에서 원자 번호가 클수록 크므로 Y(F)＞Z(N)이다.

07 산화 환원 반응

B w g의 양을 xN mol이라고 하면, Ⅰ에서 화학 반응의 양적 관계는 다음과 같다.

	aA^{2+}	+ bB	⟶ aA	+ bB^{n+}
반응 전(mol)	$4N$	xN		
반응(mol)	$-\frac{ax}{b}N$	$-xN$	$+\frac{ax}{b}N$	$+xN$
반응 후(mol)	$4N-\frac{ax}{b}N$	0	$\frac{ax}{b}N$	xN

Ⅱ에서 화학 반응의 양적 관계는 다음과 같다.

	aA^{2+}	+ bB	⟶ aA	+ bB^{n+}
반응 전(mol)	$4N$	$2xN$		
반응(mol)	$-4N$	$-\frac{4b}{a}N$	$+4N$	$+\frac{4b}{a}N$
반응 후(mol)	0	$2xN-\frac{4b}{a}N$	$4N$	$\frac{4b}{a}N$

B w g이 모두 반응했을 때 수용액 속 금속 양이온의 양(mol)은 N 감소했으므로 Ⅰ → Ⅱ에서 감소한 금속 양이온의 양(mol)은 $\frac{1}{3}N$에서 반응한 B의 질량(g)은 $\frac{1}{3}w$이다.

Ⅱ에서 금속 양이온은 B^{n+}만 존재하므로 $\frac{4b}{a}N=\frac{8}{3}N$에서 $2a=3b$이고, Ⅰ에서 금속 양이온의 양(mol)은 $4N-\frac{ax}{b}N+xN=3N$에서 $x=2$이다. 이동하는 전자의 양(mol)은 같아야 하므로 $2a=bn$에서 $n=3$이다.

ㄱ. A^{2+}은 환원되므로 산화제이다.

ㄴ. $n=3$이다.

✗. Ⅰ → Ⅱ에서 감소한 금속 양이온의 양(mol)은 $\frac{1}{3}N$이고 반응한 B의 질량은 $\frac{1}{3}w$ g이므로 반응 후 남은 B의 질량은 $\frac{2}{3}w$ g이다.

08 2, 3주기 원자의 바닥상태 전자 배치

$n+l=3$인 오비탈은 $2p$ 오비탈과 $3s$ 오비탈이다. 2, 3주기 원자의 $l=1$인 오비탈에 들어 있는 전자 수(x)와 $\frac{n+l=3\text{인 오비탈에 들어 있는 전자 수}}{n\text{가 가장 큰 오비탈에 들어 있는 전자 수}}$($y$)는 다음과 같다.

원자	Li	Be	B	C	N	O	F	Ne
x	0	0	1	2	3	4	5	6
y	0	0	$\frac{1}{3}$	$\frac{2}{4}$	$\frac{3}{5}$	$\frac{4}{6}$	$\frac{5}{7}$	$\frac{6}{8}$
원자	Na	Mg	Al	Si	P	S	Cl	Ar
x	6	6	7	8	9	10	11	12
y	$\frac{7}{1}$	$\frac{8}{2}$	$\frac{8}{3}$	$\frac{8}{4}$	$\frac{8}{5}$	$\frac{8}{6}$	$\frac{8}{7}$	$\frac{8}{8}$

$l=1$인 오비탈에 들어 있는 전자 수의 비는 X : Y=2 : 5에서 X가 C이면, Y는 F이고, X가 O이면, Y는 S이다.

Y가 F이면 $\frac{n+l=3\text{인 오비탈에 들어 있는 전자 수}}{n\text{가 가장 큰 오비탈에 들어 있는 전자 수}}$의 비는 Y : Z =1 : 2에서 자료에 부합하는 Z가 없으므로 X는 O, Y는 S이고, $\frac{n+l=3\text{인 오비탈에 들어 있는 전자 수}}{n\text{가 가장 큰 오비탈에 들어 있는 전자 수}}$의 비는 Y : Z=1 : 2에서 Z는 Al이다.

㉠. 2주기 원소는 X(O) 1가지이다.

✗. $l=1$인 오비탈은 p 오비탈이고, X(O)와 Z(Al)의 p 오비탈에 들어 있는 전자 수는 각각 4, 7이다. 따라서 $l=1$인 오비탈에 들어 있는 전자 수는 Z>X이다.

✗. 원자가 전자 수는 Y(S)가 6, Z(Al)가 3이므로 Y>Z이다.

09 분자 구조

(나)에서 Y는 공유 전자쌍 수가 4이고, 옥텟 규칙을 만족하므로 원자가 전자 수가 4인 탄소(C)이고, W는 공유 전자쌍 수가 2이고, 옥텟 규칙을 만족하므로 원자가 전자 수가 6인 산소(O)이다. (다)에서 X는 공유 전자쌍 수가 3이고, 옥텟 규칙을 만족하므로 원자가 전자 수가 5인 질소(N)이고, Z는 공유 전자쌍 수가 1이고, 옥텟 규칙을 만족하므로 원자가 전자 수가 7인 플루오린(F)이다. 따라서 (가)~(다)는 각각 OF_2, CO_2, FCN이다.

㉠. (가)~(다)에서 극성 분자는 OF_2, FCN이므로 2가지이다.

㉡. (가)는 굽은 형, (다)는 직선형이므로 결합각은 (다)>(가)이다.

✗. (다)는 FCN이므로 전기 음성도가 가장 작은 Y(C)는 부분적인 양전하(δ^+)를 띤다.

10 원자가 전자 수와 전기 음성도

2, 3주기 바닥상태 원자에서 p 오비탈에 들어 있는 전자 수(n)는 다음과 같다.

원자	Li	Be	B	C	N	O	F	Ne
n	0	0	1	2	3	4	5	6
원자	Na	Mg	Al	Si	P	S	Cl	Ar
n	6	6	7	8	9	10	11	12

X~Z에서 원자가 전자 수는 $n+1$, n, $n+1$이고 p 오비탈에 들어 있는 전자 수의 합은 17이므로 X~Z의 가능한 조합은 (C, Al, Si) 또는 (N, O, S)이다. X~Z가 (C, Al, Si)이면, X와 Z의 원자가 전자 수는 같으므로 X와 Z는 C 또는 Si이고 Y는 Al인데, 전기 음성도는 C>Si>Al이므로 자료에 부합하지 않는다. X~Z가 (N, O, S)이면, X와 Z의 원자가 전자 수는 같으므로 X와 Z는 O 또는 S이고, Y는 N이다. 전기 음성도는 O>N이므로 X는 O이고, Z는 S이다.

㉠. Y는 N, X는 O이므로 원자 반지름은 Y>X이다.

✗. Y(N)와 Z(S)의 홀전자 수는 각각 3, 2이므로 홀전자 수는 Y>Z이다.

㉢. 제2 이온화 에너지는 X(O)>Y(N)이다.

11 동위 원소

✗. 존재 비율이 20%인 X의 원자량은 $2n$, 80%인 X의 원자량은 $2n+1$이므로 X의 평균 원자량은 $\frac{20}{100}\times 2n+\frac{80}{100}\times(2n+1)=\frac{54}{5}$에서 $n=5$이다.

㉡. 1 mol X에서의 원자량이 $2n$인 X의 질량 백분율(%)은 $\frac{2n\times\frac{20}{100}}{\frac{54}{5}}\times 100=\frac{2\times 5\times 20\times 5}{54\times 100}\times 100=\frac{500}{27}$이다.

✗. ^{2n}X와 ${}^{2n+1}$X의 양성자수는 같으므로 전자 수도 같다. 따라서 $\frac{1\text{ mol의 }{}^{2n+1}\text{X에 들어 있는 전자 수}}{1\text{ mol의 }{}^{2n}\text{X에 들어 있는 전자 수}}=1$이다.

12 수용액의 몰 농도(M)

0.1 M A(aq) 100 g에서 수용액의 밀도는 d g/mL이므로 수용액의 부피는 $\frac{100}{d}$ mL이고, 녹아 있는 A의 양(mol)은

$0.1\times\frac{100}{d}\times 10^{-3}=\frac{1}{100d}$이다.

0.3 M A(aq) 100 mL에 들어 있는 A의 양(mol)은

$0.3\times 100\times 10^{-3}=\frac{3}{100}$이다.

따라서 x M A(aq) 300 mL에 들어 있는 A의 양(mol)은

$\frac{1}{100d}+\frac{3}{100}=\frac{1+3d}{100d}$이므로 $x=\frac{\frac{1+3d}{100d}}{0.3}=\frac{1+3d}{30d}$이다.

13 산화 환원 반응식

산화 환원 반응에서 증가한 산화수 합과 감소한 산화수 합은 같다. ClO^-에서 Cl는 산화수가 +1에서 −1로 감소하므로 감소한 산화수 합은 $2b$이고, 증가한 산화수 합은 $-1-(-a)=a-1$이므로 $a-1=2b$이다.

반응 전과 후 원자 수는 같아야 하므로 $a=n$, $c=2d$, $b=d$이다.

1 mol의 H_2O이 생성될 때 반응한 I^-의 양은 3 mol이므로 $a:d=3:1$에서 $a=3d$이다. 따라서 $a:b:c:d=3:1:2:1$이다. $\frac{n+c+d}{a+b}=\frac{3+2+1}{3+1}=\frac{3}{2}$이다.

14 2주기 원자의 전자 배치

2주기 바닥상태 원자의 전자가 2개 들어 있는 오비탈 수(a)와 $\dfrac{\text{전자가 들어 있는 오비탈 수}}{s\text{ 오비탈에 들어 있는 전자 수}}$($b$)에 대한 자료는 다음과 같다.

원자	Li	Be	B	C	N	O	F	Ne
a	1	2	2	2	2	3	4	5
b	$\frac{2}{3}$	$\frac{2}{4}$	$\frac{3}{4}$	$\frac{4}{4}$	$\frac{5}{4}$	$\frac{5}{4}$	$\frac{5}{4}$	$\frac{5}{4}$

전자가 2개 들어 있는 오비탈 수의 비는 W : X : Y=1 : 2 : 1에서 X는 플루오린(F)이고, W와 Y는 베릴륨(Be), 붕소(B), 탄소(C), 질소(N) 중 하나이다.

$\dfrac{\text{전자가 들어 있는 오비탈 수}}{s\text{ 오비탈에 들어 있는 전자 수}}$의 비는 W : X : Z=9 : 15 : 8에서 X는 플루오린(F)이므로 W는 붕소(B), Z는 리튬(Li)이다. 원자 반지름은 Y > W(B)에서 Y는 베릴륨(Be)이다.

㉠. W는 붕소(B)이다.

㉡. $n+m_l=3$인 오비탈은 $m_l=1$인 $2p$ 오비탈이다. X는 플루오린(F)이고 전자가 들어 있지 않은 $2p$ 오비탈은 없으므로 X에서 $n+m_l=3$인 오비탈에는 전자가 들어 있다.

~~ㄷ~~. $m_l=0$인 오비탈은 $1s$ 오비탈, $2s$ 오비탈, $m_l=0$인 $2p$ 오비탈이다. Y는 베릴륨(Be), Z는 리튬(Li)이므로 전자가 들어 있는 $m_l=0$인 오비탈의 수는 Y와 Z가 같다.

15 수소 원자의 오비탈과 양자수

n가 3 이하이고, l가 1 이하인 수소 원자의 오비탈에 대한 자료는 다음과 같다.

오비탈	$1s$	$2s$	$2p$	$3s$	$3p$
n	1	2	2	3	3
$n-l$	1	2	1	3	2
$l+m_l$	0	0	0, 1, 2	0	0, 1, 2

$n-l$의 비는 (가) : (다)=3 : 2에서 (가)는 $3s$이고, (다)는 $2s$ 또는 $3p$이다. n는 (가)=(라)이고, $\dfrac{l+m_l}{n}$는 (라)가 (나)의 $\dfrac{4}{3}$배이므로 (라)는 $3p(m_l=1)$이고, (나)는 $2p(m_l=0)$이다. l는 (가)=(다)이므로 (다)는 $2s$이다.

㉠. (다)는 $2s$이다.

~~ㄴ~~. (나)는 $2p(m_l=0)$, (라)는 $3p(m_l=1)$이므로 m_l는 (라) > (나)이다.

㉢. (가)는 $3s$, (나)는 $2p$이므로 에너지 준위는 (가) > (나)이다.

16 pH와 pOH

pH는 (나) > (가)이므로 (가)는 HCl(aq), (나)는 NaOH(aq)이다. pH의 상댓값이 3과 7인 HCl(aq)의 몰 농도(M)를 각각 a, b라고 하면, $a\times0.1 : b\times0.2=50 : 1$에서 $a=100b$이므로 pH의 차는 2이다.

pH의 비는 3 : 7이고, a M HCl(aq)과 b M HCl(aq)의 pH는 각각 1.5, 3.5이므로 (나)의 pH는 11.5이다.

㉠. (가)는 HCl(aq)이다.

㉡. (나)의 pH는 11.5이므로 pOH는 2.5이다.

따라서 $\dfrac{\text{(나)의 pOH}}{\text{(가)의 pH}}=\dfrac{2.5}{3.5}=\dfrac{5}{7}$이다.

㉢. H_3O^+의 몰비는 (가) : (나)$=1\times10^{-3.5}\times200 : 1\times10^{-11.5}\times1000=1 : x$에서 $x=5\times10^{-8}$이다.

17 중화 적정

(다)에서 0.5 M NaOH(aq) $25d_A$ mL에 들어 있는 OH^-의 양은 $\dfrac{1}{80}d_A$ mol이므로 Ⅰ의 100 mL에 들어 있는 CH_3COOH의 양은 $\dfrac{1}{40}d_A$ mol이고, CH_3COOH의 분자량은 60이므로 들어 있는 CH_3COOH의 질량은 $\dfrac{3}{2}d_A$ g이다. 식초 A 50 mL의 질량은 $50d_A$ g이므로 $w=\dfrac{\frac{3}{2}d_A}{50d_A}=\dfrac{3}{100}$이다.

식초 B 50 mL에 들어 있는 CH_3COOH의 질량을 k g이라고 두면, 식초 B 50 mL의 질량은 $50d_B$ g이므로 $\dfrac{k}{50d_B}=0.04$에서 $k=2d_B$이다.

(라)에서 0.5 M NaOH(aq) xd_B mL와 반응한 CH_3COOH의 양(mol)은 $\dfrac{1}{60}d_B$이므로 $0.5\times xd_B\times10^{-3}=\dfrac{1}{60}d_B$에서 $x=\dfrac{100}{3}$이다. 따라서 $w\times x=\dfrac{3}{100}\times\dfrac{100}{3}=1$이다.

18 화학식량과 몰(mol)

(가)에 들어 있는 XY와 ZY_m의 양(mol)을 각각 a, b, (나)에 들어 있는 XY와 ZY_n의 양(mol)을 각각 c, d, 실린더 속 전체 기체의 질량(g)을 (가)와 (나)에서 각각 $3k$, $21k'$라고 하면, 실린더 속 전체 기체의 부피비는 (가) : (나)$=a+b : c+d=7 : 10$이고, 1 g당 전체 기체의 부피비는 (가) : (나)$=\dfrac{a+b}{3k} : \dfrac{c+d}{21k'}=\dfrac{7}{k} : \dfrac{10}{7k'}=49 : 50$에서 $k=5k'$이다.

단위 질량당 Z 원자 수 비는 (가) : (나)$=\dfrac{b}{3k} : \dfrac{d}{21k'}=\dfrac{b}{15k'} : \dfrac{d}{21k'}=7 : 10$에서 $d=2b$이다.

(가)와 (나)에서 XY의 질량은 같으므로 $a=c$이고,

$a+b : c+d=a+b : a+2b=7 : 10$에서 $3a=4b$이므로

$a : b : c : d=a : \dfrac{3}{4}a : a : \dfrac{3}{2}a=4 : 3 : 4 : 6$이다.

X~Z의 원자량을 각각 x~z라고 하면, (나)에서 $\dfrac{\text{Z의 질량}}{\text{X의 질량}}=\dfrac{6z}{4x}=\dfrac{24}{7}$에서 $16x=7z$이다.

(가)에서 기체의 질량비는 XY : $ZY_m=4x+4y : 3z+3ym=1 : 2$에서 $z=(6m-16)y$이고, (나)에서 기체의 질량비는 XY : $ZY_n=4x+4y : 6z+6yn=5 : 16$에서 $z=(32-15n)y$이므로 $(6m-16)y=(32-15n)y$에서 $2m+5n=16$이다.

(가)와 (나)에서 기체의 질량비는 $ZY_m : ZY_n=3z+3ym : 6z+6yn=5 : 8$에서 $z=4ym-5yn$이다.

$z=(32-15n)y$에서 z는 원자량이므로 $n\leq2$이고, $z=(6m-16)y$

에서 $m \geq 3$의 정수이므로 $m=3$, $n=2$이다.
따라서 $z=2y$이고, 원자량비는 $x : y : z = 7 : 8 : 16$이므로
$\frac{ZY_m\text{의 분자량}}{XY\text{의 분자량}} \times \frac{m}{n} = \frac{16+8\times3}{7+8} \times \frac{3}{2} = 4$이다.

19 중화 반응에서의 양적 관계

㉠은 x M $H_2A(aq)$ 또는 y M $HC(aq)$이고, Ⅰ의 액성이 산성 또는 중성이라면 Ⅱ의 액성은 산성이다. Ⅰ과 Ⅱ의 액성은 서로 다르므로 Ⅰ의 액성은 중성 또는 염기성이다. ㉠이 y M $HC(aq)$일 때 Ⅰ의 액성은 염기성이므로 Ⅰ에서 모든 이온의 양은 0.25 M $B(OH)_2(aq)$ 300 mL에 존재하는 모든 이온의 양과 같고, 모든 이온의 양(mol)은 $3\times0.25\times0.3=0.225$이다. Ⅰ에서 모든 이온의 양(mol)은 $0.35\times0.5=0.175$이므로 자료에 부합하지 않는다. 따라서 ㉠은 x M $H_2A(aq)$, ㉡은 y M $HC(aq)$이다. Ⅰ에서 모든 이온의 양(mol)은 $0.225-0.2x=0.175$에서 $x=0.25$이다. Ⅰ과 Ⅱ의 액성은 서로 다르므로 Ⅱ는 산성 또는 중성이고, Ⅱ에서 음이온은 A^{2-}과 C^-만 존재한다. $A^{2-}(aq)$과 $C^-(aq)$의 양(mol)은 각각 $0.25\times0.2=0.05$, $y\times0.3=0.3y$이고, Ⅱ에서 모든 음이온의 양(mol)은 $0.25\times0.8=0.2$이고, $0.05+0.3y=0.2$이므로 $y=0.5$이다. 따라서 $\frac{y}{x}=\frac{0.5}{0.25}=2$이다.

20 화학 반응에서의 양적 관계

$A(g)$ $19w$ g과 $B(g)$ $16w$ g의 양을 각각 m mol, n mol, (나)에서 $B(g)$ xw g의 양을 k mol이라고 하면, 반응 전 실린더 속 전체 기체의 몰비는 $m+n : m+k = 1 : 2$에서 $k=m+2n$이다.

반응 후 생성된 $D(g)$의 질량은 (나)가 (가)의 $\frac{3}{2}$배이고, (가)와 (나)에서 $A(g)$의 양(mol)은 같고, $B(g)$의 양(mol)은 (나)가 (가)의 2배보다 크므로 (가)와 (나)에서 모두 반응한 물질은 서로 다르다. (가)에서 $A(g)$가 모두 반응했을 때, (나)에서도 $A(g)$가 모두 반응하여야 하므로 (가)에서는 $B(g)$가, (나)에서는 $A(g)$가 모두 반응하였다.

(가)에서 화학 반응의 양적 관계는 다음과 같다.

	$A(g)$	+ $3B(g)$	$\longrightarrow$ $cC(g)$	+ $2D(g)$
반응 전(mol)	m	n		
반응(mol)	$-\frac{n}{3}$	$-n$	$+\frac{n}{3}c$	$+\frac{2n}{3}$
반응 후(mol)	$m-\frac{n}{3}$	0	$\frac{n}{3}c$	$\frac{2n}{3}$

(나)에서 화학 반응의 양적 관계는 다음과 같다.

	$A(g)$	+ $3B(g)$	$\longrightarrow$ $cC(g)$	+ $2D(g)$
반응 전(mol)	m	k		
반응(mol)	$-m$	$-3m$	$+cm$	$+2m$
반응 후(mol)	0	$k-3m$	cm	$2m$

반응 후 생성된 $D(g)$의 질량비는 (가) : (나) $=\frac{2n}{3} : 2m = 2 : 3$에서 $n=2m$이므로 $k=5m$이다.

반응 후 실린더 속 전체 기체의 부피비는 (가) : (나) $= m-\frac{n}{3}+\frac{n}{3}c+\frac{2n}{3} : k-3m+cm+2m = \frac{5}{3}+\frac{2}{3}c : 4+c = 7 : 15$에서 $c=1$이다. C와 D의 분자량을 각각 M_C, M_D라고 하면,

반응 후 $\frac{\text{(나)에서 생성된 } D(g)\text{의 질량}}{\text{(가)에서 생성된 } C(g)\text{의 질량}} = \frac{2m\times M_D}{\frac{2}{3}m\times M_C} = \frac{48}{11}$에서

$16M_C=11M_D$이다. $B(g)$ $16w$ g의 양은 $2m$ mol이고, $B(g)$ xw g의 양은 $5m$ mol이므로 $x=40$이다.

(나)에서 반응 질량비는 $A(g) : B(g) : C(g) : D(g) = 19 : 24 : 11 : 32$이고, 반응 몰비는 $A(g) : B(g) : C(g) : D(g) = 1 : 3 : 1 : 2$이므로 $\frac{B\text{의 분자량}}{D\text{의 분자량}} = \frac{\frac{24}{3}}{\frac{32}{2}} = \frac{1}{2}$이다.

따라서 $\frac{x}{c} \times \frac{B\text{의 분자량}}{D\text{의 분자량}} = \frac{40}{1} \times \frac{1}{2} = 20$이다.

한눈에 보는 정답

01 생활 속의 화학

본문 5~7쪽

닮은 꼴 문제로 유형 익히기 ④

수능 2점 테스트

01 ④ 02 ③ 03 ③ 04 ⑤

수능 3점 테스트

01 ⑤ 02 ④

02 몰

본문 9~13쪽

닮은 꼴 문제로 유형 익히기 ④

수능 2점 테스트

01 ④ 02 ⑤ 03 ⑤ 04 ① 05 ③
06 ② 07 ① 08 ③

수능 3점 테스트

01 ② 02 ② 03 ③ 04 ①

03 화학 반응식

본문 15~21쪽

닮은 꼴 문제로 유형 익히기 ④

수능 2점 테스트

01 ② 02 ③ 03 ⑤ 04 ④ 05 ①
06 ⑤ 07 ③ 08 ② 09 ⑤ 10 ③
11 ④ 12 ⑤

수능 3점 테스트

01 ④ 02 ① 03 ④ 04 ① 05 ①
06 ②

04 용액의 농도

본문 23~27쪽

닮은 꼴 문제로 유형 익히기 ④

수능 2점 테스트

01 ① 02 ① 03 ④ 04 ⑤ 05 ③
06 ② 07 ② 08 ⑤

수능 3점 테스트

01 ② 02 ③ 03 ③ 04 ①

05 원자의 구조

본문 29~33쪽

닮은 꼴 문제로 유형 익히기 ④

수능 2점 테스트

01 ⑤ 02 ② 03 ① 04 ④ 05 ③
06 ⑤ 07 ② 08 ④

수능 3점 테스트

01 ⑤ 02 ③ 03 ④ 04 ①

06 현대적 원자 모형과 전자 배치

본문 36~41쪽

닮은 꼴 문제로 유형 익히기 ③

수능 2점 테스트

01 ① 02 ③ 03 ⑤ 04 ① 05 ⑤
06 ③ 07 ⑤ 08 ①

수능 3점 테스트

01 ① 02 ① 03 ④ 04 ③ 05 ①
06 ⑤

07 원소의 주기적 성질

본문 44~50쪽

닮은 꼴 문제로 유형 익히기 ⑤

수능 2점 테스트

01 ④ 02 ③ 03 ④ 04 ① 05 ②
06 ② 07 ② 08 ④ 09 ① 10 ④
11 ② 12 ②

수능 3점 테스트

01 ③ 02 ③ 03 ① 04 ⑤ 05 ③
06 ③

08 이온 결합

본문 53~57쪽

닮은 꼴 문제로 유형 익히기 ③

수능 2점 테스트

01 ② 02 ① 03 ⑤ 04 ⑤ 05 ①
06 ④ 07 ③ 08 ⑤

수능 3점 테스트

01 ④ 02 ② 03 ① 04 ②

09 공유 결합과 금속 결합

본문 59~63쪽

닮은 꼴 문제로 유형 익히기 ⑤

수능 2점 테스트

01 ⑤ 02 ⑤ 03 ④ 04 ④ 05 ③
06 ③ 07 ⑤ 08 ①

수능 3점 테스트

01 ③ 02 ④ 03 ③ 04 ⑤

10 결합의 극성

본문 65~69쪽

닮은 꼴 문제로 유형 익히기 ⑤

수능 2점 테스트

01 ③ 02 ③ 03 ③ 04 ② 05 ④
06 ⑤ 07 ⑤ 08 ⑤

수능 3점 테스트

01 ① 02 ① 03 ③ 04 ⑤

11 분자의 구조와 성질

본문 72~78쪽

닮은 꼴 문제로 유형 익히기 ⑤

수능 2점 테스트

01 ⑤ 02 ③ 03 ④ 04 ④ 05 ③
06 ⑤ 07 ③ 08 ③ 09 ⑤ 10 ⑤
11 ② 12 ④

수능 3점 테스트

01 ④ 02 ① 03 ④ 04 ③ 05 ④
06 ④

12 가역 반응과 동적 평형

본문 80~84쪽

닮은 꼴 문제로 유형 익히기 ④

수능 2점 테스트

01 ③ 02 ⑤ 03 ⑤ 04 ③ 05 ④
06 ① 07 ③ 08 ①

수능 3점 테스트

01 ③ 02 ⑤ 03 ⑤ 04 ⑤

13 물의 자동 이온화

본문 86~90쪽

닮은 꼴 문제로 유형 익히기 ①

수능 2점 테스트

01 ① 02 ③ 03 ③ 04 ⑤ 05 ②
06 ⑤ 07 ⑤ 08 ⑤

수능 3점 테스트

01 ⑤ 02 ⑤ 03 ③ 04 ⑤

14 산 염기 중화 반응

본문 93~99쪽

닮은 꼴 문제로 유형 익히기 ③

수능 2점 테스트

01 ⑤ 02 ③ 03 ④ 04 ④ 05 ③
06 ③ 07 ⑤ 08 ④ 09 ② 10 ③
11 ⑤ 12 ③

수능 3점 테스트

01 ④ 02 ② 03 ④ 04 ④ 05 ①
06 ④

15 산화 환원 반응

본문 102~107쪽

닮은 꼴 문제로 유형 익히기 ⑤

수능 2점 테스트

01 ⑤ 02 ③ 03 ② 04 ③ 05 ①
06 ④ 07 ① 08 ③

수능 3점 테스트

01 ① 02 ② 03 ⑤ 04 ③ 05 ③
06 ②

16 화학 반응에서 열의 출입

본문 109~111쪽

닮은 꼴 문제로 유형 익히기 ①

수능 2점 테스트

01 ③ 02 ⑤ 03 ② 04 ④

수능 3점 테스트

01 ⑤ 02 ③

실전 모의고사 1회

본문 112~116쪽

01 ⑤ 02 ⑤ 03 ④ 04 ④ 05 ③
06 ② 07 ① 08 ① 09 ① 10 ③
11 ⑤ 12 ③ 13 ② 14 ③ 15 ③
16 ① 17 ④ 18 ② 19 ② 20 ③

실전 모의고사 2회

본문 117~121쪽

01 ⑤ 02 ① 03 ③ 04 ④ 05 ②
06 ② 07 ⑤ 08 ③ 09 ① 10 ④
11 ② 12 ⑤ 13 ④ 14 ① 15 ③
16 ④ 17 ① 18 ④ 19 ② 20 ⑤

실전 모의고사 3회

본문 122~126쪽

01 ⑤ 02 ④ 03 ② 04 ① 05 ③
06 ⑤ 07 ① 08 ③ 09 ⑤ 10 ③
11 ① 12 ② 13 ③ 14 ① 15 ③
16 ③ 17 ③ 18 ④ 19 ② 20 ①

실전 모의고사 4회

본문 127~131쪽

01 ③ 02 ⑤ 03 ③ 04 ⑤ 05 ⑤
06 ⑤ 07 ③ 08 ④ 09 ① 10 ⑤
11 ② 12 ③ 13 ④ 14 ③ 15 ②
16 ③ 17 ② 18 ③ 19 ③ 20 ③

실전 모의고사 5회

본문 132~136쪽

01 ⑤ 02 ⑤ 03 ④ 04 ① 05 ⑤
06 ② 07 ② 08 ① 09 ③ 10 ③
11 ② 12 ② 13 ④ 14 ③ 15 ④
16 ⑤ 17 ② 18 ③ 19 ⑤ 20 ⑤

MEMO

고2~N수 수능 집중 로드맵

수능 입문
- 윤혜정의 개념/패턴의 나비효과
- 하루 6개 1등급 영어독해
- 수능 감(感)잡기
- 수능특강 Light
- 강의노트 수능개념

기출 / 연습
- 윤혜정의 기출의 나비효과
- 수능 기출의 미래
- 수능 기출의 미래 미니모의고사
- 수능특강Q 미니모의고사

연계+연계 보완
- 수능연계교재의 VOCA 1800
- 수능연계 기출 Vaccine VOCA 2200
- 연계: 수능특강, 수능완성
- 수능특강 사용설명서
- 수능특강 연계 기출
- 수능 영어 간접연계 서치라이트
- 수능완성 사용설명서

심화 / 발전
- 수능연계완성 3주 특강
- 박봄의 사회 · 문화 표 분석의 패턴

모의고사
- FINAL 실전모의고사
- 만점마무리 봉투모의고사
- 만점마무리 봉투모의고사 시즌2
- 만점마무리 봉투모의고사 BLACK Edition
- 수능 직전보강 클리어 봉투모의고사

구분	시리즈명	특징	수준	영역
수능 입문	윤혜정의 개념/패턴의 나비효과	윤혜정 선생님과 함께하는 수능 국어 개념/패턴 학습	●	국어
	하루 6개 1등급 영어독해	매일 꾸준한 기출문제 학습으로 완성하는 1등급 영어 독해	●	영어
	수능 감(感) 잡기	동일 소재·유형의 내신과 수능 문항 비교로 수능 입문	●	국/수/영
	수능특강 Light	수능 연계교재 학습 전 연계교재 입문서	●	영어
	수능개념	EBSi 대표 강사들과 함께하는 수능 개념 다지기	●	전 영역
기출/연습	윤혜정의 기출의 나비효과	윤혜정 선생님과 함께하는 까다로운 국어 기출 완전 정복	●	국어
	수능 기출의 미래	올해 수능에 딱 필요한 문제만 선별한 기출문제집	●	전 영역
	수능 기출의 미래 미니모의고사	부담없는 실전 훈련, 고품질 기출 미니모의고사	●	국/수/영
	수능특강Q 미니모의고사	매일 15분으로 연습하는 고품격 미니모의고사	●	전 영역
연계 + 연계 보완	수능특강	최신 수능 경향과 기출 유형을 분석한 종합 개념서	●	전 영역
	수능특강 사용설명서	수능 연계교재 수능특강의 지문·자료·문항 분석	●	국/영
	수능특강 연계 기출	수능특강 수록 작품·지문과 연결된 기출문제 학습	●	국어
	수능완성	유형 분석과 실전모의고사로 단련하는 문항 연습	●	전 영역
	수능완성 사용설명서	수능 연계교재 수능완성의 국어·영어 지문 분석	●	국/영
	수능 영어 간접연계 서치라이트	출제 가능성이 높은 핵심만 모아 구성한 간접연계 대비 교재	●	영어
	수능연계교재의 VOCA 1800	수능특강과 수능완성의 필수 중요 어휘 1800개 수록	●	영어
	수능연계 기출 Vaccine VOCA 2200	수능-EBS 연계 및 평가원 최다 빈출 어휘 선별 수록	●	영어
심화/발전	수능연계완성 3주 특강	단기간에 끝내는 수능 1등급 변별 문항 대비서	●	국/수/영
	박봄의 사회·문화 표 분석의 패턴	박봄 선생님과 사회·문화 표 분석 문항의 패턴 연습	●	사회탐구
모의고사	FINAL 실전모의고사	EBS 모의고사 중 최다 분량, 최다 과목 모의고사	●	전 영역
	만점마무리 봉투모의고사	실제 시험지 형태와 OMR 카드로 실전 훈련 모의고사	●	전 영역
	만점마무리 봉투모의고사 시즌2	수능 직전 실전 훈련 봉투모의고사	●	국/수/영
	만점마무리 봉투모의고사 BLACK Edition	수능 직전 최종 마무리용 실전 훈련 봉투모의고사	●	국·수·영
	수능 직전보강 클리어 봉투모의고사	수능 직전(D-60) 보강 학습용 실전 훈련 봉투모의고사	●	전 영역

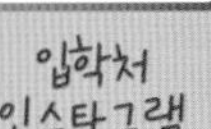

My New Universe

무한한 세상을 열어주는

국립목포대학교

전공 선택권 100% 보장

입학해서 배워보고 전공을 고르는
학부제·자율전공제 도입!

해외연수 프로그램

미국주립대 복수학위
재학중 한 번은 장학금 받고 해외연수!
(글로벌 해외연수 장학금)

다양한 장학금 혜택

3명 중 2명은 전액 장학금
미래를 위한 다양한 장학금 지원!

취업에 강한 국립대학

호남·제주권 종합국립대학중 1위
('23 발표기준 취업률 63.8%)
'23 천원의 아침밥 사업 최우수상 수상

프리미엄 조식뷔페

재학생 끼니 챙기는 것에 진심
엄마보다 나를 더 챙겨주는 대학!

전 노선 무료 통학버스

호남권 최대 규모 기숙사와 더불어
방방곡곡 무료 통학버스 운영!

국립목포대학교
경영학과

MANAGEMENT PRINCIPLES IN A CHANGING BUSINESS

국립목포대학교
약학과

본 광고의 수익금은 콘텐츠 품질개선과 공익사업에 사용됩니다.
모두의 요강(mdipsi.com)을 통해 국립목포대학교의 입시정보를 확인할 수 있습니다.

국립목포대학교

– 본 교재 광고의 수익금은 콘텐츠 품질 개선과 공익사업에 사용됩니다.
– 모두의 요강(mdipsi.com)을 통해 호남대학교의 입시정보를 확인할 수 있습니다.

홈페이지
바로가기

국립인천대학교는
국제경쟁력을 갖춘
혁신 인재를 양성합니다.

자유전공학부, 첨단학과 신설
서울역-인천대입구역
GTX-B노선 착공 예정
인천 경제자유구역
글로벌 허브도시송도에 위치

INU 인천대학교

2025학년도 수시모집
2024. 9. 9.(월) ~ 9. 13.(금)

입학 개별 상담 및 문의
INU.ac.kr
032) 835-0000

설립정신 | 하나님을 믿고 부모님께 효성하며 사람을 내 몸같이 사랑하고 자연을 애호 개발하는 기독교의 깊은 진리로 학생들을 교육하여 민족문화와 국민경제발전에 공헌케 하며 나아가 세계평화와 인류문화 발전에 기여하는 성실 유능한 인재를 양성하는 것이 학교법인 명지학원의 설립목적이며 설립정신이다.

주후 1956년 1월 23일 **설립자** 유상근

본 교재 광고의 수익금은 콘텐츠 품질 개선과 공익사업에 사용됩니다. 모두의 요강(mdipsi.com)을 통해 명지대학교의 입시정보를 확인할 수 있습니다.